特殊医学用途配方食品理论与实践

张双庆◎主编

FOODS FOR SPECIAL MEDICAL PURPOSES

PRINCIPLES AND PRACTICE

中国轻工业出版社

图书在版编目（CIP）数据

特殊医学用途配方食品理论与实践/张双庆主编. —北京：中国轻工业出版社，2019. 10

国家出版基金项目

ISBN 978-7-5184-2280-7

Ⅰ. ①特…　Ⅱ. ①张…　Ⅲ. ①疗效食品—研究　Ⅳ. ①TS218

中国版本图书馆 CIP 数据核字（2019）第 182676 号

责任编辑：张　靓　　责任终审：唐是雯　　整体设计：锋尚设计
责任校对：吴大鹏　　责任监印：张　可

出版发行：中国轻工业出版社（北京东长安街 6 号，邮编：100740）
印　　刷：三河市万龙印装有限公司
经　　销：各地新华书店
版　　次：2019 年 10 月第 1 版第 1 次印刷
开　　本：787×1092　1/16　印张：26. 25
字　　数：600 千字
书　　号：ISBN 978-7-5184-2280-7　定价：128. 00 元
邮购电话：010-65241695
发行电话：010-85119835　传真：85113293
网　　址：http：//www. chlip. com. cn
Email：club@ chlip. com. cn

180533K1X101ZBW

本书编委会

主　编　张双庆

副主编　高丽芳　张　彦　崔亚娟

编　者　陈智仙　张小丽　方　荣

　　　　朱娅敏　李　东　赵　祯

　　　　陈朝青　王学敏　张　燕

主　审　霍军生

前言

PREFACE

特殊医学用途配方食品是为满足进食受限、消化吸收障碍、代谢紊乱或者特定疾病状态人群对营养素或者膳食的特殊需要，专门加工配制而成的配方食品。在改善病人营养状况、促进病人康复、缩短住院时间、节省医疗费等方面发挥了巨大作用，现在不少国家已经将特殊医学用途配方产品列入医保报销的范围。特殊医学用途配方食品在我国曾被错误地等同于肠内营养剂，虽然在国内已有30多年历史，但长期以来作为药品管理，且没有受到足够的重视，发展相当缓慢。目前我国特殊医学用途配方食品的特点是：产品数量少，配方陈旧，加工技术落后；市场规模小；政策法规相对滞后；市场发展区域不平衡，大部分集中在少数大医院、大城市；静脉营养滥用；认知度低。2010年，我国提出“特殊医学用途婴儿配方食品”概念，并首次颁布GB 25596—2010《食品安全国家标准　特殊医学用途婴儿配方食品通则》。2013年，我国才提出全面意义的“特殊医学用途配方食品”概念，并相继颁布GB 29922—2013《食品安全国家标准　特殊医学用途配方食品通则》和GB 29923—2013《食品安全国家标准　特殊医学用途配方食品企业良好生产规范》。

基于此，编者根据自己的研究经验和国内外同行的最新研究成果，编写本书。本书编写人员均为在第一线从事特殊医学用途配方食品科研、教学和生产等工作的专业人员，对特殊医学用途配方食品理论、实践、发展趋势和动态有深入的了解和认识，并有丰富的经验和专业的技能。

本书全面介绍了特殊医学用途配方食品法规及应用现状、营养素配方、制剂工艺、特殊医学用途配方食品良好生产规范、质量评价等学术和最前沿的理论与最新的研究成果，重点论述了特殊医学用途配方食品配方理论和生产工艺，并以真实产品为实例展开详细说明，本书同时涵盖国内外法规、临床试验和检测技术。

本书不但可以为营养与食品相关领域的工作者在决策、管理工作上提供专业知识方面的依据，而且可以为营养与食品相关专业师生学习和查询特殊医学用途配方食品的基础知识、相关研究进展等资料提供权威、可靠的支持。

限于编者水平，书中难免不足之处，敬请广大读者指正。

编　者

目录

CONTENTS

第一章

特殊医学用途配方食品法规及应用现状

第一节 特殊医学用途配方食品的定义及分类

一、特殊医学用途配方食品的定义

特殊医学用途配方食品（FSMP），是指为满足进食受限、消化吸收障碍、代谢紊乱或者特定疾病状态人群对营养素或者膳食的特殊需要，专门加工配制而成的配方食品，包括适用于0~12月龄的特殊医学用途婴儿配方食品和适用于1岁以上人群的特殊医学用途配方食品。该类产品必须在医生或临床营养师指导下，单独食用或与其他食品配合食用。

特殊医学用途配方食品属于特殊膳食用食品。当目标人群无法进食普通膳食或无法用日常膳食满足其营养需求时，特殊医学用途配方食品可以作为一种营养补充途径，对其治疗、康复及机体功能维持等方面起着重要的营养支持作用。此类食品不是药品，不能替代药物的治疗作用，产品也不得声称对疾病的预防和治疗功能。

二、特殊医学用途配方食品的分类

特殊医学用途配方食品分为特殊医学用途婴儿配方食品、特殊医学用途配方食品。

（一）特殊医学用途婴儿配方食品

特殊医学用途婴儿配方食品指针对患有特殊紊乱、疾病或医疗状况等特殊医学状况婴儿的营养需求而设计制成的粉状或液态配方食品。在医生或临床营养师的指导下，单独食用或与其他食物配合食用时，其能量和营养成分能够满足0~12月龄特殊医学状况婴儿的生长发育需求，适用于0~12月龄的人。

特殊医学用途婴儿配方食品产品分类有：无乳糖配方或低乳糖、乳蛋白部分水解配方、乳蛋白深度水解配方或氨基酸配方、早产/低出生体重婴儿配方、母乳营养补充剂、氨基酸代谢障碍配方。

（二）特殊医学用途配方食品

在疾病状况下，无法进食普通膳食或无法用日常膳食满足目标人群的营养需求时，可用特殊医学用途配方食品提供营养支持。该类产品必须在医生或临床营养师指导下，单独食用或与其他食品配合食用，适用于1岁以上人群。根据不同临床需求和适用人群，特殊医学用途配方食品产品分为三类，即全营养配方食品、特定全营养配方食品和非全营养配方食品。

1. 全营养配方食品

全营养配方食品是指可作为单一营养来源满足目标人群营养需求的特殊医学用途配方食品，适用于需对营养素进行全面补充且对特定营养素没有特别要求的人群，按照不同年龄段人群对营养素的需求量不同分为两类，分别是适用于1~10岁人群和适用于10岁以上人群的全营养配方食品，患者应在医生或临床营养师的指导下选择使用全营养配方食品，可以作为需要口服或者管饲病人的饮食替代或者营养补充。

2. 特定全营养配方食品

特定全营养配方食品可作为单一营养来源能够满足目标人群在特定疾病或医学状况下营养需求的特殊医学用途配方食品。该类食品是在相应年龄段全营养配方食品的基础上，依据特定疾病的病理生理变化而对部分营养素进行适当调整的一类食品，单独食用时即可满足目标人群的营养需求，符合特定全营养配方食品技术要求的产品，可有针对性的适应不同疾病的特异性代谢状态，更好地起到营养支持作用。

特定全营养配方食品适用于特定疾病或医学状况下需对营养素进行全面补充的人群，并可满足人群对部分营养素的特殊需求，即在特定疾病状况下，全营养配方食品无法适应疾病的特异性代谢变化，不能满足目标人群的特定营养需求，需要对其中的某些营养素进行调整。对于伴随其他疾病或并发症的患者，均应由医生或临床营养师根据患者情况决定是否可以选用此类食品。

GB 29922—2013《食品安全国家标准　特殊医学用途配方食品通则》附录中列出了目前临床需求量大、有一定使用基础的13种常见特定全营养配方食品。

13种特定全营养配方食品，包括：糖尿病病人用全营养配方食品；慢性阻塞性肺疾病（COPD）病人用全营养配方食品；肾病病人用全营养配方食品；恶性肿瘤（恶病质状态）病人用全营养配方食品；炎性肠病病人用全营养配方食品；食物蛋白过敏病人用全营养配方食品；难治性癫痫病人用全营养配方食品；肥胖和减脂手术病人用全营养配方食品；肝病病人用全营养配方食品；肌肉衰减综合症病人用全营养配方食品；创伤、感染、手术及其他应激状态病人用全营养配方食品；胃肠道吸收障碍、胰腺炎病人用全营养配方食品；脂肪酸代谢异常病人用全营养配方食品。

3. 非全营养配方食品

非全营养配方食品是指可满足目标人群部分营养需求的特殊医学用途配方食品，适用于需要补充单一或部分营养素的人群，不适用于作为单一营养来源。该类产品应在医生或临床营养师的指导下，按照患者个体的特殊医学状况，与其他特殊医学用途配方食品或普通食品配合使用。根据国内外法规、使用现状和组成特征，常见的包括营养素组件、电解质配方、增稠组件、流质配方和氨基酸代谢障碍配方等。常见非全营养配方食品的主要技术要求见表1-1。

表1-1 常见非全营养配方食品的主要技术要求

产品类别	配方主要技术要求
蛋白质（氨基酸）组件	1. 由蛋白质和（或）氨基酸构成； 2. 蛋白质来源可选择一种或多种氨基酸、蛋白质水解物、肽类或优质的整蛋白
脂肪（脂肪酸）组件	1. 由脂肪和（或）脂肪酸构成； 2. 可以选用长链甘油三酯、中链甘油三酯或其他法律法规批准的脂肪（酸）来源
碳水化合物组件	1. 由碳水化合物构成； 2. 碳水化合物来源可选用单糖、双糖、低聚糖或多糖、麦芽糊精、葡萄糖聚合物或其他法律法规批准的原料
电解质配方	1. 以碳水化合物为基础； 2. 添加适量电解质
增稠组件	1. 以碳水化合物为基础； 2. 添加一种或多种增稠剂； 3. 可添加膳食纤维
流质配方	1. 以碳水化合物和蛋白质为基础； 2. 可添加多种维生素和矿物质； 3. 可添加膳食纤维
氨基酸代谢障碍配方	1. 以氨基酸为主要原料，但不含或仅含少量与代谢障碍有关的氨基酸； 2. 添加适量的脂肪、碳水化合物、维生素、矿物质和（或）其他成分； 3. 满足患者部分蛋白质（氨基酸）需求的同时，应满足患者对部分维生素及矿物质的需求

第二节
国际组织及其他国家法规现状

一、国际食品法典委员会相关法规

1963年，联合国粮农组织与世界卫生组织联合设立了国际食品法典委员会（Codex Alimentarius Commission，CAC）。作为政府之间的国际组织，CAC专门负责协调政府之间的食品标准，主要是通过建立一套完整的食品国际标准体系来实现保障消费者健康、保证食品贸易公平进行的目的。至今，CAC对于特殊医学用途配方食品（Foods for Special Medical Purposes，FSMP）共制定了以下两项标准。

（一）《特殊医学用途配方食品标签和声称法典标准》（*Codex standard for the labeling of and claims for foods for special medical purposes*，CODEX STAN 180-1991）

CAC在1991年制定了《特殊医学用途配方食品标签和声称法典标准》，该标准的目的是规范FSMP及其类似产品的标签和声称。该标准说明“特殊医学用途配方食品指为病人进行膳食管理并仅能在医生监督下使用的，经特殊加工或配制的属于特殊膳食的一类食品。这种食品是为对普通食品或其中某些营养素在进食、消化、吸收或代谢方面受限或有障碍的病人，或因病情有其他特殊的营养需求的人，或者他们的膳食并不能仅通过改善正常膳食进行管理，而必须使用特殊膳食的其他食品或两者结合使用”。“FSMP配方需要符合合理医疗和营养的原则。只有通过科学证据证明该FSMP是安全的，且有利于满足使用对象的营养需求时，其才可以被使用。所有类型FSMP的标识、说明和/或其他标签及广告应该提供足够的有关食品性质和使用目的的信息，并提供详细的使用说明及注意事项。不应该向普通大众发布FSMP类产品的广告。向目标人群提供信息的形式应该是适当的”是该标准的总则。

在标签方面，CAC要求，FSMP类产品的标签和声称应该符合CODEX STAN146—1985《预包装特殊膳食食品的标签和声称法典通用标准》的要求，其中需要注意的是“通用标准的第4.3条款、第5.1条款、第5.2.2条款、第5.2.3条款和第6条款不适用于FSMP的标签。”除此之外，该标准的第4.2条款还规定了FSMP类产品的营养标签需要进行完整的营养标识：营养含量应该有数值声称，但不排除使用其他方式进行表示；

能量值应该以每100g或每100mL销售食品，以及建议食用的每份特定量食品的千焦耳（kJ）和千卡（kcal）进行表示；渗透压或渗透压和/或酸碱平衡的信息在必要时应该在营养标签中标明等。此外，该标准明确FSMP类产品应根据预包装食品标签通用标准（CODEX STAN 1-1985）第4.7条款的要求，在标签的日期标记中提供最低保质期的日期。该标准的第4.4条款还特别说明"标签上区别于其他书写、印刷或图形信息的区域，应以粗体字显著标明'在医生指导下使用'；标签上应有食品制备（包括需要添加的其他配料）、使用、贮存和容器开封后的保存等正确的指导；如果特殊医学用途食品对未患有这类疾病、障碍或临床表现的人食用后可能产生健康危害时，应在区别于其他书写、印刷或图形信息的区域，以粗体字标注警示性说明；标签上应该明确描述该产品是不能在肠外使用的；标签上应突出声明该产品是或不是营养的唯一来源。"此外，该标准还规定了标志内包含的信息有："陈述产品是'为了……的膳食调节'"，其空白处可填写适用的特殊疾病、障碍或临床状况，并已证明是有效的；可行的情况下，包括充分的预防措施、已知副作用、禁忌症及产品-药物之间的相互作用的完整陈述；包括为什么要使用该产品、该产品有哪些特性；如果该产品是为某个特定年龄组配制的，应突出声明其作用等。同时，标准指出标识内包含的信息可以不在包装上体现。

（二）《婴儿配方食品及特殊医学用途婴儿配方食品标准》（*Standard for infant formula and formulas for special medical purposes intended for infants*, CODEX STAN 72-1981, Revision 2007）

在婴幼儿食品法规方面，CAC目前的法规体系是相对完善的。婴幼儿产品标准主要包括以下四个标准：《婴儿配方食品及特殊医学用途婴儿配方食品标准》（*Standard for infant formula and formulas for special medical purposes intended for infants*, CODEX STAN 72-1981, Revision 2007）、《罐装婴幼儿食品》（*Standard for canned baby foods*, CODEX STAN 73-1981, Revision 2017）、《谷基加工婴幼儿食品》（*Standard for Processed Cereal-Based Foods for infants and young children*, CODEX STAN 74-1981, Revision 2017）、《较大婴儿配方食品》（*Standard for follow-up formula*, CODEX STAN 156-1981, Revision 2017），这四个标准均是在1981年成为国际标准，且后三个标准均在2017年9月22日进行了修订；导则指南有《婴儿喂养说明》（*Statement On Infant Feeding*, CAC/MISC 2-1976）、《婴幼儿特殊膳食用食品中营养物质的参考清单》（*Advisory lists of nutrient compounds for use in foods for special dietary uses intended for infants and young children*, CAC/GL 10-1979, Adopted in 1979; Amendment: 1983, 1991, 2009 and 2015, Revision: 2008）、《较大婴儿和幼儿配方辅助食品准则》（*Guidelines for Formulated Supplementary Foods for Older Infants and*

Young Children, CAC/GL 8-1991, Adopted in 1991; Amended in 2017, Revised in 2013);生产规范标准有《CAC/RCP 66—2008 婴幼儿粉状配方食品卫生操作规范》(*Code of hygienic practice for powdered formulae for infants and young children*, CAC/RCP 66—2008)。

针对特殊医学用途婴儿配方食品,CAC 制定的《婴儿配方食品及特殊医学用途婴儿配方食品标准》(*Standard for infant formula and formulas for special medical purposes intended for infants*, CODEX STAN 72-1981, Revision 2007)在 1981 年被采纳为国际标准,并分别于 1983 年、1985 年、1987 年进行修正,在 2007 年进行了修订,之后又分别在 2011 年与 2015 年进行了修正。此标准的制定是用于规范 1 岁以下人群的使用。

此标准一共包括两个部分,第一部分为婴儿配方食品,第二部分为特殊医学用途婴儿配方食品。在第一部分中,该标准描述了婴儿配方食品的范围、说明、基本成分和质量要素(包括能量、蛋白、总脂肪、亚油酸、α-亚麻酸、总碳水化合物,维生素指标有维生素 A、维生素 D_3、维生素 E、维生素 K、维生素 B_1、核黄素、维生素 B_6、维生素 B_{12}、烟酸、泛酸、叶酸、维生素 C、生物素,矿物质元素有铁、钙、磷、镁、钠、氯、钾、锰、碘、硒、铜、锌及胆碱、肌醇、L-肉碱等),标准规定婴儿指的是 12 月龄以下人群。标准中条款 2.1.1 规定特殊医学用途婴儿配方食品是指符合特殊医学用途食品标签和《特殊医学用途食品标签和声称法典标准》(*Codex standard for the labelling of and claims for foods for special medical purposes*, CODEX STAN 72-1991)中第 2 章描述的母乳或婴儿配方食品的替代品,专门生产用于满足在生命的最初几个月直至适当补充喂养期间患有特殊紊乱、疾病或医疗状况婴儿的自身特殊营养需求。该标准指出特殊医学用途婴儿配方食品是以动物、植物和/或合成来源的配料为基础,适于人群消费的食品,所有配料和食品添加剂应无麸质;特殊医学用途婴儿配方食品的成分应该基于合理的医疗和营养原则,其配方的营养安全性及适宜性应该经过科学的证实证明其对有意使用配方食品的婴儿的生长和发育是有支持作用的,需要酌情用于特定的产品及指征,特殊医学用途婴儿配方食品的使用应该由科学证据证明对有意使用配方食品的婴儿的膳食管理是有益的;此外,特殊医学用途婴儿配方食品的能量和营养素成分应基于该标准中第一部分规定的婴儿配方食品的要求,此外必需调整成分规定以满足由于疾病、紊乱或医疗状况引起的特殊营养要求,为这些人群的膳食管理而特别设计、标识和生产了此类产品。此外,该标准第二部分在第一部分描述的基本成本及质量要素的基础上,提出允许铬和钼在特殊医学用途婴儿配方食品中作为可选择性成分添加,并指出铬的最低量为 1.5μg/100kcal 或 0.4μg/100kJ,适当的最高指导水平为 10μg/100kcal 或 2.4μg/100kJ;钼的最低量为 1.5μg/100kcal 或 0.4μg/100kJ,适当的最高指导水平为 10μg/100kcal 或 2.4μg/100kJ。在食品名称方面,标准第二部分的条款 9.1 说明“如果牛乳是唯一蛋白来源,该产品可标识为‘特殊医学用途牛乳基婴儿配方食品’”。标准的第9.3条款表明“特殊医学用途婴儿配方食品应该按照FSMP的标签和声称法典标准（CODEX STAN180－1991）的第4.2节规定，全部营养素均需要被标识。”该标准也强调标签和包装外分别提供的信息不应妨碍母乳喂养，除非母乳喂养对那些患病、紊乱或医疗状况不适宜母乳喂养时，而拟用配方食品。

在营养物质方面，CAC制定的《婴幼儿特殊膳食用食品中营养物质的参考清单》（*Advisory lists of nutrient compounds for use in foods for special dietary uses intended for infants and young children*，CAC/GL 10－1979，Adopted in 1979；Amendment：1983，1991，2009 and 2015，Revision：2008）在1979年被采纳为国际标准，并分别在1983年、1991年进行修正后，在2008年进行修订，之后于2009年与2015年进行了修正。该清单包括了婴幼儿特殊膳食用用品中基于营养目的使用的营养物质。清单在条款2中表明基于营养目的添加到婴幼儿食品中的营养物质可以纳入该清单，但是需要符合条款2中的条款1.1的要求。此外，在条款3中，该清单强调“婴幼儿食品法典标准中的可选配料并不等同于考虑用于婴幼儿特殊膳食食品中的可选配料。基于营养目的添加到婴幼儿特殊膳食用食品的可选配料应符合第2.1节中规定的标准以外，还应该符合相关婴幼儿食品法典标准中所规定的可选配料的要求。”该清单对1岁以下人群的FSMP产品的矿物盐和微量元素（钙、铁、镁、钠、钾、铜、碘、锌、锰、硒、铬、钼、氟）、维生素（维生素A、维生素A原、维生素D、维生素E、维生素C、维生素B_1、维生素B_2、维生素B_6、维生素B_{12}、烟酸、叶酸、维生素K_1、生物素）、氨基酸和其他营养素（肉碱、牛磺酸、肌醇、核苷酸）、用于特殊营养素形式的食品添加（该清单的附表D部分强调“出于稳定和安全操作的考虑，有必要将部分维生素和其他营养素转变为稳定制剂，例如：阿拉伯胶包被产品、干磨制剂等。同时，由于同样的原因，可以使用相关的法典标准中允许使用的食品添加剂”。此外，该部分规定了阿拉伯胶、二氧化硅、甘露醇（用于维生素B_{12}干磨，仅0.1%）、辛烯基琥珀酸淀粉钠、L－抗坏血酸钠（在含有多不饱和脂肪酸营养素制剂包被时）这5种食品添加剂可被用作营养素载体，并规定了其在婴幼儿即食食品中的最大使用量）。

CAC制定的《食品添加剂使用标准》（*General standard for food additives*，CODEX STAN 192－1995）在1995年被采纳为国际标准，并分别在1997、1999、2001、2003、2004、2005、2006、2007、2008、2009、2010、2011、2012、2013、2014、2015、2016、2017年均进行修订。食品添加剂使用标准（GSFA）中明确了食品中可以使用的添加剂、能够及不能使用添加剂的食品和添加剂的最大使用量；此外，该标准指出使用食品添加剂的一般原则为“添加剂的安全性、添加剂使用的合理性、良好生产规范（GMP）、食品添加剂的特性和添加剂纯度的规格标准”。该标准在条款 4.3 中明确，食品添加剂由原料或配料带入食品的情况并不适用于婴儿配方、较大婴儿配方以及特殊医学用途婴儿配方食品（GSFA 中食品分类系统编号为 13.1）与婴幼儿辅助食品（GSFA 中食品分类系统编号为 13.2），除非该标准的表 1 和表 2 中对以上两类食品有明确的规定。GSFA 对特殊医学用途婴儿配方食品及 1 岁以上人群的特殊医学用途食品中可使用的食品添加剂进行了详细规定。GSFA 允许在特殊医学用途婴儿配方食品中作为乳化剂、稳定剂、增稠剂添加刺槐豆胶（最大使用量为 1000mg/kg，2014 年被采纳），作为发泡剂、包装气体、推进剂的氮（标准中表明 JECFA 认为不必要以数值形式表示其每日允许摄入量，但该添加剂必须按 GMP 的范围使用，2015 年被采纳），作为乳化剂、稳定剂、增稠剂的二淀粉磷酸酯（最大使用量为 5000mg/kg，2014 年被采纳），作为碳酸化剂、发泡剂、包装气体、防腐剂、推进剂使用二氧化碳（标准中表明 JECFA 认为不必要以数值形式表示其每日允许摄入量，但该添加剂必须按 GMP 的范围使用，2015 年被采纳），作为乳化剂、稳定剂、增稠剂添加瓜尔胶（最大使用量为 1000mg/kg，2014 年被采纳），作为疏松剂、载体、乳化剂、胶凝剂、抛光剂、水分保持剂、稳定剂、增稠剂添加卡拉胶（最大使用量为 1000mg/kg，2016 年被采纳），作为酸度调节剂与固化剂添加氢氧化钙（最大使用量为 2000mg/kg，2013 年被采纳）、作为酸度调节剂添加氢氧化钾（最大使用量为 2000mg/kg，2013 年被采纳）、作为酸度调节剂添加氢氧化钠（最大使用量为 2000mg/kg，2013 年被采纳）、作为酸度调节剂添加乳酸（*l*-，*d*-和 *dl*-）（标准中表明 JECFA 认为不必要以数值形式表示其每日允许摄入量，但该添加剂必须按 GMP 的范围使用）等（详见 GSFA 表 1 自在特定条件下允许在特定食品类别或具体食品中使用的添加剂）。对于 1 岁以上人群的特殊医学用途食品，该标准规定可以作为甜味剂添加阿斯巴甜、苯甲酸盐、靛蓝（食用靛蓝）等（详见 GSFA 表 1 在特定条件下允许在特定食品类别或具体食品中使用的添加剂）。

二、欧盟相关法规

欧洲联盟（European Union，EU），简称欧盟，总部为布鲁塞尔（比利时的首都）。欧盟目前拥有 28 个会员国（本书稿中将英国计入欧盟会员国），有 24 种正式官方语言。EU 在食品安全方面具有较完善的法律法规体系。EU 在 2002 年 1 月 28 日颁布的 Regulation（EC）No 178/2002（通用食品法规，178/2002 号）中的第 14（1）条款中规定了食品法的一般原则和要求，要求建立欧洲食品安全管理局（European Food Safety Authority，EFSA）并设立食品安全事务的程序。该法令规定食品安全的一般原则为“从农场到餐桌”的全程方法、风险分析、预防原则、透明性；并将 EFSA 的任务使命、组织机构等内容进行了详细的阐述；此外，法令将快速预警系统、危机管理和紧急事件部分进行了描述，并在法规中加入了程序及最终条款部分。由于 FSMP 属于食品，故需要遵守该 178/2002 号法规。

欧盟在 1989 年将 FSMP 列入了特殊膳食管理，并针对 FSMP 制定了以下法令法规：《特殊医学用途食品指令》（*Dietary foods for special medical purposes*，1999/21/EC）[2016 年 7 月被（EU）No 609/2013 替代]、《可用于特殊营养目的用食品中的营养物质名单》（*Substances that may be added for specific nutritional purposes in foods for nutritional uses*，2001/15/EC）、《关于婴幼儿食品、特殊医学用途食品和控制体重代餐的条例》[*on food intended for infants and young children*, *food for special medical purpose*, *and total diet replacement for weight control and repealing*，（EU）No 609/2013]（2016 年 7 月替代 1999/21/EC 指令）、新物质的申报程序、上市前申报及审批等。

（一）《关于婴幼儿食品、特殊医学用途配方食品和控制体重代餐的条例》[*on food intended for infants and young children*, *food for special medical purpose*, *and total diet replacement for weight control and repealing*,（EU） No 609/2013][2016 年 7 月替代《特殊医学用途食品指令》（Dietary foods for medical purposes，1999/21/EC）]

欧盟早在发布 178/2002 号法规前，在 1999 年正式颁布了《特殊医学用途食品指令》（1999/21/EC）。指令规定 FSMP 是一类满足特殊营养使用的食品，经过专门的加工或配制，用于病人的膳食管理，需要在医生监督下使用。此外，FSMP 可以单独或者与其他食品配合一起食用，可以用于进食、消化、吸收、代谢或者清除功能受限、障碍或紊乱而不能食用普通食品，或含有特定营养素，或产生某些代谢产物的食品，或者有疾病特异性营养素需求的人群，这些人群的膳食管理不能通过改变常规饮食、其他特定营养食品或两者结合来实现。指令中将 FSMP 分为三类，分别是全营养配方食品、特定疾病需要调整营养素的全营养配方食品和非全营养配方食品，并按类别对其进行管理和规定。此外，指令 1999/21/EC 的第 2 条强调“各成员国应保证特殊医学用途的膳食性食品只有在符合本指令规定的情况下才可以在欧共体内销售。”

在配方要求方面，该指令要求保证其灵活性。指令指出“一般要求，配方要依据合理的医学和营养原则，产品使用安全、益处和效果要根据通常可接受的科学依据”。此外，法令对成人和婴儿的 FSMP 设定了微量营养素的最小和最大量，并明确指出婴儿的 FSMP 要遵从健康婴儿配方食品的营养成分要求，并指出在特定使用情况下可以删减。

在标签方面，指令设立强制标签要求，包括“容易识别的产品名称”“营养素含量”及标签必须标示在医务人员监督下使用的警示语，如“‘为了……的膳食管理用’声明”、“产品的性能和或特性的描述，尤其是在有关增加、减少、去掉或者改变的营养素和产品使用合理性”，需要注意的是，指令中要求需要标示的强制声明是不受声称法规约束的。在通报程序方面，指令指出需要在国家层面建立通报程序，但如果成员国证明这不必要，可以去掉。通报程序有经销商在销售时向成员国管理部门（如卫生部）递交填好的表格和标签，成员国负责制定申请的原则，不需要注册或上市前审批。需要我们注意的是，正常消费的食品大多数情况市场销售时不需要通报，食品补充剂和强化食品除外。事实上，欧盟指令中指出的“无须上市前审批程序”是有利于促进产品研制和创新的。此外，该指令还明确提出特殊医用婴儿配方食品需在符合该标准要求的同时，还需要满足正常婴儿配方食品及较大婴儿配方食品的其他相关要求（91/321/EEC）。对于宏量营养素的含量，欧盟并没有规定，只要求企业在备案时提供宏量营养素含量的科学依据即可。

在上市前的批准方面，欧盟各成员国在欧盟制定的标准的基础上，制定了本国相应的标准规定。如荷兰、西班牙等国上市前需要到相关部门进行备案；法国、波兰等国则要求企业提供资料进行技术审评，主要审查产品的安全性和有效性，但审核程序相对简单，审核期一般为 3 个月。以西班牙为例，西班牙执行欧盟的相关指令实施西班牙 1091/2000 皇家法令，将欧洲指令 1999/21/EC 纳入西班牙法律体系；采用了欧洲指令 1999/21/EC 中对特殊医学用途食品的定义、分类、组分和标签的规定；按照欧洲指令 1999/21/EC 中实施了过渡期；要求从第三国进口的、在西班牙销售的产品遵守皇家法令的规定；规定了侵犯西班牙 1091/2000 皇家法令的处罚规则；实施 FSMP 的上市通报程序，要求将产品的标签样本发送于西班牙主管当局，需要明确的是，西班牙主管当局（中央或地方政府）取决于产品来源地（在西班牙生产的还是来自欧盟成员国或第三国）和食品经营者总部地点；西班牙皇家法令 191/2011 规定了食品和食品公司的一般卫生注册，食品和食品公司的一般卫生注册法规规定了食品公司以及上市必须通报的产品类别（包括特殊医学用途食品的登记注册）；如果特殊医学用途食品的标签信息有变化时，新的标签也应当通报主管当局确认；如特殊医学用途食品中止销售，也应当通报主管当局登记备案；如特殊医学用途食品已经在其他的欧盟成员国市场上进行销售，则首次通报的主管部门的信息应当在 FSMP 标签副本上有所体现；此外，测试部分不属于其特殊医学用途食品的上市流程。

欧盟在 2013 年颁布了《关于婴幼儿食品、特殊医学用途配方食品和控制体重代餐的条例》（*on food intended for infants and young children*, *food for special medical purpose*, *and total diet replacement for weight control and repealing*，（EU）No 609/2013），并于 2016 年 7 月生效，同时废止上文中的 1999/21/EC《特殊医学用途食品指令》。(EU）No 609/2013 就婴幼儿及较大婴儿配方食品、加工谷物基食品及婴儿食品、特殊医学用途配方食品和控制体重代餐等食品类别的组成及信息要求建立了通用规定，并将可添加至这些食品类别中的物质建立了一份联合目录及其更新规则。此外，欧盟委员会在 2017 年 6 月 21 日发布（EU）2017/1091 条例，该条例修订了（EU）No 609/2013 条例中有关谷物加工食品、婴幼儿食品及特殊医学用途配方食品中的钙源和铁源的列表——条例新增了磷酸寡糖钙作为食品、食品补充剂、特殊医学用途配方食品的钙质来源；同时，条例将亚铁双甘氨酸列入相应的物质清单。

（二）《可用于特殊营养目的用食品中的营养物质名单》（*substances that maybe added for specific nutritional purposes in foods for particular nutritional uses*，2001/15/EEC）

欧盟在 2001 年发布了《可用于特殊营养目的用食品中的营养物质名单》，并在 2013 年对该名单进行了修订，发布了《可用于婴幼儿、FSMP 和体重控制代餐类食品中的营养物质名单》（EU NO. 609/2013）。名单明确规定了可用于 FSMP 的营养物质，并强调"为了保证法规执行的一致性，欧盟委员会可以决定某一事物是否使用该法规，可以决定某一事物所属的类别"，规定拟添加在医用食品中的新成分/新原料需要获得 EFSA 的批准。

对于用于 FSMP 的食品添加剂，欧盟规定其需要符合欧盟的食品添加剂通用标准（Food additive，EC 1333/2008）。

三、美国食品与药品管理局相关法规

在美国，FSMP 同样属于特殊膳食食品的一种，被称为医用食品（medical food）。美国在 1988 年首次在药品法修订版"Orphan Drug Act Amendments"中提出了"医用食品"的定义；在 1990 年的营养标签教育法案（Nutrition Labeling and Education Act）中及 1993 年出版的营养标签强制标识规定中收录了 1988 年提出的定义；之后，FDA 在 1996 年草拟的 Regulation of Medical Foods：Advance Notice of Proposed Rulemaking（ANPR）建议进一步制定关于医用食品的法规，但由于各种原因，该标准于 2003 年被收回，目前尚无进展；目前，在美国，广义的医疗食品分为肠内和肠外营养两种，肠内营养（即 FSMP）的食品放松监管，肠外营养食品仍按照药品进行管理，故美国对于 FSMP 的管理相对宽松，并没有制定相应的产品标准，只是美国食品与药品管理局（FDA）在1996年制定了《医用食品的进口和生产的指导原则》（Compliance Program Guidance Manual 7321.002, Medical Foods Program-Import and Domestic, FY06/07/08）首次对医用食品的生产、监督和进出口进行了明确的规定，并于2006年进行了修订；此外，美国在2016年公布了《医疗食品常见问题及答复，行业指导》（*Frequently asked questions about medical foods*, second edition, guidance for industry, 2016），该指导原则主要是为了便于相关行业快速了解医疗食品常见问题及答复。

《医用食品的进口和生产的指导原则》明确了FSMP是用于特殊疾病或特殊营养需求人群的膳食管理，为满足特定营养需求，且基于公认的科学原则并建立在医学评估基础上的用于肠内的配方食品，强调其必须在医生的监护指导下使用。FDA将FSMP主要分为四类，分别为全营养配方、非全营养配方（包括组建类产品，在食用前与其他产品充分混合，如蛋白质、碳水化合物和脂肪）、用于1岁以上的代谢紊乱病人的配方以及口服的补水产品。在此需要注意的是，美国用于1岁以下人群的代谢紊乱病人的配方食品不归于医疗食品，而是归于婴儿配方食品进行监管。此外，该指导原则也阐述了医疗食品的生产、抽样、检验和判定等多项内容，如该原则为FDA的检察员以下指导：通过现场检查，获取有关医疗食品制造生产的流程积极质量保证体系的信息；收集用于监测目的的国内和进口医疗食品营养和微生物分析样本；对操作时显著违反美国食品药品相关法律法规时给予改进建议。

在FSMP的食品添加剂、营养强化剂、新成分、食品标签标识等方面，食品添加剂的使用应当经过FDA的批准；营养强化剂应为GRAS物质，但无明确的可用名单；新成分应该进行新食品添加剂的申报或GRAS评估；食品添加剂以及食品原料的质量需符合Food for Chemical Code标准的要求；在食品标签标识方面，美国在1990年发布了《营养标识和教育法》，除收录了医用食品的概念外，还对普通食品进行健康宣示营养成分标签标识进行了严格的规定，但需要注意的是医疗食品免于营养成分标识及功能声称，不过除此之外，医疗食品必须遵守普通食品也应该满足的标签标识的其他相关规范；此外，根据FDA在2004年颁布的《食品过敏原标识及保护消费者法案》（Food Allergen Labeling and consumer Protection Act, FALCPA）的相关规定，医用食品需要明确标识可能的过敏原，如坚果、牛乳等。

在上市批准方面，美国医用食品不需要任何上市前的注册和批准。

四、澳大利亚和新西兰相关法规

澳大利亚和新西兰食品标准局（Food Standards Australia and New Zealand, FSANZ）

是澳大利亚和新西兰两个国家在 2002 年 7 月 1 日正式成立的，其前身为澳大利亚新西兰食品管理局。FSANZ 作为两个国家的政府机构，主要职责是制定和管理这两个国家的食品标准，需要注意的是，FSANZ 只负责制定和管理，但不执行，由国家和州政府的其他部门执法。

在澳大利亚和新西兰，FSMP 同样属于特殊膳食类食品。目前，FSANZ 针对 FSMP 发布了两个产品标准，分别为《特殊医学用途配方食品》（*Food for special medical purpose*. Standard 2.9.5）和《婴儿配方食品》（*Infant Formula Products*, Standard 2.9.1），其中特殊医学用途婴儿配方食品适用于后者。

（一）《特殊医学用途配方食品标准》（*Food for special medical purpose*. Standard 2.9.5）

FSANZ 于 2012 年 6 月正式发布《特殊医学用途配方食品标准》，该标准在 2014 年 6 月 28 日正式实施，在 2017 年进行过修订。制定该标准的目的是用于提供清晰的法规规定，解决食品和药品的衔接问题，并规范产品组成成分、标签以及应该达到的指标要求。

该标准的内容包括四个部分，分别为 FSMP 的定义、销售、营养素含量及标签标识。在定义方面，FSMP 主要有 3 个要素"专门用于个体膳食管理的配方""在医生指导下使用""作为特殊医学用途配方食品或者特定疾病、代谢紊乱或医学状况的膳食管理所需"，需要注意的是，该标准不包括肠外营养产品、用于超重和肥胖膳食管理的产品及婴儿配方食品。此外，标准强调不得声称与治疗疾病或者治疗用途相关的任何用语。

在产品分类方面，澳大利亚和新西兰没有明确该类产品的分类，但是在营养素的规定上，澳大利亚和新西兰规定了单一营养来源的食品即全营养配方食品的各类营养素的含量。对于全营养配方食品，标准没有限制宏量营养算的含量，只对微量营养素有一些限制——限定了必需维生素、矿物质元素和电解质的最低含量；限定了维生素 A、维生素 D、维生素 B_6 及矿物质元素钙、锌、铜、锰、碘、硒的最高含量。对于特定疾病的全营养配方食品，澳大利亚和新西兰同样允许其在全营养配方的基础上，有充足科学依据的前提上调整个别营养素的含量，此种情况下，需要在标签上注明修改的营养素，并在标签上说明营养素的具体变化，是增加、减少还是去除。

在标签标识中，强制标识"产品信息（产品名称、ID 号）""生产日期""使用说明和贮藏方法""适用人群""致敏物质""配料表""营养成分表""转基因和辐照食品"信息。当然，标签上配料表的标识形式可以灵活标识，没有强制的标识方式。标准还要求强制标识"在医生的指导下使用"，规定标识标示该产品的医学用途时，可以标识用于哪种疾病、机能失调或某种医学状况，但是不能声称有疾病治疗作用，如减轻病痛等；标识中需要说明该产品是否能够作为全营养配方产品；此外，如果 FSMP 中含有以下物质，应该在标签中注明警示语——“阿斯巴甜或阿斯巴甜磺胺盐类-含有苯丙氨酸”“多羟基化合物或聚葡萄糖超过一定含量——可以导致轻度腹泻”，同时，应注明注意事项及禁忌症和适应症。关于声称，标准规定产品满足低或无麸质和乳糖声称的要求，可做相应声称；在维生素和矿物质声称方面，没有限制；此外，可做产品的健康声称，但是不能进行疾病治疗方面的声称。

在广告宣传方面，澳大利亚和新西兰标准允许进行广告宣传，但广告不得涉及标签中禁止说明的内容，且不得误导消费者，在澳大利亚和新西兰有专门的机构和法律监管广告，如澳大利亚竞争和消费者委员会和公平贸易法会对澳大利亚和新西兰的广告进行监督管理。

（二）《婴儿配方食品》（Infant Formula Products，Standard 2.9.1）

澳大利亚和新西兰在《特殊医学用途配方食品标准》中明确指出，《特殊医学用途配方食品标准》中不包括婴儿配方食品。那么，针对适用于特殊疾病状态下婴儿的配方食品，澳大利亚和新西兰将其纳入婴儿配方食品进行管理，使用的标准即《婴儿配方食品》。

该标准根据不同的医学状况，将婴儿的 FSMP 分为关于早产/低出生体重婴儿配方食品、无低乳糖配方食品及关于蛋白改变配方食品。

（1）对于早产/低出生体重婴儿配方食品，在营养素含量方面，该标准未明确规定；在标签标识方面，标准强调必须标识“适用于早产或低体重儿使用”。

（2）对于无低乳糖配方食品，在乳糖含量方面，该标准规定无乳糖配方食品中不得检出乳糖，对于乳糖配方食品，则规定每 100mL 乳糖配方食品中乳糖的含量不得高于 0.3g；对于其余营养素含量，标准并未明确规定。在标签标识方面，该标准要求必须在产品名称中标识“无乳糖”或“低乳糖”的字样；且规定液体及固体状态产品的营养素含量的单位为 g/100mL。

（3）对于蛋白改变配方食品，该标准规定了其能量、脂肪、蛋白质和 L-氨基酸的含量要求——能量的下限值与上限值分别为 250kJ/100mL 与 315kJ/100mL，蛋白质的下限值与上限值分别为 0.45g/100kJ 与 0.70g/100kJ，脂肪的下限值与上限值分别为 1.05g/100kJ 与 1.5g/100kJ，并对 9 种 L-氨基酸的下限值均进行详细的罗列。此外，该标准要求蛋白改变配方食品中必须添加铬和钼，且铬的下限值与上限值分别为 0.35μg/100kJ 与 2.0μg/100kJ，钼的下限值与上限值分别为 0.36μg/100kJ 与 3.0μg/100kJ。

澳大利亚和新西兰的《食品添加剂使用标准》明确了按照年龄和产品的状态可使用的食品添加剂种类及具体的使用量；澳大利亚和新西兰公布的两项产品标准附表中分别列出了可用于该类产品的营养强化剂化合物来源。此外，澳大利亚和新西兰标准中规定FSMP的新成分/新原料的管理等同于普通食品，且该类产品无上市前的注册评审要求。

五、日本相关法规

在日本，FSMP也属于特殊用途食品的一类，日本将其称为病人用特别用途食品。日本对于FSMP采取审批制的管理模式。针对FSMP，由日本厚生劳动省制定法规。日本厚生劳动省的主要职责是负责日本的医疗卫生和社会保障。日本厚生劳动省根据2000年提出的《健康日本21》制定了《健康增进法》，于2002年8月公布、2003年5月开始实施。《健康增进法》（2002年法律第103号）第26条明确FSMP在日本的法律地位。该法律规定FSMP上市前需要通过日本厚生省的批准。此外，日本根据该法律法规制定FSMP的审评标准，并分为两种类型，分别为标准型配方食品与需要个别审批的食品。在第一种类型中，标准型配方包括四类食品，分别为全营养食品、低蛋白质食品、无乳糖食品与除过敏原食品，这四类食品分别有相应的许可标准，其中对该类产品的营养素含量、说明书、标签均进行了明确；对于这种食品，日本厚生省可以根据该标准对所申报产品继续审核批准，时间短，评审流程简单。第二种类型即指为需要个别审批的食品，当生产的产品不符合第一类许可标准的要求时，日本厚生省需要对其技术指标进行全面的技术审评和批准，耗时长，程序复杂。日本的FSMP无上市前的注册评审要求。

六、中国相关法规

在我国，特殊医学用途配方食品即最初的肠内营养制剂（Enteral nutrition，EN），我国是将其作为药品来进行管理。有报道表明早在1974年，北京临床已使用了EN制剂，至今已有约44年的使用历史。多项研究表明EN可以维护和改善患者的营养状态，降低医疗成本，提高康复速率，减少由于营养不良导致的并发症发生率和住院天数；此外，EN比起肠外营养（如静脉营养），操作简单、易掌握，且还有可改善和维持患者的肠道功能等优点。

我国将该类产品作为药品进行管理时，其无法满足药物注册的要求。所以，国外的诸多良好产品无法进入到我国市场，同时由于我国缺乏相应的监管和生产标准，特殊医学用途食品在我国的发展受到了极大程度的影响与制约。为了解决我国医用食品缺乏的情况，保障医用食品的安全，我国相关部门已经在大力推动相关标准与法规的制定。自2010年起，我国针对特殊医学用途食品，相继制定了以下3个食品安全国家标准：GB 25596—2010《食品安全国家标准　特殊医学用途婴儿配方食品通则》、GB 29922—2013《食品安全国家标准　特殊医学用途配方食品通则》、GB 29923—2013《食品安全国家标准　特殊医学用途配方食品良好生产规范》；此外，我国特殊医学用途配方食品主要依据《中华人民共和国食品安全法》及《特殊医学用途配方食品注册管理办法》这两个法规及其相关配套文件进行管理。

（一）GB 25596—2010《食品安全国家标准　特殊医学用途婴儿配方食品通则》

我国于2010年12月发布该标准，2012年1月正式实施。该标准制定的目的在于为受疾病影响、无法喂养母乳或普通婴儿配方食品的0~12月龄婴儿提供营养需求，并指导规范该类产品的生产与经营。该标准规定其状态应为粉状或液态配方食品。在原料要求部分，标准明确原料除应符合相应的食品安全国家标准和（或）相关规定外，还应不使用含有谷蛋白的原料及食品添加剂，同时禁止使用氢化油脂及经辐射处理过的原料。该标准还规定了产品的感官要求，必需成分要求（能量、蛋白质、脂肪、碳水化合物、维生素、矿物质），可选择性成分，水分、灰分、杂质度指标，污染物限量，真菌毒素限量及微生物限量，脲酶活性，并要求添加的食品添加剂和营养强化剂应符合相应的标准规定及GB 2760—2014《食品安全国家标准　食品添加剂使用标准》与GB 14880—2012《食品安全国家标准　食品营养强化剂使用标准》的规定。其中，在标准条款4.4.4碳水化合物部分明确指出“只有经过预糊化后的淀粉才可加入到特殊医学用途婴儿配方食品中；不得使用果糖”。此标准还在条款5中明确了标签、使用说明及包装要求。在附录A中，该标准列举了我国常见的六类特殊医学用途婴儿配方食品：无乳糖配方或低乳糖配方食品、乳蛋白部分水解配方食品、乳蛋白深度水解配方或氨基酸配方、氨基酸代谢障碍配方食品、针对早产/低出生体重婴儿配方食品及母乳营养补充剂，此外，将每类产品适用的特殊医学状况及配方主要技术要求进行了描述。标准的附录B中则明确了可用于特殊医学用途婴儿配方食品中的单体氨基酸及纯度等要求。之后，在2012年2月，即该标准实施后一个月，原国家卫生和计划生育委员会（原卫生部）发布了《特殊医学用途婴儿配方食品通则》（GB 25596—2010）问答，明确了标准的制定原则，并详细解释了产品的类别、配方设计、标识和营养素调整的依据等内容，有助于企业及监管部门更好地理解和执行该标准。

（二）GB 29922—2013《食品安全国家标准 特殊医学用途配方食品通则》

我国于2013年12月发布该标准，2014年7月1日正式实施。该国家标准适用于1岁以上人群的特殊医学用途配方食品。该标准制定的目标在于满足进食受限、消化吸收障碍、代谢紊乱或特定疾病状态人群的营养需求，指导规范特殊医学用途食品的生产使用，保障适用人群的营养需求与食用安全。该标准的制定依据有《中华人民共和国食品安全法》、临床营养研究、科学可行性的同意、国际惯例经验、与现行标准合理的衔接及公开透明原则。该标准将适用人群年龄划分为1~10岁及10岁以上，并制定了相应的技术指标。标准借鉴了CAC及欧盟对于特殊医学用途配方食品的分类，将其分成三类，即全营养配方食品、特定全营养配方食品和非全营养配方食品。全营养配方食品单独食用时即可满足目标人群的营养需求；特定全营养配方食品适用于特定疾病或医学状况下的特定营养需求，单独食用时可以满足目标人群营养需求，需要注意的是其适用人群一般指的是单纯患有某一特定疾病且无并发症或合并其他疾病的人群；非全营养配方食品不能作为单一营养来源满足目标人群的营养需求。该标准规定了产品的感官要求，营养成分要求（能量、蛋白质、脂肪、碳水化合物、维生素、矿物质、可选择性成分），污染物限量，真菌毒素限量及微生物限量，脲酶活性，并要求添加的食品添加剂和营养强化剂应符合相应的标准规定及GB 2760与GB 14880的规定，此外，氨基酸来源还应符合本标准中附录B的要求。对于特定全营养配方食品的分类，在标准的附录A中列出了包括糖尿病、呼吸系统疾病、肾病等13种全营养配方食品。对于非全营养配方食品，条款3.4.4中明确其主要包括营养素组件、电解质配方、增稠组件、流质配方和氨基酸代谢障碍配方等，并强调对营养素含量不作要求。此标准还在条款4中明确了标签、使用说明及包装要求。之后，国家卫生和计划生育委员会发布了《特殊医学用途婴儿配方食品通则》（GB 29922—2013）问答，对标准中产品的类别、年龄划分依据、可调整的营养素含量、优质蛋白质的定义、污染物等限量要求的制定原则等内容进行了详细的描述，有助于相关企业及监管部门在生产、使用及监管过程中更好地理解和执行该标准。需要注意的是，问答第十一条“关于特殊医学用途配方食品的分类有哪些”中明确指出，对于目前尚未涵盖的特医食品及一些新产品，我国将根据一系列的程序不断完善其分类以更好地满足其适用人群的特殊营养需求。

（三）GB 29923—2013《食品安全国家标准 特殊医学用途配方食品良好生产规范》

我国于2013年12月发布该标准，2015年1月1日正式实施。该标准在选址及厂区环境，厂房和车间的设计布局、建筑内部结构与材料、设施（供水、排水、清洁消毒、个人卫生、通风、照明、仓储），设备（生产、监控设备），卫生管理，原料和包装材料，生产过程中的食品安全控制（产品污染风险控制、微生物污染的控制、化学污染的控制、物理污染的控制、食品添加剂和食品营养强化剂、包装及特定处理步骤），验证，检验，产品贮存和运输，产品追溯和召回，培训，管理制度和人员，记录和文件管理等方面的要求均进行了详细的描述，并在附录C中列出了粉状特医食品安全控制实施有效性的监控与评价措施。该标准的出台为特殊医学用途食品（包括婴儿和成年人）的生产设定一定的准入门槛，以进一步保证产品质量。

（四）《特殊医学用途配方食品注册管理办法》（国家食品药品监督管理总局2016年第24号）

该办法在我国于2015年12月8日经原国家食品药品监督管理总局（CFDA）局务会议审议通过，2016年3月公布，2016年7月1日起正式施行。该办法适用于在我国境内生产销售和进口的FSMP的注册管理。此管理办法中的第一章第三条对特医食品注册的定义进行了描述，并在第四条中规定了特医食品注册管理的科学、公开、公平与公正原则。在第一章第五条中明确了由CFDA来负责特医食品的注册管理工作，并分别由其行政受理机构、食品评审机构、审核查验机构负责特医食品注册申请中的受理、审评及审评过程中的现场核查工作。办法中的第二章则详细说明了特殊医学用途配方食品注册的申请与受理、审查与决定、变更与延续注册，第三、四、五、六章则分别阐述了临床试验、标签和说明书、监督检查及法律责任。在第七章附则中用第四十八条至第五十条再次明确了特殊医学用途配方食品、特殊医学用途婴儿配方食品的定义及分类。该办法的施行有利于规范我国特医食品的注册行为，加强其注册管理，并保证其质量安全。

（五）《特殊医学用途配方食品生产许可审查细则》（国家市场监督管理总局2019年第5号）

国家市场监督管理总局于2019年1月29日发布该公告。该细则共四十二条，对细则的总则、生产场所、设备设施、设备布局和工艺流程、人员管理、管理制度及附则共七章进行了详细的解释。该审查细则的形成有助于FSMP（包括适用于1岁以下的特殊医学用途婴儿配方食品及适用于1岁以上特殊医学用途配方食品）生产许可活动的规范，从而有利于其质量安全的监管。

（六）《特殊医学用途配方食品临床试验质量管理规范（试行）》（国家食品药品监督管理总局 2016 年第 162 号公告）

我国于 2016 年 10 月 13 日发布该公告。该规范第一章中第二条明确了本规范是对特医食品临床试验全过程的规定（包括试验计划制定、方案设计、组织实施等），第二章到第十一章则分别阐述了临床试验实施条件（临床试验用产品、设备等），职责要求（临床试验单位、研究者、伦理委员会、监查员、CFDA 审评机构），受试者权益保障（该部分需要注意的是第二十六条，受试者自愿参加试验且有权在任何阶段无理由退出试验），临床试验方案内容（方案基本信息等），试验用产品管理（专人专用），质量保证和风险管理（申请人、研究者、伦理委员会、监查员等多方面进行），数据管理与统计分析（病例报告表设计、填写和注释等），临床试验总结报告内容（基本信息、临床试验概述和报告正文），其他（签章、受试者隐私、注册申请相关材料的提交），附则（临床试验、试验方案等术语的含义，由 CFDA 负责解释及施行日期），共十一章五十四条。该公告的发布对规范 FSMP 临床试验行为有很大的帮助。

（七）《特殊医学用途配方食品注册申请材料项目与要求（试行）（2017 修订版）》与《特殊医学用途配方食品稳定性研究要求（试行）（2017 修订版）》（国家食品药品监督管理总局 2017 年第 108 号公告）

我国于 2017 年 9 月 6 日发布该公告，自公告发布之日起执行。对于注册申请材料项目与要求方面，文件对于国产 FSMP 注册、进口 FSMP 注册、国产 FSMP 变更注册、进口 FSMP 变更注册、国产 FSMP 延续注册与进口 FSMP 延续注册这六种类型的注册申请材料项目与要求进行了明确详细的阐述。在特殊医学用途配方食品的稳定性研究要求方面，文件的第一条基本原则中首先明确了稳定性研究是质量控制研究的重要组成部分；该文件适用于在我国境内申请注册的特殊医学用途配方食品稳定性研究工作；在本文件中的第三条“研究要求”中，明确了试验用样品应满足的生产规范与检测批次、考察的时间点和考察时间、考察项目、检测频率及检验方法；在第四条试验方法中，该要求具体描述了加速试验、长期试验、产品使用中的稳定性试验和影响因素试验（高温试验、高湿试验、光照试验）的定义、确定因素、考察时间等，并对是否需要提供稳定性承诺进行了详细的说明；此外，第五条与第六条分别对结果评价与材料要求（产品注册申请时，申请人应当提交的与稳定性研究有关的材料）进行了详细的描述。该公告的执行有助于进一步推进特殊医学用途配方食品的注册工作。

（八）《特殊医学用途配方食品炎性肠病临床试验指导原则（征求意见稿）》与《特殊医学用途配方食品糖尿病临床试验指导原则（征求意见稿）》

CFDA 办公厅于 2017 年 12 月 13 日发布，在 2017 年 12 月 31 日前公开征求意见。这两个原则均适用于 10 岁以上相关患者的特定全营养配方食品临床试验。前者只适用于炎性肠病中的克罗恩病和溃疡性结肠炎人群患者；该指导原则在使用原则中强调“炎性肠病全营养配方食品临床试验研究时需要考虑的一般性原则”；在第一条“试验目的”中明确了炎性肠病全营养配方食品的定义及配方特点，同时阐述了试验在安全性、营养充足性及临床效果的研究目的；在第二条“受试者选择”中，描述了受试人群在年龄性别、民族、患病类型等方面的入选标准并规定了排除标准；在第三条“退出和中止标准”中，详细指出了需要退出和中止试验的标准；此外，在第四条至第八条分别明确了试验样品要求（试验用样品、对照样品）、试验方案设计（试验方法、试验分组、试验周期、给食量和给食途径）、观察指标（发生感染性并发症等安全性指标、血清白蛋白等营养充足性指标及特殊医用临床效果指标）、结果判定（判定标准为安全性、营养充足性及特殊医用临床效果）及数据管理与统计分析，并在第九条中解释了相关克罗恩病及溃疡性结肠炎的定义。后者则针对糖尿病患者规定了其指导原则，相似于前者的指导原则。该指导原则的实施有助于进一步规范特殊医学用途配方食品的临床试验工作。

（九）《特殊医学用途配方食品肾病临床试验指导原则（征求意见稿）》与《特殊医学用途配方食品肌肉衰减综合症临床试验指导原则（征求意见稿）》

CFDA 办公厅于 2018 年 1 月 25 日发布，在 2018 年 2 月 9 日前公开征求意见。前者适用于 10 岁以上肾病患者特定全营养配方食品临床试验；后者则适用于 60 岁以上肌肉衰减综合症患者特定全营养配方食品临床试验。两个意见均详细描述了相应的指导原则，原则内容类似于上一段中对炎性肠病及糖尿病临床试验指导原则（征求意见稿）的描述。此外指导原则的第九部分“有关诊断标准及术语”，对亚洲肌肉衰减综合症工作组的诊断标准等术语进行了解释。该指导原则的实施也将有助于进一步规范特殊医学用途配方食品的临床试验工作。

在 2007 年 7 月 19 日，CFDA 通告其组织抽检的 160 批次特殊医学用途配方食品中，有 157 批符合法规要求，有 3 批次特殊医学用途食品为不合格产品，且分别就不合格的 3 批产品进行了原因剖析，并针对不合格产品给予召回、整改、下架等处理方式。这些都表明我国在特殊医学用途食品的标准法规体现正在逐渐完善。

除上述国家和地区外，还有很多国家（如加拿大、越南等）以及我国香港、澳门、台湾地区也都根据其实际情况，制定了相应的 FSMP 标准法规。虽然每个国家和地区的法规略有不同，但是大部分是以 CAC 的标准为其指导原则，并结合实际情况进行明确和细化。在世界范围内，各国与各地区的总目标都是通过特殊医学用途配方食品的应用，为患者更好地提供营养支持，从而改善患者的营养状况、促进患者康复、缩短患者的住院时间、节省患者医疗费用等。

第三节 特殊医学用途配方食品应用情况

一、国际应用情况

20 世纪以来，出现了大量与营养相关的疾病，如甲状腺肿大、佝偻病、克山病、坏血病等，这些疾病地出现在很大程度上促进了营养与疾病的相关的研究。很多食品企业开始生产针对营养缺乏病相关的食品。随着这些问题的解决，在世界范围内，健康领域正在发生着新的变化，由“治已病”到“治未病”的观念越来越被接受。营养食品的研究也取得了很大进步，人们致力于研发帮助减少或者控制如癌症、动脉硬化、体重等方面的食品。

在过去几十年中，我们在营养与疾病相关的研究取得了很大的突破，进入 21 世纪，特殊医学用途配方食品更是引起了医学领域的高度关注。特殊医学用途配方食品产业在全球已进入高速发展的时期。现已证明，为患者提供经过科学论证的营养配方食品，与药品共同辅助疾病治疗，能加快人体机能的恢复，这一创新已经在医疗体系中扮演越来越重要的角色。特殊医学用途配方食品的应用在改善病人营养状况，促进病人康复，缩短住院时间，节省医疗费等方面发挥了巨大作用，现在不少国家已经将特殊医学用途配方产品列入医保报销的范围。

其实早在 20 世纪 80 年代，如日本、澳大利亚、新西兰、美国、欧盟等多个国家和地区以及国际食品法典委员会就广泛使用特殊医学用途配方食品，并且制定了相关的管理措施和（或）相应标准，比如在欧盟特殊医学食品已被赋予专利，并且对基础健康研究有重大意义。

目前，特殊医学用途配方食品产业在全球范围内已然呈现出蓬勃发展之势。据研究报道，特殊医学用途配方食品在全球的市场规模大概为560亿~640亿元，并以平均每年6%的速率在增长。其中，北美的市场规模为270亿~300亿元，平均增速为3%；欧洲的市场规模为130亿~150亿元，平均增速5%；日本的市场规模为100亿~125亿元，平均增速为7%。

目前，国外的肠内营养制剂发展相对完善，有很多研究与生产单位进行系统研究，较知名企业如纽迪希亚、费森尤斯卡比、雀巢、雅培、罗氏、美赞臣、荷美尔、诺华等，其中纽迪西亚在北美及中国无锡等地均有生产销售基地，其市场占有量全球第一。研究显示：发达国家个地区的肠内营养和肠外营养治疗的比例为10∶1，而我国的比例相反。

二、国内应用情况

（一） 国内现状

20世纪90年代以来，随着社会经济的增长、物质文明的发展，一些“文明病”——肥胖病、糖尿病、动脉硬化、恶性肿瘤、高血压、高脂血症等呈上升趋势，无时无刻不威胁着每一个人的身体健康。据统计，截至2015年，我国糖尿病患者已达1.1亿人、慢性肾病患者达1.2亿人、高脂血症患者达1.6亿人、肥胖患者达0.9亿人。老龄化社会的形成、快节奏的生活方式、大量亚健康人群的存在，还有各种特定生理阶段（妊娠期、哺乳期、婴幼儿期等）人群，都对食品营养有特殊需求。这就对特殊膳食食品赋予了特殊使命，进而促进了我国特殊医学用途食品的大力发展。

目前，在全球消费特殊医学用途配方食品的市场，中国所占规模很小，2015年总销量不足6亿元，仅占全球市场的1%。虽然近年来有了快速的发展，平均年增长速度超过37%，但90%以上市场份额为几家跨国公司垄断，而且产品品种少，不到20种，而国外每个生产特殊医学用途配方食品的公司上市产品总数均在100种以上。受国内机制所限，不少病种在中国无法购买到相应的产品，不能满足我国临床营养需求。

特殊医学用途配方食品虽然在国内应用已有30多年，但长期以来作为药品管理，并且没有引起足够的重视，而且发展相当缓慢。其特点是：产品数量少，配方陈旧，加工技术的落后；市场规模小；政策法规相对滞后；市场发展区域不平衡，大部分集中在少数大医院、大城市；静脉营养滥用；认知度低。

国内有一定规模的肠内营养制剂生产厂家主要为华瑞制药、西安力邦、上海励成、浙江海力生等，占据了国内一半以上的市场。这些公司的产品大部分是药字号，剂型以即用型为主，如瑞代、康全力、雀巢佳膳膳食纤维、立适康匀浆膳（纤维性）、立适康低 GI 全营养粉、力存低 GI 全营养素等，方便食用，使患者在控制血糖的同时得到更好的营养。药准字产品在医院药剂科使用，也有少部分为保健食品或食字号产品，在医院设置柜台销售。国外进入国内的产品主要为 20 世纪 80 年代左右研发的产品，国内企业进入该产业的时间较晚，初始阶段以模仿国外产品为主，随着相应法规的颁布与实施，我国企业逐渐与研究机构合作，启动特殊医学用途配方食品的研究。

随着我国老龄化程度的加深和医疗保障体系的不断完善，我国慢性代谢综合征患者占世界同类患者数量比例大，糖尿病、肾病、高血压等患者分别占全球患者总量的 33%、24% 和 22%，特殊医学用途配方食品市场需求巨大。产品缺乏导致住院率高且治疗效果差，作为药品注册，高额的注册费导致产品价格高，评审时间长，限制产品发展，导致患者不合理营养。目前，特殊医学用途食品的注册没有正式开始，临床医院在肠内营养食品选择、采购、使用没有统一标准。调查中发现，医院销售的国内产品以固体饮料的标准生产，在产品的稳定性和临床应用安全性研究上投入很少。特殊医学用途配方食品是用于临床疾病患者营养干预和支持的特殊食品，相比普通食品和保健品应该需要更严格的安全性和毒理性科研论证。

对于疾病患者来说，特殊医学用途食品具有非常重要的意义。很多住院动手术的病人，都会把关注的重心放在主刀医生和手术过程上，往往忽视了术前准备及术后护理，尤其是临床营养。实际上，在很多情况下，特殊医学用途食品对于患者来说具有重要的临床意义，其在纠正代谢失衡、减少感染等并发症、增强各种治疗手段的效果、促进康复、缩短住院时间、改善病人生活质量等方面具有重要的临床意义。巴西卫生部做过一个卫生经济学评估，评估的结果是病人每花 1 元钱在营养支持上，整体治疗费用就能降低 8 元钱。雅培、雀巢等几家公司共同开展的一项全球性临床实验也证实，营养支持使得住院病人的费用大大降低。

2016 年对于中国特殊医学用途配方食品（以下简称特医食品）行业来说是不平凡的一年，甚至被认为是“中国特医食品元年”。早在 2013 年，我国特医食品已经形成了“1 个规范标准+2 个产品标准”的标准体系，直到 2016 年 7 月 1 日特殊医学用途配方食品拥有了独立的产品标准和生产规范、注册管理文件。特殊医学用途配方食品强调了在医生或营养师指导下食用，在这一方面它不同于匀浆膳、营养素补充剂等保健食品。它更接近于患者自然的进食过程，在降低感染并发症发病率、降血糖、缩短平均住院时间及满足正常的生理需求等方面均具有巨大的优势。

（二）特殊医学用途食品在国内的种类及应用

1. 全营养配方食品及应用

当前，全营养配方食品是特殊医学用途配方食品中使用较为广泛的一大类，全营养配方食品含有人体必需的蛋白质、脂肪、碳水化合物、维生素和矿物质以保证目标人群获得充分的营养，并且为一大部分在临床条件下的病人提供营养支持。

根据氮的来源可分为氨基酸/短肽型和整合型全营养配方食品。氨基酸/短肽型全营养配方食品适用于肠道功能严重障碍、不耐受整合蛋白制剂的患者，如胰腺炎、炎性肠道疾病、肠炎、艾滋病、脓性血症、大面积烧伤、大手术后的恢复期及营养不良患者的术前准备及肠道准备等；整合型全营养配方食品可用于有一定肠道功能或者其功能较好，但不能自主进食或意识不清的患者，是临床上应用最广泛的全营养配方食品，如安素、能全素等。

2. 常见的特定全营养配方食品及应用

特定全营养配方食品通常只包含单一的营养物质或者含有目标人群缺乏的营养成分，这类产品可以提供正常饮食之外的必需营养成分和能量，比如中链甘油三酯、膳食纤维等，它们也可以与其他必要营养成分一起为目标人群提供全面均衡的营养需求。可用于新陈代谢疾病，如糖尿病、肾病、丙酸血症等。特定全营养配方食品含有的特定营养物质可以灵活的被添加，因为它们是需要满足特定的人群，正是因为其特定性，因此也限制了该类食品的广泛应用，应在临床营养师或医生的指导下科学使用。

特定全营养配方食品的研发在我国尚处在起步阶段，相应法律法规的提出与完善，给中国特殊医学用途配方食品产业带来新的发展机遇与挑战，国内企业应重视新产品的研发、产品的安全性、营养充足性以及特殊医学用途的临床效果。

（1）糖尿病全营养配方食品　糖尿病是一种以胰岛素分泌或作用缺陷引起的高血糖为病症的代谢性疾病，是心血管疾病的主要危险因素之一。糖尿病患者由于内分泌功能紊乱、遗传因素等原因引发糖类、水、脂肪、蛋白质、电解质等一系列代谢紊乱。针对上述情况，该类产品调整了宏观营养素的比例和钠含量，强调产品的低血糖生成指数（低 GI），为患者提供全面而均衡的营养支持。

目前上市的糖尿病专用配方食品的 GI 多在 40 以下；碳水化合物：“缓释型”；碳水化合物与脂肪比例：用多不饱和脂肪酸代替以适当降低碳水化合物水平；适当添加铬；添加一定量浓度的水溶性膳食纤维。

在糖尿病患者的饮食当中，医用食品已经广泛应用。美国糖尿病学会指出，治疗妊娠期糖尿病，采用医学营养治疗是一种有效途径。研究发现，采用糖尿病辅食型营养剂干预与饮食控制相结合的方式可以很好地治疗和控制糖尿病，能有效地减少并发症、防止热量供应不足，从而降低妊娠期并发症引发的风险。适用于糖尿病人的医用食品在我国已经得到了较多地使用，目前常见的应用于糖尿病患者的医用食品有康全力、瑞代、伊力佳、力衡匀营养膳（糖尿病型）及立适康低 GI 全营养粉（糖尿病专用型）等。但目前整个市场在医院里以药品形式销售的特殊医学用途配方产品，国外品牌几乎占据了全部江山，针对不同疾病的特殊医学用途配方食品种类国内品牌产品依然缺乏、应用明显不足。目前，国外糖尿病全营养配方食品产业发展相对完善，而国内该产业尚处于初始阶段，具有很大发展潜力。

（2）呼吸系统疾病全营养配方食品　呼吸系统疾病主要是由于气管、支气管、肺部等病变而引起的一种多发、常见病。临床上常见的呼吸系统疾病主要有慢性阻塞性肺病（COPD）、急性呼吸窘迫综合征（ARDS）、急性肺损伤（ALI）。

COPD 是呼吸系统疾病的一种。为了减少肺部二氧化碳潴留，COPD 患者需要适当的营养支持，并需要适量添加中链甘油三酯（MCT）以减轻肠胃负担，同时可在配方中选择性添加 n-3 脂肪酸。研究表明，COPD 可以通过营养干预进行预防或改变疾病进程、改善呼吸功能，从而降低发病率和死亡率。重度 COPD 急性期呼吸衰竭病人的分组对照临床实验结果中显示，给予肠内营养支持的治疗组与对照组相比，肠内营养支持治疗可明显提高血清白蛋白，改善血气分析和肺功能，改善 COPD 并发呼吸衰竭患者的临床症状和体征。

ARDS 和 ALI 均属于急性呼吸衰竭，根据其病理特征，其对应的医学用途食品配方应提高脂肪供能比、添加 MCT、适当添加二十碳五烯酸、二十二碳六烯酸，并适当补充钾、钙、镁、磷、钠、氯等矿物质。临床实验已经证明，医用食品对 ARDS 患者和 ALI 患者起到了缓解疾病症状以及降低患者死亡率的作用。

此外，医学用途食品还应用于慢性支气管炎、哮喘等其他呼吸系统疾病，研究表明医用食品可以减缓哮喘症状并减少患者对药物的依赖。

（3）肾病全营养配方食品　肾病指临床上各种急慢性肾病以及继发于其他系统疾病所导致的急、慢性肾功能损伤直至肾功能衰竭的一种疾病。临床上肠内营养食品支持主要针对慢性肾病（CKD）患者。配方根据透析或非透析慢性肾脏病患者对营养素的不同需求，通过调整蛋白质及电解质的水平，以满足其营养需求。可采用的配方设计有：对于慢性肾功能衰竭（非透析）患者应采用高能、低蛋白、低盐、低磷的配方；对于透析治疗的患者应采用低磷的配方；对于透析治疗的患者，优质蛋白“少而精”，适当提高钙、铁、维生素 D 的含量，控制钾、钠、磷的含量。

临床证明，糖尿病肾病作为 CKD 的一种，饮食治疗对控制其病情有着重要的作用。

早在1998年，日本就开发出了可用于肾脏病患者食用的医学用途食品。随着医用食品在我国的发展，我国也已经开发出应用于肾病全营养配方食品以及糖尿病肾病的全营养配方食品。目前针对非透析依赖性CKD患者，医用食品的蛋白质含量应低于0.65g/100kJ，并适当降低钾、钠、磷、镁、钙及维生素A的含量；对于透析治疗患者，配方中蛋白质含量应不低于0.8g/100kJ。

目前，我国已经开发出应用于肾病的多种全营养配方食品。我国市场上常见的用于肾病的医用食品有立适康肾病全营养粉、力衡匀营养膳（肾病专用型）等。

（4）肿瘤全营养配方食品　肿瘤是机体在各种导致肿瘤的因素作用下，局部组织的细胞在基因分子水平上失去对细胞生长的正常调控，导致异常增生与分化而形成的新生物。在手术期、恶液质期的恶性肿瘤患者由于肿瘤的消耗、阻碍进食和消化以及肿瘤对食欲的影响、患者精神抑郁等因素，伴随着以体重下降为特征的营养不良比较常见，因此应尽早对患者进行营养补充。

肿瘤全营养配方产品适当提高了蛋白质的含量，并且调整与机体免疫功能相关的营养素含量，为患者提供每日所需的营养物质。欧洲肠外肠内营养协会、美国肠外肠内营养学会以及中华医学会肠外肠内营养学分会等建议通过对肿瘤患者提供营养支持，以降低其并发症的发生率及患者死亡率，这一观点也得到了临床研究的证明。Faber等在对食管癌患者的营养干预研究中发现，使用了医用食品的实验组患者体质量和体力状况评分显著增长，同时前列腺素E2（prostaglandin E2，PGE2）水平降低。在对接受放疗的癌症患者给予蛋白，富含亮氨酸、鱼油及低聚糖的医用食品饮食后也同样得到了PGE2水平降低的结论。研究表明，肿瘤患者医用食品中适当添加适量精氨酸、谷氨酰胺、亮氨酸、n-3系列不饱和脂肪酸等具有免疫调节作用的营养素，可起到增强患者免疫力的作用，同时维生素E、维生素C、硒等一些具有抗氧化作用的小分子物质也能通过阻止脂质过氧化反应而减缓癌症的发生和发展。

对恶性肿瘤病人用全营养配方食品，我国规定蛋白质含量不低于0.8g/100kJ，同时对n-3系列不饱和脂肪酸及其他营养素（精氨酸、谷氨酰胺、亮氨酸）的添加量也均有规定。目前，国外该类产品以维生素、矿物质、膳食纤维、短肽蛋白等营养素为主，国内产品则在此基础上，选用了我国特有的中药材为原料，体现出极大优势。

（5）炎性肠病全营养配方食品　炎性肠病主要包括克罗恩病（CD）和溃疡性结肠炎（UC），CD和UC均为肠道非特异性疾病。由于病变主要发生在消化道，既妨碍营养物质的摄入、消化和吸收，又造成营养物质从肠道不同程度的丢失。因此，配方食品应使用易消化吸收的蛋白质和脂肪来源，以改善患者的营养状况和临床症状。

实验表明，通过对131例UC患者进行肠内或肠外营养支持，结果显示其体质量、清蛋白及总蛋白水平均明显增高，而免疫球蛋白 A（IgA）和 IgG 明显下降，同时结果还表明相对于肠外营养，肠内营养制剂能够更好地恢复患者的屏障功能和胃肠道生理功能，提高免疫力。国外的研究还表明肠内营养在 CD 患者中也取得了较好的治疗效果。

（6）食物蛋白过敏全营养配方食品　食物过敏是人体特定的免疫系统对摄入物质产生的变态反应，临床表现为腹痛、腹泻、恶心、水肿等症状，严重时有生命危险。伴随着患病率的增长，食物过敏已成为全球性的健康问题。由于导致食物过敏的因素多与食物中蛋白质表面的抗原决定簇有关，因此降低食物中蛋白质的致敏性对防治食物过敏十分重要。

此类食品的配方应为食物蛋白质深度水解配方或氨基酸配方，即采用一定的工艺将引起过敏反应的食物蛋白质水解成短肽和游离氨基酸，或者直接采用单体氨基酸代替蛋白质。其所使用的氨基酸来源应符合 GB 14880—2012《食品安全国家标准　食品营养强化剂使用标准》的规定。这样既可使病人不接触抗原，又能满足人体正常对氨基酸的需求。Isolauri 等已经研究证明蛋白质水解物或氨基酸水解配方对有牛乳蛋白质过敏的婴儿是有效且安全的，而 Boissieu 等也进一步证明氨基酸水解配方可以减缓患儿病症并增加体质量。

（7）难治性癫痫全营养配方食品　生酮饮食是难治性癫痫病人的主要营养支持途径。该类全营养配方食品采用高脂肪、低碳水化合物和适量蛋白质的配方（即生酮饮食配方），在提供营养的同时为大脑提供必要的能量，缓解癫痫的发作。难治性癫痫病人用全营养配方食品中脂肪与（蛋白质+碳水化合物）的质量比范围应在（3∶1）～（5∶1）。

（8）肥胖、减脂手术全营养配方食品　肥胖、减脂手术病人由于代谢紊乱易导致蛋白质和微量营养素摄入不足，该类特定全营养配方食品的配方特点是在提供较低能量的同时可以保证充足的蛋白质和微量营养素（维生素、矿物质等）的供应，适用于肥胖、减脂手术病人。其产品配方应满足如下技术要求：根据产品使用说明，每日摄入的能量为 2511. 5～50230kJ（600～1200kcal）；为保证蛋白质和微量营养素的摄入，每 418. 6kJ（100kcal）产品中应适当增加某些营养的含量。

目前针对轻度肥胖的治疗常采用饮食疗法，而中度肥胖和恶性肥胖采用手术治疗或药物治疗则更为有效。饮食疗法需控制总能量、适当的营养素分配比例，保证维生素和矿物质供应；减肥手术前 4 周需开始低能量流质饮食，但术后的饮食推荐尚未有统一标准。国际食品法典委员会发布的 CODEX STAN 203—1995《用于减轻体重的极低能量饮食标准》以及我国针对肥胖、减脂手术病人用的全营养配方食品均在控制能量摄入的基础上，对脂肪、蛋白质、碳水化合物及其他营养物质的摄入进行了规定，以达到减轻体质量并维持机体正常新陈代谢的目的。目前，部分特殊医学用途配方食品已经成功应用到国外肥胖病人的营养管理中，但在国内对肥胖病人更多的是采取行为修正干预、饮食营养干预及运动干预，针对肥胖病人的医用食品并不多见，还有很大发展空间。

（9）其他　特定全营养配方食品除上述8种特定全营养配方食品外，GB 29922—2013《食品安全国家标准　特殊医学用途配方食品》还列举了胃肠道吸收障碍、胰腺炎全营养配方食品，肝病全营养配方食品，肌肉衰减综合症全营养配方食品，创伤、感染、手术及其他应激状态全营养配方食品，脂肪酸代谢异常全营养配方食品等5种特定全营养配方食品。

3. 常见的非全营养配方食品及应用

非全营养特殊医学用途配方食品应在医生或临床营养师的指导下，按照患者个体的特殊状况或需求而使用。它作为满足目标人群部分营养需求的特殊医学用途配方食品，不适用于作为单一营养来源。

（1）营养素组　营养素组件主要有蛋白质（氨基酸）组件、脂肪（脂肪酸）组件、碳水化合物组件三大组件。蛋白质（氨基酸）组件由蛋白质或氨基酸构成，蛋白质来源可选择一种或多种氨基酸、蛋白质、肽类或优质的整蛋白质，适用于需要增加蛋白质摄入的人群，如手术、创烧伤等患者；脂肪（脂肪酸）组件由脂肪或脂肪酸构成，可选用长链甘油三酯（LCT）、中链甘油三酯（MCT）或其他法律批准的脂肪（酸）来源，适用于对脂肪有特殊需求的疾病状态人群，如对部分脂肪不耐受、脂肪吸收代谢障碍等，LCT适用于必需脂肪酸缺失患者，MCT适用于脂肪消化或吸收障碍患者，不可单独使用；碳水化合物组件由碳水化合物组成，可选用单糖、双糖、低聚糖或多糖、麦芽糊精、葡萄糖聚合物或者其他法律法规批准的原料。

（2）电解质配方　电解质配方食品在碳水化合物的基础上适量添加电解质。对于呕吐、腹泻等存在脱水症状的患者服用该配方可迅速补充水分并提供需要的电解质，维持电解质平衡。研究表明，该类产品在降低手术后患者胰岛素抵抗、减少体重的丢失及呕吐恶心症状、改善手术期状态即缩短住院时间方面有一定的作用。如力存、海力生的微量元素产品等，在临床上都有广泛的应用。

（3）增稠组件　增稠组件是指在碳水化合物的基础上添加一种或多种增稠剂。适用于吞咽障碍或有误吸风险的患者。如奥海恩的果冻产品、和药顺的凝胶饮品。

（4）流质配方　流质配方是指以碳水化合物和蛋白质为基础，在产品中添加多种维生素、矿物质和膳食纤维。一般为液态产品，适用于需要限制脂肪摄入、神经性厌食、吞咽困难、肠道功能紊乱和手术期患者。

（5）氨基酸代谢障碍配方　氨基酸代谢障碍配方专门为患有氨基酸代谢障碍疾病的人群设计。针对不同的氨基酸代谢疾病，产品的配方应该限制相应的氨基酸。此类配方中氨基酸为蛋白质来源，可以添加脂肪、碳水化合物、维生素、矿物质和其他成分。如苯丙酮尿症、枫糖尿症、酪氨酸血症、高胱氨酸尿症等，都需要相应的氨基酸代谢障碍配方食品。

4. 常见的特殊医学用途婴儿配方食品及应用

我国每年新出生婴儿约 1700 多万，母乳对婴儿来说是最佳食品，当出现特殊问题时，可与母乳一同或单独使用特殊医学用途配方食品，在确保婴儿营养需求的前提下，协助治疗和控制相关疾病。但有些婴儿由于特殊疾病状况下不能用母乳或者普通婴儿配方粉喂养，特殊医学用途婴儿配方食品是他们一段时间内赖以生存的唯一食物，临床需要迫切，国内外有长期安全使用的历史。

2006 年 8 月，为满足特殊医学状况婴儿的需求，指导和规范我国特殊医学用途配方食品的生产和经营，国家标准化委员会对 GB 10767—1997 等 11 项进行整合，修订成 4 项标准，并且根据 CODEX 婴幼儿配方食品标准修订工作进展，提出指导我国《特殊医学用途婴儿配方食品标准》，组织制定了《食品安全国家标准　特殊医学用途婴儿配方食品通则》。

（1）无乳糖配方或低乳糖配方　该类产品适用于乳糖不耐受婴儿。乳糖是包括母乳、牛乳在内，所有乳品中的主要碳水化合物，是由葡萄糖和半乳糖组成的双糖。无乳糖或低乳糖配方仍以普通乳蛋白为蛋白质来源，只是其中的碳水化合物不再是乳糖，而是由其他碳水化合物，如麦芽糖糊精等完全或部分代替。其营养效果，包括热量、蛋白质、脂肪等主要营养素含量与普通婴儿配方粉相似，其他元素根据急性腹泻有所调整。乳蛋白过敏者出现急性腹泻应服用乳蛋白水解及无乳糖的特殊配方。对原发性乳糖耐受不良的婴儿建议长期选用无乳糖或低乳糖配方。常见的无乳糖配方或低乳糖配方产品有雅培金装纽太特乳蛋白深度水解粉、雀巢蔼儿舒乳蛋白深度水解配方粉等。

（2）乳蛋白部分水解配方　乳蛋白部分水解配方适用于乳蛋白过敏高风险婴儿，是将乳蛋白通过加热和特殊酶技术水解成小分子乳蛋白、肽段和氨基酸的乳蛋白配方。

根据水解蛋白的来源可分为部分水解乳清蛋白和部分水解酪蛋白配方，但是在营养价值方面与普通配方没有区别。只是在口味上稍逊色于普通乳蛋白配方，对婴儿接受性没有影响。如果母乳不足需要添加乳蛋白部分水解配方，建议在每次直接母乳喂养后添加，尽可能避免因乳头错觉引发的直接母乳喂养困难。乳蛋白部分水解配方在治疗乳蛋白过敏过程中可作为乳蛋白深度水解配方到普通乳蛋白配方的过渡配方。

（3）乳蛋白深度水解配方或氨基酸配方　乳蛋白深度水解配方是通过水解乳蛋白成短肽和氨基酸的组合配方。从功效上看，乳蛋白深度水解配方在单独满足0~6个月婴儿生长需求的同时，可作为乳蛋白过敏婴儿在回避乳蛋白制品期间的主要营养支持。有些乳蛋白水解配方富含中链脂肪酸，在减轻肠道对脂肪吸收负担的同时，也利于脂肪的最终利用。氨基酸配方不是乳蛋白水解配方，是植物L-氨基酸混合配方，不含任何乳品成分。

乳蛋白深度水解配方和氨基酸配方口味苦涩，与普通乳蛋白配方和乳蛋白部分水解配方差异较大。在治疗乳蛋白过敏初期需要循序渐进添加，以获得足够进食量，满足婴儿营养所需。

怀疑乳蛋白过敏后，世界过敏学会（WAO）根据不同过敏性疾病，给予选择氨基酸配方、乳蛋白深度水解配方和其他配方的优先级建议。

当患儿在确诊氨基酸配方乳蛋白过敏后，绝大多数情况下需要回避普通乳蛋白配方至少3~6个月，并且在这段时期内可选择乳蛋白深度水解配方产品，此后再换成乳蛋白部分水解配方6个月。乳蛋白部分水解配方有诱导口服耐受的效果。若诱导成功，才可换成普通乳蛋白配方。但是，确诊乳蛋白过敏后，仍然有10%乳蛋白过敏婴儿不能接受乳蛋白深度水解配方，仍需服用氨基酸配方至少需要坚持3个月，才可试图换成乳蛋白深度水解配方。过3~6个月，可以再考虑换成乳蛋白部分水解配方，但是还需至少6个月才可尝试普通乳蛋白配方产品。

（4）早产/低出生体重婴儿配方　早产儿/低出生体质量儿配方是专为生长快速但不能得到充足母乳的早产/低出生体质量儿设计，目的是降低宫外生长迟缓的风险，帮助母乳不足早产儿快速安全生长。如雅培的金装喜康宝早产/低出生体重婴儿配方产品就是专为早产/低出生体重婴儿的设计。

（5）母乳营养补充剂　对早产儿，仍提倡母乳喂养，但是仅仅母乳又不能满足早产儿快速增长的需求，为此，应该在早产儿能够接受一定母乳后，在母乳中添加母乳营养补充剂。其适应范围为出生体质量≤1.5kg和/或<孕2周的早产儿。

母乳营养补充剂中添加：麦芽糖糊精，强化母乳能量密度至356kJ/100mL，满足早产儿快速生长的需求；深度水解乳蛋白强化母乳蛋白质，保证高质量体质量的增长；优化的维生素、矿物质和微量元素组合，特别针对早产儿的特殊营养需求。但母乳营养补充剂营养不均衡，不能单独喂养早产儿。只推荐医护人员在医院内或有经验的家长在早产儿出院后，将母乳营养补充剂与抽吸母乳混合使用。

特别提醒，直接母乳状况下，无须添加母乳营养补充剂。绝对不能先喂母乳，再喂母乳补充剂。母乳补充剂不能单独喂养婴儿！

（6）氨基酸代谢障碍配方　氨基酸代谢障碍配方适用于氨基酸代谢障碍婴儿，常见的氨基酸代谢障碍配方食品应用于苯丙酮尿症、枫糖尿症、丙酸血症、酪氨酸血症等氨基酸代谢障碍疾病的治疗。使用这些特殊配方前必须得到确切的诊断，理论上所有婴儿均应进行先天性代谢病的筛查，争取做到早发现早治疗。

苯丙酮尿症（phenylketonuria，PKU）是因为氨基酸代谢异常而产生的一种常见的疾病，它是由于酶的缺陷而导致苯丙氨酸代谢过程中苯丙氨酸及其酮酸的蓄积，如果未得到及时治疗会导致婴幼儿的智力低下。通过营养干预，限制 PKU 患儿饮食中苯丙氨酸的摄入量，可以有效地抵抗 PKU。我国也以食源酪蛋白糖巨肽为原料开发出了可以直接以温开水冲服或直接食用的 PKU 患者专用食品，该食品既不含苯丙氨酸又提供了每日必需的蛋白质种类及摄入量。但氨基酸代谢障碍配方食品不能作为患儿的唯一营养来源，患儿需遵医嘱适当搭配少量母乳或普通婴儿配方食品，以满足生长发育需求。常见的氨基酸代谢障碍配方食品还应用于枫糖尿症、丙酸血症、酪氨酸血症等氨基酸代谢障碍疾病的治疗。

（三）我国在特殊医学用途食品领域存在的问题

1. 供不应求，应用面窄

我国医用食品早在 40 多年前就以“肠内营养制剂”的形式作为药品管理，并在临床上取得的较好效果。随着发达国家医用食品行业的发展和冲击，我国目前所使用的医用食品主要以国外产品为主，如纽迪希亚、雅培、雀巢、罗氏等，国内市场 90%份额被跨国公司垄断，我国医用食品市场规模占全球 1%左右，远低于欧美、日、韩。北京市营养源研究所对国内外特医产品进行了调研并形成了数据库，共涉及 705 个标品，美国占 65. 2%、英国 27. 0%、澳大利亚 6. 2%、中国大陆仅占 1. 6%。与此同时，受限于国内政策法规，很多国外产品的购买渠道有限，使得医用食品在国内供不应求且价格昂贵，阻碍了患者临床营养的使用。因此医用食品在我国很多疾病的饮食管理中尚未得到广泛应用。目前，我国的医用食品主要用于肠胃功能不良者、老年患者、PKU 患儿等。而在美国，专门针对肺病、糖尿病和肝病等多种疾病的医用食品已经广泛应用到临床甚至日常生活当中。随着近几年医用食品在我国逐渐受到重视，医用食品市场具有十分广阔的发展空间和发展契机。

2. 政策法规滞后

相关政策法规的滞后是阻碍我国医用食品行业发展的主要原因之一。我国直到 2010 年才出台了特殊医学用途婴儿配方食品和特殊医学用途配方食品的国家标准，这远落后于美国、欧盟国家及日本。目前从标准体系来看，我国与发达国家基本接轨，但由于标准刚建立，管理力度还需加强、市场还有待稳定。此外，受制于医疗系统的某些弊端，如存在医用食品无法通过医保报销、医生与药物出售的利益关系等弊端，也导致了我国医用食品的发展受到制约。相关部门应尽快完善有关政策法规，完善管理体系，为我国医用食品的发展提供有力的保障。此外还需加强对进口医疗食品的监管，以切实保护消费者及国内医用食品生产者的利益。

我国颁布的《特殊医学用途配方食品注册管理办法》（以下均简称《注册管理办法》），这既是对医用食品行业的进一步规范，也提高了医用食品行业的准入门槛。《注册管理办法》中明确指出所有在我国境内生产销售和向我国境内出口的医用食品，均需经过食品药品监督总管理局注册批准后才能进入市场。同时《注册管理办法》也对注册审批流程及食品标签等注意事项进行了详细明确的规定，为医用食品市场的管理提供了有利的依据和保障。

3. 种类单一，加工技术落后

调查显示，目前我国医用食品市场上，粉剂产品占 40.4%、液体产品占 49.6%、半固体产品和固体产品仅占 2.5%和 7.4%，产品种类还较为单一。而在已收录的 705 款医用食品中，适用于 0~1 岁人群的仅有 39 款，适用于老年人的仅 17 款，还有极大的发展空间。由于我国医用食品行业发展滞后，大多食品专业人士还并未涉入医用食品研发领域中。目前，我国医用食品种类少，产品加工质量有待提高，导致患者选择余地小，而且产品大量依靠国外进口，这些落后的现状亟须通过我国医用食品加工行业的发展来改善。我国医用食品应在保证质量安全和营养的前提下，提高品质，摆脱品种单一的情况，以期能使消费者长期坚持食用。同时，我国医用食品行业还应形成完整的产业链，以应对国外医用食品的冲击。

4. 认知度低

调查显示，在我国，即使在食品专业领域，听说过医用食品的消费者也仅占受访者的 1/3，仅 0.6%的受访者能正确选用医用食品，这与对传统保健食品的高认知度相比有很大差距。由于广大的消费者对特殊医学用途食品的不了解，严重制约了其产业的发展。受医疗系统运行机制及传统就医习惯影响，药物治疗和手术治疗一直是疾病治疗的优先选择。对于存在营养不良的患者，缺乏营养治疗的科普宣传及长期有计划的营养干预手段，医用食品的发展还依赖对医务工作者和消费者的宣传和普及，将医用食品与传统保健食品的概念加以区分，明确医用食品对临床营养的重要性，才能使医用食品得到更好、更快、更健康地发展。

参考文献

[1] 韩军花，杨玮．特殊医学用途配方食品．中国标准导报，2015（8）：22-24.

[2] 密少真，邸雪枫．中外婴幼儿配方粉标准之比较．中国乳业，2008（8）：38-40.

[3] 荫士安．我国婴幼儿食品标准制修订进展．妇幼与青少年营养进展学术研讨会及中国孕妇、乳母和0~6岁儿童膳食指南宣传推广会论文汇编，2009.

[4] 杨果平．特殊配方奶粉："小"需求，大课题．大众标准化，2016（2）：43-43.

[5] 韩军花．《特殊医学用途配方食品通则》（GB 29922—2013）解读．中华预防医学杂志，2014，48（8）：659-662.

[6] 国家食品药品监督管理总局《特殊医学用途配方食品注册管理办法》．中国食品，2016，（8）：148-151.

[7] 中国医药报．乳粉营养素标准并非越高越好．乳业科学与技术，2017，40（3）.

[8] Rome JFWFSP. *Report of the 26th session of the Codex Committee on Nutrition and Foods for Special Dietary Uses*, Bonn, Germany, 1-5 November 2004. 2004.

[9] 袁侨英，陈红，陈丽君，等．用于平衡型肠内营养的全营养素制剂及其应用．2016.

[10] 周洁．GB 2760—2007《食品添加剂使用卫生标准》解读和应用．中国食品工业，2008（5）：8-9.

[11] 刘津平．浅谈对欧盟食品安全法律概括性认知．时代经贸，2010（8）：86-88.

[12] Zhang YY, Lu YH, Zhang XY. *Common issues and caveats about food labeling*. Journal of Food Safety & Quality. 2015.

[13] 谢庄擎．婴幼儿配方乳粉中葡萄糖、果糖、乳糖及蔗糖的快速检测方法研究——离子色谱安培检测法．华南农业大学，2016.

[14] 韩军花，杨玮．特殊医学用途配方食品良好生产规范．中国标准导报，2015（9）：20-22.

[15] 朱慧敏，李茂银，李洪军．由婴幼儿饼干市场现状谈辅食监管问题．食品工业科技，2012，33（12）：57-60.

[16] 郭清．大健康产业中崛起的特医食品．健康人生，2017（7）：6-7.

[17] 林雨晨．中国特殊医学用途配方食品（FSMP）市场即将启动．食品安全导刊，2016（16）：18-19.

[18] 张春红，黄建，李乘风，等．特殊医学用途配方食品现状及前景展望．中国食品添加剂，2016（12）：210-214.

[19] 刘冬冬．KLF4在皮肤鳞状细胞癌组织中的表达及意义．郑州大学，2014.

[20] 丛明华，李淑娈，程国威，等．肿瘤全营养配方食品在食管癌放疗患者中的应用．中国肿瘤，2016，25（6）：491-494.

[21] 王玉娟．炎症性肠病的高危因素研究．山东大学，2008.

[22] 曾贵青，吕文强，张志锋，等．食管癌患者围手术期肠内营养支持对术后免疫功能的影响．包头医学院学报，2017，33（3）：36-37.

[23] 韦军民．炎症性肠病——炎症性肠病肠内营养制剂选择．中国实用外科杂志，2013，33（7）：544-546.

[24] 林涛，刘真真，詹少彤，等．香港食品营养标签修订规例浅析．现代食品科技，2011，27（5）：580-583.

[25] 崔玉涛．正确认识特殊医学用途配方食品．临床儿科杂志，2014，32（9）：804-807.

[26] 生庆海，徐丽．酶水解法生产婴幼儿配方奶粉新技术研究进展．中国乳品工业，2006，34（10）：52-54.

[27] 池桂良，申雪然．乳清蛋白的营养作用及其在乳制品中的应用．中国科技纵横，2015（22）：255-256.

[28] 樊婷婷．短肽配方乳在危重症新生儿早期营养治疗的临床观察，安徽医科大学，2013.

[29] 李春强．婴儿配方奶粉中乳清蛋白替代品的开发．东北农业大学，2008.

[30] 尹莉萍．深度水解牛乳蛋白配方奶在早产儿中的应用效果及随访．东南大学，2014.

[31] 萧敏华，耿岚岚，杨敏，等．婴儿牛奶蛋白过敏45例分析．广东医学，2013，34（22）：3457-3460.

[32] 梅婷，徐勇．到底如何吃素，才能够吃出健康身体．中国食品，2005，（7）：48-50.

[33] 赵彩红．饮食治疗的苯丙酮尿症患儿营养状况及其喂养行为的研究．青岛大学，2011.

[34] Codex standard for the labeling of and claims for foods for special medical purposes. CODEX STAN 180-1991.

[35] Standard for infant formula and formulas for special medical purposes intended for infants. CODEX STAN 72-1981, Revision 2007.

[36] Standard for canned baby foods. CODEX STAN 73-1981, Revision 2017.

[37] Standard for Processed Cereal - Based Foods for infants and young children. CODEX STAN 74 - 1981, Revision 2017.

[38] Standard for follow-up formula. CODEX STAN 156-1981, Revision 2017.

[39] Statement on Infant Feeding. CAC/MISC 2-1976.

[40] Advisory lists of nutrient compounds for use in foods for special dietary uses intended for infants and young children. CAC/GL 10-1979, Adopted in 1979; Amendment: 1983, 1991, 2009 and 2015, Revision: 2008.

[41] Guidelines for Formulated Supplementary Foods for Older Infants and Young Children. CAC/GL 8 - 1991, Adopted in 1991; Amended in 2017, Revised in 2013.

[42] Code of hygienic practice for powdered formulae for infants and young children. CAC/RCP 66-2008.

[43] General standard for food additives. CODEX STAN 192-1995.

[44] Dietary foods for medical purposes. 1999/21/EC.

[45] Substances that may be added for specific nutritional purposes in foods for nutritional uses. 2001/15/EC.

[46] Food intended for infants and young children, food for special medical purpose, and total diet replacement for weight control. EU 609/2013.

[47] Compliance Program Guidance Manual 7321. 002, Medical Foods Program-Import and Domestic. FY06/07/08.

[48] Food for special medical purpose. Australia New Zealand Food Standards Code Standard 2. 9. 5.

[49] Infant Formula Products. Australia New Zealand Food Standards Code Standard 2. 9. 1.

第二章
营养素配方

特殊医学用途配方食品（FSMP）由于其产品开发的特殊定位与特定属性，赋予FSMP既不同于普通食品也不同于药品的特殊地位。无论国内外，特医食品的临床应用，都在改善患者营养状况、康复、减少住院时间、降低医疗支出等方面发挥了作用。随着经济发展，生活压力增大，人口老龄化、高龄产妇、各种慢性疾病等健康问题日益突出，配方食品日益得到包括营养学家、医学家及消费者的重视。本章节将从能量，三大营养素构成比、消化吸收代谢、生理功能及其在特医中常见形式，维生素和矿物质主要生理功能及其主要原料来源一一展开论述，以便大家在特医配方研发过程中正确对营养素、维生素和矿物质加以应用。

第一节 特殊医学用途配方食品临床应用必要性

一、基本概念

营养风险指由营养因素引起患者的感染相关并发症、生存期、住院时间等临床结局发生不利影响的风险。其重点强调营养相关问题与结局的直接关系。营养不良者一定具有营养风险，有营养风险者则不一定有营养不良，但也有营养干预的指征。营养不良指由于营养素摄入不足导致体成分（体脂含量降低）和体细胞成分改变，由此造成体力、心理功能减低，及不良的临床转归。2015 年 ESPEN 的专家共识，不再将微量营养素异常、营养过剩作为营养不良。对于超过 65 岁以上的老年人群，我们需要区分是营养不良还是虚弱，防止误判并过度营养。

欧洲、中国、美国肠外肠内营养学会（ESPEN、CSPEN、ASPEN）三大指南共同推荐的营养支持疗法：在营养筛查基础上，作出营养评定，最后针对个体进行营养干预。早期识别营养风险人群，进行营养筛查是营养支持或营养治疗的首要步骤，营养筛查包括营养风险筛查和营养不良的筛查。目前用于营养筛查的工具主要有三种：针对住院患者的 NRS 2002，针对老年人的微营养评定短表 MNA-SF，针对社区人群的营养不良通用筛查工具（MUST）。其中 NRS 2002 是由 ESPEN 于 2003 年提出并推荐使用的营养筛查工具，也是迄今为止唯一基于 128 个随机对照研究循证基础的营养筛查工具。2016 年，又被 ASPEN 和美国重症医学会推荐为营养风险筛查工具的首选。

营养不良常见于：①营养素的摄入不足：偏食、快速减重、高龄等引起的食物摄入不足；围手术期患者较长时间禁食。②营养素的吸收不良：疾病引起，如胰腺功能不全时脂肪乳化发生障碍；肝硬化患者胆盐分泌减少造成脂肪吸收障碍，从而导致脂溶性维生素缺乏；药物副作用，如长期服用减肥药奥利斯他，引起脂溶性维生素缺乏；高剂量的异烟肼拮抗维生素 B_6，引起维生素 B_6缺乏；营养素比例失调，如膳食纤维摄入过多、钙-磷、铁-锌摄入比例不合理等。③营养素的利用减少：如年龄增长引起胃肠道一系列变化，包括血管疾病引起小肠绒毛松弛、肠壁肌肉萎缩、黏膜表面缩减，引起对大多数营养素吸收减弱；肾病患者不能将维生素 D 转为其活性形式，导致钙吸收障碍。④营养素的损耗增加：如恶性肿瘤、结核病、长期发热等消耗性疾病患者，或者严重创伤、烧伤等分解代谢急剧增加的患者，寄生虫感染等营养素消耗增加。⑤营养素的需要增加：人体各特殊生理时期，如青少年生长发育关键期对蛋白质、脂肪和能量的需求增加、备孕期补充叶酸防治神经管畸形、妊娠期和哺乳期妇女为哺育婴幼儿额外需要能量及营养素。

营养不良会引起生长发育不良，代谢异常，免疫力低下，组织再生延缓，合并症高发，病死率增加，影响胚胎宫内发育，甚至导致子代遗传改变，从而影响子二代的疾病发生发展。

二、营养不良的流行病学调查

（一）老年人营养不良/营养风险发生率高

中国统计局最新统计年鉴显示 2015 年我国 65 岁以上老年人约为 1.44 亿，约占总人口的 10.47%。同时，伴随着老年病人的比例逐步上升，住院率日益升高。张静等人的研究提示其所在上海长宁区中心医院内科住院患者中 65 岁以上老年患者占内科住院患者的 70%以上。随着年龄增加，老年人咀嚼能力下降；嗅觉与味觉减退，对食物的敏感性下降；消化系统功能减退；活动量减少或活动能力受限，这些因素都影响了老年人进食量和营养素的摄入、消化、吸收和利用。此外，老年人伴随其他相关疾病及多种药物的使用也影响机体的能量需求、摄入、代谢等环节。由于主动进食减少而被动进食又不够，导致了不同程度的营养不良，其中高达 40%~60%住院老年患者被评估为营养不良。2012 年中国老年学组进行多中心住院老年患者营养筛查，MNA SF 和 NRS 2002 两种调查方法，均提示 40%以上老年住院患者具有营养风险。陈伟教授等人应用 NRS 2002 方法调查部分三甲医院住院老年患者（4598 例），结果显示老年住院患者营养风险的发生情况高达 52%，且有随着年龄增高的趋势。黄蕾等人采用 NRS2002 营养筛查法，采用体质指数、血清白蛋白和前血清白蛋白水平等指标进行营养不良评估，结果提示在心血管内科老年病人营养风险发生率为 38%，以前血清白蛋白为衡量标准的营养不良发生率为

29.1%。李德育对肿瘤内科358例老年住院患者营养风险筛查结果显示营养不良者72例（20.11%），营养风险者145例（40.50%），其中排在营养风险前三位的均为消化道肿瘤，依次为胃癌（28.97%）、肝癌（22.76%）及肠癌（18.62%）；但是营养支持率低于50%。首都医科大学附属北京天坛医院任莉等人应用NRS 2002调查发现本院消化内科老年住院患者（88例）营养风险的发生率为32.95%。朱跃平等人对全院不同科室426例老年患者的营养风险筛查结果表明营养不足检出率为30.5%和营养风险的检出率55.2%。陈禹等人使用NRS 2002结合BMI、ALB进行对302例老年患者营养评价，结果显示第一诊断慢性疾病（包括有脑血管疾病、呼吸系统疾病、恶性肿瘤、心脏病、高血压病、糖尿病）老年患者的营养风险和营养不良的发生率分别为30.5%~71.3%、22.0%~29.9%，其中营养风险和营养不良发生率前三位的疾病是脑血管疾病（71.3%、29.9%）、呼吸系统疾病（62.5%、27.5%）及恶性肿瘤（52.5%、27.5%）。宗晔等人对首都医科大学附属北京友谊医院神经科、心内科等7个科室住院的386位老年患者采用NRS 2002进行营养风险筛查，调查结果显示有营养风险患者比例为19.5%~68.9%，合计43.0%，排名前三位的依次为神经内科、消化科和普外科。不同医院老年患者营养风险均高于其他年龄段患者，且不同科室老年患者营养风险比率也存在差异，而这种差异在不同医院之间不尽相同。

赵文华教授课题组以BMI低于18.5作为营养不良的诊断标准，利用1992、2002、2010年慢病监测数据，研究我国60岁以上老年人低体重发生率及变化趋势。调查结果提示随着年龄增加低体重营养不良发生率增加，从60~65岁时的3.7%，升至75岁以上时的8%，且农村高于城市。营养不良患者常伴有阿尔茨海默病、心脑血管疾病、呼吸系统疾病、抑郁症和帕金森病等慢性病，两者互为因果。因生活不规律、饮食不均衡等导致的肿瘤、退行性疾病、代谢性疾病等慢性非传染性疾病发生率逐年升高，给整个社会带来沉重的临床医疗负担，全营养配方食品的应用有助于改善老年人营养状况及其相关慢性疾病的发生发展。

（二）营养不良/营养风险在住院患者中的发生率较高

在我国，老年人营养不良发生率高，住院患者的营养不良和营养风险也需要重视。2004年底中华医学会肠外肠内营养学分会采用NRS 2002方法，结合我国成人BMI的正常值，在我国进行了多中心营养风险筛查及营养支持大型研究调查。研究涉及我国13个城市，19家三甲医院，神经内科、消化内科、肾内科、呼吸内科、普外科和胸外科6个专科，收集了15089位住院患者资料。调查结果显示我国住院患者营养不良总发生率为12.0%，营养风险的总发生率35.5%。

清华大学附属第一医院王楠等医生，采用 NRS 2002 进行营养筛查，发现在 283 例心脏中心的住院患者中，营养风险发生率为 14.8%，营养不良的发生率为 4.6%。

术前禁食、术后长时间无法正常进食，导致外科手术患者营养不良患病率高达 20%~80%，尤其是高龄、恶性肿瘤、消化道疾病、重症及病理性肥胖患者。围手术期病人主要面临三个可能导致营养和代谢改变的因素：疾病、饥饿和手术创伤。手术前以疾病和饥饿为主，手术后则以手术创伤和饥饿为主。围手术期处理恰当与否与临床结局密切相关。

Heyland 等人报道营养不良在 ICU 患者可达 40%，且与发病率和死亡率的密切相关。侯永超等人对 120 例 ICU 危重症患者进行风险评估，结果显示营养不良发生率为 95%，其中重度营养不良占 85%。

三、营养支持对营养不良的防治作用

（一）改善临床结局，增强经济效益，提高患者生存质量

中国抗癌协会肿瘤营养与支持治疗专业委员会发布的“营养不良的五阶梯治疗”阐述了营养不良治疗的五种治疗手段，从下至上依次为营养教育、口服营养补充（ONS）、全肠内营养、部分肠外营养、全肠外营养。当下一阶梯不能满足个体目标能量的 60%，且持续 3~5 天时，应该选择上一阶梯。家居患者选择最多的是“饮食+ONS”。ONS 可补充患者能量及营养素供给，给予患者营养支持。Philipson 等人对美国 Premier 数据库 2000—2010 年中 4400 万成人住院患者数据进行统计分析，以评估服用 ONS 的住院患者在住院时间、住院费用及 30 天再住院率的差异。统计结果显示有 1.6%的住院患者使用了 ONS，他们的以上三项评估指标均优于未服用 ONS 的住院患者。侯永超等人研究结果提示病人入 ICU 后即给予 NRS 2002 评分，制订营养支持方案，重视早期的营养支持，明显缩短危重症患者住院天数和 ICU 停留时间，改善临床结局，减少医疗费用。侯永超等人研究结果提示病人入 ICU 后即给予 NRS 2002 评分，制订营养支持方案，重视入 ICU 第 1 天病人的营养支持，其中 APACHE Ⅱ 评分≥10 分病人明显缩短了住院天数，减少了医疗费用。

营养支持对于高度营养不良的围手术期患者是非常重要的。一项纳入 15 项随机对照实验（RCT）共 3831 例手术患者的 Meta 分析结果显示围手术期营养支持降低患者术后并发症、缩短住院时间，显著改善患者临床结局。还有大量研究结果显示相对于手术前禁食，术前 2h 服用电解质配方饮料者，可缩短术后排气时间、降低术后胰岛素抵抗，并且提高术后舒适度。

（二）利于术后胃肠功能恢复，提高免疫机能，促进康复

肠道因其作用与胎盘屏障、血脑屏障同等重要，故被称为人体第三大屏障。特殊医学用途配方食品作为主要的肠内营养制剂，能够保护胃肠黏膜结构和功能的完整性，预防肠道菌群易位，降低脓毒血症的发生及潜在多脏器功能衰竭，促进患者术后胃肠道正常功能恢复。

对于外科危重患者要贯彻从肠外营养逐渐向肠内营养、经口进食的原则，恢复肠内营养。对危重病人而言，肠内营养表现出的药理学作用已经超过营养支持，因此，外科专家建议："一旦患者胃肠道可以安全使用时，则应迅速逐渐向肠内营养或口服饮食过渡"。一项纳入 30 项 RCT 的 Meta 分析显示接受早期肠外营养支持的患者生存率与早期肠内营养支持治疗患者比较无显著性差异。Peter 等人报道早期肠内营养的感染并发症发生率同肠外营养比较下降 8%，且住院时间减少 1.2 天。

FSMP 是随着时代的进步、医学的发展、社会的需求而逐步发展起来的特殊食品类别，为有进食障碍或者特定营养需求人群提供营养支持。欧美等发达国家营养宣教工作到位，临床营养已被多数人认同，强化食品、营养补充剂、特殊医学用途配方食品等的应用非常广泛。虽然 FSMP 的应用在中国已经超过 30 年，但仍然落后于发达国家，无法满足临床精准营养的需求。随着经济发展，医学及临床营养学科基础理论及临床实践的不断深入，我国 FSMP 产业必然迎来新的发展机遇。

第二节 能量

一、概述

能量不仅是维持机体正常生活功能的基础，也影响其他营养素的正常代谢，因此能量代谢是营养学中应首先考虑的问题。国际上通用的能量单位是千焦（kJ）；营养学之前常用的单位是千卡（kcal）。两种能量单位的换算关系：

$$1\text{kcal}=4.184\text{kJ}$$

可产生能量的营养素有碳水化合物、脂肪和蛋白质。这三种营养素在氧化过程中释放出大量的能量供机体利用。①碳水化合物是体内的主要供能物质，供给能量以 4.0kcal/g（17kJ/g）计，提供的能量应占人体所需能量的 50%~65%，且是脑组织所需

能量的唯一来源。②脂肪也是人体重要供能物质，提供的能量应占总能量的比例为20%~30%。脂肪水解成脂肪酸进入血液而运送到肝脏和肌肉组织中被氧化利用，脂肪氧化必须依赖糖代谢，其生理热价为9.0kcal/g（37kJ/g）。③蛋白质供能是其次要生理功能，提供的能量应占总能量的比例为10%~15%，其生理热价为4.0kcal/g（17kJ/g）。④除此之外，膳食纤维在肠内发酵，产生能量，其生理热价为2.0kcal/g（8.4kJ/g）。

能量平衡取决于机体对能量的摄入与消耗。营养素中的碳水化合物、脂肪和蛋白质三大产能物质为机体提供能量；人体通过代谢产热而消耗能量，包含静息能量消耗（占60%~75%）、体力活动能量消耗（占15%~30%）和食物特殊动力作用（约占10%）。能量摄入的标准，在成人以能够达到或维持理想体重为标准；儿童青少年则保持正常生长发育为标准。

二、疾病及特殊人群能量消耗确定

能量及三大营养素的定量问题始终是现代医学关注的热点，临床中现行的能量消耗（EE）预测大多数由健康人推导而来，并不适用于疾病状态下的患者。任何个体都处于精确的能量摄入和消耗的动态平衡中，能量代谢的研究对于多种疾病状态的营养评估非常重要。能量供给需结合患者的身高、体重、血脂水平、电解质和肝、肾、甲状腺功能以及生活起居和营养摄入情况等因素，且不同的喂养状态也会影响机体的实际能量消耗。对于病人而言，除了满足营养素目标值，能量消耗必须准确确定。补充能量是营养支持的基础，是维持或修复组织器官的结构和功能的前提，适宜的能量有利于病情的改善。正确估算EE有助于临床医生在危重症后期给病人开出能量摄入量处方，尤其是肥胖、恶病质或者烧伤病人。推荐采用间接能量测定法（IC），即测定患者的氧气消耗量及二氧化碳呼出量，运用Weri公式，计算得出EE。但是IC法的运用成本较高、相应人员要培训、要有必要的仪器设备等。由于技术和后勤上困难重重，在临床前瞻性试验中也有35%~40%患者无法采用间接测量方法。当EE不能使用间接能量测定时，建议采用预测公式计算。例如，美国胸科医师学会（ACCP）公式，使用体重（BM）作为唯一变量：EE（ACCP）=25~30kcal/（kg·d）×BM。加拿大和欧洲的指南一致，推荐的目标20~25kcal/（kg·d）×BM。还有其他公式使用病人的身高和年龄和性别等。宾夕法尼亚州立大学公式增加呼吸道分钟通气量（MV）和体温进一步描述病人的状态。其中Harris-Benedict公式最常用。正确估算每天的基础能量消耗（Basal energy expenditure，BEE），再乘以相应的应激系数（SF），即每日的能量消耗（EE）。常用EE估算公式见表2-1，常用应激系数见表2-2。

表 2-1　常用 EE 估算公式一览表

方法	公式
ACCP	EE = 25kcal/（kg·d）×BM
Harris-Benedict	男：EE（HB）=（66.5 + 13.75kg^{-1}× BM + 5.003 cm^{-1}× height −6.775$year^{-1}$× age）kcal/d× SF 女：EE（HB）=（655.1 + 9.563kg^{-1}× BM + 1.85 cm^{-1}× height −4.676$year^{-1}$× age）kcal/d× SF
Mifflin St Jeor	男：EE（MSJ）=（9.99 kg^{-1}× BM + 6.25 cm^{-1}× height −4.92 $year^{-1}$× age + 166）kcal/d× SF 女：EE（MSJ）=（9.99 kg^{-1}× BM + 6.25 cm^{-1}× height −4.92 $year^{-1}$× age − 161）kcal/d× SF
Penn State 1	EE（PS1）= 1.1× HB +（32 min^{-1}× MV + 140 $℃^{-1}$× T_{MAX} −5340）kcal/d
Penn State 2	EE（PS2）= 0.85× HB +（33 min^{-1}× MV + 175 $℃^{-1}$× T_{MAX} −6433）kcal/d
Penn State 3	EE（PS3）= 0.96× HB +（31 min^{-1}× MV + 167 $℃^{-1}$× T_{MAX} −6212）kcal/d

表 2-2　常用应激系数

分级	应激系数
卧床	1.20
轻度活动	1.30
中度活动	1.50
合并呼吸衰竭、应用机械通气时	1.50~1.60

当然，在使用以上公式和各种应激系数时应考虑患者个体差异。

特殊人群，如①孕产妇及乳母，正常怀孕条件下，妊娠期所需要的能量远高于正常人，妊娠期所增长的体重中约有 4kg 为脂肪，这些孕期储备的脂肪在哺乳期被消耗。我国建议孕中后期，每天增加 200kcal，哺乳期每天增加 800kcal。②生长发育关键期的青少年：男性每日能量需要可高达 3000kcal，女性 2500kcal。

三、特殊医学用途配方食品对能量的要求、配方设计及临床应用举例

（一）全营养配方食品

GB 29922—2013 规定适用于 1~10 岁人群的全营养配方食品每 100mL（液态产品或可冲调为液体的产品在即食状态）或每 100g（直接食用的非液态产品）所含能量不低于 250kJ（60kcal）；10 岁以上人群的全营养配方食品每 100mL 或每 100g 所含能量不低于

295kJ（70kcal）。

目前市场上10岁以上全营养配方粉，根据蛋白来源不同，划分为氨基酸/短肽型和整蛋白型两大类。

氨基酸/短肽型全营养配方食品能量值及三大产能物质供能占比如表2-3所示。

表2-3 氨基酸/短肽型全营养配方食品能量值及三大产能物质供能占比

商品名	能量值/（kJ/100g）	蛋白质供能占比/%	脂肪供能占比/%	碳水化合物供能占比/%	适应症
立适康®短肽全营养粉	1642	15.7	4	78.7	初始使用肠内营养支持；胃肠道功能障碍；空肠造瘘；术前准备及术后营养支持；危重疾患者群
亚宝唯源®短肽型特定全营养配方粉	1673	18.8	4	77.2	胃肠道吸收障碍、胰腺炎的人群
海力生®通用型（短肽型）粉剂	1607	19	6.9	71.9	消化功能不全或无法正常进食的严重创伤、术前准备、术后营养不足的补充，特别是术后感染及烧伤、创伤等应急患者
愈素肽™多种营养素复合粉（短肽预消化型）粉剂	1635	14	10.4	73.8	胃肠道功能有损失；代谢性胃肠道功能障碍；危重疾病
力存®肽段营养素（粉剂）	1732	14.7	14.3	71	代谢性胃肠道功能障碍；营养不良患者的手术前喂养；危重疾病；肠道手术前准备
恩特纽健®纽健要素™全营养短肽配方蛋白固体饮料	1700	14.7	14.5	71	肠道休息和术前准备；肠道消化功能不全、有营养风险的患者

此类产品多属于低脂肪、高蛋白质、高碳水化合物型，脂肪供能占比介于4%～15%，低于《中国居民膳食营养素参考摄入量（2013版）》中推荐的成年人膳食中脂

肪提供的能量应占总能量的20%～30%；碳水化合物占比高，可快速供能；且该类产品多为低渣或无渣型，适用于胃肠功能不全患者，术前准备或术后营养补充。

整蛋白型全营养配方食品能量值及三大产能物质供能占比如表2-4所示。

表2-4 整蛋白型全营养配方食品能量值及三大产能物质供能占比

商品名	能量值/（kJ/100g）	蛋白质供能占比/%	脂肪供能占比/%	碳水化合物供能占比/%	适应症
海力生®全营养整蛋白型（粉剂）	1758	17.8	23.2	57.1	胃肠道功能正常或衰弱但依靠膳食不能满足营养需求的住院人群
恩特纽健®纽健要素™全营养整蛋白固体饮料	1891	14.2	31.1	54.6	胃肠吸收功能正常但有营养不良风险的患者；慢性消耗性疾病营养补充
力存®均衡营养型全营养素（整蛋白配方）（粉剂）	1844	13.8	28.1	56.7	意识障碍或昏迷人群的管饲；吞咽困难和失去咀嚼能力人群的口服流质；术前准备和术后营养补充
雀巢®佳膳®优选全营养配方粉	1910	16.5	34	47.6	—
亚宝唯源®均衡型全营养配方粉	1918	15.1	30.9	50	有胃肠道功能或有部分胃肠道功能的人群作为唯一营养来源或营养补充
雅培®全安素™全营养配方粉	1801	15	28.8	54.2	需要加强营养补充及（或）营养支持的成人及10岁以上儿童
立适康®营养粉普通型	1897	16.1	31.8	50.7	用于10岁以上需对营养素进行全面补充，且对特定营养素没有特别需求人群的营养素补充或饮食替代
立适康®营养粉纤维型	1818	16.8	25.6	55.2	用于10岁以上需对营养素进行全面补充，且对特定营养素没有特别需求人群的营养素补充或饮食替代；可用于高血糖人群

续表

商品名	能量值/（kJ/100g）	蛋白质供能占比/%	脂肪供能占比/%	碳水化合物供能占比/%	适应症
力存®纤维型全营养素（整蛋白配方粉）	1789	17.1	25.9	54.2	体弱多病需要营养补充的人群；意识障碍或昏迷人群的管饲；术前准备和术后营养补充；吞咽困难和失去咀嚼能力人群的口服流质；2型糖尿病患者需要控制血糖的人群
雀巢®佳膳®膳食纤维全营养配方粉	1861	15.9	32.4	49.3	手术前后体重丢失者；胃肠弱、便秘、腹泻者；无法正常咀嚼者；营养不均衡者
海力生®全营养高蛋白型（粉剂）	1767	22	23	52.9	20岁以上胃肠道功能正常或衰弱但依靠膳食不能满足营养需求的住院人群
力存®高蛋白型全营养素（整蛋白配方粉）	1780	21.5	22.9	53.5	低蛋白血症及蛋白质营养不良患者；创伤、烧伤患者；术前准备和术后补充；慢性消耗性疾病
立适康®高蛋白型营养粉	1817	19.6	22.8	55.2	适用于10岁以上需要高蛋白全营养摄入人群的营养补充或饮食替代
亚宝唯源®高蛋白型配方粉	1868	21.8	22.2	56	适用于10岁以上创伤、感染、手术及其他应急状态需要高蛋白饮食的人群作为单一营养来源或营养补充

目前市场上销售的整蛋白型全营养配方食品，营养较为全面均衡，应用较为广泛，可用于胃肠道功能正常或衰弱的有营养风险或营养不良的人群。根据三大产能营养素占比不同及膳食纤维含量多寡，可分为三种类型：全营养普通型、高纤维型及高蛋白型。其中，全营养标准型产品，三大产能营养素供能比符合中国人的膳食特点，即膳食中蛋白质提供的能量占总能量的10%~15%，脂肪占20%~30%，碳水化合物占50%~60%。而高纤维型整蛋白类产品，每100g粉剂产品中加入至少5g复配膳食纤维，其生理热价仅为碳水化合物的一半，适用于高血糖人群。高蛋白型全营养配方粉，蛋白供能比提高

至20%以上，适用于需要高蛋白饮食的人群，如处于创伤、感染、手术及其应急状态者。

举例：65岁老年男性，体重60kg，身高170cm；所需能量为25kcal/（kg·d）×60kg=1500kcal/d（6276kJ/d），则食用上述任一款全营养配方食品350g，均可满足每日能量需求。结合其他生理生化指标，可针对性选择普通型、高蛋白型或者高膳食纤维型。即使在能量供给相同、三大产能物质供能比相同情况下，膳食中不同脂肪酸、碳水化合物、蛋白质来源对健康的影响也不同。

我们在设计标准全营养配方食品时，能量、营养素和可选择成分的种类与限量依据，主要参照我国相应的法律法规、临床营养指南、专家共识及临床营养等书籍。部分标准及参考摄入量如下：

（1）GB 29922—2013《食品安全国家标准　特殊医学用途配方食品通则》；

（2）GB 25596—2010《食品安全国家标准　特殊医学用途婴儿配方食品通则》；

（3）GB 14880—2012《食品安全国家标准　食品营养强化剂使用标准》；

（4）GB 2760—2014《食品安全国家标准　食品添加剂使用标准》；

（5）《中国居民膳食营养素参考摄入量（DRIs）》2013版；

（6）中华医学会．维生素矿物质补充剂在疾病防治中的临床应用：专家共识．中华临床营养杂志（维生素与矿物质专栏），2012—2014。

【例1】 设计一款10岁以上人群使用的标准型全营养配方粉，能量来源于蛋白质、碳水化合物及脂肪三大产能物质，三者供能占比符合中国居民膳食指南中关于能量来源及供能比的建议，营养素剂量设计时考虑中国居民膳食营养素参考摄入量。定为：全代餐情况下，每日需要摄入能量1500kcal（6276kJ），其中蛋白质占15%，脂肪占30%，碳水化合物占55%，且必需营养素满足10岁以上人群需要。见表2-5。

表2-5　特殊医学用途配方食品普通全营养配方设计（满足DRI要求）

营养素	每日摄入量	每100g	营养素	每日摄入量	每100g
能量/kcal	1500	450	泛酸/mg	5	2
蛋白质/g	56.25	18	维生素C/mg	100	32
脂肪/g	50	15	生物素/μg	40	13
碳水化合物/g	206.25	60	钠/mg	1500	480
维生素A/(μg RE)	800	256.41	钾/mg	2000	641
维生素D/μg	10	3.21	铜/μg	800	256
维生素E/(mg α-TE)	14	4.49	镁/mg	330	106

续表

营养素	每日摄入量	每 100g	营养素	每日摄入量	每 100g
维生素 K_1/μg	80	25.64	铁/mg	20	6
维生素 B_1/mg	1.4	0.45	锌/mg	12.5	4
维生素 B_2/mg	1.4	0.45	锰/μg	4500	1442
维生素 B_6/mg	1.4	0.45	钙/mg	1000	321
维生素 B_{12}/μg	2.4	0.77	磷/mg	720	230
烟酸（烟酰胺）/mg	15	4.81	碘/μg	120	38
叶酸/μg	400	128.21	氯/mg	2300	737

【例 2】 即使是特殊医学用途全营养配方食品，我们亦可以针对不同适用人群开发产品。如开发一款针对老年人（65 岁以上）产品，随着年龄增长，基础代谢率降低，每日能量需要量下降；但是我们要考虑衰老引起全身各大组织器官发生改变，老人咀嚼能力下降导致的进食障碍，吸收代谢能力下降，脑内结构改变引起神经系统发生变化，引起睡眠困难，甚至部分老人会出现心理问题、精神性疾病等；总而言之，老年人每日能量需求下降，但是对营养素的需要增加。即每 100g 产品能量值与标准型全营养配方相同情况下，要适当提高营养素含量，尤其与老年人身体机能、常见慢病相关的营养素。能量的来源中适当提高必需脂肪酸在脂肪的占比，减少简单糖摄入，尽量选择复合碳水化合物，提高优质蛋白质在总蛋白质中占比，亦可加入少量食用肽，减缓老年人胃肠道负担。

（二）特定全营养配方食品

特定全营养配方食品可作为单一营养来源满足目标人群在特定疾病或医学状态下的营养需求，它是在全营养配方食品的基础上，依据特定疾病自身的代谢特点、病理生理状态对部分营养素进行适当调整的一类产品。其目标人群是患有特定疾病且无并发症或其他疾病人群。特定全营养配方食品配方设计基本要求和原则如表 2-6 所示。

表 2-6 特定全营养配方食品配方设计基本要求和原则

疾病/产品类型	适用范围	能量需求	三大供能营养素比例调整	原则
糖尿病全营养配方食品	糖尿病人群	标准	①蛋白质供能比 15%~20%，脂肪 25%~30%，碳水化合物 45%~60%； ②亦可适当采用低碳水化合物配方 30%~40%	①控制血糖水平正常、稳定； ②提供适当的热量和营养素，纠正已发生的代谢紊乱，保证机体的正常生长发育和活动； ③减缓各种并发症

续表

疾病/产品类型	适用范围	能量需求	三大供能营养素比例调整	原则
呼吸系统疾病全营养配方食品	慢性阻塞性肺疾病	高能量	①碳水化合物总量应小于4g/(kg·d)；②蛋白质、脂肪、碳水化合物的呼吸商分别为0.8，0.7，1.0，三者供能占比可调整为15%～20%、30%～45%、40%～55%	通过调整营养素构成有效降低CO_2生成，防止高碳酸血症
肾病全营养配方食品	慢性肾病非透析患者	高能量	低蛋白质、低钠、高碳水化合物配方，蛋白质供能占比5%～11%，碳水化合物高于60%	①减轻肾脏负担，充足能量摄入，合理热氮比提高蛋白质利用率；②纠正电解质紊乱，清除水钠潴留引起的水肿；防止高钾血症发生；③调整钙磷比例，防止骨质疏松；④优先补充特殊营养素或者其前体物质，促进营养素的合成
肿瘤全营养配方食品	营养不良的肿瘤人群	标准	高蛋白质配方，蛋白质供能占比16%～32%	①治疗营养不良/恶病质；②提高患者放疗/化疗的耐受性依从性；③控制或改善放化疗的不良反应；④提高生活质量
肝病全营养配方食品	慢性肝炎、肝硬化、肝性脑病等患者	高能量	低脂肪、碳水化合物适中，蛋白质供能比13%～18%	①提供足够的能量和营养素，维持活改善患者的营养状况；②防止或避免加重肝性脑病；③防止肝功能恶化，促进新组织生成
肌肉衰减综合症全营养配方食品	肌肉衰减患者	标准	脂肪、碳水化合物适中，蛋白质供能比16%～24%	补充疾病相关营养素，提供优质蛋白，提高利用率，并注意维生素D的补充
创伤、感染、手术及其他应激状态全营养配方食品	创伤、感染、手术等患者	早短期内允许低能量摄入	①高蛋白质、低脂肪配方，增加氮量，减少能量，降低热氮比；②营养支持阶段脂肪和碳水化合物的供热比应接近1：1	提供充足能量和氮源，维持细胞代谢、维护器官功能
炎性肠病全营养配方食品	克罗恩病、溃疡性结肠炎	高能量	高蛋白质、低脂肪配方	少食多餐，限制脂肪、膳食纤维和易产气食物的摄入；保证维生素和矿物质的充分供给

续表

疾病/产品类型	适用范围	能量需求	三大供能营养素比例调整	原则
食物蛋白过敏全营养配方食品	多种食物蛋白过敏人群	标准	①氨基酸/短肽配方、不含整蛋白； ②三者供能比同标准全营养配方	不含整蛋白，能量和营养素充足满足目标人群需要
难治性癫痫全营养配方食品	难治性癫痫患者	标准	高脂肪、低碳水化合物配方，脂肪供能比占90%，碳水化合物和蛋白质供能占比10%	防止高糖摄入诱发癫痫；防止营养素摄入不足
胃肠道吸收障碍、胰腺炎全营养配方食品	胃肠吸收障碍、慢性胰腺炎患者	高能量	高热量、高蛋白质、高碳水化合物、低脂肪配方	减少胃肠负担、抑制胰酶分泌、保护脏器功能，预防各种并发症
脂肪酸代谢异常全营养配方食品	脂肪酸代谢异常患者	标准	低脂肪高碳水化合物配方，脂肪供能比25%	减少患者依赖体内脂肪酸β-氧化酶供能
肥胖、减脂手术全营养配方食品	肥胖患者	低能量	蛋白质20%～30%，脂肪25%～30%，碳水化合物40%～55%	①维持机体能量摄入和消耗的负平衡状态，并使体重最终接近标准体重； ②保证机体蛋白质和营养素需要

我们在设计特定全营养配方时，能量、营养素和可选择成分的种类与限量依据，应在遵守我国相应的法律法规、临床营养指南、专家共识等基础上，通过更广泛的查阅文献，将临床RCT作为重要数据来源，做出系统综述，在原始文献数据充足的条件下，甚至进行Meta分析，获取循证医学证据，以便正确定位在特定病理生理状态下目标人群的特定需求。产品最后的有效性论证需要通过临床试验，获得充分的数据进行证实。

举例：开发一款炎性肠病特定全营养配方食品。炎性肠病主要指克罗恩病和溃疡性结肠炎，近年来已成为我国消化系统常见疾病和慢性腹泻的主要原因。在广泛查阅文献基础上，剖析炎性肠病的本质原因，掌握炎性肠病的结局，这样我们就能有的放矢设计出理论配方。通过检索相关文献，我们发现炎性肠病的病因及发病机制复杂，涉及免疫学、遗传学、内分泌学、环境因素等多方面。炎性肠病病变在消化道，影响营养素消化吸收，造成患者营养不良的严重后果。理论配方设计原则：选用优质蛋白、食物蛋白质水解物、多肽、氨基酸作为蛋白质来源；降低脂肪供能比，不超过40%，适当增加中链甘油三酯含量；添加具有强力抗炎因子的食品原料，添加有助于修复肠道上皮的相关营养素，补充肠道菌群，改善肠道微生态；同时我们需要考虑肝肾功能修复。

（三）非全营养配方食品

非全营养配方食品由于不包含全部营养素，故不能作为单一营养来源。其设计的目的在于满足目标人群某方面的营养需求。非全营养配方食品能量来源见表 2-7。粉体的非全营养配方食品的能量计算较为简单，由产能营养素乘以能量系数，然后相加即可获得总能量。液体的非全营养配方食品在设计时，需考虑能量密度、渗透压、pH。

表 2-7　非全营养配方食品能量来源

产品类别	能量/（kJ/100g）	蛋白质	脂肪	碳水化合物	适应症
蛋白质（氨基酸）组件	≤1674	△△	—	—	需要增加蛋白质摄入人群
脂肪（脂肪酸组件）	≤3766	—	△△	—	对脂肪有特定需求的人群
碳水化合物组件	830~1674	—	—	△△	对碳水化合物有特别需求的人群
电解质配方	<1674	—	—	△△	迅速补充能量和水分，提供电解质
增稠组件	1674	—	—	△△	增加液态食物的黏稠性，适用于吞咽障碍、误吸风险的人群
流质配方	<1674	△	—	△△	限制脂肪摄入的人群

注：△△表示该配方中能量来源的主要营养素；△表示配方中能量来源的次要营养素。—表示该配方中不含有此营养素，或者该营养素仅从原辅料中带入，未特意添加，并不作为供能物质。

举例：设计一款液体非全营养组件流质配方时，我们设定①能量密度为 1kcal/mL，能量主要来源于碳水化合物和蛋白质；②营养素：除去脂肪和膳食纤维外的其他矿物质和维生素；③pH：考虑人体正常体液酸碱度，同时兼顾方生产、包装、货架期等需求；④渗透压：主要来源于电解质，如果非整蛋白配方，也需要考虑氨基酸-多肽产生的渗透压；单糖产生的渗透压也需要考虑；⑤热氮比控制在（100~200）：1 之间。

第三节　蛋白质

一、氨基酸、多肽与蛋白质

蛋白质是人体的三大宏量营养素之一，在维持正常生命活动中起着重要作用。氨基酸是多肽和蛋白质的基本组成单位。氨基酸以肽键的方式连接构成多肽，一条多肽链包含几个、几百个甚至上千个氨基酸，一条或几条多肽链经过折叠而形成的具有一定立体结构的复杂的大分子物质，就是蛋白质。氨基酸残基靠—CO—NH—键连接，形成含多达几百个氨基酸残基的多肽链。—CO—NH—键具有部分双键性质，因此，蛋白质的结构复杂，不同蛋白质功能各异。

不同蛋白质的生物功能和特性除了取决于肽链的组成和结构，还与蛋白质的空间结构相关。蛋白质的空间结构分为四级，见表 2-8。

表 2-8　蛋白质的基本结构

结构分级	特征
一级结构	蛋白质空间构象的基础；氨基酸残基从 N-端到 C-端的排列顺序
二级结构	多肽链中的局部特殊构象，包括 α-螺旋，β-折叠，β-转角和无规卷曲
三级结构	整条肽链所有原子在（三维）空间的排布位置
四级结构	两条或两条以上多肽链的几何排列

根据蛋白质中必需氨基酸的组成和含量，蛋白质可分为以下几类，见表 2-9。

表 2-9　蛋白质营养学分类

类别	特征	举例
完全蛋白质	氨基酸种类齐全、数量充足、比例适当；可维持健康、促进生长	动物来源：乳来源的酪蛋白、乳清蛋白，肌肉中的白蛋白、肌蛋白 植物来源：大豆蛋白、麦谷蛋白、玉米中的谷蛋白
半完全蛋白质	所含必需氨基酸种类齐全，但数量或比例不适当；仅可维持生命	小麦、大麦中的麦胶蛋白
不完全蛋白质	所含必需氨基酸种类不齐全，既不能维持生命，也不能促进生长发育	动物来源：胶原蛋白 植物来源：玉米胶蛋白、豌豆球蛋白

组成人体的 20 种氨基酸，均属于 L-α-氨基酸。根据解离后化学性质，可分为 3 大类，见表 2-10；从营养学角度，则分为两大分类，见表 2-11。

了解蛋白质营养学分类及人体必需氨基酸的种类，有助于我们研发产品组方过程中，重视蛋白质的选择，促进生长、维持健康的完全蛋白质作为优质蛋白在组方中要占到一定比重，尤其对于生长发育期的儿童。如果因为其他功能原因选择了不完全蛋白质，需要考虑添加其所缺乏的限制氨基酸进行互补。掌握常用氨基酸的化学性质，为了保持含氨基酸配方液态产品或固体配方粉冲调后色泽稳定，在工艺上需要注意原料配伍，防治发生美拉德反应，出现外观上巨大变化。

表 2-10　氨基酸生糖及生酮性质的分类

类别	氨基酸
生糖氨基酸	甘氨酸、丝氨酸、缬氨酸、组氨酸、精氨酸、半胱氨酸、脯氨酸、丙氨酸、谷氨酸、谷氨酰胺、天冬酰胺、甲硫氨酸
生酮氨基酸	亮氨酸、赖氨酸
生糖兼生酮氨基酸	异亮氨酸、苯丙氨酸、酪氨酸、苏氨酸、色氨酸

表 2-11　氨基酸的分类

分类标准	类别	特征	名称
化学结构	酸性氨基酸	侧链含负性解离基团，解离后带负电荷	天冬氨酸、谷氨酸
	碱性氨基酸	侧链含正性解离基团，解离后带正电荷	赖氨酸、精氨酸和组氨酸
	中性氨基酸	非极性脂肪族氨基酸	丙氨酸、缬氨酸、亮氨酸、异亮氨酸、脯氨酸、甲硫氨酸
		极性中性氨基酸	甘氨酸、丝氨酸、半胱氨酸、苏氨酸、天冬酰胺
		芳香族氨基酸	苯丙氨酸、色氨酸、酪氨酸
营养学	必需氨基酸	人体自身不能合成或合成速度不能满足人体需要，必须从食物中摄取的氨基酸	赖氨酸、色氨酸、苯丙氨酸、甲硫氨酸、苏氨酸、异亮氨酸、亮氨酸、缬氨酸；婴幼儿生长发育期，还需要有组氨酸
	非必需氨基酸	人体可以自身合成，不一定非从食物直接摄取不可	除了必需氨基酸之外的氨基酸都是非必需氨基酸；其中常见条件必需氨基酸：胱氨酸、酪氨酸、牛磺酸、精氨酸和谷氨酰胺

二、蛋白质的消化、吸收及代谢

（一）蛋白质的消化吸收

人体口腔中没有水解蛋白质的酶类，食物蛋白质的消化从胃开始，主要在小肠进行。传统营养学观点，认为蛋白质在消化道一系列酶作用下，被依次分解为多肽、寡肽，最终降解为氨基酸被人体吸收利用，见图 2-1。食物蛋白质消化后可消除其抗原性，避免过敏反应，是人体氨基酸的主要来源。

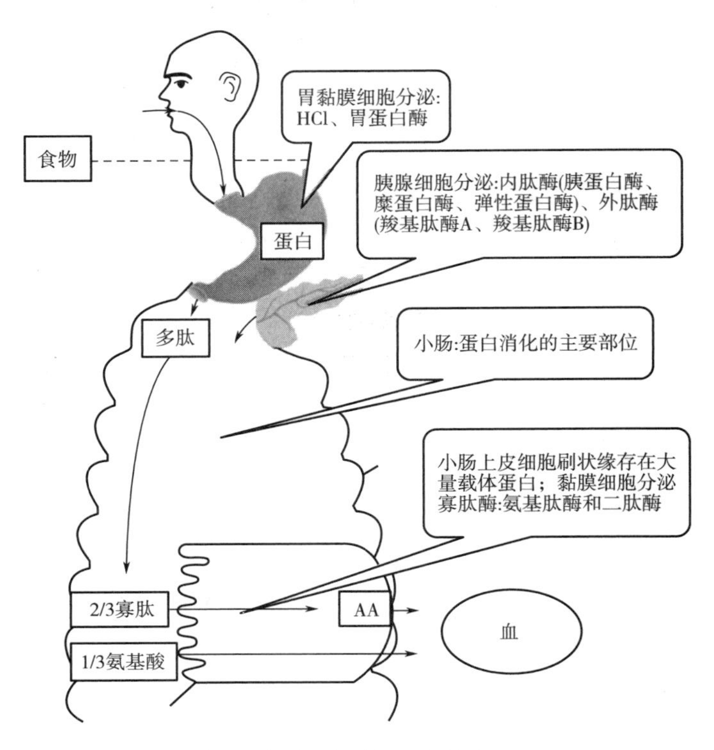

图 2-1　蛋白质消化吸收简图

（二）短肽和氨基酸的吸收

传统的观点认为，分子越小越容易被吸收，所以氨基酸比肽更容易吸收。但研究发现，肽具有很强的活性，一些小分子质量的肽要远比同浓度下的某些游离氨基酸更容易吸收，而且可以不经消化而被肠黏膜直接吸收，吸收率约提高 2~2.5 倍。关于肽在小肠内的吸收机制，目前已经鉴定的主要有 3 种，包括 PepT1 载体调节吸收转运（PepT1-mediated transport）、细胞旁路转运（Paracellular transport）和转胞吞作用（Transcytosis），见图 2-2。

（1）PepT1 载体调节吸收转运　在小肠内二肽、三肽以及一些肽类药物都是通过 PepT1 载体调节进行主动吸收的。PepT1 载体需要氢离子协同转运，对底物具有一定的选择性。这种方式能够识别并转运超过 8000 种不同的小肽。

（2）细胞旁路转运　细胞旁路转运是通过小肠上皮细胞间的紧密连接进行物质吸收转运的过程，不需要消耗能量，其底物通常为水溶性小肽。所以肽分子大小是影响其通过细胞旁路进行吸收最主要的因素。

（3）转胞吞作用　在小肠内，大部分的大分子蛋白质及一些片段则需要通过转胞吞

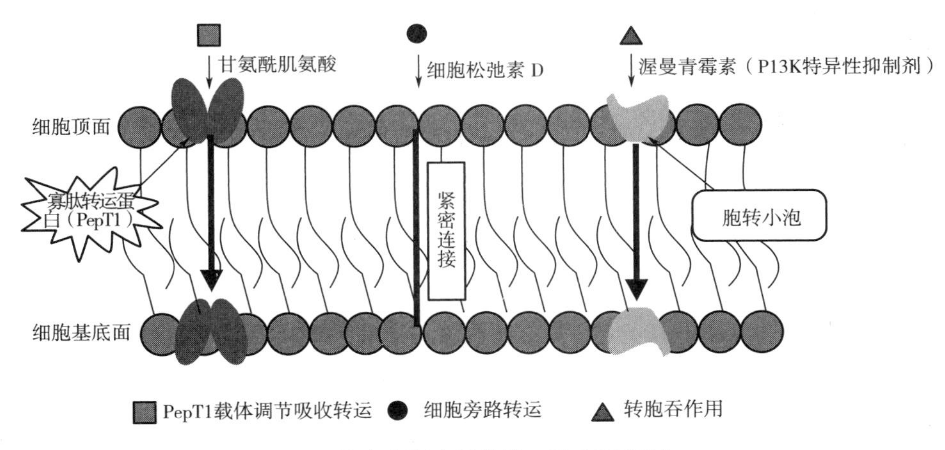

图 2-2 肽在小肠内吸收的 3 种主要机制

作用进行吸收。

细胞旁路转运受许多因素的影响，包括肽本身的结构和性质。转胞吞作用主要包括 3 个步骤：细胞膜表面的内吞作用、细胞内运输以及胞外分泌。通过转胞吞作用进行吸收时，首先需要被吸收物质与细胞膜表面相互作用，因此，吸收底物的结构性质对转胞吞作用有重要的影响。

随着研究的深入，肽的营养价值逐渐被很多实验证实，同时肽在吸收利用上的优势也逐渐被人们认可。

（三）蛋白质的代谢

传统营养理论认为，食物中的蛋白质经消化吸收的氨基酸与机体内组织的蛋白质降解产生的氨基酸混在一起，分布于机体各组织器官，共同参与代谢，构成了人体内的氨基酸池。氨基酸池一般以游离氨基酸总量来计算，而代谢库中的游离氨基酸也是各种组织细胞氨基酸的唯一来源。

在人体内，氨基酸的主要功能是合成各种蛋白质和肽，也可以转变为其他含氮物质。氨基酸的共同代谢途径就是脱氨基作用以及由此产生的 α-酮酸的代谢。但由于不同氨基酸具有不同的结构特点，也各有其不同的代谢方式。

血液循环中的肽类主要来自食物蛋白的消化吸收、体内蛋白质的分解、机体自身合成（脑咖肽、激素等）和外源性静脉注射等。研究证实，这些小肽能够被多种组织直接有效利用。生物活性肽在体内的含量非常之少，但具有重要作用，主要生理功能有类吗啡样活性、激素和调节激素的作用。外源性活性肽可用于改善营养素吸收和矿物质运输、促进生长、调节免疫力等。

到目前为止，有关肽和氨基酸在组织中代谢利用的生理机制以及控制其代谢的有关因素尚未能完全清楚，相关理论有待进一步发展。

三、特殊医学用途配方食品中的蛋白质种类与来源

（一）常用蛋白质

1. 乳蛋白

乳蛋白是乳中最重要营养成分，含量约为3.0%~3.7%，主要有酪蛋白和乳清蛋白，在人体内的消化吸收率达97%~98%。牛乳中的蛋白质主要由酪蛋白（CAS）和乳清蛋白（WP）两大部分组成，在20℃，pH 4.6条件下，牛乳中沉淀下来的蛋白质就是酪蛋白，约占80%；剩余的溶解于乳清的蛋白质均称为乳清蛋白，约占20%。

（1）酪蛋白的组成、来源及其功能特性　牛乳中酪蛋白是几种蛋白质的复合体，见表2-12。

表2-12　　牛乳中酪蛋白组成及含量

牛乳酪蛋白		分子质量/u	乳中含量/（g/L）	占总蛋白的百分率/%
αs-酪蛋白（αs-CN）	$\alpha s1$-酪蛋白	27000	10.0	30.8
	$\alpha s2$-酪蛋白		2.6	8.0
β-酪蛋白（β-CN）		24000	9.3	28.6
κ-酪蛋白（κ-CN）		14100	3.3	10.1
γ-酪蛋白（γ-CN）		21000	0.8	2.5

酪蛋白的主要生产工艺流程如图2-3所示。

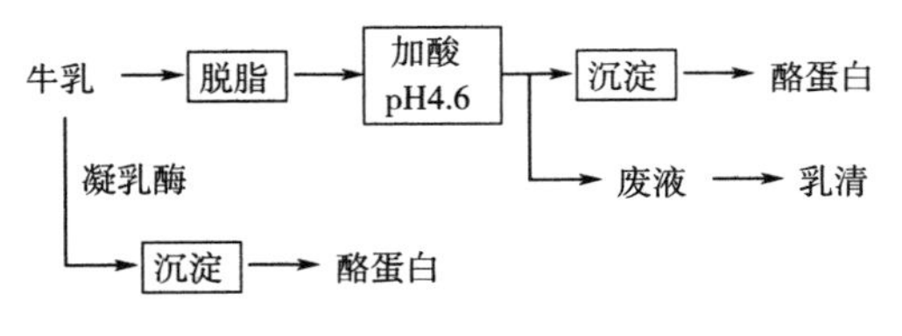

图2-3　酪蛋白生产工艺流程

乳中酪蛋白大部分以胶体球形颗粒形式存在，平均粒径约为100nm，粒径分布为30~300nm，此外约有10%~20%的酪蛋白以溶解或非胶粒形式存在于乳中。酪蛋白胶粒是由αs-CN、β-CN和κ-CN构成，其中αs-CN和β-CN可通过定量结合形成热稳定性

强、大小一致的胶粒内核，而 κ-CN 排列在内核的表面形成“壳保护颗粒”，倘若没有 κ-CN，其他酪蛋白和钙离子的复合物便会形成沉淀。

酪蛋白胶体中含有钙和磷酸盐，同时酪蛋白中含有人体必需的 8 种氨基酸，是一种完全蛋白质，因此，对于人体来说酪蛋白既是必需氨基酸的来源，也是钙和磷的重要来源。目前，酪蛋白在食品工业中已经有广泛应用。

（2）乳清蛋白的组成、来源及其功能特性　乳清经超滤后再经喷雾干燥得到的粉末产品即为乳清蛋白粉。乳清蛋白中含有 α-乳白蛋白、β-乳球蛋白、牛血清白蛋白（BSA）、免疫球蛋白（Ig）和脂肪球膜蛋白等蛋白种类，以上五类蛋白占总蛋白的比例分别为 3.7%，9.8%，0.9%，2.1%，1.2%。

乳清蛋白是一种优质蛋白，其赖氨酸、色氨酸、苏氨酸、亮氨酸、异亮氨酸含量均高于酪蛋白。此外，乳清蛋白在胃酸作用下形成较小的乳凝块，溶解度高，因此在胃中排空速度较快，这种特性大大提高了乳清蛋白在肠道的吸收速率。因此乳清蛋白的利用率和生物价均高于酪蛋白。

在功能性食品中，常用的乳清蛋白种类一般为三种，即浓缩乳清蛋白（WPC）、分离乳清蛋白（WPI）和水解乳清蛋白（WPH）。乳清经过处理之后，首先得到的是 WPC，其蛋白质含量一般在 35%~85%。WPC 进一步分离纯化得到的是 WPI，蛋白质含量一般在 85%~90%。WPC 或者 WPI 进一步水解、纯化得到的就是 WPH，其蛋白质含量一般在 95%以上。具体的生产工艺流程如图 2-4 所示。

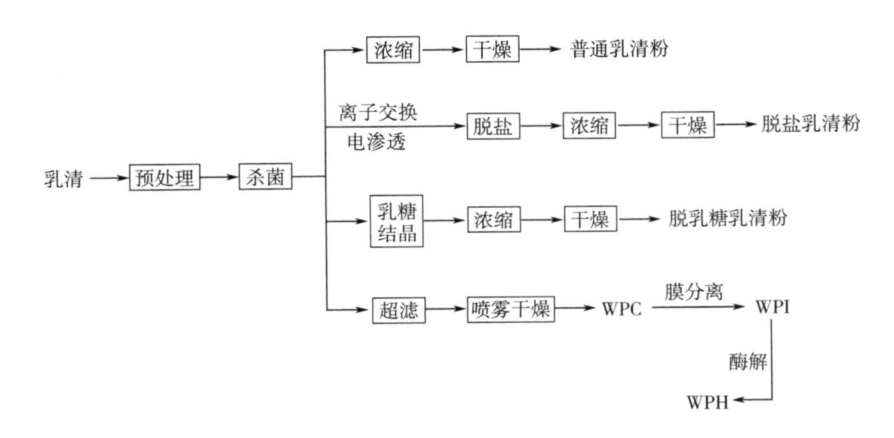

图 2-4　乳清蛋白生产工艺流程

乳清蛋白的蛋白质含量范围在 34%~92%，常用其蛋白含量占总固形物的百分比大小来区分等级。不同蛋白含量的浓缩乳清蛋白的典型成分见表 2-13。

表 2-13　　乳清浓缩蛋白的典型组成成分

成分	WPC34	WPC50	WPC60	WPC75	WPC80	WPI
蛋白质/%	34.0~36.0	50.0~52.0	60.0~62.0	75.0~78.0	80.0~82.0	90.0~92.0
乳糖/%	48.0~52.0	33.0~37.0	25.0~30.0	10.0~15.0	4.0~8.0	0.5~1.0
脂肪/%	3.0~4.5	5.0~6.0	1.0~7.0	4.0~9.0	4.0~8.0	0.5~1.0
灰分/%	6.5~8.0	4.5~5.5	4.0~6.0	4.0~6.0	3.0~4.0	2.0~3.0
水分/%	3.0~4.5	3.5~4.5	3.0~5.0	3.0~5.0	3.5~4.5	4.5~6

研究发现，乳清蛋白除作为优质的蛋白质来源外，它含有的多种活性成分对机体的糖代谢、脂质代谢、非特异性防御屏障等方面都有积极作用。另外，乳清蛋白中含有丰富亮氨酸有利于增加肌肉组织，减少脂肪合成。研究表明，乳清蛋白中的乳铁蛋白、α-乳清蛋白、免疫球蛋白还具有抗菌、抗病毒、免疫调节等多种生物学活性功效。

2. 大豆分离蛋白

大豆分离蛋白（SPI）是以生产大豆油脂产生的副产品——低变性脱脂大豆粕为原料，应用现代食品工程技术分离得到的。大豆分离蛋白属于完全蛋白质，是植物蛋白中的优质蛋白之一。同时，它还是优良的食品加工助剂，具有溶解性、分散性、凝胶性、持水性、持油性、乳化性、起泡性、成膜性等食品加工特性。大豆分离蛋白作为食品加工助剂细分为 80 多种类型，广泛应用在肉制品、乳制品、饮品、糖果、方便食品、冷冻食品等多种食品中，符合多样的市场需求。

大豆分离蛋白的蛋白质含量一般在 90%以上。国内外企业生产大豆分离蛋白普遍采用碱溶酸沉法，也有部分企业使用超滤膜法和离子交换法。碱溶酸沉提取大豆分离蛋白工艺的主要步骤包括粉碎、碱液浸提、酸沉、中和、杀菌和喷雾干燥。实际生产中，这些步骤根据设备的不同可以实现自动化或半自动化流水作业。各个步骤在生产时都有明确的参数和操作要求。生产工艺流程如图 2-5 所示。

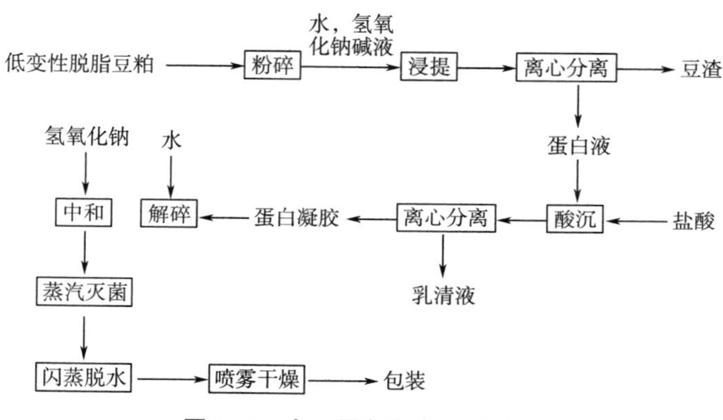

图 2-5　大豆蛋白生产工艺流程

（二）常用水解蛋白

蛋白质在酸性、碱性、酶等条件下会发生水解，由于水解程度和断键位置不同，生成不同分子质量的肽及氨基酸，这个过程称为蛋白质的水解，其生成的产物称为肽或者称为水解蛋白。水解蛋白一般为不同分子质量肽链（和氨基酸）的混合物，通过控制工艺可以将大部分的分子控制在某一个特定的分子质量范围。蛋白质在水解过程中，肽键被裂解的程度或百分比称为蛋白质的水解度。如常见的水解乳清蛋白的水解度一般在5~30。

1. 水解乳清蛋白

水解乳清蛋白（WPH）是乳清蛋白经水解的产物，目前国内外生产水解乳清蛋白最普遍的是酶解法。酶解法制备水解乳清蛋白成本相对较低，而且安全性高，生产条件温和易控制，适合大规模批量生产，通过条件控制可定位生产出不同水解度的蛋白产品。

同其他蛋白质一样，乳清蛋白主要在肠道进行消化和吸收。水解乳清蛋白中的蛋白质主要以短肽形式存在，在肠道中经过初步酶解后，具有肽类的快速吸收的特性，更适合于胃肠道功能降低，需快速提供能量和蛋白质的病人。

2. 水解胶原蛋白

胶原蛋白不含有色氨酸、半胱氨酸和酪氨酸，而甘氨酸、脯氨酸和羟脯氨酸的含量较为丰富，属于不完全蛋白质，不可作为特殊医学用途配方食品中主要来源。胶原蛋白是机体结缔组织中重要的结构蛋白质，广泛分布于人体各组织器官（表2-14），起着支撑器官、保护机体的作用。

表2-14　胶原的种类及其在组织中的分布

形式	各单链相对分子质量	组织分布
Ⅰ	100000	皮肤、骨骼、血管等多数结缔组织
Ⅱ	100000	软骨、玻璃体
Ⅲ	100000	软骨
Ⅳ	100000	血管、皮肤、肉芽组织
Ⅴ	175000~185000	细胞基底膜
Ⅵ		透明软骨外大部分细胞周围组织
Ⅶ		子宫、胎盘与皮肤
Ⅷ		表皮细胞与基底膜
Ⅸ	180000	主动脉血管细胞、角膜内细胞

续表

形式	各单链相对分子质量	组织分布
Ⅹ	69000~85000	软骨、眼后房水
Ⅺ	59000	肥厚组织、软骨
Ⅻ		皮肤、筋、软骨
ⅩⅢ		表皮组织、小肠黏膜
ⅩⅣ		软骨、皮肤、筋、胎盘
ⅩⅤ		纤维母细胞
ⅩⅥ		立方羊膜表皮之下
ⅩⅦ		大水疱性类疱疮

工业化制备的胶原蛋白通常是通过水解工艺生产而成的，原料通常来自于鱼皮、猪皮、牛皮、牛骨、鸡胸软骨等，因此水解胶原蛋白就是一种改性的天然产品，不但去除了原料中不好的腥味，而且增加了其溶解性、流动性等应用方面的特性。

胶原蛋白具有多种生理功能，能增加皮肤组织的持水能力，增强和维持肌肤的弹性和韧性，延缓肌肤的衰老，还可以促进伤口愈合，维持关节健康等。常作为功能性蛋白加入特医食品中。

（三）常用氨基酸

1. 支链氨基酸（BCAA）

支链氨基酸包括亮氨酸、异亮氨酸、缬氨酸三种，BCAA 是人体中唯一无需经过肝脏代谢的氨基酸，其主要代谢场所是骨骼肌，约占骨骼肌蛋白质的必需氨基酸的三分之一，为外周组织供能。支链氨基酸的作用主要体现在如下两个方面。

（1）在手术、创伤、感染治疗中的作用　手术、创伤、感染，甚至饥饿情况下，支链氨基酸通过骨骼肌氧化给肌肉葡萄糖-丙氨酸循环和肌肉谷氨酰胺的合成提供能量和氮源。近年研究发现，支链氨基酸具有调节器的功能。在骨骼肌中，亮氨酸通过抑制蛋白质降解和促进蛋白质合成而起到蛋白质周转率的调节器作用。进一步研究发现，亮氨酸在其中起着主要作用，其可使骨骼肌蛋白质合成率提高 50%，同时分解率降低 25%。亮氨酸抑制蛋白质分解的主要机制是其代谢产物 α-酮戊己酸促进胰岛素分泌，同时抑制胰高血糖素分泌，从而抑制糖异生作用，减缓了肌肉蛋白分解。一般认为，创伤后支链氨基酸水平降低，并与创伤死亡率密切相关，故应选择富含支链氨基酸的配方。同时，因为亮氨酸对蛋白质合成的促进作用，亮氨酸常用于增肌的运动食品和减缓肌肉衰减的老年食品中。

（2）在肝性脑病的治疗中的作用 正常人血中支链氨基酸与芳香族氨基酸（苯丙氨酸和酪氨酸）的比值为3.0~3.5。严重肝脏疾病晚期的病人，肝脏功能严重受损，胰岛素和胰高血糖素的降解率降低，因而它们在血中浓度均有升高。同时因为胰高血糖素升高的更为明显，导致胰岛素/胰高血糖素比值下降，从而出现体内分解代谢大于合成代谢。在这种情况下，大量芳香族氨基酸从肌肉和肝脏的蛋白质中分解出来。此时又由于受损伤的肝脏将芳香族氨基酸转化为糖（糖异生作用）的能力降低，于是血液中芳香族氨基酸的比例升高，严重时可使支链氨基酸与芳香族氨基酸比例下降到1.0~1.2。

支链氨基酸与芳香族氨基酸都属于中性氨基酸，由相同载体转运通过血脑屏障，故存在拮抗作用。因芳香族氨基酸比例高而竞先进入脑内，然后在芳香族氨基酸脱羧酶的作用下，生成羟苯乙醇胺和苯乙醇胺，其化学结构与神经递质去甲肾上腺素和多巴胺相似，但传递信息的生理功效却远弱于去甲肾上腺素，所以这两种物质又称为假性神经递质。虽然如此，这两种物质的产生还是会造成网状结构上行激活系统功能失常，从而出现至大脑皮质的兴奋冲动受阻，以至于大脑功能发生抑制，出现意识障碍甚至昏迷（即肝昏迷）。所以临床上常用支链氨基酸的注射液治疗肝昏迷。

2. 精氨酸

精氨酸为条件必需氨基酸，通过参与蛋白质、肌酐及多胺的合成，在维持正氮平衡、循环调节、机体激素分泌、免疫调控、肠黏膜屏障维护及肿瘤代谢方面发挥着重要作用。另外，精氨酸是婴儿的必需氨基酸，长期缺乏精氨酸必然影响其生长发育。

精氨酸在体内有两个直接代谢途径，如图2-6所示。

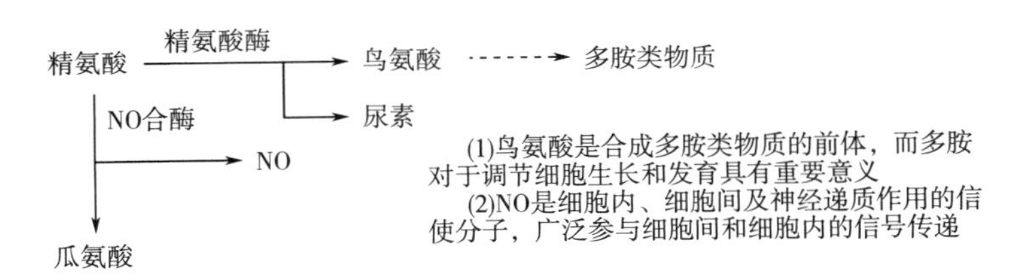

图2-6 精氨酸的直接代谢途径

我国1999年批准精氨酸作为药品使用，特别是在手术、创伤、烧伤等病人中取得了较好的疗效。多中心临床研究显示，一定剂量的精氨酸可显著降低住院患者的感染率和病死率，同时可缩短住院时间。一般说来，对于中等程度的创伤、手术或烧伤病人可以使用精氨酸，但对于严重感染、脓毒血症等病人则不建议使用。另外，研究发现，精氨酸的功能作用与剂量相关，而且在机体炎性反应和免疫功能的调节上具有双向作用。较低剂量的精氨酸可以降低血小板黏附、改善组织供血、促进蛋白质合成及创面修复、抑制炎性反应。高剂量的精氨酸在刺激机体免疫细胞活动的同时，也会诱导产生大量炎性介质和自由基，从而放大炎性反应，并加重组织损伤。另外也有 Meta 分析认为，精氨酸强化的营养治疗可以部分改善患者的病情，但是有增加死亡率的风险。

我国 GB 2760—2014《食品安全国家标准　食品添加剂使用标准》规定，L-精氨酸为允许使用的食品用香精，按生产需要适量使用。

3. 谷氨酰胺

谷氨酸为非必需氨基酸，血浆中含量最高的氨基酸，可占到血浆中自由氨基酸的20%。其可由谷氨酸和铵离子通过谷氨酰胺合成酶的酰胺化作用形成，同时也可由葡萄糖代谢产生的α-酮戊二酸通过转氨化作用和酰胺化作用而产生。谷氨酰胺主要存储于骨骼肌，同时也存在于肺部和脑部。而肠道和肝脏，尤其是小肠是谷氨酰胺的主要消耗器官，肾脏主要利用谷氨酰胺来维持酸碱平衡。

谷氨酰胺的主要生理功能主要有如下几方面：①增加机体蛋白质的合成；②防止或减少肌肉组织分解；③是小肠细胞的首要供能物质，是结肠细胞的第二供能物质，可协助水、钠在小肠的运转；④促进胰腺细胞的生长；⑤维持和促进谷胱甘肽的活性功能；⑥是免疫细胞增殖的必需成分；⑦具有抗忧郁的作用；⑧促进伤口愈合。

4. 牛磺酸

牛磺酸是一种人体必需的含硫非蛋白氨基酸，是半胱氨酸经脱羧基并将硫氧化为磺酸根而衍生的一种β-氨基酸，化学名为 2-氨基乙磺酸。牛磺酸在体内可由甲硫氨酸、胱氨酸、半胱氨酸等含硫氨基酸经半胱亚磺酸脱酸酶生成亚牛磺酸，再经氧化生成牛磺酸；维生素 B_6 与半胱亚磺酸脱酸酶活性密切相关，新生儿体内半胱亚磺酸脱酸酶的活性低于成年人。

牛磺酸主要以游离氨基酸的形式存在，约占人体游离氨基酸总量的 50%，广泛分布于人体的各组织器官中，其中以神经、肌肉和腺体中含量最高。

大量研究表明，牛磺酸具有多种生理和生物学功效。包括结合胆汁酸、抗氧化作用、促进脑细胞发育、提高神经传导和视觉功能、调节细胞内钙的稳态、增强免疫力等作用。牛磺酸还可改善再灌注心脏的低功能状态，减少心律失常的发生，增强细胞膜的稳定性。

牛磺酸缺乏对机体的视觉、中枢神经系统和心血管系统均会产生不利影响，表现在幼儿生长发育迟缓；光感受器退化，使光传导功能受到抑制，导致视觉障碍；影响神经细胞的正常生长发育；牛磺酸缺乏性心力衰竭等。

我国居民膳食指南尚无成人推荐用量及可耐受最高摄入量标准。研究发现，不挑食人群从饮食中摄入的牛磺酸在 9~400mg/d。世界各国人均年消费牛磺酸的量：日本 60g，美国 50g，英国 34g，德国 32g，我国不足 0.2g。

我国于1993年批准牛磺酸为食品添加剂婴幼儿食品强化剂。GB 14880—2012《食品安全国家标准 食品营养强化剂使用标准》规定，允许在乳制品及豆粉制品和饮料等食品中使用。GB 29922—2013《食品安全国家标准 特殊医学用途配方食品通则》规定，允许牛磺酸作为可选择性成分在特殊医学用途全营养配方食品中使用。牛磺酸可作为营养强化剂用于多种食品（调制乳粉、豆粉、豆浆粉、豆浆、含乳饮料、特殊用途饮料、风味饮料、固体饮料类、果冻），也可作为选择性成分在特殊医学用途全营养配方食品中使用。

（四）常用蛋白质氨基酸评分

常用蛋白质氨基酸评分如表2-15所示。

表2-15　常用蛋白质氨基酸评分

蛋白质种类	PDCAAS	蛋白质种类	PDCAAS
酪蛋白	1.00	牛乳蛋白	1.00
大豆分离蛋白	1.00	蛋清蛋白	1.00
乳清蛋白	1.14	牛肉蛋白	0.92

注：PDCAAS为经消化率校正的氨基酸评分，PDCAAS = 氨基酸评分× 真消化率，是一种蛋白质质量的评价指标，通过衡量蛋白质的消化率以及其是否能够满足人体氨基酸需求而对不同的蛋白质进行评分。

四、蛋白质的临床应用

蛋白质在医用食品中的主要临床应用情况如表2-16及表2-17所示。

表2-16　蛋白质在医用食品中的主要临床应用情况

疾病/产品类型	适用范围	蛋白质的使用原则和要求	备注
蛋白质（氨基酸）组件	主要适用于需要增加蛋白质摄入人群，如创伤、手术等患者	1. 由蛋白质和（或）氨基酸构成； 2. 蛋白质来源可选择一种或多种氨基酸、蛋白质水解物、肽类或优质的整蛋白质	
氨基酸代谢障碍配方	氨基酸代谢障碍患者	1. 以氨基酸为主要原料，不含或仅含少量与代谢障碍有关的氨基酸； 2. 添加适量的脂肪、碳水化合物、维生素、矿物质和（或）其他成分； 3. 常见的氨基酸代谢障碍配方食品中应限制的氨基酸种类及含量要求见表2-17	氨基酸代谢障碍患者由于不能代谢某一种或多种氨基酸，而使日常蛋白质摄入受限，同时由于食物不能满足，常常伴有某些维生素和矿物质摄入不足

续表

疾病/产品类型	适用范围	蛋白质的使用原则和要求	备注
普通全营养配方食品	适用于1~10岁人群	1. 蛋白质的含量应不低于0.5g/100kJ（2g/100kcal）； 2. 优质蛋白质所占比例不少于50%	
	适用于10岁以上人群	1. 蛋白质的含量应不低于0.7g/100kJ（3g/100kcal）； 2. 优质蛋白质所占比例不少于50%	
糖尿病全营养配方食品	糖尿病患者	1. 蛋白质摄入量适宜，满足正常生理需要量； 2. 不建议高蛋白饮食； 3. 控制血脂指标方面，植物蛋白更有优势； 4. 乳清蛋白有助于降低超重者体重和餐后血糖负荷	
呼吸系统疾病全营养配方食品	慢性阻塞性肺病（CDPD）患者	蛋白质摄入量适宜，满足正常生理需要	
	急性呼吸窘迫综合症（ARDS）和急性肺损伤（ALI）患者	蛋白质摄入量适宜，满足正常生理需要	炎性反应是导致全身或肺内过度活化和引起急性呼吸窘迫综合症（ARDS）/急性肺损伤（ALI）的主要机制
肾病全营养配方食品	慢性肾病（CKD）患者	1. 早期CKD或非透析依赖性CKD患者，限制蛋白质的摄入量； 2. 晚期CKD或透析依赖性CKD患者，蛋白质摄入量≥1.2g/（kg·d），其中优质蛋白质所占比例不少于50%	糖尿病和高血压是导致CKD的两个主要原因
肿瘤全营养配方食品	肿瘤患者	增加具有免疫调节作用的氨基酸，如精氨酸、谷氨酰胺、亮氨酸	
肝病全营养配方食品	慢性肝炎肝硬化	1. 适当提高蛋白质摄入量，相关指南建议1.2~1.5g/（kg·d）； 2. 适量增加支链氨基酸	

续表

疾病/产品类型	适用范围	蛋白质的使用原则和要求	备注
肌肉衰减综合症全营养配方食品	肌肉衰减患者	1. 老年人蛋白质的推荐摄入量应维持在1.0~1.5g/（kg·d），其中优质蛋白质所占比例不少于50%，并均衡分配到一日三餐中； 2. 动物蛋白（乳清蛋白）增加机体肌肉蛋白质合成以及瘦体重的作用比酪蛋白或优质植物蛋白（大豆分离蛋白）更强； 3. 适量增加亮氨酸和谷氨酰胺，亮氨酸促进骨骼肌蛋白合成最强；而谷氨酰胺可增加肌肉细胞体积	
创伤、感染、手术及其他应激状态全营养配方食品	创伤、感染、手术等患者	1. 适量提高蛋白质比例； 2. 适量补充色氨酸、酪氨酸、精氨酸以及谷氨酰胺等氨基酸	
炎性肠病全营养配方食品	克罗恩病（CD） 溃疡性结肠炎（UC）	对整蛋白质配方不耐受的患者，考虑使用肽类或者氨基酸配方	
食物蛋白过敏全营养配方食品	多种食物蛋白过敏人群	1. 不含食物蛋白质； 2. 蛋白质原料中过敏原去除或不含过敏原	
难治性癫痫全营养配方食品	难治性癫痫患者	1. 高脂肪低碳水化合物，生酮饮食经典配方中，脂肪与碳水化合物和蛋白质的质量比为4：1，能量90%来自脂肪，10%来自碳水化合物和蛋白质； 2. 耐受性不好的患者可适当降低脂肪含量	难治性癫痫配方即生酮配方。生酮饮食是通过调整饮食中的脂肪、蛋白质和碳水化合物的组成比例，使人体内产生和积累大量酮体，从而对大脑产生镇静作用的癫痫治疗方式
胃肠道吸收障碍、胰腺炎全营养配方食品	急性胰腺炎、慢性胰腺炎患者	1. 急性胰腺炎稳定期，选择氨基酸配方或短肽配方，逐渐过渡到整蛋白配方； 2. 慢性胰腺炎患者，蛋白质供给量为1.5~2.0g/（kg·d）	
脂肪酸代谢异常全营养配方食品	脂肪酸代谢异常患者	蛋白质摄入量适宜，满足正常生理需要	

续表

疾病/产品类型	适用范围	蛋白质的使用原则和要求	备注
肥胖、减脂手术全营养配方食品	肥胖患者	1. 控制总能量，每天能量摄入<1800kcal； 2. 蛋白质供能比15%~30%	

表2-17 常见的氨基酸代谢障碍配方食品中应限制的氨基酸种类及含量

常见的氨基酸代谢障碍	配方食品中应限制的氨基酸种类	配方食品中应限制的氨基酸含量mg/g蛋白质等同物
苯丙酮尿症	苯丙氨酸	≤1.5
枫糖尿症	亮氨酸、异亮氨酸、缬氨酸	≤1.5*
丙酸血症/甲基丙二酸血症	甲硫氨酸、苏氨酸、缬氨酸	≤1.5*
	异亮氨酸	≤5
酪氨酸血症	苯丙氨酸、酪氨酸	≤1.5*
高胱氨酸尿症	甲硫氨酸	≤1.5
戊二酸血症Ⅰ型	赖氨酸	≤1.5
	色氨酸	≤8
异戊酸血症	亮氨酸	≤1.5
尿素循环障碍	非必需氨基酸（丙氨酸、精氨酸、天冬氨酸、天冬酰胺、谷氨酸、谷氨酰胺、甘氨酸、脯氨酸、丝氨酸）	≤1.5*

注：*指单一氨基酸含量。

第四节 脂类

一、脂肪、类脂和脂肪酸

脂肪又称为甘油三酯或三酰甘油，是体内重要的储存能量和提供能量的物质，约占体内脂类总量的95%。类脂主要包括磷脂和胆固醇类，约占全身脂类总量的5%。类脂是机体细胞膜、组织器官，尤其是神经组织的重要组成成分。脂类也是食物中的重要营养成分，烹调时可使食物拥有诱人的色香味，增进食欲。另外，脂类的适量摄入对维持机体正常生理功能，促进维生素 A、维生素 E、维生素 D 等脂溶性维生素的吸收和利用，维护人体健康发挥着重要作用。

食物中的脂类主要由甘油三酯构成，甘油三酯由三分子脂肪酸（FA）与一分子的甘油形成。一般来说，动物性食物的甘油三酯碳链长、饱和程度高，熔点高，常温下呈凝固状态，故称为脂。植物性食物中的甘油三酯不饱和程度高，熔点低，常温下呈液体状态，故称为油。甘油三酯分子中的三个脂肪酸，是结构不完全相同的脂肪酸，自然界中还未发现有单一脂肪酸构成的甘油三酯。

脂肪（甘油三酯）因其所含的脂肪酸碳链的长短、饱和程度和空间结构不同，会呈现出不同的物理特性和生理功能。其生理功能主要包括：①供能；②促进脂溶性维生素吸收；③提供必需脂肪酸；④保护组织器官；⑤维持体温；⑥增进食欲、增加饱腹感。

二、脂肪酸的分类和功能

（一）脂肪酸的分类

根据碳链的长短、饱和程度和空间结构不同，脂肪酸可以有不同的分类方法。主要分类如表 2-18 所示。

表 2-18 脂肪酸分类

分类方法	类型	特征
碳链长度	短链脂肪酸（SCFA）	含 6 个碳及以下
	中链脂肪酸（MCFA）	含 8~12 个碳
	长链脂肪酸（LCFA）	含 14~24 个碳
饱和程度	饱和脂肪酸（SFA）	碳氢上没有不饱和键
	单不饱和脂肪酸（MUFA）	其碳氢链有一个不饱和键
	多不饱和脂肪酸（PUFA）	其碳氢链有≥2 个不饱和键
空间结构	顺式脂肪酸	大多数不饱和脂肪酸
	反式脂肪酸	少数脂肪酸

（二）必需脂肪酸

必需脂肪酸指人体不可或缺又不能合成，必须通过食物供给的脂肪酸。人体必需脂肪酸有两种：亚油酸和 α-亚麻酸，分别属于 n-6 不饱和脂肪酸和 n-3 不饱和脂肪酸系列（表 2-19）。人体可通过亚油酸和 α-亚麻酸来合成花生四烯酸、EPA 和 DHA 这些人体不可缺少的脂肪酸（图 2-7），但是合成这些脂肪酸时存在竞争机制，合成速度慢，因此获得这些脂肪酸最好的途径依旧是从食物中来。

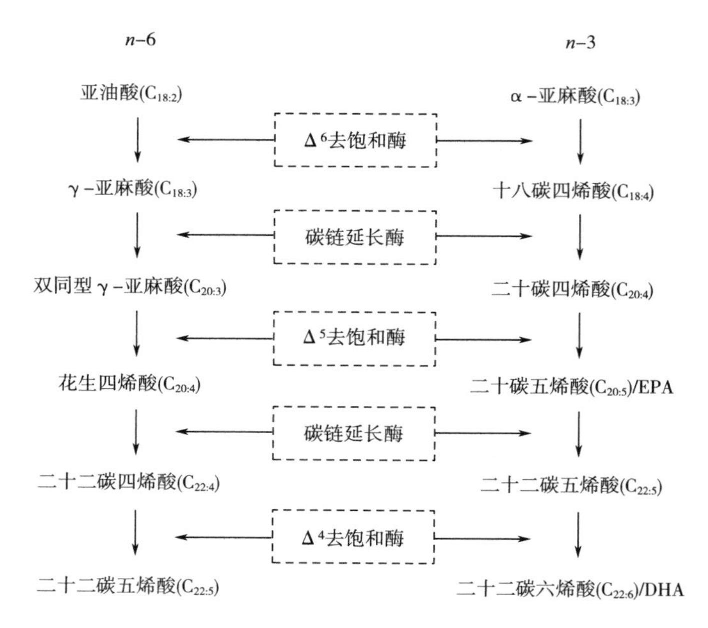

图 2-7 必需不饱和脂肪酸的衍生

表 2-19 必需脂肪酸分类及生理功能

类别	必需脂肪酸	衍生产物	来源	生理功能
n-3 系列	α-亚麻酸	二十碳五烯酸（EPA）、二十二碳六烯酸（DHA）	植物油和鱼油	①DHA 维持视紫红质正常功能；②DHA 促进胎儿脑和视网膜发育；③EPA 免疫调节、抗炎和抗凝血作用；④抑制肿瘤细胞；⑤降血脂（TG）、血压；⑥调控脂肪代谢基因表达（上调脂质氧化、下调脂质合成）
n-6 系列	亚油酸	花生四烯酸（AA）	植物油	①AA 是形成类二十烷酸的重要前体物质；②AA 促进脑、视网膜发育；③促进生长、发育及妊娠；④构成磷脂，维持阻止膜结构完整性；⑤降低血 TC 和 LDL-C 水平；⑥缺乏时皮肤易感染、伤口愈合减慢、磷屑样皮炎、不育

n-6 系列多不饱和脂肪酸可调节血脂和参与磷脂组成，其中花生四烯酸还是形成类二十烷酸的重要前体物质，花生四烯酸缺乏时皮肤易感染、伤口愈合减慢。此外，n-6 系列多不饱和脂肪酸具有促进生长发育和妊娠作用，可能与类二十烷酸调节下丘脑和垂体前叶激素释放有关。用 n-6 多不饱和脂肪酸代替饱和脂肪酸可以降低血 TC 和 LDL-C 水平。

在 n-3 系列多不饱和脂肪酸中，α-亚麻酸是母体物质，它的碳链可以被延长的更长，从而形成 EPA 和 DHA。n-3 多不饱和脂肪酸对血脂和脂蛋白、血压、心脏功能、动脉顺应性、内分泌功能、血管反应性和心脏电生理均具有良好的作用，并有抗血小板聚集和抗炎作用。

三、脂类的消化吸收及代谢

（一）脂肪的消化吸收及代谢

人体唾液中无消化脂肪的酶，胃液中虽含少量脂肪酶，但胃液 pH 很低，不适于脂肪酶发挥作用，而婴儿口腔中的脂肪酶则可有效地分解乳中短链脂肪酸和中链脂肪酸。

脂肪的消化主要在小肠中进行，图 2-8 为脂肪在小肠内消化简图。在胃的蠕动下，食糜间歇地从胃进入十二指肠，由于食糜本身对胃肠道的刺激而引起胆囊收缩素（CCK）等激素的释放，进而刺激胰液和胆汁的合成和分泌，甘油三酯水解。

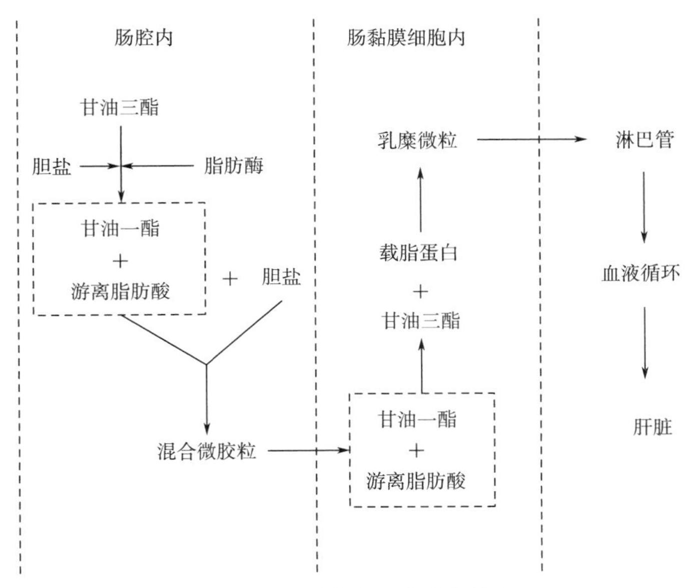

图 2-8 脂肪在小肠内消化简图

甘油三酯在小肠被水解生成的游离脂肪酸、甘油、甘油一酯、短链脂肪酸和中链脂肪酸，还有少量未被水解的脂肪，这些物质与胆盐聚合而成水溶性复合物（混合微胶粒），并通过肠上皮表面静水层进入肠黏膜细胞内。然后在滑面内质网上，甘油和游离脂肪酸重新酯化生成甘油三酯，之后传送到粗面内质网上，新生成的甘油三酯与胆固醇、磷脂、载脂蛋白等形成乳糜微粒（CM），并经肠绒毛的中央乳糜管汇合后进入淋巴管，最后通过淋巴系统进入血液循环。血中的乳糜微粒是一种颗粒最大、密度最低的脂蛋白，是食物脂肪的主要运输形式，可以满足机体对脂肪和能量的需要，最终被肝脏吸收。

机体每天从肠道吸收的甘油三酯约为50~100g，通常情况下，食物脂肪几乎完全被吸收。餐后2h吸收24%~41%，4h吸收53%~71%，6h吸收68%~86%，12h吸收97%~99%。一般来说，不饱和脂肪酸吸收率比饱和脂肪酸的吸收率要高一些。婴儿脂肪吸收率低而易发生消化不良，老年人的脂肪吸收和代谢比年轻人慢。此外，由中短链脂肪酸构成的脂肪，不需胆盐乳化即可吸收经门静脉入肝脏。

肝脏是脂类的主要代谢器官，见图2-9。

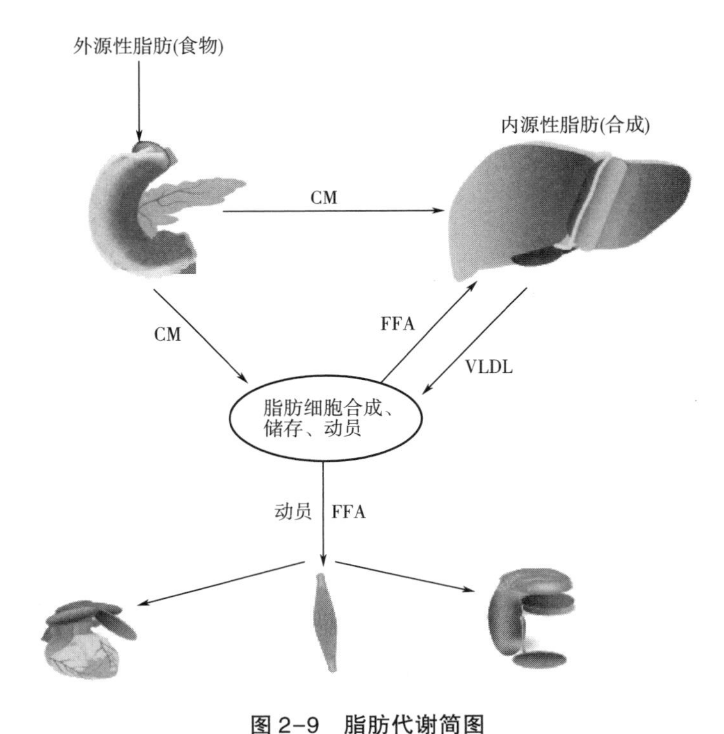

图2-9 脂肪代谢简图

FFA—游离脂肪酸 CM—乳糜微粒 VLDL—极低密度脂蛋白

从图2-9中可见，VLDL在肝脏合成后，经血液循环给机体其他组织提供甘三酯，随着其中甘油三酯的减少，同时又不断地聚集血液中的胆固醇，最终形成了甘油三酯少而胆固醇多的低密度脂蛋白（LDL）。血液中的LDL一方面为机体提供各种脂类，另一方面也可被细胞中的LDL受体结合进入细胞内，从而可适当调节血液中胆固醇的浓度。但过多的LDL可引起动脉粥样硬化等慢性疾病。体内还可合成高密度脂蛋白（HDL），其重要功能就是将体内的胆固醇、磷脂运回肝脏进行代谢，起到有益的保护作用。

（二）类脂的消化吸收及代谢

磷脂的消化吸收和甘油三酯相似。磷脂消化的产物——游离脂肪酸和溶血磷脂一同掺入肠道内微胶粒中，通过与甘油三酯水解产物相同的过程被吸收。机体每天从肠道吸收的磷脂约为4~8g。

食物中的胆固醇和其他脂类呈结合状态，这种物质被称为胆固醇酯。进入小肠后，胆固醇酯首先被水解为游离的脂肪酸和胆固醇，胆固醇经胆盐乳化后被肠黏膜细胞吸收。在肠黏膜细胞内，约有2/3的胆固醇重新酯化为胆固醇酯。而胆固醇则可直接被吸收。机体每天从肠道吸收的胆固醇约为300~450mg。胆固醇是合成胆酸的主要成分，乳化脂肪后胆酸一部分被小肠黏膜细胞吸收，由血液循环到肝脏和胆囊，通过肠肝循环被重新利用；另一部分胆酸和食物中未被吸收的胆固醇一起被膳食纤维（主要为可溶性纤维素）吸附由粪便排出体外。

脂质与正常生命活动、健康、疾病发生的关系十分密切。脂代谢与疾病关系的研究已从异常脂血症、心脑血管疾病扩展到代谢性疾病、退行性疾病、免疫系统疾病、感染性疾病、神经精神疾病和肿瘤等。

四、特殊医学用途配方食品中的脂肪种类与来源

（一）脂肪酸的比例

中国居民膳食参考摄入量建议成人总脂肪宏量营养素可接受范围（AMDR）为20%E~30%E（%E表示占能量的百分比），饱和脂肪酸用于预防慢性非传染性疾病的宏量营养素可接受范围的上限值（U-AMDR）为<10%E；n-6不饱和脂肪酸供能比为2.5%~9%，其中亚油酸适宜供能比为4%；n-3不饱和脂肪酸供能比为0.5%~2.0%，其中α-亚麻酸适宜供能比为0.6%。同时心血管疾病营养处方专家共识推荐：膳食中脂肪的供能比不超过30%，其中饱和脂肪酸的供能比不超过10%。

（二）中链脂肪甘油三酯

中链甘油三酯（MCT）是指含8~12个碳原子的中链脂肪，是由中链脂肪酸与甘油

三酯的水解产物再酯化形成。MCT 属于饱和脂肪，其熔点较低，与长链甘油三酯熔点相近，又由于碳链比长链脂肪酸的较短，水溶性较高，故更容易吸收。在肠道中，MCT 对胆盐和胰酶的依赖性小，在肠道容易水解，其水解产物中链脂肪酸吸收后与清蛋白结合，直接通过门静脉转运到肝，能迅速产生能量。而长链甘油三酯的水解产物长链脂肪酸则与脂肪消化吸收相同，须通过乳糜微粒转运至淋巴系统或外周循环。

另外，中链脂肪酸可直接进入肝细胞线粒体快速、完全氧化，不易蓄积。应激状态下，MCT 对机体不产生免疫抑制作用，对炎性反应也无促进作用，快速供能，因此更适合创伤应激情况下应用。由于 MCT 中不含必需脂肪酸，临床上常将 MCT 及长链甘油三酯按一定比例混合后应用在肠内肠外营养制剂中。

但中链脂肪酸不可过量使用。中链脂肪酸可很快被氧化产生较多的酮体，引起恶心、面部潮红、血栓性静脉炎、脑电图改变等。糖尿病、酸中毒、酮中毒及肝硬化等患者不宜大量使用。

（三）粉末油脂

粉末油脂是以食用油脂、碳水化合物、蛋白质为主要原料，复配食品添加剂，经过调配、乳化、杀菌、喷雾干燥或是冷冻干燥而形成的油脂工业产品。根据粉末油脂的芯材不同，常分为以下两大类，如图 2-10 所示。

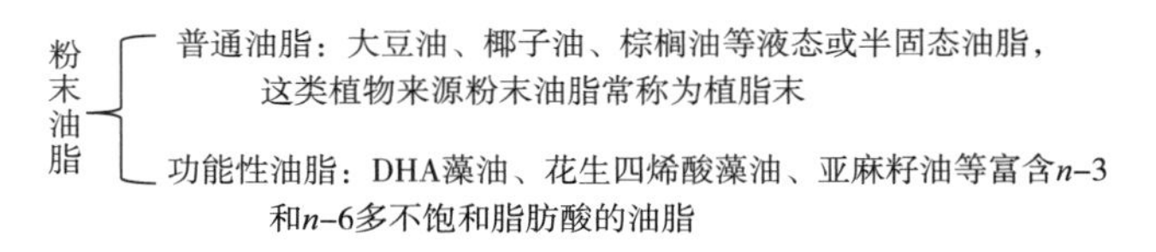

图 2-10 粉末油脂类别

粉末油脂具有传统油脂所不具备的诸多优点。首先，油脂被碳水化合物、蛋白质等壁材包裹、固化，具有一定的保护作用，油脂的氧化、劣变速率显著降低。其次，某些特殊油脂会有特殊的风味，如 DHA 藻油，这种风味难于直接被大部分消费者接受，通过粉末油脂的工艺，这些不好的风味可以被掩盖或者通过添加香精香料等方式形成新的风味。再次，粉末油脂呈粉末状态，改变了传统油脂的存在形式，易与各种原料均匀混合，能够均匀分散到水中，改变了传统油脂的分散性，操作性好；也便于储藏、运输，大大拓宽了应用范围。最后，产品以微胶囊形式存在，大大提高产品的生物消化率、吸收率以及生物价。

粉末油脂作为一种操作简便、稳定性好、货架期长的油脂原料，其在食品工业和饲料工业中有广泛的应用。对于通过干混混合工艺制备的特殊医学用途配方食品，粉末油脂是其必不可少的重要原料之一。

（四）结构脂肪

结构脂（SLs）又称结构酯、重构脂质、质构脂质或设计脂质，是指通过化学法或生物酶法以一定的方式改变甘油骨架上脂肪酸组成或位置的分布使其具有特定分子结构和功能的甘油三酯，是具有更好的营养和功能特性的新型油脂。这种结构脂通过脂质重新构建来优化脂肪，充分利用了每一种脂肪酸的功能和特性，从而使结构酯产生新的生理功能和营养价值，是具有低热量和高营养价值的新一代油脂。结构脂的分子结构见图 2-11。

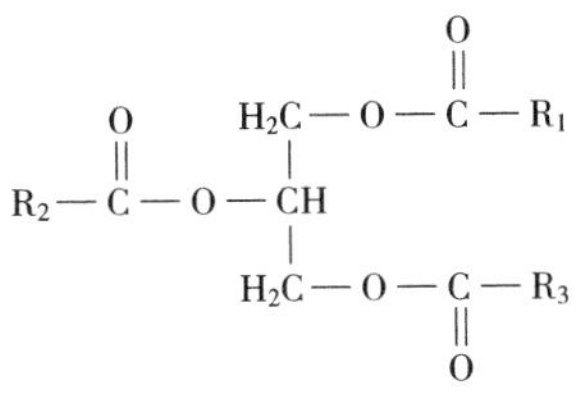

```
                          O
                          ‖
        O        H2C — O — C — R1
        ‖         |
R2 — C — O — CH
                  |
                 H2C — O — C — R3
                          ‖
                          O
```

图 2-11　结构脂的分子结构（R_1、R_2 和 R_3 为各种脂肪酸，位置可互换）

根据与甘油骨架上直接相连的各种脂肪酸链的不同长度和位置分布，结构脂可以有多种不同的组合。由于脂肪酸本身具有不同的功能性，不同种类的脂肪酸的不同组合和定位形成了各种功能迥异的结构脂，并具有不同的功能。主要包括可以促进特殊脂肪酸的吸收，提高各种营养成分的吸收利用；抑制脂肪在体内的积聚，降低血脂和胆固醇含量；促进肠道微生态系统，促进肠道微生物平衡，增加免疫功能；保护上皮膜组织，减少癌症发生率等。

在结构酯的制备中，主要使用包括短链脂肪酸、中链脂肪酸和长链脂肪酸作为结构脂的功能性脂肪酸来源。目前，国外已有多种商品化的结构脂面世，见表 2-20。

表 2-20　商品化结构脂一览表

产品名称	脂肪酸组成	公司	产地
Caparenin	$C_{6:0}$，$C_{8:0}$，$C_{22:0}$	P&G	俄亥俄州
Salatrim	$C_{3:0}$，$C_{4:0}$，$C_{18:0}$	Nabisco	新泽西
Captex	$C_{8:0}$，$C_{10:0}$，$C_{18:2}$	ABITEC	俄亥俄州
Neobee	$C_{8:0}$，$C_{10:0}$，LCFA	Stepan	新泽西
Impact	$C_{12:0}$，$C_{18:0}$	Novaritis	明尼苏达
Benefat	$C_{2:0}$，$C_{4:0}$，$C_{18:0}$	Cultor	纽约
BOB	$C_{22:0}$，$C_{18:1}$	不二公司	大阪
Betapol	$C_{16:0}$，DHA，EPA	Unilever	伦敦

根据其甘油分子上脂肪酸种类不同，对脂肪酸进行分类：如根据脂肪酸的不同分布及组合，可将结构脂分为 ABA 型、AAB 型、ABC 型等不同的类型；按照脂肪酸链长度的不同，又可分为中长链脂肪酸甘油酯，长短链脂肪酸甘油酯等，还可进一步的分为 MMM 型、MLM 型、SLS 型、LML 型、MLS 型等，其中 L 代表长链脂肪酸（脂肪酸碳原子数≥14），M 代表中链脂肪酸（脂肪酸碳原子数为 8~10），S 代表短链脂肪酸（脂肪酸碳原子数≤6）。

结构油脂发展以来，先后出现了物理法、化学法和生物酶法三种方法。如图 2-12 所示。

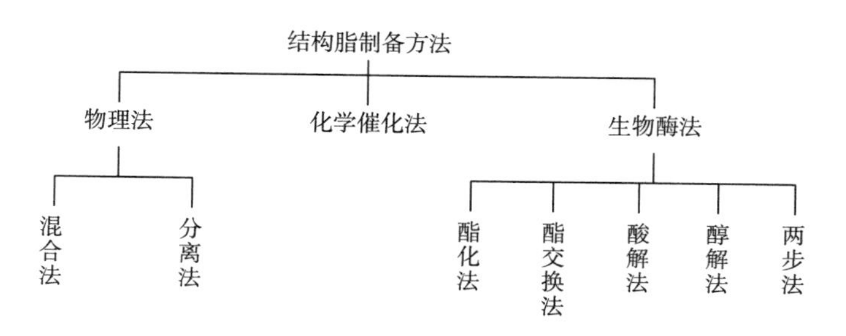

图 2-12 结构脂制备方法

①物理法：物理法是将不同的油脂进行混合或者对天然油脂进行分离而制备结构脂的方法，这种方法无论从脂肪酸组成还是油脂性质方面都极难控制，很难获得目的结构脂。

②化学催化法：化学催化法通常使用碱金属作为催化剂进行酯交换反应，化学法具有催化成本低、工艺成熟、易实现大规模生产等优点。目前大部分商业化结构脂都是由化学法生产的。

③生物酶法：生物酶法合成结构脂反应条件温和、具有高选择性、产物纯度高、副产物少，工艺路线简化，没有毒物残留的特点，在产品风味和色泽等方面都具有很大优势。脂肪酶的特异选择性使得对结构脂脂肪酸的位点控制成为可能。目前酶法合成结构脂的研究已得到巨大发展，脂肪酶固定化方法的发展使得用酶成本大大降低，提高了酶法商业化生产结构脂的可行性。

五、脂肪的临床应用

脂肪在医用食品中的主要临床应用情况如表 2-21 所示。

表 2-21　　脂肪在医用食品中的主要临床应用情况

疾病/产品类型	适用范围	脂肪的使用原则和要求	备注
糖尿病全营养配方食品	糖尿病人群	1. 采用合理的脂肪组合； 2. 饱和脂肪酸和反式脂肪酸占每日能量≤10%	
呼吸系统疾病全营养配方食品	慢性阻塞性肺病（CDPD）	1. 高脂肪低碳水配方； 2. 适当添加中链甘油三酯，一般认为20~40g/d； 3. 适量增加 n-3 脂肪酸	中链脂肪酸，消化吸收快，胃肠负担轻可以为 COPD 患者快速供能增加 n-3 脂肪酸可使体内花生四烯酸比例降低，免疫细胞磷脂中 EPA 比例增加，从而促进免疫调节，使炎症和恶液质形成减少
	急性呼吸窘迫综合症（ARDS）和急性肺损伤（ALI）	1. 高脂肪低碳水配方； 2. 适量增加 n-3 脂肪酸，提高机体抗氧化水平	炎性反应是导致全身或肺内过度活化和引起急性呼吸窘迫综合症（ARDS）/急性肺损伤（ALI）的主要机制
肾病全营养配方食品	慢性肾病（CKD）	脂肪摄入量适宜，满足正常生理需要	
肿瘤全营养配方食品		增加 n-3 脂肪酸，增强免疫调节作用。一般认为 2g/d 或者≤0.2g/kg 体重是安全的	
肝病全营养配方食品	慢性肝炎、肝硬化、合并肝性脑病等患者	适量限制脂肪的摄入	
肌肉衰减综合症全营养配方食品	肌肉衰减患者	脂肪摄入量适宜，满足正常生理需要	
创伤、感染、手术及其他应激状态全营养配方食品	创伤、感染、手术等患者	适量补充多不饱和脂肪酸和中链甘油三酯	
炎性肠病全营养配方食品	克罗恩病（CD）溃疡性结肠炎（UC）	1. 适量限制脂肪的摄入； 2. 选择更易消化吸收的中链甘油三酯代替部分脂肪	
食物蛋白过敏全营养配方食品	多种食物蛋白过敏人群	脂肪摄入量适宜，满足正常生理需要	

续表

疾病/产品类型	适用范围	脂肪的使用原则和要求	备注
难治性癫痫全营养配方食品	难治性癫痫患者	1. 高脂肪低碳水化合物，生酮饮食经典配方中，脂肪与碳水化合物和蛋白质的质量比为4：1，能量90%来自脂肪，10%来自碳水化合物和蛋白质； 2. 耐受性不好的患者可适当降低脂肪含量	难治性癫痫配方即生酮配方。生酮饮食是通过调整饮食中的脂肪、蛋白质和碳水化合物的组成比例，使人体内产生和积累大量酮体，从而对大脑产生镇静作用的癫痫治疗方式
胃肠道吸收障碍、胰腺炎全营养配方食品	急性胰腺炎、慢性胰腺炎患者	1. 适量限制脂肪的摄入，不超过总能量的30%； 2. 选择更易消化吸收的中链甘油三酯代替长链脂肪酸	
脂肪酸代谢异常全营养配方食品	脂肪酸代谢异常患者	1. 适量限制脂肪的摄入，不超过总能量的25%； 2. 对长链脂肪酸代谢障碍者，酌情选择中链甘油三酯代替长链脂肪酸； 3. 原发性肉碱代谢障碍者补充肉碱	脂肪代谢异常是由于体内脂肪酸β-氧化酶或转运蛋白缺乏，导致脂肪酸分解和能量生成障碍，出现神经系统、骨骼肌、心、肝、肾、消化道等的功能异常，以中链酰基辅酶A脱氢酶（MCAD）缺乏最多见。是遗传性代谢疾病
肥胖、减脂手术全营养配方食品	肥胖患者	1. 控制总能量，每天能量摄入<1800kcal（7531kJ）； 2. 脂肪供能比<30%	

第五节 碳水化合物

碳水化合物，亦称糖类，是由碳、氢、氧等元素组成的一大类化合物。WHO/FAO专家组按照聚合度（DP），将碳水化合物分为：单糖、双糖、糖醇、寡糖和多糖。膳食纤维也是碳水化合物的重要组成部分，如部分寡糖和非淀粉多糖。

碳水化合物是最早被发现的营养素之一，是人类膳食能量的主要来源，对人类营养健康有重要的作用。

一、碳水化合物的分类

依据 FAO/WHO 的最新报告，综合考虑化学、生理和营养学等方面，将碳水化合物分为糖、寡糖和多糖三类（表 2-22）。

表 2-22　碳水化合物分类

分类（DP）	亚组	组成
糖（1~2）	单糖	葡萄糖、半乳糖、果糖
	双糖	蔗糖、乳糖、麦芽糖、海藻糖
	糖醇	山梨醇、甘露糖醇、麦芽糖醇、乳糖醇、木糖醇、混合糖醇
寡糖（3~9）	异麦芽低聚寡糖	麦芽糊精
	其他寡糖	棉子糖、水苏糖、低聚果糖、低聚木糖、低聚半乳糖、大豆低聚糖
多糖（≥10）	淀粉	直链淀粉、支链淀粉、变性淀粉
	非淀粉多糖	纤维素、半纤维素、果胶、亲水胶物质

二、碳水化合物的消化、吸收和代谢

碳水化合物的消化、吸收和代谢，包括小肠中的消化吸收和结肠发酵两个重要方面，见图 2-13 和图 2-14。

受多种激素调控，葡萄糖的分解、合成、储存相对平衡。糖代谢紊乱往往与疾病相关，以糖尿病最常见。另外，肿瘤细胞具有独特的代谢规律。在糖代谢过程中，肿瘤细胞消耗的葡萄糖远远多于正常细胞，且在有氧情况下，肿瘤细胞中的葡萄糖也不彻底氧化而是被分解生成乳酸，这种现象也称 Warburg 效应。

三、食物血糖生成指数

1981 年 Jenkins 提出食物血糖生成指数，用以衡量某种食物或某种膳食组成对血糖浓度影响。食物血糖生成指数（GI）是指餐后 2h 不同食物血糖耐量曲线在基线内面积与标准糖（葡萄糖）耐量面积之比，以百分比表示。

不同来源或类型的碳水化合物消化吸收的速率不同，对餐后血糖水平的影响也不

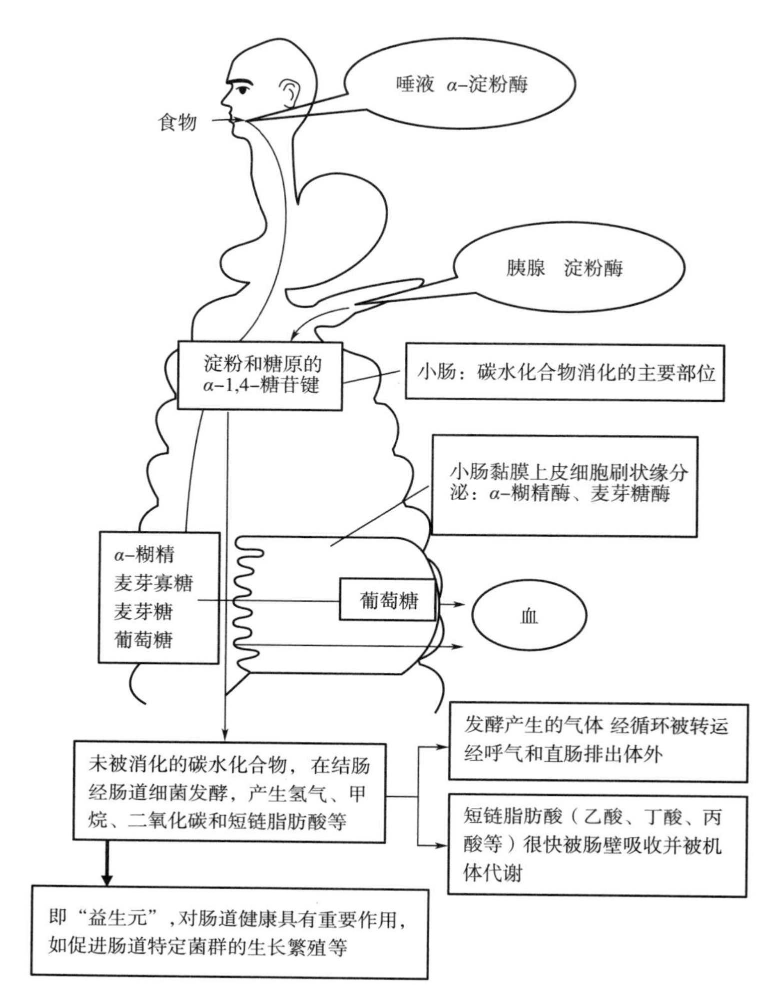

图 2-13　碳水化合物消化吸收

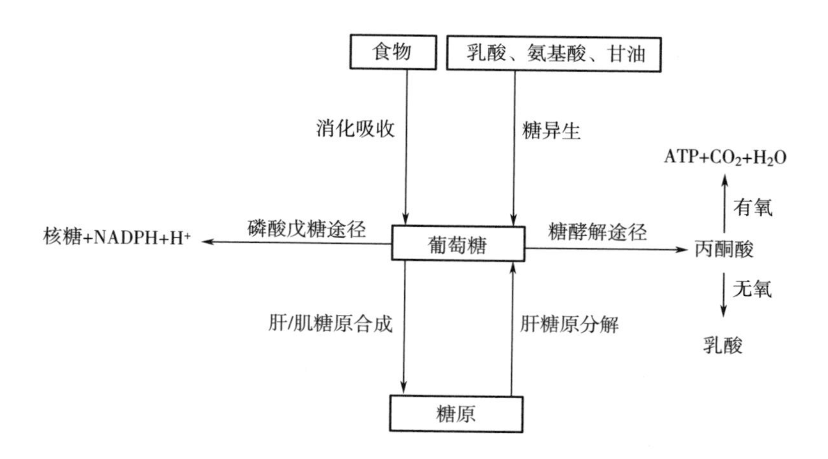

图 2-14　糖代谢概况

同，可用血糖生成指数来评价碳水化合物对血糖的影响（表2-23）。碳水化合物消化、吸收的快慢受多种因素的影响，例如碳水化合物的结构（如支链和直链淀粉）、类型（如淀粉或非淀粉多糖）、食物的其他化学组成和含量（如膳食纤维、脂肪、蛋白质），加工方式，如颗粒大小、软硬、生熟、稀稠及时间、温度、压力等。

表2-23　血糖生成指数表

分类	GI	特征说明	常见食物名称（糖、糖浆类）
低血糖生成指数食物	<55	在胃肠内停留时间长，释放缓慢，对血糖的影响较小	果糖、白巧克力、乳糖、巧克力
中血糖生成指数食物	55~75	介于高GI与低GI之间	蔗糖
高血糖生成指数食物	>75	进入胃肠后消化快、吸收完全，葡萄糖进入血液迅速，对血液中的葡萄糖和胰岛素波动影响大	蜂蜜、软糖、绵白糖、葡萄糖、麦芽糖

食物血糖生成指数可作为糖尿病患者选择多糖类食物或产品的参考依据，也广泛应用于高血压、肥胖者等慢性非传染性疾病的膳食营养管理。

四、生理功能

碳水化合物在体内主要以葡萄糖、糖原和含糖复合物3种形式存在，其生理功能与摄入碳水化合物的种类和在体内的存在形式有关。

碳水化合物是人类最经济和最重要的能量来源，在维持生命活动所需要的能量中55%~65%由碳水化合物提供。碳水化合物主要通过三羧酸循环释放能量，每克碳水化合物在体内氧化可产生16.7 kJ（4kcal）的能量，膳食纤维由于在小肠内不消化或仅部分消化，平均每克提供8.4kJ（2kcal）的能量。糖原是肌肉和肝脏中碳水化合物的储存形式，其中肝脏储存的糖原约占机体内总糖原的1/3。

氧化供能是碳水化合物的主要生理功能之一，因其消化吸收快，氧化释放能量较快，是神经系统、心肌和肌肉活动的主要能量来源，对维持神经系统和心脏的正常功能，增强耐力，提高工作效率均具有重要意义。碳水化合物供应充足不仅能够防止蛋白质转变为葡萄糖，让蛋白质、氨基酸被人体充分利用，起到节约蛋白质的作用；还能防止脂肪不完全氧化导致的酮体堆积，起到抗生酮作用。此外，碳水化合物还是构成机体组织结构和生理活性物质的重要原料，并参与细胞的组成、血糖调节、通过肝脏葡萄糖醛酸结合毒素并排出起到保肝解毒作用。

五、碳水化合物参考摄入量

碳水化合物通过影响正常的生理和代谢过程而直接影响机体健康，缺乏或过量均对疾病的发生发展产生一定影响。

人体储存葡萄糖的能力有限，在饥饿、禁食或某些病理状态下，碳水化合物储备耗竭，为维持血糖浓度的稳定和满足脑部的能量需求，体内的糖异生作用被激活，脂肪动员加强，大量的脂肪酸经过β-氧化提供能量，产生酮体，可导致酮症酸中毒。长期进食这种饮食，会引起严重酸中毒、便秘和其他营养素缺乏。同时，酮体的堆积也被证实是血管和组织损伤的潜在因素。

一般认为，碳水化合物摄入过量，机体碳水化合物氧化率增加。长期高碳水化合物摄入过量易导致糖尿病的发生发展。对维持适宜体重或体重控制而言，碳水化合物的适宜摄入范围仍不甚明朗。此外，碳水化合物的摄入量还与血脂相关。高碳水化合物和低脂膳食，可使血脂含量升高 13%，增加心血管疾病发生的危险。但膳食饱和脂肪酸摄入量不变的情况下，碳水化合物摄入量改变对血清低密度脂蛋白胆固醇无影响。

中国居民膳食营养素参考摄入量建议碳水化合物的可接受范围（AMDR）为供能比 50%~65%，且添加糖摄入量每天不超过 50g，最好控制在 25g 以内，供能比小于总能量的 10%。

六、特殊医学用途配方食品中常用的碳水化合物

目前食品中最为常见的碳水化合物来源主要有麦芽糊精、蔗糖、乳糖等，在提供能量方面，他们没有差异。但是乳糖容易出现“乳糖不耐受”现象，成人配方食品中利用的碳水化合物主要为麦芽糊精和蔗糖。

1. 麦芽糊精

天然淀粉是一种很好的食品原材料，但透明度差、溶解性差、贮藏过程中易老化等特性限制了其在食品中的应用。通过物理、化学和酶法对天然淀粉进行再加工，改善淀粉的特性，可促进其应用。淀粉水解是一种既简单又经济的淀粉深加工手段之一，可以获得具有特殊功能性质的多糖，在食品加工中应用广泛。

麦芽糊精是以淀粉或淀粉质为原料，经酶法低度水解、精制、喷雾干燥制成的不含

游离淀粉的淀粉衍生物。其原料主要为含淀粉质的玉米、大米或者精制淀粉如玉米淀粉、小麦淀粉、木薯淀粉等。按照作用机理不同，麦芽糊精的生产方式主要包括酶法、酸法两种。早期多用酸法制备，采用硫酸、盐酸、柠檬酸等水解淀粉。目前，主要是通过酶法水解各类淀粉或淀粉质制得，采用常温或耐高温 α-淀粉酶水解淀粉，在高温条件下，淀粉溶胀，糊化，α-淀粉酶进入淀粉颗粒内部，随机切断分子中的 α-1,4-糖苷键，生成分子链长短不同的麦芽糊精。

DE（葡萄糖当量）的大小代表淀粉水解程度的强弱，一般情况下，DE 不同的麦芽糊精，其组成和基本性质均不相同，见图 2-15 及图 2-16。

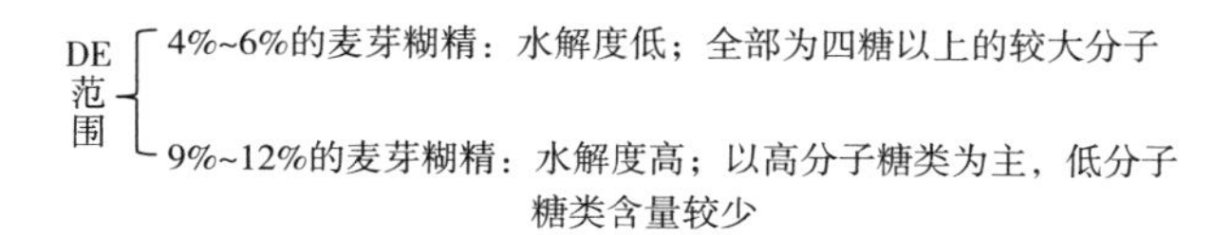

图 2-15 麦芽糊精 DE

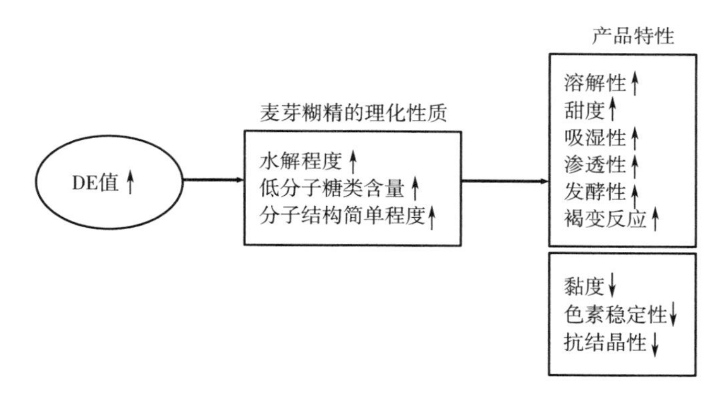

图 2-16 麦芽糊精 DE 与其理化性质及产品特性关系图

作为食品配料，麦芽糊精因容易被机体消化吸收，适宜作为病人、老年人、儿童等特殊人群的食品原料。除此之外，麦芽糊精还具有很多优良的加工特性，例如其较好的耐酸盐和耐热性，流动性和溶解性好、黏性适度，吸潮性低，不易结团，不易褐变，良好的乳化特性等，基于以上加工特性，麦芽糊精在乳粉、固体饮料、糖果、饼干、啤酒、婴儿食品、运动员饮料等多种食品加工和生产中得到应用。

2. 蔗糖

蔗糖是由一分子 D-葡萄糖的半缩醛羟基与一分子 D-果糖的半缩醛羟基缩合脱水而成。食用蔗糖主要从甘蔗和甜菜中提取，可分为白砂糖、绵白糖、赤砂糖、红糖、方糖、冰糖等。

蔗糖是主要食糖，可作为碳水化合物的来源，快速提供能量。此外，蔗糖还可以调节口味，增加产品的可接受性。但过量摄入蔗糖可增加龋齿和超重的发生，并与多种慢性疾病的发生发展密切相关。中国居民膳食指南推荐每天添加糖摄入量不超过 50g，最好控制在约 25g 以下。

七、食糖代用品

糖是食品工业的一大原料，摄入过量不仅增加龋齿和肥胖的发病风险，还与糖尿病、冠心病等多种慢性病密切相关。随着大众健康观念的提升，对食品中糖含量非常敏感，但大多数消费者喜欢甜味带来的愉悦感，无法适应低甜度或无甜味食品，因此食糖代用品应运而生。

任何碳水化合物都具有一定的甜味，但不同糖的甜味是不一样的，国际上常把甜味剂分为 3 类，如图 2-17 所示。

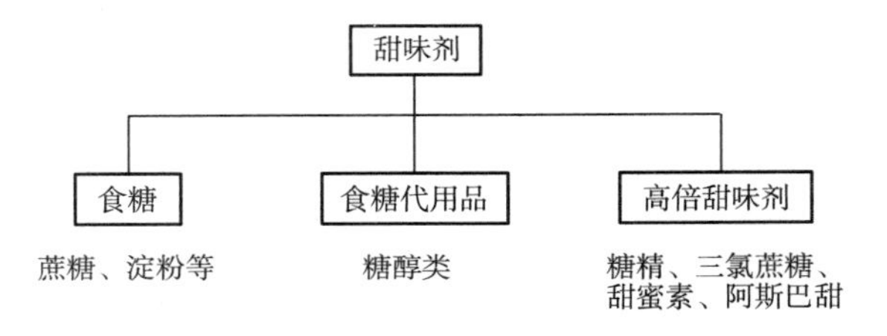

图 2-17 甜味剂分类

糖醇类是单糖的重要衍生物，由相应的糖经镍催化加氢制得，共同特点是低甜度、低热量、低黏度，安全性高、口感好，不引起龋齿，代谢途径与胰岛素无关，不会引起血糖升高，故常用作糖尿病、肥胖病患者的营养型甜味剂。此外，糖醇类多羟基结构使其具有一定的吸水性（异麦芽糖醇、赤藓糖醇除外），对改善脱水食品复水性、控制结晶、降低水分活性均有较好效果。

糖醇类甜味剂种类繁多，使用较频繁的有麦芽糖醇、异麦芽糖醇、赤藓糖醇、木糖醇、山梨糖醇等。部分糖醇类的特性见表 2-24。

表 2-24 部分糖醇类的特性

名称	相对甜度	溶解性	热值/（kJ/g）	对血糖的影响	龋齿性	致腹泻作用
蔗糖	100	66	16.7	明显	++	—
木糖醇	90~100	63	16.7	很低	—	++
山梨糖醇	5~60（60）	75	16.7	低	—	++

续表

名称	相对甜度	溶解性	热值/（kJ/g）	对血糖的影响	龋齿性	致腹泻作用
甘露糖醇	50~60	18	8.4	无	—	+++
乳糖醇	3~40（35）	55	8.4	低	—	+
麦芽糖醇	80~90	62	1.7	无	—	++
异麦芽糖醇	50	28	8.4	无	—	+++
赤藓糖醇	60~70	35	1.7	无	—	—

注：—表示无该作用；+表示有该作用；“+”多少表示作用强度。

大剂量服用糖醇类一般都具有缓泻作用，故美国等国家规定，添加糖醇类的食品需在标签上标明“过量食用可导致缓泻”，不同糖醇致腹泻剂量不同，如甘露糖醇为20g/d，山梨糖醇为50g/d，乳糖醇25g/d。一次性大剂量摄入山梨糖醇、麦芽糖醇等糖醇，机体产气增多，导致腹胀；但赤藓糖醇因不参与代谢作用，故食后也不产气，不会导致腹胀。

（一）木糖醇

木糖醇是天然存在的最常见五碳糖醇，广泛存在于多种蔬菜、水果、谷类、菌类等食物中，但含量很低。其甜度与蔗糖相近，能量值低，热稳定性好，以固体形式食用时在口中具有清凉感。它是人体糖类代谢中的正常中间产物，健康成人即使不摄入任何含有木糖醇的食物，血液中木糖醇含量约为0.03~0.06mg/100mL，肝脏每天能产生5~15g的木糖醇。

木糖醇是机体糖类代谢的正常中间产物，其代谢与一般糖类不同，不需要胰岛素促进，而且能微量促进胰岛素分泌，不会引起血糖值升高，而且代谢速度快，能直接透过细胞膜为组织提供营养，可作为糖尿病人食用的食糖替代品；木糖醇具有防龋齿的作用，因致龋齿的变形菌不能利用木糖醇，摄入木糖醇可使口腔保持中性，防止牙齿被酸腐蚀而发挥抗龋齿作用。此外，木糖醇还能调节脂质代谢、改善肝功能和肠道功能等。

木糖醇是国际上公认的可以安全食用的食品原料，动物急性毒性试验及长期试验证明没有毒性；遗传毒性试验未检测到木糖醇对任何试验系统的遗传毒性。人群资料显示，不论是健康人还是患有糖尿病的自愿受试者每日口服木糖醇200g，均未观察到任何不良反应。WHO/FAO食品添加剂联合专家委员会对木糖醇的每日允许摄入量ADI不进行限定。根据GB 2760—2014《食品安全国家标准　食品添加剂使用标准》木糖醇可在各类食品中适量添加，也可作为药品用辅料。作为蔗糖的最佳替代品，木糖醇已经广泛应用于食品的研究与开发中。

（二）赤藓糖醇

赤藓糖醇，又名原藻醇、赤兔草醇，化学名为1，2，3，4-丁四醇，是一种白色结晶，其吸湿性低、结晶性好、易粉碎制得粉状产品。赤藓糖醇耐热耐酸，通常在食品加工过程中，不会出现褐变和分解现象。微甜，甜度为蔗糖的60%~70%，甜味特性与蔗糖接近，甜味纯正，无不良苦后味，食用时口感凉爽。与其他甜味剂混合使用时，能改善甜味剂的味质，具有矫味、矫臭等作用。与糖精、阿斯巴甜、安赛蜜等强力甜味剂联合食用，不仅甜味特性好，而且还能掩盖强力甜味剂的不良口感或风味。

赤藓糖醇是小分子物质，在小肠通过被动扩散方式吸收，大部分能进入血液循环，但由于赤藓糖醇不能被机体内的酶系统分解，大部分在24h内通过尿液排出体外。赤藓糖醇既不能提供热量，也不参与血糖代谢，是肥胖和糖尿病人群食品理想的蔗糖替代品。此外，赤藓糖醇还具有抗龋齿、抗氧化和防止血糖引起的血管损伤等作用。

经口毒性试验发现，赤藓糖醇的LD_{50}≥21.5g/kg，为实际无毒级。遗传毒性实验的Ames试验、小鼠骨髓细胞微核试验和精子试验均为阴性，表明赤藓糖醇无遗传毒性。研究发现，赤藓糖醇消化道耐受性较好，人体内的最大耐受量为50g/d。

赤藓糖醇为GRAS物质，并可进行“不会导致龋齿”的健康声称；早在1999年食品法典委员会食品添加剂专家委员会批准其作为甜味剂应用于加工食品中，且无须规定ADI值。欧盟食品科学委员会也认为食用赤藓糖醇是安全的，并规定作为非甜味剂使用时，在饮料中的最大添加量为2.5%。在我国，赤藓糖醇可可应用于食品、保健品、医药等各领域。作为甜味剂使用时，可按生产需要量适量使用于可可制品、巧克力和巧克力制品以及糖果、糕点、饮料类等多种食品中。

（三）麦芽糖醇

麦芽糖醇是由一分子葡萄糖和一分子山梨糖醇结合而成的二糖醇，有结晶和液体两种，两者均溶于水，在不同pH和温度条件下均非常稳定，耐酸性和耐热性均比蔗糖、山梨糖醇、木糖醇好，但与木糖醇、赤藓糖醇不同，食用麦芽糖醇几乎没有清凉的口感。麦芽糖醇有固体和液体两种，固体麦芽糖醇甜度为蔗糖的80%~90%，液体麦芽糖醇的甜度约为蔗糖的60%，固体麦芽糖醇吸湿性很强，故一般原料为含量70%的液体麦芽糖醇。

麦芽糖醇具有一般糖醇类的共性：在人体内很难被消化代谢，能量值低；不刺激胰岛分泌；不升高血糖。不被口腔微生物所利用，具有很好的抗致龋作用；与蔗糖或其他甜味剂相比，在与脂肪一同食用时，麦芽糖醇能减少脂肪的蓄积，预防肥胖。此外，麦芽糖醇可促进钙的吸收、有利于肠道健康。

过量摄入糖醇类的不良反应，主要为会肠胃不适或腹泻，但不同种类糖醇引起胃肠不适或腹泻的特性不同，麦芽糖醇耐受性比木糖醇和山梨糖醇大得多。对于麦芽糖醇来说，建议每日摄入量不应超过100g。

食品法典委员会、欧盟、澳新、中国均批准麦芽糖醇为食品添加剂。麦芽糖醇是一种低能量的甜味剂，并可用作为膨松剂、乳化剂、水分保持剂、稳定剂、增稠剂，可应用于糖尿病患者专用食品、低能量减肥食品、无糖食品和防龋齿食品。

八、碳水化合物的临床应用

脂肪在医用食品中的主要临床应用情况如表2-25所示。

表2-25　碳水化合物在医用食品中的主要临床应用情况

疾病/产品类型	适用范围	碳水化合物的使用原则和要求
糖尿病全营养配方食品	糖尿病人群	1. 碳水化合物的选择一般要考虑食物的血糖生成指数（GI），应为低血糖生成指数配方GI≤55； 2. 碳水化合物供能比应为30%～60%； 3. 膳食纤维的含量不低于0.3g/100kJ（1.4g/100kcal）
呼吸系统疾病全营养配方食品	慢性阻塞性肺病（COPD）	高脂肪低碳水化合物配方 过多碳水化合物的摄入会导致呼吸商增高，增加患者呼吸负荷
	急性呼吸窘迫综合症（ARDS）和急性肺损伤（ALI）	高脂肪低碳水化合物配方
肾病全营养配方食品	慢性肾病（CKD）	1. 保证充足的能量； 2. 适量碳水化合物比例，供能比55%～60%，以淀粉类为主，限制单、双糖摄入量
肿瘤全营养配方食品		1. 非荷瘤状态，与健康人相同，碳水化合物50%～55%，脂肪25%～30%，蛋白质15%； 2. 荷瘤状态减少碳水化合物的供能比例，碳水化合物30%～50%，脂肪25%～40%，蛋白质15%～30%
肝病全营养配方食品	慢性肝炎、肝硬化、合并肝性脑病等患者	适量碳水化合物摄入 碳水化合物的合理摄入可增加肝糖原储备，增强肝脏的解毒能力，减少肝细胞损伤，并有利于蛋白质在体内的充分利用

续表

疾病/产品类型	适用范围	碳水化合物的使用原则和要求
肌肉衰减综合症全营养配方食品	肌肉衰减患者	适量碳水化合物比例
创伤、感染、手术及其他应激状态全营养配方食品	创伤、感染、手术等患者	适量碳水化合物比例
炎性肠病全营养配方食品	克罗恩病（CD） 溃疡性结肠炎（UC）	1. 低纤维膳食； 2. 低乳糖或无乳糖配方
食物蛋白过敏全营养配方食品	多种食物蛋白过敏人群	适量碳水化合物比例
难治性癫痫全营养配方食品	难治性癫痫患者	高脂肪低碳水化合物，生酮饮食经典配方中，脂肪与碳水化合物和蛋白质的质量比为 4∶1，能量 90% 来自脂肪，10% 来自碳水化合物和蛋白质
胃肠道吸收障碍、胰腺炎全营养配方食品	急性胰腺炎、慢性胰腺炎患者	适量碳水化合物比例
脂肪酸代谢异常全营养配方食品	脂肪酸代谢异常患者	低脂肪高碳水化合物水配方
肥胖、减脂手术全营养配方食品	肥胖患者	1. 控制总能量的摄入，每天能量摄入 < 1800kcal（7531kJ） 2. 低碳水化合物配方，供能比 40%~55% 3. 适量增加膳食纤维的摄入

第六节 膳食纤维

膳食纤维是植物中天然存在的、提取或合成的碳水化合物的聚合物，是聚合度（DP）≥ 3 且不能被人体小肠酶水解，难以消化吸收的一大类糖类物质，对人体健康有显著的健康益处，自然界中大约有千种以上的膳食纤维。20 世纪 80 年代以来，不断有文献报道，人群生活方式、饮食习惯与疾病类型不同的论证，人们越来越重视膳食中纤维成分与预防某些疾病的关系。

一、膳食纤维的种类

根据溶解性、化学结构和聚合度、在大肠内的发酵程度，膳食纤维有不同分类，见表 2-26。

表 2-26　膳食纤维种类

分类依据	类别及举例
溶解性	①可溶性膳食纤维：植物细胞的存储物和分泌物，还包括微生物多糖和合成类多糖，如果胶、葡聚糖、植物胶等； ②不溶性膳食纤维：纤维素、半纤维素、木质素、壳聚糖等
化学结构 & 聚合度	①非淀粉多糖：纤维素、半纤维素、植物多糖（果胶、树胶、瓜尔胶等）、微生物多糖（黄原胶等）； ②抗性低聚糖：低聚异麦芽糖、低聚半乳糖、低聚果糖、低聚木糖、大豆低聚糖等； ③抗性淀粉：包埋淀粉、天然淀粉颗粒、回生直链淀粉、化学（物理）改性淀粉； ④其他，如木质素类等
在大肠内发酵程度	①部分发酵类膳食纤维：纤维素、半纤维素、麦麸、木质素、角质和植物蜡等； ②完全发酵类膳食纤维：果胶、瓜尔豆胶、阿拉伯胶、海藻胶，菊粉和一些低聚糖在摄入不过量的情况下，发酵率也为 100

二、膳食纤维的理化性质

膳食纤维种类多样，结构复杂，其基本化学组成取决于各个单糖分子的组成，单糖组合和构成不同，膳食纤维的理化性质也不同。多数膳食纤维在温度和酸度条件下具有稳定性，与蔗糖相比，甜度较低或基本无甜度。

膳食纤维的基本理化性质主要包括持水性、增稠性、黏性、发酵特性、吸附和交换作用等。①持水性和增稠性：化学结构中的亲水性基团，使其具有强大的持水性和增稠特性，其持水力可达自身质量的 4~6 倍，且可溶性膳食纤维强于不溶性膳食纤维。②黏性：化学结构中多糖的分子质量和甲基化决定了膳食纤维的另一特性——黏度，甲基化程度越高，黏度越高，如果胶甲基化程度高，其黏性高；可溶性膳食纤维的黏度强于不溶性膳食纤维。③发酵特性：可被肠道菌群发酵，发酵程度取决于纤维的分离度和粒径大小，水果和蔬菜中的纤维分离度大且颗粒小，因此比谷物纤维易被发酵。④吸附和交换作用：分子表面的活性基团、酸性糖类、木质素，化学结构中的羧基、羟基等侧链基团，都会产生类似弱酸性阳离子交换树脂的离子交换作用，可与钙、铁、锌、铜、铅等阳离子进行可逆交换，并优先交换铅等有害离子，从而产生解毒作用。

鉴于膳食纤维具有如上理化性质，在面制品、肉制品、饮料和乳制品等食品加工过程中适量添加不同种类的膳食纤维可改善食品的黏度和质构，延长食品的货架期。

三、膳食纤维的生理作用

不同来源的膳食纤维，化学组成的差异很大，因此生理作用差异也很大。膳食纤维的共同特性是不能被各种消化酶分解利用，能量值较低，但在结肠肠道菌的作用下，可发酵产生短链脂肪酸（SCFAs），改善肠道菌群等，进而发挥广泛的健康作用。

膳食纤维对人体健康的益处，主要包括肠道健康、免疫、饱腹感和控制体重、影响矿物质吸收、调节糖类和脂质代谢等方面。膳食纤维可从多方面影响肠道健康，包括缓解便秘、促进益生菌生长、维持肠道屏障功能和免疫等；膳食纤维进入大肠后，被肠道菌群部分、选择性地分解与发酵，所产生的短链脂肪酸可降低肠道 pH，从而改变肠内微生物菌群的构成与代谢，刺激益生菌如双歧杆菌和乳酸菌的生长繁殖，抑制有害菌群的活性或生长。此外，被结肠细菌发酵产生短链脂肪酸和气体刺激肠黏膜，促进粪便排泄；膳食纤维的吸水性，可增加粪便体积和粪便含水量，从而软化粪便、刺激肠道蠕动，促进粪便排出。膳食纤维含量高的食物，多属于体积大、能量密度低类，其在胃肠道中吸水膨胀，增加胃内容物的容积，而可溶性膳食纤维黏度高，使胃排空速率减缓，延缓胃中内容物进入小肠的速度，同时使人产生饱腹感，从而有利于糖尿病和肥胖症患者减少进食量。此外，膳食纤维可以减少小肠对糖类的吸收，使血糖不致因进食而快速升高，减少胰岛素的释放，而胰岛素可刺激肝脏合成胆固醇，胰岛素释放的减少可以使血浆胆固醇水平受到影响。各种纤维因可吸附胆酸，使脂肪、胆固醇等吸收率下降，也可起到降血脂的作用。

四、膳食纤维的推荐摄入量

膳食纤维摄入过多过少均会对机体产生影响。过少，容易引起便秘和肠道功能紊乱；过多，一方面容易引起胃肠胀气、腹胀、腹鸣、腹泻等不舒服感觉，尤其是肠易激综合征患者、儿童和老年人；另一方面膳食纤维过量可影响营养素的吸收。

关于膳食纤维推荐摄入量的研究相对较少，一般采用两种方法来估计，一是根据健康人的膳食调查来推算适宜摄入量；二是根据人群实验和观察研究，如膳食纤维与肠道相关指标来确定。我国不同时间9省农村和城市调查膳食纤维摄入约为17.7~18.1g/d。近年来我国全国成人营养调查种膳食纤维的摄入量是15.6~19.6g/d。考虑到食物成分表膳食纤维数据仅有50%左右，其他部分为粗纤维的数据，估计营养调查中低估了至少20%~30%的膳食纤维摄入量。用多种方法测定蔬菜（总纤维素、半纤维素、木质素、果胶）的膳食纤维含量后矫正，居民膳食纤维摄入量在1982年、1992年和2002年分别为34.44g、28.05g和23.62g。因此建议我国成年人（19~50岁）膳食纤维的摄入量为25~30g/d。14岁以下儿童膳食纤维摄入量应适当下调，按照10g/1000kcal能量计算。

膳食纤维的摄入量每个国家要求不同，美国30g/d，日本20~30g/d，欧洲各国25g/d。对于膳食纤维的组成，建议为可溶性膳食纤维占25%~30%，不溶性膳食纤维占70%~75%。

五、特殊医学用途配方食品中常用膳食纤维

（一）菊粉

菊粉是一种由短链和中长链的β-D-果聚糖和果糖基单位通过β-2，1-糖苷键连接而成的果糖聚合物的混合物，聚合度通常为2~60个果糖单元的混合物。其中聚合度在2~9的果聚糖通常称为低聚果糖。

菊粉通过口腔进入胃肠道后，在胃肠道内不能被各种消化酶分解，几乎未受影响地进入结肠。在结肠内，菊粉可被肠道益生菌发酵。发酵过程一方面可以为益生菌的繁殖提供能量，另一方面还能产生短链脂肪酸（包括醋酸盐、丁酸盐、丙酸盐和L-乳酸盐等）和氢气、二氧化碳等气体。大部分短链脂肪酸（丁酸盐除外）经肠黏膜吸收后，经肝门静脉进入肝，进一步转变为人体可吸收的能量而被利用。

菊粉的生理功能包括：

（1）缓解便秘　菊粉作为水溶性膳食纤维，不能被各种消化酶消化分解，在结肠被肠道菌群发酵，能降低肠道pH，缩短肠运输时间，增加粪便体积，增加粪便含水量、粪便次数和质量，对便秘有改善作用。

（2）调节肠道菌群平衡　菊粉作为益生元，可通过刺激结肠中有益菌的生长，抑制有害菌的生长，从而改善肠道微生态平衡，促进消化系统的健康。研究发现，在控制膳食的情况下，与每天摄入蔗糖相比，每日摄入菊粉15g，连续15天，可使受试者粪便中双歧杆菌增加。

（3）低热量，不易消化　菊粉不能被体内的消化酶消化，有助于维持餐后的饱腹感，同时能量值较低，长期食用有助于控制体重。

（4）促进骨骼健康　菊粉可以促进钙吸收，进而维持骨骼的强韧性。临床研究显示，菊粉对于青少年和绝经后妇女的钙吸收均有促进作用。

（5）调节血脂水平　研究表明，每天摄入 18g 的菊粉，可以出现明显的 LDL-C 和胆固醇水平的下降。

我国将菊粉批准为新食品原料，食用量≤15g/d，可用于除婴幼儿食品外的各类食品。美国在 2003 年 5 月将菊粉批准为 GRAS 物质，在食品中使用，没有特定用量限制，允许在 43 种食品中添加不同剂量的菊粉，其中最高添加量为 10g/100g。菊粉可广泛应用于食品中，如巧克力制品代糖品，替代奶油及冰淇淋的油脂，改进低脂干酪特性和口感，生产低脂肉制品，低能量食品等。

（二）低聚果糖

低聚果糖（FOS），又称寡果糖或蔗果低聚糖，是一种由短链和中长链的 β-D-果聚糖与果糖基单位通过 β-2，1-糖苷键连接而成聚合度为 2~9 的混合物。低聚果糖性质稳定，甜度为蔗糖的 40%~60%。

低聚果糖在人体内不能被消化酶分解，属于低分子质量的水溶性膳食纤维，其主要的生理作用包括：

（1）调节肠道菌群　低聚果糖能被结肠中的双歧杆菌、乳酸杆菌等利用发酵，刺激结肠中益生菌的生长繁殖，改善肠道微生态平衡。低聚果糖肠道菌群发酵，并产生短链脂肪酸使其具有润肠通便、增强免疫和预防结肠炎等作用的基础。

（2）润肠通便　作为水溶性膳食纤维，低聚果糖一方面可吸收水分，软化粪便；另一方面，低聚果糖被肠道菌群发酵产生的短链脂肪酸，能降低肠道 pH，刺激肠道运动，有利于排便。多项临床试验表明，低聚果糖具有改善婴幼儿和老年人排便的效果。

（3）低热量，不升高血糖值　低聚果糖不能被 α-淀粉酶、蔗糖转化酶和麦芽糖酶等消化酶分解，不能作为能源的主要来源，因此不会引起血糖的较大波动。此外，低聚果糖还促进矿物质的吸收。

美国在 2000 年 5 月将低聚果糖批准为 GRAS 物质，允许在酸乳、牛乳、冰淇淋、冻酸乳、营养棒、饼干、蛋糕、糕点、薯片、果冻、糖果等多种食品中添加，添加量不需要限制。日本厚生省批准其应用于保健食品中，可以声称使用不可消化低聚糖、膳食纤维等维护胃肠道功能，如整肠作用，肠内菌群改善，大便性状改善，抑制肠内有害生成物质，含量可高达 37.5g/100g。在我国，低聚果糖可应用于普通食品、保健食品，也可作为营养强化剂用于婴儿配方食品、较大婴儿和幼儿配方食品中作为益生元类物质的来源之一。作为营养强化剂时，其在婴儿配方食品、较大婴儿和幼儿配方食品中总量不超过64.5g/kg。在已批准的保健食品中，其每天使用量范围为4~30g。

（三）聚葡萄糖

聚葡萄糖是由随机交联的葡萄糖组成的多糖，包含所有糖苷键如α及β（1-2），β（1-3），β（1-4），β（1-6）糖苷键，并以β（1-6）糖苷键为主，其平均聚合度大于12，相对分子质量大于2000，可通过葡萄糖和山梨糖醇合成制备。因以β（1-6）糖苷键为主，具有很好的稳定性（对酸和热都十分稳定）、水溶性、黏度随温度和浓度而变化。

聚葡萄糖由于其复杂结构，经过胃和小肠时不被消化酶水解，摄入后完全进入大肠，约30%被肠道内微生物发酵，生成挥发性脂肪酸和二氧化碳等。剩余的约60%随粪便排出。因此聚葡糖产生的热量低，很少能转化为脂肪，不会引起肥胖，是理想的低热量食品中的配料。

作为一种水溶性膳食纤维，聚葡萄糖可以缩短食物在胃内的排空时间，缩短粪便通过肠道的时间，促进肠道蠕动，从而有利于粪便排出，具有缓解便秘的作用。聚葡萄糖具有益生元特性，在胃肠道的上半部分并不被消化，到达结肠后，被肠道菌群发酵，促进肠道益生菌（双歧杆菌、乳杆菌等）的繁殖，并抑制有害菌（梭状芽孢杆菌和拟杆菌）的生长。聚葡萄糖具有降低血糖水平的作用，一方面因其本身不被吸收，血糖生成指数低；另一方面是因为其能改善胰岛素的感受性，降低胰岛素的需求，抑制胰岛素的分泌。此外，聚葡萄糖还具有促进矿物质的吸收，抗龋齿、调节血脂等作用。

美国FDA在1982年批准聚葡萄糖可用作膨松剂、助剂、湿润剂，应用于烘焙食品等多种食品中，最大添加量为15g/份。欧盟指导原则NO95/2/EC规定聚葡萄糖可在各类食品中使用。在加拿大、巴西、日本和韩国等国家聚葡萄糖被批准为食品配料或食品添加剂。WHO/FAO食品添加剂联合专家委员会对聚葡萄糖的最大每日允许摄入量ADI值不进行限定。在我国，聚葡萄糖作为水溶性膳食纤维在食品中使用时，属于食品原料。也可作为食品添加剂，GB 2760—2014《食品安全国家标准 食品添加剂使用标准》中规定其可作为增稠剂、膨松剂、水分保持剂、稳定剂，在调制乳、风味发酵乳、冷冻饮品（食用冰除外）、可可制品、巧克力和巧克力制品（包括代可可脂巧克力）以及糖果、烘焙食品、肉灌肠类、蛋黄酱、沙拉酱、饮料类（包装饮用水除外）、果冻，可按生产需要适量使用。

在普通食品中，聚葡萄糖是首选的饮料类食品强化膳食纤维的原料，在无糖饮料中，聚葡萄糖可以改善甜味，并提供黏度。在保健食品中，作为水溶性膳食纤维可直接以粉剂、片剂、胶囊、口服液等，每日食用量为5~15g；作为益生元的推荐剂量为每天4~12g，对改善肠道功能有效。

第七节
维生素

一、概述

维生素是维持机体生命活动过程所必需的一类微量的低分子有机化合物。与碳水化合物、蛋白质和脂肪不同，维生素既不是构成机体组织的结构成分，也不作为体内的能量来源，但却在机体的物质和能量代谢过程中发挥重要作用。

维生素种类很多（目前发现，人体必需的维生素有13种），虽然它们的化学结构、性质、生理功能各不相同，但均具有以下共同特点：①一般以其本体形式或以能被机体利用的前体形式存在于天然食物中；②大多数的维生素在机体内不能合成，少部分维生素，如维生素D可由机体合成，维生素K和生物素可由肠道菌群合成，但合成的量并不能完全满足机体需要；维生素也不能大量贮存于机体组织中，虽然需要量很少，但必须由食物提供；③人机需要量很少，但不能缺少，否则缺乏到一定程度，可引起特异性缺乏症。

根据溶解性可将其分为脂溶性维生素和水溶性维生素两大类。脂溶性维生素是指不能溶于水而溶于脂肪及有机溶剂中的维生素，包括维生素A、维生素D、维生素E、维生素K。水溶性维生素是指可溶于水的维生素，包括B族维生素（维生素B_1、维生素B_2、烟酸、维生素B_6、维生素B_{12}、叶酸、泛酸、生物素等）和维生素C。两类维生素在溶解性、吸收排泄、体内蓄积、缺乏症状出现快慢以及毒性方面存在很大的差异，如表2-27所示。

表2-27 脂溶性维生素与水溶性维生素的差异

	脂溶性维生素	水溶性维生素
溶解性	溶于脂肪及有机溶剂	溶于水
吸收排泄	随脂肪经淋巴系统吸收，从胆汁少量排出	经血液吸收过量时，很快从尿中排出
蓄积性	易贮存于体内（主要在肝脏），而不易排出体外（除维生素K外）	在体内没有非功能性的单纯贮存形式
缺乏症出现	缓慢	快速
毒性	摄取过多，易在体内蓄积而导致毒性作用，如长期摄入大剂量维生素A和维生素D（超出人体需要量3倍），易出现中毒症状	一般无毒性，但过量摄入时也可能出现毒性，如摄入维生素C、维生素B_6或烟酸达正常人体需要量的15~100倍时，可出现毒性作用
营养状况评价	不能用尿进行分析评价	多数可以通过血液或尿液负荷进行评价

二、水溶性维生素

（一）维生素 B_1

维生素 B_1由含有氨基的嘧啶环和含硫的噻唑环通过亚甲基桥相连而成，因分子中含有硫和氨，故而又称为硫胺素。纯品维生素 B_1为白色针状结晶，微带酵母气味，口感呈咸味，易溶于水，微溶于乙醇。酸性环境（pH≤5）下较稳定，120℃高温仍不分解。中性和碱性环境中不稳定，易被氧化和受热破坏。紫外线可使维生素 B_1降解而失去活性。

维生素 B_1摄入后主要在空肠和回肠吸收，高浓度时由被动扩散吸收，低浓度（≤2μmol/L）时主要由主动转运系统吸收。维生素 B_1吸收过程中需要 Na^+存在，并且消耗能量，吸收后的维生素 B_1在空肠黏膜细胞内通过磷酸化作用转变成焦磷酸酯，通过门静脉输送到肝脏，然后经血液转运到组织中。

维生素 B_1缺乏俗称为脚气病，可引起一系列神经-血管系统症状。此外，长期酗酒的人群还极易由于酒精中毒而引起维生素 B_1缺乏导致 Wemicke-Korsakoff 综合征。维生素 B_1一般不会引起过量中毒，只有短时间服用超过 RNI 值 100 倍以上的剂量时有可能出现头痛、心律失常和惊厥等。

根据 GB 29922—2013《食品安全国家标准　特殊医学用途配方食品通则》，适用于1~10 岁人群的全营养配方食品维生素 B_1的限量范围为≥0. 01mg/100kJ；适用于 10 岁以上人群的全营养配方食品维生素 B_1的限量范围为≥0. 02mg/100kJ。

根据 GB 14880—2012《食品安全国家标准　食品营养强化剂使用标准》，特殊医学用途配方食品中维生素 B_1原料化合物来源有盐酸硫胺素和硝酸硫胺素两种。

（二）维生素 B_2

维生素 B_2属于异咯嗪类衍生物，具有一个核糖醇侧链，又称核黄素。维生素 B_2为黄色粉末状结晶，味苦，熔点高（275~282℃），但水溶性较低，常温下维生素 B_2的溶解性为 12mg/d，维生素 B_2水溶液呈现黄绿色荧光。酸性及中性环境中维生素 B_2对热稳定，但在碱性环境中易被热和紫外线破坏。维生素 B_2分为游离状态和结合状态两种形式，游离状态的维生素 B_2容易发生光裂解；结合状态比较稳定。

食物中大部分维生素 B_2是以黄素单核苷酸（FMN）和黄素腺嘌呤二核苷酸（FAD）辅酶形式与蛋白质结合存在。在胃酸的作用下，FMN 和 FAD 与蛋白质分离，并通过磷酸化和脱磷酸化的主动转运过程，大部分在胃肠道上部被快速吸收，并经门静脉运输到肝脏，且动物源性维生素 B_2比植物源性维生素 B_2易吸收。胃酸和胆盐的存在可促进游离

维生素 B_2的释放，有利于维生素 B_2吸收；酒精、抗酸制剂（如抑制胃酸的药物）、某些金属离子（如 Zn^{2+}、Cu^{2+}、Fe^{2+}）不利于其在胃肠道的吸收。

维生素 B_2主要以辅酶形式参与氧化还原反应，同时参与维持体内还原型谷胱甘肽的水平，与体内的抗氧化防御体系功能密切相关。维生素 B_2缺乏典型症状：①眼、口腔和皮肤等部位的炎症反应；②贫血：由于其参与体内铁的代谢过程，维生素 B_2严重缺乏时可致缺铁性贫血；③致畸：影响胎儿生长发育，妊娠期缺乏维生素 B_2，可能导致胎儿骨骼畸形；④其他：常伴有烟酸和维生素 B_6等其他营养素缺乏。维生素 B_2属于水溶性维生素，一般不易引起过量中毒。

根据 GB 29922—2013《食品安全国家标准　特殊医学用途配方食品通则》，适用于 1~10 岁人群的全营养配方食品维生素 B_2的限量范围为≥0.01mg/100kJ；适用于 10 岁以上人群的全营养配方食品维生素 B_2的限量范围为≥0.02mg/100kJ。

根据 GB 14880—2012《食品安全国家标准　食品营养强化剂使用标准》，特殊医学用途配方食品中维生素 B_2原料化合物的来源有核黄素和核黄素-5′-磷酸钠两种。

（三）维生素 B_6

维生素 B_6基本结构为 3-甲基-3-羟基-5-甲基吡啶，其天然存在形式有三种，包括吡哆醇（PN）、吡哆醛（PL）和吡哆胺（PM），这三种形式化学结构相近，均具有维生素 B_6的活性。其中，植物组织中存在的主要是吡哆醇，动物组织中存在的主要是吡哆醛和吡哆胺。维生素 B_6易溶于水及乙醇，微溶于有机溶剂，在空气和酸性溶液中稳定，在中性和碱性环境中各种形式均对光较敏感，易被破坏。

维生素 B_6主要通过被动扩散形式在空肠和回肠吸收。维生素 B_6经磷酸化成 PLP 和 PMP，大部分吸收的非磷酸化维生素 B_6被运送到肝脏。组织中维生素 B_6以 PLP 形式与多种蛋白结合、蓄积，肌肉组织占贮存量的 75%~80%。肝脏中，维生素 B_6的三种非磷酸化的形式通过吡哆醇激酶转化为各自的磷酸形式，并参与多种酶的反应，血液循环中 PLP 约占 60%。PLP 分解代谢为 4-吡哆酸后主要从尿中排出，少量由粪便排泄。

氨基酸脱羧酶和转氨酶是蛋白质代谢中重要的两种酶，而维生素 B_6是这两种酶重要的辅助成分。维生素 B_6缺乏通常与其他 B 族维生素缺乏同时存在，其缺乏除了因膳食摄入不足外，某些药物如异烟肼、环丝氨酸等均能与 PLP 形成复合物而诱发其缺乏。人体维生素 B_6缺乏的典型临床表现为：①轻微缺乏时，出现眼、鼻与口腔周围皮肤脂溢性皮炎；②严重缺乏时，皮炎会扩展至面部、前额、耳后、阴囊及会阴等处。维生素 B_6为水溶性维生素，毒性较低，经食物来源摄入大量维生素 B_6没有不良反应，大剂量服用维生素 B_6达到 500mg/d 时可引起严重不良反应，会出现光敏感性和神经毒性反应。

根据 GB 29922—2013《食品安全国家标准　特殊医学用途配方食品通则》，适用于 1～10 岁人群的全营养配方食品维生素 B_6 的限量范围为≥0.01mg/100kJ；适用于 10 岁以上人群的全营养配方食品维生素 B_6 的限量范围为≥0.02mg/100kJ。

根据 GB 14880—2012《食品安全国家标准　食品营养强化剂使用标准》，特殊医学用途配方食品中维生素 B_6 原料化合物的来源有盐酸吡哆醇和 5′-磷酸吡哆醛两种。

（四）维生素 B_{12}

维生素 B_{12}分子中含金属元素钴，因而又称钴胺素，是化学结构最复杂的一种维生素，也是一种预防和治疗恶性贫血的维生素。钴可与氰基（—CN）、羟基（—OH）、甲基（—CH_3）、5-脱氧腺苷等基团相结合，分别称氰钴胺素、羟钴胺素、甲基钴胺素、5-脱氧腺苷钴胺素，甲基钴胺素和 5-脱氧腺苷钴胺素是维生素 B_{12}的活性型，也是血液中存在的主要形式。

维生素 B_{12}为红色结晶体，这是金属钴的颜色，熔点非常高（320℃时不熔），无臭无味，可溶于水和乙醇，不溶于三氯甲烷和乙醚。维生素 B_{12}在 pH4.5～5.5 的弱酸性条件下最稳定，在强酸、强碱环境中易被破坏，在中性溶液中耐热，日光、氧化剂和还原剂均能使其破坏。

当食物通过胃时，维生素 B_{12}从食物蛋白质中释放出来，与胃黏膜细胞分泌的糖蛋白内因子（IF）结合 形成维生素 B_{12}-IF 复合物。其对胃蛋白酶较稳定，进入肠道后附着在回肠内壁黏膜细胞的受体上，在肠道酶的作用下，内因子释放出维生素 B_{12}，由肠黏膜细胞吸收。吸收过程中的任何阶段出现问题，维生素 B_{12}便无法被吸收。

吸收后的维生素 B_{12}进入血液，在血液中与转移蛋白质结合，被运输至细胞表面具有维生素 B_{12}特异性受体的组织，如肝脏、肾脏、骨髓等。影响维生素 B_{12}吸收率下降的主要因素：①年龄增长；②甲状腺功能减退；③铁缺乏；④维生素 B_6缺乏；⑤胃部炎症；⑥抗惊厥药和抗生素等药物。妊娠过程中维生素 B_{12}的吸收率则会升高。

维生素 B_{12}在体内的主要贮存部位是肝脏，贮存量约为 2～3mg。维生素 B_{12}的肝肠循环对其重复利用和保持体内含量稳定十分重要，由肝脏通过胆汁排出的维生素 B_{12}大部分可被重新吸收。

维生素 B_{12}缺乏主要由维生素 B_{12}吸收不良引起，造成维生素 B_{12}吸收不良的原因：①胃酸分泌过少；②胃肠道消化吸收功能减弱，如老年人。但对于素食者维生素 B_{12}缺乏的主要原因是膳食中维生素 B_{12}不足。维生素 B_{12}毒性相对较低，据报道每日口服达 100μg，未见明显不良反应。

根据 GB 29922—2013《食品安全国家标准　特殊医学用途配方食品通则》，适用于

1~10 岁人群的全营养配方食品维生素 B_{12}的限量范围为≥0.04μg/100kJ；适用于 10 岁以上人群的全营养配方食品维生素 B_{12}的限量范围为≥0.03μg/100kJ。

根据 GB 14880—2012《食品安全国家标准　食品营养强化剂使用标准》，特殊医学用途配方食品中维生素 B_{12}可用的原料化合物的来源有氰钴胺、盐酸氰钴胺和羟钴胺。

（五）烟酸

烟酸因其最初由尼古丁中提取而得名，是由烟碱氧化形成的一种 B 族维生素。烟酸又称为尼克酸、维生素 PP、抗癞皮病因子等。在体内，烟酸以烟酰胺形式存在，烟酰胺与烟酸具有相同的生理活性。烟酸纯品为无色针状结晶，有苦味，易溶于热水和沸腾的乙醇，不溶于有机溶剂。在酸、碱、光、氧或加热条件下不易被破坏，高压、高温 120℃，20min 也不会被破坏，是维生素中最稳定的一种，一般烹调加工损失极小，但会随水流失。

食物中的烟酸主要以辅酶Ⅰ（NAD）和辅酶Ⅱ（NADP）的形式存在，经消化酶水解为游离的烟酸和烟酰胺，主要在小肠内被吸收，吸收后以烟酸的形式经门静脉进入肝脏，在肝内转化为辅酶Ⅰ和辅酶Ⅱ。在肝脏内，未经转化的烟酸和烟酰胺随血液进入其他组织细胞，再代谢形成含有烟酸的辅酶。肾脏也可直接将烟酰胺转变为辅酶Ⅰ。未被利用的烟酸可被甲基化，以 *N*-基烟酰胺和 2-吡啶酮的形式由尿中排出。

烟酸缺乏时，体内辅酶Ⅰ和辅酶Ⅱ合成受阻，某些生理氧化过程障碍，即出现癞皮病，其典型症状是皮炎、腹泻和痴呆，即所谓“三 D”症状。过量摄入烟酸的副作用主要表现为皮肤发红、眼部不适、恶心、呕吐、糖耐量异常和高尿酸血症等，长期大量摄入可对肝脏造成损害。

根据 GB 29922—2013《食品安全国家标准　特殊医学用途配方食品通则》，适用于 1~10 岁人群的全营养配方食品烟酸的限量范围为≥0.11mg/100kJ；适用于 10 岁以上人群的全营养配方食品烟酸的限量范围为≥0.05mg/100kJ。

根据 GB 14880—2012《食品安全国家标准　食品营养强化剂使用标准》，特殊医学用途配方食品中烟酸原料化合物的来源有烟酸和烟酰胺两种。

（六）叶酸

叶酸因最初从菠菜叶子中分离提取出来而得名。其化学名称是蝶酰谷氨酸，由蝶啶、对氨基苯甲酸和 L-谷氨酸结合而成。纯品叶酸为结晶状，淡黄色，不溶于冷水，可稍溶于热水，但其钠盐易溶于水，叶酸及其钠盐均不溶于有机溶剂。叶酸在热、有光和酸性环境中均不稳定。在中性和碱性溶液中叶酸对热稳定。天然食物中经烹调加工后叶酸的损失率约为50%~90%。

膳食中的叶酸以与多个谷氨酸结合的形式存在，不易被小肠吸收，需经空肠黏膜刷状缘上的γ-谷氨酰羧基肽酶将其水解为单谷氨酸才能被小肠吸收。叶酸在肠道的转运是由载体介导的主动转运过程，并受pH等因素影响，最适pH为5.0~6.0，以单谷氨酸盐形式大量摄入时以简单扩散为主。

不同食物中叶酸的生物利用率相差较大，例如莴苣仅为25%，而豆类高达96%。这种差异与叶酸的吸收利用率关系密切。叶酸的吸收受多种因素的影响：①与叶酸存在形式有关，还原型叶酸吸收率高，叶酸结构中谷氨酸分子越少吸收率越高；②维生素C和葡萄糖可促进叶酸的吸收；③锌缺乏时叶酸吸收率降低，因为锌缺乏会引起叶酸结合酶的活性降低；④酒精会抑制叶酸的吸收；⑤避孕药和抗惊厥药物等也会抑制叶酸的吸收。叶酸可经由胆汁、粪便和尿液排出体外，少量叶酸也可随汗和唾液排出。

根据GB 29922—2013《食品安全国家标准　特殊医学用途配方食品通则》，适用于1~10岁人群的全营养配方食品叶酸的限量范围为≥1.0μg/100kJ；适用于10岁以上人群的全营养配方食品叶酸的限量范围为≥5.3μg/100kJ。

根据GB 14880—2012《食品安全国家标准　食品营养强化剂使用标准》，特殊医学用途配方食品中叶酸原料化合物的来源只有叶酸（蝶酰谷氨酸）。

（七）泛酸

泛酸又称遍多酸，因其广泛存在于动植物组织而命名。泛酸是由β-丙氨酸与α，γ-二羟-β，β′-二甲基丁酸用肽键连接而成的一种化合物。纯品泛酸是黏稠油状物，黄色，易溶于水，不溶于有机溶剂。泛酸水溶液在中性环境下很稳定，而在酸性或碱性情况下易被热破坏。泛酸常以钙盐的形式存在，为易溶于水的白色粉状结晶，在中性水溶液中耐热，在一般的温度下蒸煮，损失很少。

大部分食物中的泛酸大多以辅酶A（CoA）或酰基载体蛋白（ACP）的形式存在，其在小肠内被焦磷酸酶和磷酸酶水解为泛酸巯基乙胺后，可以被直接吸收，或者进一步被小肠中的泛酸巯基乙胺酶降解为泛酸而被吸收。泛酸的吸收转运方式有两种，浓度低时通过主动转运吸收；浓度高时通过被动扩散吸收。血浆中的泛酸主要为游离状，红细胞内的泛酸则以辅酶A的形式存在。泛酸靠一种特异的载体蛋白转运进入组织细胞。泛酸主要随尿液排出体外，排出形式有游离型泛酸和4-磷酸泛酸盐。也有部分泛酸被完全氧化为CO_2后经肺排出，约为每日摄入量的15%。

由于泛酸在自然界中广泛存在，所以缺乏病相当罕见。泛酸出现缺乏通常与三大宏量营养素和其他维生素摄入不足伴随发生。泛酸缺乏会导致脂肪合成减少和能量产生不足。另外，应激反应条件下，能量大量消耗，而泛酸在应激反应发生时可以减少能量消耗，所以泛酸也称为抗应激维生素。泛酸毒性很低，摄入量10~20g/d时，偶尔会引起腹泻和水潴留等症状。

根据GB 29922—2013《食品安全国家标准　特殊医学用途配方食品通则》，适用于1~10岁人群的全营养配方食品泛酸的限量范围为≥0.07mg/100kJ；适用于10岁以上人群的全营养配方食品泛酸的限量范围为≥0.07mg/100kJ。

根据GB 14880—2012《食品安全国家标准　食品营养强化剂使用标准》，特殊医学用途配方食品中泛酸原料化合物的来源有D-泛酸钙和D-泛酸钠。

（八）生物素

生物素的化学结构包括一个脲基环和一个带有戊酸侧链的噻吩环。纯品生物素为无色无味的针状结晶，易溶于热水和乙醇，不溶于有机溶剂。生物素的干粉形式对空气、光和热相当稳定，但在水溶液中，强碱、强酸和氧化剂可使其降解。

小肠上段是生物素吸收的主要部位，结肠也可吸收一部分，胃酸缺乏时吸收降低。另外，生蛋清中的抗生物素蛋白，影响生物素的消化吸收。生物素主要经尿液排出，乳汁也有部分生物素排出，但量较少。

正常情况下，成人一般不会缺乏生物素。生物素缺乏的早期表现有口腔周围皮炎、结膜炎、舌乳头萎缩、黏膜变灰、脱毛、皮肤干燥、精神低落、疲劳、肌肉痛，甚至出现共济失调等症状。至今未发现生物素毒性反应。

根据GB 29922—2013《食品安全国家标准　特殊医学用途配方食品通则》，适用于1~10岁人群的全营养配方食品生物素的限量范围为≥0.4μg/100kJ；适用于10岁以上人群的全营养配方食品生物素的限量范围为≥0.5μg/100kJ。

根据GB 14880—2012《食品安全国家标准　食品营养强化剂使用标准》，特殊医学用途配方食品中生物素原料化合物的来源只有D-生物素。

（九）胆碱

胆碱是磷脂酰胆碱（PC）和神经鞘磷脂的关键组成成分，神经递质乙酰胆碱的前体。Strecker于1849年首次从猪胆中分离出来，纯品呈结晶状，无色，味苦，吸湿性很强，耐热，对酸碱不稳定。由于胆碱耐热，因此在加工和烹调过程中的损失很少。

对于成人，摄入胆碱有一部分在被肠道吸收以前就被代谢了。肠道细菌可分解胆碱使之形成甜菜碱（三甲基甘氨酸），并产生甲胺。胆碱在整段小肠都能被吸收。胰腺分泌液和小肠黏膜细胞都含有能水解膳食磷脂酰胆碱的酶（磷脂酶A1、A2和B）。形成的游离胆碱进入肝门循环。

所有组织都通过扩散和介导转运蓄积胆碱，但肝、肾、乳腺、胎盘和脑组织对胆碱的摄取尤为重要。游离胆碱通过一个特殊的转运机制通过血脑屏障，其速率与血清胆碱浓度呈正比。

肝、肾是胆碱氧化的主要场所，大部分在肾内被氧化成甜菜碱，甜菜碱可被作为甲基供体。但甜菜碱不能再被还原为胆碱。因此，在提供甲基的同时，氧化途径不断消耗组织中的胆碱。

由于机体内能合成相当数量的胆碱，故在人体没观察到胆碱的特异缺乏症状。健康成人胆碱及胆碱酯酶的平均膳食摄入量估计为1.4~2.0g/d。长期摄入缺乏胆碱膳食可能与以下疾病或者症状有关：肝脏脂肪变性、影响神经发育、老年认知功能受损。

根据GB 29922—2013《食品安全国家标准　特殊医学用途配方食品通则》，适用于1~10岁人群的全营养配方食品胆碱的限量范围为1.7~19.1mg/100kJ；适用于10岁以上人群的全营养配方食品胆碱的限量范围为5.3~39.8mg/100kJ。

根据GB 14880—2012《食品安全国家标准　食品营养强化剂使用标准》，特殊医学用途配方食品中胆碱原料化合物的来源有氯化胆碱与酒石酸氢胆碱。

（十）　维生素C

维生素C又称抗坏血酸，其化学结构是含有6个碳原子的多羟基化合物，是人体内重要的抗氧化营养素之一。自然界中维生素C存在L-型和D-型两种形式，D-型维生素C无生物活性。纯品呈结晶状，白色，味酸，易溶于水，微溶于乙醇，不溶于非极性有机溶剂。维生素C有较强的抗氧化活性。其水溶液在酸性环境中稳定，遇空气、热、光、碱性物质、氧化酶及微量铜、铁等重金属离子不稳定，极易氧化。

食物中维生素C分为还原型和氧化型两种形式，两者可通过氧化还原相互转变，均具有生物活性。血液中的维生素C主要以还原形式存在，还原型和氧化型比为15：1，所以测定还原型维生素C即可了解血中维生素C的水平。

维生素C的主要吸收部位为小肠上段，以主动转运为主。吸收前，维生素C首先被氧化成脱氢型抗坏血酸，其通过细胞膜的速度更快。脱氢型抗坏血酸进入小肠黏膜细胞或其他组织细胞后，在还原酶的作用下很快会还原成维生素C，通过这种氧化还原反应，体内的谷胱甘肽氧化成氧化型谷胱甘肽。胃酸分泌减少时，会影响维生素C的吸收。

维生素C在体内有一定量的贮存，这是其与大多数水溶性维生素不同的地方。维生素C摄入不足时，短时间内不致出现缺乏症状。维生素C被吸收后迅速进入血液循环，分布于体内不同组织器官中，其总转换率为45~60mg/d。正常成人体内可贮存维生素C

1.2~2.0g，最高3.0g。在人体内维生素C含量高的组织主要有肌肉组织、肝脏和大脑。维生素C主要随尿液排出，其次为汗液和粪便。尿中排出量与体内贮存量、摄入量以及肾功能有关。一般情况下，血浆维生素C含量与尿排出量有密切联系。

体内维生素C贮存量低于300mg时，就会出现缺乏症状，主要表现是引起坏血病。维生素C为水溶性维生素，毒性很低。但一次性大剂量口服2~8g时可能会出现腹泻、腹胀等症状。患有结石的病人，长期过量摄入维生素C可能增加尿中草酸盐的排泄，从而增加尿路结石的危险。

根据GB 29922—2013《食品安全国家标准　特殊医学用途配方食品通则》，适用于1~10岁人群的全营养配方食品维生素C的限量范围为≥1.8mg/100kJ；适用于10岁以上人群的全营养配方食品维生素C的限量范围为≥1.3mg/100kJ。

根据GB 14880—2012《食品安全国家标准　食品营养强化剂使用标准》，特殊医学用途配方食品中维生素C原料化合物的来源有5种，包括L-抗坏血酸、L-抗坏血酸钠、L-抗坏血酸钙、L-抗坏血酸钾、抗坏血酸棕榈酸酯。

三、脂溶性维生素

（一）维生素A

一组具视黄醇生物活性的化合物，包括预先形成的维生素A和维生素A原。前者主要来源于动物性食物中含有的视黄醇和视黄酰酯；后者指植物性食物可在体内转化生成视黄醇的少数类胡萝卜素，如β-胡萝卜素、α-胡萝卜素和β-隐黄素等。

维生素A是人类必需的一种脂溶性维生素，在人体中具有广泛而重要的生理功能。维生素A缺乏的临床表现主要是眼部和视觉以及其他上皮细胞功能异常的症状和体征。①视觉功能：暗适应能力下降，夜盲、结膜干燥和干眼症，出现毕脱氏斑，角膜软化穿孔而致失明。②皮肤黏膜：不同组织上皮干燥、增生及角化，以至出现各种症状（如皮脂腺及汗腺角化，出现皮肤干燥，毛囊角化过度，毛囊丘疹与毛发脱落）。③生长发育：胎儿生长和发育异常、免疫功能受损、感染性疾病的患病率和死亡率升高等。成人过量摄入会造成食欲减退、体重下降、皮肤干燥、脱屑、皲裂、脱发、长骨连接处肿胀、疼痛、肝脾大、骨皮质增生，有的人会发生血钙增高、高尿钙等表现。

根据中国居民膳食营养素参考摄入量，不同人群维生素A的推荐摄入量和可耐受最高摄入量存在差异。我国成人维生素A的RNI为：男性800μg RAE，女性700μg RAE；成人可耐受最高摄入量UL为3000μg RAE。在设计特殊医学用途配方食品时，需根据适用人群，在满足GB 29922—2013《食品安全国家标准　特殊医学用途配方食品通则》的基础上，进行适当调整。同时需注意特殊状态人群的维生素 A 需要量，铁缺乏、感染性疾病、寄生虫感染、能量和蛋白质缺乏、创伤病人以及膳食脂肪不足或脂肪吸收障碍，都会明显影响维生素的吸收、代谢和需要量。以上疾病的患者在疾病期或恢复期，维生素 A 的摄入量需要适当提高。

允许用于特殊医学用途配方食品的维生素 A 的化合物来源有醋酸视黄酯、棕榈酸视黄酯、β-胡萝卜素和全反式视黄醇。但不同化合物来源维生素 A 的换算关系为：1μg 视黄醇当量 = 1μg 全反式视黄醇 = 1.147μg 醋酸视黄酯 = 1.832μg 棕榈酸视黄酯 = 6μg β-胡萝卜素，可根据化合物理化特性、吸收利用率、维生素 A 含量和活性等确定所需化合物。

（二）维生素 D

一组具有钙化醇生物活性的物质，又称抗佝偻病维生素，最常见和最具营养意义的是胆钙化醇（维生素 D_3）和麦角钙化醇（维生素 D_2）。维生素 D_2 由植物（酵母或麦角）中存在的麦角固醇经日光或紫外线照射可转化而来；维生素 D_3 可由动物皮肤的 7-脱氢胆固醇经日光或紫外线照射转变而成。

维生素 D 本身没有生物活性，需在肝脏中羟基化形成 25-(OH) D，然后在肾脏形成具有生物活性的 1，25-$(OH)_2D$ 和 24，25-$(OH)_2D$ 才具有生物活性。维生素 D 与维生素受体结合后发挥多种生理功能：调节钙磷代谢，维持血液钙和磷浓度稳定；调节生长发育、细胞分化、免疫、炎症等。近年来研究发现低维生素 D 水平与高血压、糖尿病、心血管疾病、慢性低水平炎症、某些肿瘤等疾病密切相关。

维生素 D 缺乏导致肠道钙、磷吸收减少，肾小管对钙磷的重吸收减少，影响骨钙化，造成骨骼和牙齿的矿物质异常。儿童缺乏主要表现为佝偻病；成人，尤其是孕妇、乳母和老年人，表现为骨软化症，严重时会导致骨质疏松、骨折。维生素 D 过量造成的主要毒副作用是血钙过多，早期征兆主要包括食欲下降，口渴、恶心、呕吐、烦躁、腹泻或者便秘。

我国 0~12 月龄婴儿维生素 D 的适宜摄入量（AI）为 10μg/d，儿童、青少年、成人、孕妇和乳母维生素 D 的推荐摄入量（RNI）也均为 10μg/d，而 65 岁以上老年人由于体内维生素 D 代谢效率和受体敏感性均有所降低，因此 65 岁以上老年人维生素 D 的 RNI 为 15μg/d。鉴于越来越多的研究发现，维生素 D 与多种慢性疾病、自身免疫系统疾病、老年肌肉衰减综合症等疾病的发生、发展和防治中具有重要作用，特殊人群的维生素 D 摄入量可适当增加。

允许用于特殊医学用途配方食品的维生素 D 的化合物来源有维生素 D_2 和维生素 D_3。

有研究表明维生素 D_3比维生素 D_2的生物活性要好，但也有研究表明，维生素 D_2与维生素 D_3 补充对血清维生素 D 水平具有同样的影响。此外维生素 D_3的成本更低，故目前多选择维生素 D_3作为化合物来源。

（三）维生素 E

一组具有 α-生育酚活性的生育酚和生育三烯酚及其衍生物，包括 α、β、γ、δ 4 种生育酚和 α、β、γ、δ 4 种生育三烯酚两类共 8 种化合物，其中 α-生育酚分布最广，含量最高，活性最强。维生素 E 对热、酸稳定，对氧极为敏感，油脂酸败可加速维生素 E 的破坏。

作为非酶抗氧化系统中重要的抗氧化剂，维生素 E 能清除体内的自由基，保护生物膜、脂蛋白中的多不饱和脂肪酸、细胞骨架及其他蛋白质的巯基免受自由基和抗氧化的攻击；动物模型和老年人群研究发现，维生素 E 对于维持正常的免疫功能很重要，尤其是 T 淋巴细胞功能；维生素 E 对不同抗原介导的体液免疫有选择性的影响，且呈剂量依赖性。此外，维生素 E 是维持生育必不可少的营养素，与精子生成、生殖能力有关，动物实验表明，缺乏维生素 E 会造成大鼠繁殖性能降低，胚胎死亡率增高。

维生素 E 在自然界中广泛存在，一般情况下人体不会因摄入不足而导致缺乏。在 α-生育酚转运蛋白（α-TTP）或脂蛋白合成基因异常、慢性胆汁淤积性肝病、短肠综合征、慢性腹泻、脂肪吸收不良等人群中可出现维生素 E 缺乏。维生素 E 缺乏的典型神经体征包括深层腱反射丢失、震颤和位感受损、平衡与协调改变、眼移动障碍、肌肉软弱和视野障碍。对于成年人来说，神经系统已经成熟，因此对维生素 E 缺乏较耐受，一般 5~10 年后才会出现神经系统方面的异常。但儿童的神经系统还处于发育阶段，对维生素 E 缺乏很敏感，若维生素 E 缺乏，不能及时给予维生素 E 补充治疗，可很快出现神经系统的异常症状，并影响认知能力和运动发育。维生素 E 的毒性相对较低，大多数成人可以耐受口服 100~800mg 的维生素 E 而没有明显毒性症状和生化指标的改变。

根据 DRIs，不同人群维生素 E 的推荐摄入量和可耐受最高摄入量存在差异。我国成人维生素 E 的适宜摄入量 AI 为：14mg α-TE/d；成人可耐受最高摄入量 UL 为 700mg α-TE。在设计特殊医学用途配方食品时，需根据适用人群，在满足 GB 29922—2013 的基础上，进行适量调整。

允许用于特殊膳食用食品的维生素 E 化合物来源包括 *d*-α-生育酚、*dl*-α-生育酚、*d*-α-醋酸生育酚、*dl*-α-醋酸生育酚、混合生育酚浓缩物、*d*-α-琥珀酸生育酚、*dl*-α-琥珀酸生育酚。根据来源可分为天然维生素 E 和合成维生素 E，天然存在的 α-生育酚为 RRR-α-生育酚（*d*-α-生育酚），合成的 α-生育酚为全-外消旋-α-生育酚（*dl*-α-生育酚)；天然维生素 E 活性高，但价格也高，合成维生素 E 虽活性下降，但更经济实惠。根据是否酯化，分为未酯化和酯化维生素 E，酯化可降低活性，但酯类结构能防止维生素 E 的氧化并延长其保质期。不同形式和来源生育酚的活性见表 2-28，根据需求选择合适的化合物来源。

表 2-28　　不同形式和来源生育酚的活性

结构形式	每 mg α-TE 活性	结构形式	每 mg α-TE 活性
RRR-α-生育酚	1.00	全-外消旋-α-生育酚琥珀酸酯	0.6
RRR-α-生育酚醋酸酯	0.91	β-生育酚	0.5
RRR-α-生育酚琥珀酸酯	0.81	γ-生育酚	0.1
全-外消旋-α-生育酚	0.74	δ-生育酚	0.02
全-外消旋-α-生育酚醋酸酯	0.67	α-三烯生育酚	0.3

（四）维生素 K

一组含 2-甲基-1，4-萘醌基团的化合物。一般有两种类型，植物来源的为叶绿醌（维生素 K_1），是人类维生素 K 的主要来源；细菌来源的为甲萘醌类，为维生素 K_2，其侧链上的异戊二烯链的数目不等，许多细菌产物属于这一类型，又简称为 MK_n（n 代表异戊二烯链的数目）。与营养学密切相关的维生素 K_2 亚型包括 MK_4、MK_7、MK_9。维生素 K_3 是人工合成产物，在哺乳动物和鸟类体内可转变为 MK_4。

维生素 K 是形成凝血酶原等凝血有关的蛋白质所必需的，其缺乏主要症状为凝血障碍。近年来有关生理功能的研究揭示维生素 K_2 在维持正常的骨钙代谢、保护心血管健康中有重要作用。Sarah 等对 13 项 RCT 研究进行的 Meta 分析进一步证实补充维生素 K_1 和维生素 K_2 可有效降低骨丢失和骨质疏松患者的骨折发生率。此外，维生素 K 还与心血管健康相关，基质 Gla 蛋白是血管钙化的强抑制剂，维生素 K 缺乏可使 Gla 蛋白低羧化，影响血管钙化过程。近年来的一些大规模人群流行病学研究的结果也支持膳食摄入维生素 K_2 有利于心血管健康，降低冠心病的发生率。

维生素 K 来源丰富，加之正常人肠道的大肠杆菌、乳酸杆菌等微生物也能合成一部分维生素 K，正常成年人很少发生维生素 K 的缺乏。成年人维生素 K 的缺乏是由于疾病或药物治疗引起的继发性缺乏，如脂肪吸收异常（胃肠道功能紊乱、肝胆疾病等），肠道微生物合成维生素 K 障碍（胃肠道菌群紊乱、长期使用抗生素治疗）以及体内维生素 K 代谢紊乱者。

目前尚未见天然食物或补充维生素 K 对机体产生不良影响的动物或人群研究资料；

美国针对19~30岁女性人群的研究发现，每天通过食物和维生素K补充剂摄入的维生素K最大量达到367μg，未观察到任何副作用。因此没有充足的资料来制定UL。

根据DRIs，不同人群维生素K的推荐摄入量存在差异。我国成人维生素K的AI为：80μg。在设计特殊医学用途配方食品时，需根据适用人群，在满足GB 29922—2013《食品安全国家标准　特殊医学用途配方食品通则》的基础上，进行适当调整。

允许用于特殊膳食用食品的维生素K_1的化合物来源只有植物甲萘醌。目前维生素K_2还不能用于特殊医学用途配方食品。

四、类维生素

（一）左旋肉碱

左旋肉碱即L-肉碱，又称左卡尼汀、肉毒碱或维生素BT，是一种具有多种生理功能的类氨基酸化合物。左旋肉碱的性质类似于胆碱，常以盐酸盐的形式存在，易溶于水，易吸潮，但对热和酸稳定性良好。由于酸性基团COO^-和碱性基团$N^+(CH_3)_3$之间的分子距离和磷脂相同，这一化学性质使脂酰基肉碱可以很容易地穿过磷脂膜，是其作为脂肪代谢载体的基础。

左旋肉碱具有转运脂肪、抗氧化、抗疲劳、降血脂等生理功能和作用。左旋肉碱是脂肪的运载工具，可作为载体以脂酰肉碱形式将中、长链脂肪酸从线粒体膜外转运到膜内，在线粒体内进行β-氧化，有利于人体对脂肪的利用，有助于控制体重和降低血脂。研究发现，补充左旋肉碱的同时注意加强锻炼，可以使体内积累的脂肪被氧化利用，从而达到减肥的功效。有研究发现运动员运动前口服6g左旋肉碱可以提高有氧运动耐力、延缓运动疲劳，而低剂量2g则没有改善效果。此外，L-肉碱还具有抗心肌缺血，抗心律失常，降血脂等作用。

人体每日左旋肉碱需要量的来源包括两个方面，膳食摄入和自身生物合成。正常条件下，每日通过膳食摄入的左旋肉碱约为50mg，绝对素食者每日摄入吸收的左旋肉碱小于5mg，人体自身合成的左旋肉碱约为20mg。据报道，为维持机体健康状态，普通成人左旋肉碱的每日摄入量应不少于500mg，因此，仅从膳食和自身生物合成的左旋肉碱目前还不能达到最理想的摄入水平，需要额外补充左旋肉碱相关的食品或膳食补充剂。婴儿由于机体合成左旋肉碱的速度仅为成人的20%，且体内贮存量很低，其主要靠外源性左旋肉碱维持血液左旋肉碱浓度，因此更需要补充左旋肉碱膳食补充剂。左旋肉碱是婴儿的条件必需营养物质，6月龄内人工喂养的婴儿必须补充适量的左旋肉碱。随着年龄的增大，体内的左旋肉碱不断减少，导致心肌细胞活力减退，故老年人也需要补充左旋肉碱。

正常情况下，一般不会出现肉碱缺乏，但在一些特殊的状态下如慢性消化性疾病、剧烈运动者、禁食或素食者、孕妇、男性不育、营养不良患者等，肉碱因为消耗增加或者合成减少或者排出增多而缺乏。此外，晚期肾病、充血性心力衰竭、艾滋病、肿瘤、肝硬化、甲减、早产儿、烧伤患者、应激等疾病，常伴随着机体内肉碱水平的下降。

目前认为，左旋肉碱的安全性较高。NIH 认为每天使用约 3g 的左旋肉碱补充剂可能会导致副作用的发生。EFSA 认为人体能耐受 3g/d 的 L-肉碱酒石酸盐（相当于 2g/d 左旋肉碱），引起胃肠不适的剂量为 4～6g/d。每天摄入 6g 除出现体臭外，未见其他副作用。

左旋肉碱可作为营养强化剂用于多种食品（调制乳粉、果蔬汁饮料、含乳饮料、运动饮料、固体饮料类、风味饮料），也可作为选择性成分用于特殊医学用途配方食品，其最小限量值为 0.3mg/100kJ。其化合物来源为左旋肉碱（L-肉碱）和左旋肉碱酒石酸盐（L-肉碱酒石酸盐）。

（二）肌醇

肌醇又称环己六醇，是一种饱和环状多元醇，共有 9 种同分异构体，属于 B 族维生素中的一种，是合成肌醇磷脂、膜磷脂、鞘磷脂等的前体物质，为人类多种细胞生长所需。

肌醇广泛存在于各种天然植物、动物和微生物组织中，具有多种生物学功能，在维持细胞形态和促进细胞分化中起至关重要的作用；参与细胞膜的形成，脂质合成和细胞生长；作为第二信使的结构基础，参与细胞内信号传导。肌醇能促进肝中的脂肪代谢，防止脂肪在肝内集聚，降低血中胆固醇，可用于肝硬化、脂肪肝、肝炎等疾病的辅助治疗。肌醇在胰岛素的信号传递中发挥着重要作用，在人类胰岛素抗性相关疾病（多囊卵巢综合征、妊娠期糖尿病或代谢综合征）、糖尿病并发症（神经病变、肾病、白内障）及癌症的预防或治疗方面具有一定的效果。此外，肌醇对精神与神经系统疾病也具有辅助治疗作用，如强迫症、恐惧症、双相情感障碍、抑郁症及神经管畸形等。

肌醇可作为营养强化剂，允许添加在调制乳粉（仅限儿童乳粉）（210～250mg/kg）、果蔬汁（60～120mg/kg）、风味饮料（60～120mg/kg）中，且规定了作为普通和特殊膳食用食品营养强化剂的化合物来源为环己六醇。目前，中国居民膳食指南尚无肌醇的推荐用量和可耐受最高摄入量等数据。GB 29922—2013《食品安全国家标准　特殊医学用途配方食品通则》中肌醇可作为选择性成分使用，限量值根据 GB 10767—2010《食品安全国家标准　较大婴儿和幼儿配方食品》中的规定而设定，其最小限量值为 1.0mg/100kJ，最大限量值为 33.5mg/100kJ。

五、特殊医学用途配方食品中维生素的稳定性

工艺，包括加工工艺和杀菌工艺，实际生产工艺的加热温度与时间的综合作用是造成维生素损失的最重要影响因素。因为维生素还有许多生物活性物质对热都比较敏感，在一些食品的生产工艺的各个环节，都会有维生素的损失，不同加工工艺会造成其稳定性结果之间存在较大差异。考虑到工艺造成的损失，可在加工过程中，添加过量的维生素，保证产品中达到合格的维生素含量。

（1）添加方式　除了食品中自身所含的维生素，在特殊医学配方食品中常需要根据实际情况添加更多的维生素，当其作为一种强化剂添加到食品中时，稳定性存在很大差异。

（2）包装　主要涉及包装材料的避光性和隔氧性两点，单使用任何一种高性能的包装材料都不能有效地防止产品中维生素的损失，因此同时兼顾两点性能的包装材料为首选。

（3）光照和氧气　多数维生素是一种光敏物质，在光照条件下，维生素会发生异构化而失去活性，也会随着光照强度的增加和光照时间的增长，损失率增加；在氧气环境中，维生素会发生氧化降解而丧失生物活性，食品中溶解的氧也会影响维生素的稳定性，因此特殊医学配方食品的包装应以真空避光为主。

（4）抗氧化剂　可以有效防止维生素的氧化，因此可以考虑添加生育酚等天然抗氧化剂来提高产品中维生素的稳定性。

（5）金属离子　铁盐导致生育酚氧化，铁离子和铜离子可与维生素 B_2反应生成其他物质，镁离子也会造成维生素 B_2的损失。金属离子可作为催化剂，加速抗坏血酸的氧化，其中铜离子是最有效的金属离子，铜离子先与乳中的蛋白质结合，当铜含量超过一定量时，维生素 C 的氧化速率才会随铜含量的增加而增加。

（6）亚硫酸离子和单宁类物质　亚硫酸离子可以使维生素 B_1失活，单宁类物质可与维生素 B_1发生加成反应生成加成物也会失去活性。

（7）脂肪含量　添加维生素时，食品体系中使用的不同油脂对维生素的降解速率会有不同，主要和油脂间脂肪酸构成的差异、载体体系的物理性质的差异存在联系。

（8）产品中的其他物质　如维生素 C、蔗糖和添加剂山梨酸钾等可对维生素 B_2造成损失。

（9）酸碱 pH　酸性条件下维生素 D 的稳定性下降，碱性条件下的维生素 D 的敏感

度高于酸性条件。

（10）水分活度　水分活度影响维生素 B_1的存在，一般来说，水分活度在0.4以下损失小，0.5~0.65损失最大，因此生产过程中可以通过严格控制产品中的水分活度，来延长维生素 B_1的保存时间。溶水流失，水溶性维生素极易溶于水而发生损失。

（11）储藏条件　包括储藏时间和温度等环境条件，一般情况下，在保持其他储藏条件相同的情况下，储藏时间越长，维生素的损失率也越大；在一定温度范围内，储藏温度越高，维生素的损失率也会增加，其中储藏时间对维生素的降解有显著的影响，因此相关食品应在阴凉的地方保存，并在开封后的短时间内尽快食用。

第八节
矿物质

一、概述

矿物质是构成人体组织、参与机体代谢、维持生理功能所必需的元素。因矿物质在人体内不能主动合成，必须从食物和水中摄取，因此人体组织中含有的元素种类和含量与其生存的地理环境中的元素组成及膳食摄入有关。不同矿物质在人体中的作用与其在体内的分布密切相关，如钙、磷主要分布在骨骼、牙齿，铁元素主要分布在红细胞中，碘主要分布在甲状腺中。

人体内矿物质缺乏与过量的原因主要有三个。第一个是地理环境因素。因地壳中矿物质元素的分布不平衡，不同地区的食物和水中的矿物质含量过低或过高，长期摄入出现矿物质缺乏或过量的症状或疾病。第二个是食物成分与食物加工。食物中含有草酸、植酸等矿物质拮抗剂，影响矿物质的吸收。同时在食物精细加工和烹饪过程中会造成矿物质损失。第三个是人体自身因素。因厌食、挑食、疾病状态导致食物摄入不足或食物品种单一，造成矿物质摄入不足；或者因儿童、青少年、孕妇、乳母等阶段对营养素需求增加也容易出现矿物质缺乏。而当机体长期存在排泄功能障碍时有可能造成矿物质在体内蓄积，引起急慢性毒性作用。

二、常量元素

常量元素是指在人体内含量大于体重的0.01%的矿物质，包括钠、钾、钙、磷、镁、氯、硫等，占到体重的4%~5%。其中而钠、钾、钙、镁为金属元素，磷、氯是非金属元素。常量元素在人体内含量从高到低排序依次为钙、磷、钾、钠、硫、氯和镁。

（一）钠

钠是人体必需的元素之一，是机体重要的电解质，在自然界中以化合物的形式分布。正常人体内钠含量为60mmol/（kg·bw），其中50%分布于细胞外液，10%在细胞内液，40%在骨骼中。

钠是细胞外液中主要的带正电离子，参与水的代谢，保持体内水的平衡，调节体内水分含量与渗透压，维持体内酸碱平衡，维持正常的血压，增强神经肌肉兴奋性，是消化液、汗水和泪水等的组成成分。钠对ATP（腺嘌呤核苷三磷酸）的生产和利用、肌肉运动、心血管功能、能量代谢都有关系，此外，糖代谢、氧的利用也需有钠的参与。

人体缺钠时会出现倦怠、淡漠、血压下降，甚至休克、死亡。正常情况下，钠摄入过多并不会在体内蓄积，但某些疾病可引起体内钠过多，如心源性水肿、肝硬化腹水期、肾病综合征、脑肿瘤等可能出现高钠血症。大量研究证实高盐饮食是高血压病最主要的危险因素之一。国内研究结果显示，膳食钠盐摄入量平均增加2g/d，收缩压增高2.0mmHg（267Pa），舒张压增高1.2mmHg（160Pa）。高盐会带来多系统的损害，包括左心室肥厚、心室纤维化、氧化应激、血管内皮损伤。

钠的需要量取决于生长的需要、环境温度、排泄丢失量以及膳食中钾的含量。中国居民膳食营养素参考摄入量中推荐了不同年龄人群的适宜摄入量（AI）和预防非传染性慢性病的建议量（PI-NCD），见表2-29。

表2-29 中国居民膳食钠参考摄入量 单位：mg/d

人群	AI	PI-NCD	人群	AI	PI-NCD
0岁~	170	—	18岁~	1500	2000
0.5岁~	350	—	50岁~	1400	1900
1岁~	700	—	65岁~	1400	1800
4岁~	900	1200	80岁~	1300	1700
7岁~	1200	1500	孕妇	+0	+0
11岁~	1400	1900	乳母	+0	+0
14岁~	1600	2200	—	—	—

根据GB 25596—2010、GB 29922—2013和GB 14880—2012的规定，在特医食品中允许使用的钠的化合物来源有碳酸氢钠、磷酸二氢钠、柠檬酸钠、氯化钠、磷酸氢二

钠。在特医食品中的添加量须符合 GB 25596—2010 或 GB 29922—2013 中钠的含量要求。

（二）钾

钾是人体必需的常量元素之一，正常成人体内含钾约 100~150g，约占矿质元素总量的 5%，主要分布于肌肉（约 70%）、皮肤 10%、红细胞 6%~7%、骨髓 6%、脑 4.5%、肝 4%。在机体内，98%的钾存在于细胞内液（浓度为 150mmol/L），而细胞外液如血浆浓度仅 3.5~5.3 mmol/L。

钾具有重要的生理功能，主要表现在以下几个方面：①参与糖、蛋白质的代谢；②维持正常的渗透压和酸碱平衡；③维持神经肌肉的应激性；④维持心肌的正常功能；⑤预防慢性病。

由于长期禁食、少食、偏食或厌食等造成钾摄入不足，或者由于疾病而造成钾排出增加，都会造成钾缺乏。人体内钾含量减少可引起神经肌肉、消化、心血管、泌尿、中枢神经等系统的功能性或病理性改变。轻度钾缺乏无明显症状。当体内钾缺失达到 10%以上，开始出现明显症状。当钾摄入过多或排出困难时，会引起血钾浓度升高，出现高钾血症。钾过多可使细胞外 K^+ 上升，静息点位下降，心肌自律性、传导性和兴奋性受抑制以及细胞内碱中毒和细胞外酸中毒等。

钾的需要量与环境温度、体力活动等相关。中国居民膳食营养素参考摄入量中推荐了不同年龄钾的适宜摄入量（AI）和预防非传染性慢性病的建议量（PI-NCD），见表 2-30。

表 2-30　中国居民膳食钾摄入量　单位：mg/d

人群	AI	PI-NCD	人群	AI	PI-NCD
0 岁~	350	—	18 岁~	2000	3600
0.5 岁~	550	—	50 岁~	2000	3600
1 岁~	900	—	65 岁~	2000	3600
4 岁~	1200	2100	80 岁~	2000	3600
7 岁~	1500	2800	孕妇	+0	+0
11 岁~	1900	3400	乳母	+400	+0
14 岁~	2200	3900			

根据 GB 25596—2010、GB 29922—2013 和 GB 14880—2012 规定，特医食品中允许使用的钾的化合物来源有 5 种，葡萄糖酸钾、柠檬酸钾、磷酸二氢钾、磷酸氢二钾和氯化钾。在特医食品中的添加量须符合 GB 25596—2010 或 GB 29922—2013 中对钾的含量要求。

（三）钙

钙是人体含量最多的矿物元素，占人体总量的1.5%~2.0%。人体绝大多数的钙集中分布于骨骼和牙齿，少量的钙则以结合或游离的离子状态存在于软组织、细胞外液及血液中，统称为混溶钙池。

钙是牙齿和骨骼的主要成分，骨钙在破骨细胞与成骨细胞的作用下与混溶钙池保持相对的动态平衡，以实现骨钙的不断更新和血钙的稳定。机体混溶钙池中的钙是维持多种正常生理功能所必需，钙离子是细胞对刺激发生反应的媒介，包括对骨骼肌、心肌的收缩，平滑肌及非肌肉细胞活动神经兴奋性的维持，此外钙离子还参与血液凝固过程，并对多种酶有激活作用。

正常生理状态下，机体不会出现钙缺乏或过量。在病理状态下可出现血钙过低，导致神经过度兴奋，引起腓肠肌和其他部分肌肉痉挛等。钙缺乏在儿童主要表现为骨骼钙化不良，严重者会出现骨骼变形和佝偻病。而在成人中钙缺乏主要导致骨质疏松。由于钙强化食品的增加以及钙补充剂的使用，钙摄入过量的现象也逐渐增加，主要的不良后果包括高血钙症、高尿钙症、血管及软组织钙化、肾结石等。

中国居民膳食营养素参考摄入量中规定了不同年龄人群钙的平均需要量（EAR）、推荐摄入量（RNI）和可耐受最高摄入量（UL），见表2-31。

表2-31 中国居民膳食钙参考摄入量 单位：mg/d

人群	EAR	RNI	UL	人群	EAR	RNI	UL
0岁~	—	200（AI）	1000	50岁~	800	1000	2000
0.5岁~	—	250（AI）	1500	65岁~	800	1000	2000
1岁~	500	600	1500	80岁~	800	1000	2000
4岁~	650	800	2000	孕妇（早）	+0	+0	2000
7岁~	800	1000	2000	孕妇（中）	+160	+200	2000
11岁~	1000	1200	2000	孕妇（晚）	+160	+200	2000
14岁~	800	1000	2000	乳母	+160	+200	2000
18岁~	650	800	2000				

根据GB 25596—2010、GB 29922—2013和GB 14880—2012的规定，特医食品中允许使用的钙的化合物来源为碳酸钙、葡萄糖酸钙、柠檬酸钙、L-乳酸钙、磷酸氢钙、氯化钙、磷酸三钙（磷酸钙）、甘油磷酸钙、氧化钙和硫酸钙，共10种。在特医食品中的添加量要符合GB 25596—2010或GB 29922—2013中对钙的含量要求。

（四）磷

磷是人体必需常量元素，成人体内磷的含量仅次于钙，约为600~900g，占体重的1%，其中85%以上的磷存在与骨骼和牙齿中，14%的磷与蛋白质、脂肪、糖及其他有机物结合，分布在骨骼肌、皮肤、神经组织等软组织中，1%分布于生物膜和体液中。骨骼中的磷主要为无机磷酸盐，在生物膜和软组织中的磷大部分以有机磷（如磷蛋白和磷脂等）形式存在，血浆中磷75%为有机磷，25%为无机磷，其他生物体液中主要以磷酸氢盐形式存在。食物中的磷多以磷酸酯形式存在，需水解为游离的无机磷酸盐才能被吸收，吸收率为60%~70%。

磷是骨骼、牙齿钙化及生长发育所必需的。磷还参与构成ATP及磷酸肌酸等调节能量释放，供应神经、肌肉能量；在调节机体酸碱平衡和维持正常渗透压等方面起着重要的缓冲作用；维持红细胞和血小板的正常功能，血磷过低时易有出血倾向。磷参与构成核酸、细胞膜及其他维持生命的重要化合物的成分，参与多种酶的构成和调节，在糖类、脂肪及蛋白质代谢过程中起着重要作用。磷还有促进生长、修补组织、刺激肌肉有规律地收缩、促进烟酸和维生素 B_{12} 消化、维持神经和精神的健康活动等功能。

由于许多食物含磷丰富，人体一般不会出现磷缺乏。早产儿会因母乳中磷含量较低，不能满足需要时，会发生磷缺乏，出现佝偻病样骨骼异常。除此外患有甲亢、创伤、败血症等疾病时容易出现低磷血症。同样，一般情况下，也不会有膳食的原因引起磷过量。但是在肾功能降低、透析等患者容易出现高磷血症。高磷血症可能会造成肾性骨病、非骨组织钙化、干扰钙吸收等危害。

磷在骨形成或血钙水平调控方面有重要作用。与其他营养素一样其摄入量须满足机体生理和代谢的需要，过量和缺乏均不利于机体健康。中国居民膳食营养素参考摄入量中推荐了不同年龄人群磷的平均需要量（EAR）、推荐摄入量（RNI）和可耐受最高摄入量（UL），见表2-32。

表2-32　中国居民膳食磷参考摄入量　　单位：mg/d

人群	EAR	RNI	UL	人群	EAR	RNI	UL
0岁~	—	100（AI）	—	18岁~	600	720	3500
0.5岁~	—	180（AI）	—	50岁~	600	720	3500
1岁~	250	300	—	65岁~	590	700	3000
4岁~	290	350	—	80岁~	560	670	3000
7岁~	400	470	—	孕妇	+0	+0	3500
11岁~	540	640	—	乳母	+0	+0	3500
14岁~	590	710	—				

根据 GB 25596—2010、GB 29922—2013 和 GB 14880—2012 中的规定，特医食品中允许添加的磷的化合物来源主要有磷酸三钙（磷酸钙）与磷酸氢钙两种。在特医食品中的添加量须符合 GB 25596—2010 或 GB 29922—2013 中对钙的含量要求。

（五）镁

镁是人体必需的常量元素，成人体内含有镁元素约 20~38g，其中 60%~65%存在于骨骼，约 27%存在于肌肉、心、肝、胰等软组织中。镁主要分布于细胞内液，细胞外液中镁的不超过 1%。人体摄入的镁主要在空肠末端和回肠被吸收，吸收率约 30%，并受摄入量和膳食成分等多种因素影响。

镁作为酶的激活剂，参与 300 种以上的酶促反应。糖酵解、脂肪酸氧化、蛋白质的合成、核酸代谢等均需要镁离子参与。在骨骼中镁是仅次于钙、磷的必需矿物元素，在促进骨形成和骨再生，维持骨骼和牙齿的强度、密度方面具有重要作用。镁还能抑制钾离子和钙离子通道，镁、钙、钾离子协同可维持神经肌肉的兴奋性。镁维护胃肠道和激素的功能。镁也是重要的神经传导物质，它可以让肌肉放松下来。

镁广泛分布于各种食物，加上肾对镁排泄的调节作用，镁缺乏与中毒都非常少见。体内镁过量可产生镁中毒，但正常情况下，肠、肾及甲状旁腺等能调节镁代谢，一般不易发生镁中毒。

中国居民膳食营养素参考摄入量中规定了不同年龄人群镁的平均需要量（EAR）和推荐摄入量（RNI），见表 2-33。

表 2-33 中国居民膳食镁参考摄入量 单位：mg/d

人群	EAR	RNI	人群	EAR	RNI
0 岁~	—	20（AI）	18 岁~	280	330
0.5 岁~	—	65（AI）	50 岁~	280	330
1 岁~	110	140	65 岁~	270	320
4 岁~	130	160	80 岁~	260	310
7 岁~	180	220	孕妇	+30	+40
11 岁~	250	300	乳母	+0	+0
14 岁~	270	320			

根据 GB 25596—2010、GB 29922—2013 和 GB 14880—2012 中的规定，镁的化合物来源主要有硫酸镁、氯化镁、氧化镁、碳酸镁、磷酸氢镁和无水葡萄糖酸镁。在特医食品中的添加量须符合 GB 25596—2010 或 GB 29922—2013 中对镁的含量要求。

（六）氯

氯是人体必需的常量元素之一，是维持体液电解质平衡所必需的，也是胃液的一种必需组成成分。人体含氯约80~100g，主要以氯离子形式与钠、钾以化合物的形式存在。如氯化钠主要存在于细胞外液中，氯化钾主要存在于细胞内液中，少量氯离子存在于骨骼和结缔组织中。

氯离子作为细胞外液中最主要的阴离子，直接影响着细胞外液容量、渗透压与酸碱平衡。此外，氯离子还参与胃酸的形成、维持神经细胞膜电位的稳定、参与血液CO_2的运输。氯离子进出细胞主要依靠主动转运方式，除此外还可以通过氯离子通道。氯离子通道广泛分布于机体的细胞膜和细胞器膜，参与细胞兴奋性调节、pH调节，跨上皮细胞离子转运以及细胞容量和离子平衡调节，以及免疫应答、细胞增殖、凋亡。

正常情况下，人体不会因膳食引起氯缺乏。但在大量出汗、腹泻呕吐、肾功能改变等情况下可引起氯缺乏，会引起掉发和牙齿脱落，肌肉收缩不良，消化受损并影响生长发育等。在严重失水、持续摄入大量氯化钠或氯化铵时，血清氯离子水平高于109mmol/L时，可导致代谢性酸中毒。

中国居民膳食营养素参考摄入量中规定了不同年龄人群氯的适宜摄入量（AI），见表2-34。

表2-34 中国居民膳食氯参考摄入量 单位：mg/d

人群	AI	人群	AI
0岁~	260	18岁~	2300
0.5岁~	550	50岁~	2200
1岁~	1100	65岁~	2200
4岁~	1400	80岁~	2000
7岁~	1900	孕妇	+0
11岁~	2200	乳母	+0
14岁~	2500		

GB 25596—2010、GB 29922—2013和GB 14880—2012中均无特医食品允许食品的氯的化合物来源，但是氯可以通过其他矿物质的氯化物带入，以达到GB 25596—2010或GB 29922—2013中氯的含量要求。

三、微量元素

微量元素是在人体内含量小于体重0.01%的矿物质。铁、铜、锌、硒、铬、碘、锰、氟、钴和钼10种微量元素，是维持正常人体生命活动不可缺少的必需微量元素。必需微量元素的主要生理功能：①作为酶和维生素必需的活性因子；②构成某些激素或参与激素的作用；③参与基因的调控和核酸代谢；④其他功能，如含铁血红蛋白可携带和运送氧到组织中等。

（一）铁

铁是人体必需微量元素中含量最多的一种，正常人体内含铁总量约4~5g，其中功能性铁约占2/3，存在于血红蛋白（65%~70%）、肌红蛋白（3%）、含铁酶类（1%，如细胞色素、细胞色素氧化酶、过氧化物酶、过氧化氢酶等）；剩余1/3为贮存性铁，主要以铁蛋白和含铁血红素形式存在于肝、脾和骨髓的单核-吞噬细胞系统中。机体中主要的含铁化学基团为Fe-S复合物和血红素。以它们为基础，构成许多具有生物活性的功能蛋白，发挥相应的生理功能。

铁是血红蛋白、肌红蛋白、细胞色素酶及线粒体呼吸链铁-硫族的活性中心，参与氧和二氧化碳的转运、交换和组织呼吸。铁在幼红细胞内与原卟啉结合形成正铁血红素，再与珠蛋白合成血红蛋白。铁可催化β-胡萝卜素转化为维生素A，促进嘌呤与胶原的合成与抗体的产生，加速脂类的转运以及药物在肝脏的解毒等，铁还可增加中性粒细胞和巨噬细胞的吞噬功能，增强机体抗感染能力和免疫力。

铁是人体容易缺乏的必需微量元素之一。人体铁缺乏可以分为三个阶段：第一个阶段是铁减少期（ID），仅有铁储存减少，表现为血清铁蛋白降低，不引起明显有害的生理后果。第二个阶段是红细胞生成缺铁期（IDE），其特征是因缺乏足够的铁而影响血红蛋白合成，或导致机体含铁酶减少以及铁依赖性酶活性降低，但尚未出现贫血。第三个阶段是缺铁性贫血期（IDA），血红蛋白和红细胞比积下降，并伴有缺铁性贫血的临床症状，如头晕、气短、心悸、乏力、注意力不集中、脸色苍白等症状。铁过量会出现急性、慢性铁中毒。急性铁中毒是在服用大剂量治疗铁剂后发生的明显短暂的现象，铁中毒最明显的影响是胃肠道出血性坏死。慢性铁中毒是由于机体无法主动排铁，铁在身体内长期过量蓄积造成的，可发生血色素沉着症，引起多器官损害。

根据不同年龄人群的生理需要，中国居民膳食营养素参考摄入量中规定了不同年龄、性别的铁平均需要量（EAR）、推荐摄入量（RNI）和可耐受的最高摄入量（UL），见表2-35。

表2-35　中国居民膳食铁参考摄入量　　单位：mg/d

人群	EAR		RNI		UL	人群	EAR		RNI		UL
	男	女	男	女			男	女	男	女	
0岁~	—		0.3（AI）		—	18岁~	9	15	12	20	42
0.5岁~	7		10		—	50岁~	9	9	12	12	42
1岁~	6		9		25	孕妇（早）	+0		+0		42
4岁~	7		10		30	孕妇（中）	+4		+4		42
7岁~	10		13		35	孕妇（晚）	+7		+9		42
11岁~	11	14	15	18	40	乳母	+3		+4		42
14岁~	12	14	16	18	40						

根据GB 25596—2010、GB 29922—2013和GB 14880—2012中的规定，特医食品中允许使用的铁的化合物来源主要有硫酸亚铁、葡萄糖酸亚铁、富马酸亚铁、柠檬酸铁铵、柠檬酸铁、焦磷酸铁。在特医食品中的添加量须符合GB 25596—2010或GB 29922—2013中铁的含量要求。

（二）锌

成年体内含锌2~3g，分布于人体大部分组织、器官、体液中，约60%存在于肌肉和30%存在于骨骼中。体内的锌为非均匀性分布，肝、肾、心、胰、睾丸、肺、脑、肾上腺等中也含有相当量的锌，尤其是视网膜、脉络膜和前列腺浓度最高。锌的吸收率约为30%，其吸收受食物来源，膳食成分如蛋白质、铁、钙、磷、植酸、膳食纤维、低分子质量配体和螯合物等因素的影响。

锌在体内广泛存在和细胞内高浓度的性质，使其具有三大基本功能：催化功能、结构功能和调节基因表达功能。通过这三种功能，锌在人体发育、认知行为、创伤愈合、味觉和免疫调节等方面发挥重要作用。

长期膳食中锌摄入不足、机体吸收利用减少或者锌的需要量增加等原因，均容易引起锌的缺乏。锌缺乏可表现为食欲减退、异食癖、生长发育停滞等症状，成人长期缺锌可导致性功能减退、免疫力降低等症状。在锌的正常摄入量与产生有害作用剂量之间有一个相对较宽的范围，加上人体有效的体内平衡机制，一般来说不容易发生锌中毒。但是过量补锌（成人摄入2g以上）时可发生锌中毒，引起急性腹痛、腹泻、恶心、呕吐等临床症状。

根据不同人群生理需要，中国居民膳食营养素参考摄入量中规定了不同年龄、性别人群锌的平均需要量（EAR）、推荐摄入量（RNI）和可耐受最高摄入量（UL），见表2-36。

表2-36 中国居民锌的参考摄入量 单位：mg/d

人群	EAR		RNI		UL	人群	EAR		RNI		UL
	男	女	男	女			男	女	男	女	
0岁~	—		2.0（AI）		—	14岁~	9.7	6.9	11.5	8.5	35
0.5岁~	2.8		3.5		—	18岁~	10.4	6.1	12.5	7.5	40
1岁~	3.2		4		8	50岁~	10.4	6.1	12.5	7.5	40
4岁~	4.6		5.5		12	孕妇	+1.7		+2		40
7岁~	5.9		7		19	乳母	+3.8		+4.5		40
11岁~	8.2	7.6	10.0	9.0	28						

根据GB 25596—2010、GB 29922—2013和GB 14880—2012中的规定，特医食品中允许使用的锌的化合物来源有：葡萄糖酸锌、硫酸锌、氧化锌、乳酸锌、柠檬酸锌、氯化锌与乙酸锌。在特医食品中的添加量需符合GB 25596—2010或GB 29922—2013中锌的含量要求。

（三）硒

硒是人体的必需微量元素之一。硒遍布几乎所有组织器官和体液中，以肝和肾中浓度最高，但以肌肉中总量最多，约占人体总硒量的一半。肾脏和红细胞是硒的组织储存库。膳食中的硒主要以硒甲硫氨酸（吸收率达90%以上）和硒半胱氨酸的形式存在，而硒酸盐和亚硒酸盐是常用的补硒形式，极易被人体吸收，吸收率可到80%以上。总体来讲，膳食中硒吸收率都较高，由高到低依次是硒甲硫氨酸、硒酸盐、亚硒酸盐。

硒作为谷胱甘肽过氧化酶等多种抗氧化酶的组成成分，可阻断活性氧和自由基堆积体引起的损伤，清除脂质过氧化物，而表现出抗氧化活性。硒可以保护心血管和心肌，缺硒所致的克山病的典型病理表现为肌原纤维型和线粒体型的心肌细胞坏死，伴随心肌小动脉和毛细血管损伤。硒与金属有很强的亲和力，在体内可同汞、镉、铅等重金属结合形成金属-硒-蛋白复合物而解毒，并将其排出体外。另外硒有促进生长、保护视觉器官以及抗肿瘤的作用。

硒缺乏会降低免疫功能，导致克山病和大骨节病的发生。我国是世界上严重缺硒国家之一，有70%以上的地区缺硒。硒中毒的体征主要是头发脱落和指甲变形，重症患者出现神经系统症状，表现为四肢麻木、头昏眼花，继而站立不稳，麻痹或偏瘫。

根据不同人群生理需要量，中国居民膳食营养素参考摄入量中推荐了不同年龄人群硒的平均需要量（EAR）、推荐摄入量（RNI）和可耐受最高摄入量（UL），见表2-37。

表 2-37 中国居民膳食硒参考摄入量 单位：μg/d

人群	EAR	RNI	UL	人群	EAR	RNI	UL
0 岁～	—	15（AI）	55	11 岁～	45	55	300
0.5 岁～	—	20（AI）	80	14 岁～	50	60	350
1 岁～	20	25	100	18 岁～	50	60	400
4 岁～	25	30	150	孕妇	+4	+5	400
7 岁～	35	40	200	乳母	+15	+18	400

根据 GB 25596—2010、GB 29922—2013 和 GB 14880—2012 中的规定，特医食品中允许使用的硒的化合物来源有硒酸钠和亚硒酸钠两种，在特医食品中的添加量须符合 GB 25596—2010 或 GB 29922—2013 中硒的含量要求。

（四）碘

碘是人体必需的微量元素之一，人体内的碘主要储存在甲状腺，碘摄入充足时，体内 50%左右的碘聚集于甲状腺，可达 8～15mg。

碘的生理功能主要是通过甲状腺激素实现，目前尚未发现碘的独立生理功能。甲状腺激素的主要生理功能：①促进生长发育；②参与脑发育；③调节新陈代谢；④对其他器官系统功能的影响。

碘缺乏主要表现为甲状腺肿，甲状腺功能低下，体能低下等。而碘摄入过多，可导致甲状腺功能亢进或减退。

人体对碘的需要量与甲状腺激素的需要量密切相关，维持正常代谢和生命活动的正常人每天所需甲状腺激素的量是相对稳定的，合成这些激素所需碘的最低生理需要量为 50～60μg/d。供给量应高于最低生理需要量。根据不同人群生理需要量，中国居民膳食营养素参考摄入量中推荐了不同年龄人群碘的平均需要量（EAR）、推荐摄入量（RNI）和可耐受最高摄入量（UL），见表 2-38。

表 2-38 中国居民膳食碘的参考摄入量 单位：μg/d

人群	EAR	RNI	UL	人群	EAR	RNI	UL
0 岁～	—	85（AI）	—	11 岁～	75	110	400
0.5 岁～	—	115（AI）	—	14 岁～	85	120	500
1 岁～	65	90	—	18 岁～	85	120	600
4 岁～	65	90	200	孕妇	75	110	600
7 岁～	65	90	300	乳母	85	120	600

根据 GB 25596—2010、GB 29922—2013 和 GB 14880—2012 中规定，特医食品中允许添加的碘的化合物来源有碘酸钾、碘化钾、碘化钠，共三种。在特医食品中的添加量须符合 GB 25596—2010 或 GB 29922—2013 的碘的含量要求。

（五）铜

铜是人体必需的微量元素，正常成人体内含铜 50～120mg，主要以蛋白结合状态存在于肌肉和骨骼（约 50%～70%）及肝脏（约 20%）和血液（5%～10%）中，其中肝脏中铜的含量是最高的。

铜参与铜蛋白和多种酶的构成，在人体内发挥重要生理作用。包括维持正常的造血功能，维护中枢神经系统的完整性，促进骨骼、血管和皮肤的健康，维护毛发的色泽与结构等。此外，铜还参与胆固醇代谢，与心脏功能、机体免疫功能及激素分泌等有关。

人类铜缺乏较少，引起铜缺乏的原因可以分为先天性和后天性两种，前者主要由遗传性铜代谢紊乱引起，后者与饮食有关。其他系统紊乱、疾病、治疗等均可增加铜缺乏的风险。铜缺乏对机体功能的影响主要表现为缺铜性贫血、心血管受损、中枢神经受损、影响结缔组织机能和骨骼健康、Menke's 病。由于人体自身具有调节机制，Wilson's病以外的铜中毒在人体较少见。急性铜中毒偶见于误食，胃肠道是靶器官，低剂量时刺激迷走神经，高剂量时可直接刺激丘脑下部呕吐中枢，引起恶心、呕吐和腹泻；慢性铜中毒主要见于 Wilson's 病，表现为肝肾损害。

中国居民膳食营养素参考摄入量中推荐了不同年龄人群铜的平均需要量（EAR）、推荐摄入量（RNI）和可耐受最高摄入量（UL），见表 2-39。

表 2-39　中国居民膳食铜的参考摄入量　单位：mg/d

人群	EAR	RNI	UL	人群	EAR	RNI	UL
0 岁～	—	0.3（AI）	—	11 岁～	0.55	0.7	6.0
0.5 岁～	—	0.3（AI）	—	14 岁～	0.60	0.8	7.0
1 岁～	0.25	0.3	2.0	18 岁～	0.60	0.8	8.0
4 岁～	0.30	0.4	3.0	孕妇	+0.10	+0.1	8.0
7 岁～	0.40	0.5	4.0	乳母	+0.50	+0.6	8.0

根据 GB 25596—2010、GB 29922—2013 和 GB 14880—2012 中的规定，特医食品中允许使用的铜的化合物来源主要有硫酸铜、葡萄糖酸铜、柠檬酸铜、碳酸铜，共 4 种。在特医食品中的添加量须符合 GB 25596—2010 或 GB 29922—2013 的铜的含量要求。

（六）铬

铬是人体必需微量元素。1977 年在接受全肠外营养的病人出现葡萄糖耐量异常时，补充铬后得到纠正，铬才真正被认为是人体所必需的微量元素。人体中含铬量甚微，约为6mg或更低，组织中浓度比血液中高10~100倍，在组织中分布广泛，主要分布于肝脏、脾脏、软组织和骨骼。

铬是人体内葡萄糖耐量因子的重要组成成分。铬在人体内参与糖、脂类、蛋白质和核酸的代谢。铬对糖代谢的影响是通过胰岛素发挥的降糖作用。铬对脂类代谢的作用主要是降低血清甘油三酯和总胆固醇的含量，提高血清中高密度脂蛋白。铬对蛋白质和核酸代谢的影响主要是促进蛋白质的合成和维持核酸的稳定和完整。

人体缺少铬可造成糖耐量受损，严重者可发展为糖尿病，还可引起脂肪、蛋白质代谢障碍，促进动脉粥样硬化发生等。六价铬离子过量可影响神经行为发育，导致多动症状。

中国居民膳食营养素参考摄入量中推荐了不同人群铬的适宜摄入量（AI），具体见表2-40。

表2-40　中国居民膳食铬参考摄入量　单位：μg/d

人群	AI	人群	AI
0岁~	0.2	18岁~	30
0.5岁~	4.0	50岁~	30
1岁~	15	孕妇（早）	+1.0
4岁~	20	孕妇（中）	+4.0
7岁~	25	孕妇（晚）	+6.0
11岁~	30	乳母	+7.0
14岁~	35		

根据GB 25596—2010、GB 29922—2013和GB 14880—2012中的规定，特医食品中允许使用的铬的化合物来源主要有硫酸铬和氯化铬。在特医食品中的添加量须符合GB 25596—2010或GB 29922—2013的铬的含量要求。

（七）锰

锰在人体内含量甚微，正常成人体内含锰10~20mg，以二价或三价化合物的形式广泛分布于各种组织中，骨髓、肝脏、胰腺及肾脏等中含量较高。

锰在体内作为金属酶（如精氨酸酶、丙酮酸羧化酶和线粒体锰-过氧化物歧化酶）和激活酶的组成成分，广泛参与骨形成，氨基酸、胆固醇和碳水化合物的代谢，骨基质黏多糖的合成，维持脑功能和神经递质的合成与代谢。

迄今尚未发现人类在普通膳食条件下发生锰缺乏的报道。但在特殊条件下，如摄入合成膳食或接受全胃肠外营养且未添加锰的人，短期内会出现皮炎、低胆固醇血症等异常。关于锰中毒的报告多数为职业性锰中毒。

中国居民膳食营养参考摄入量中推荐量不同年龄人群锰的适宜摄入量（AI）和可耐受最高摄入量（UL），见表2-41。

表2-41 中国居民膳食锰的参考摄入量 单位：mg/d

人群	AI	UL	人群	AI	UL
0岁~	0.01	—	11岁~	4.0	8.0
0.5岁~	0.7	—	14岁~	4.5	10
1岁~	1.5	—	18岁~	4.5	11
4岁~	2.0	3.5	孕妇	+0.4	11
7岁~	3.0	5.0	乳母	+0.3	11

根据GB 25596—2010、GB 29922—2013和GB 14880—2012中的规定，特医食品中允许使用的锰的化合物来源主要有硫酸锰、氯化锰、碳酸锰、柠檬酸锰、葡萄糖酸锰。在特医食品中的添加量须符合GB 25596—2010或GB 29922—2013中锰的含量要求。

（八）钼

钼是人体必需的微量元素之一，在人体各种组织中均含有钼，成人体内钼的总量为9mg。在肾脏、肝脏、小肠及肾上腺中的浓度较高，而在皮肤、食管、气管、主动脉、子宫和膀胱的浓度较低。

钼的生理功能主要是作为酶的辅助因子而发挥作用的，它是黄素依赖酶参与其他物质的代谢和转化。钼金属酶还具有解毒的作用。

一般情况人体不会发生钼缺乏。临床长期肠外营养的病人可引起钼缺乏，并引起昏迷、心动过速、呼吸急促等症状，补充钼后可以得到改善。过量的钼可对人体造成危害，一般多发生在高钼地区。

中国居民膳食营养素参考摄入量中推荐了不同人群钼的摄入量，见表2-42。

表2-42 中国居民膳食钼的参考摄入量 单位：μg/d

人群	EAR	RNI	UL	人群	EAR	RNI	UL
0岁~	—	2（AI）	—	11岁~	75	90	650
0.5岁~	—	15（AI）	—	14岁~	85	100	800

续表

人群	EAR	RNI	UL	人群	EAR	RNI	UL
1岁~	35	40	200	18岁~	85	100	900
4岁~	40	50	300	孕妇	+7	+10	900
7岁~	55	65	450	乳母	+3	+3	900

根据GB 25596—2010、GB 29922—2013和GB 14880—2012中的规定，特医食品中允许使用的钼的化合物来源为钼酸钠、钼酸铵。在特医食品中的添加量须满足GB 25596—2010或GB 29922—2013对钼的含量要求。

（九）氟

氟也是人体必需的微量元素之一，正常人体内含有氟的总量约为2.6g，主要分布于骨骼和牙齿中，少量分布在毛发、指甲。体内氟的含量与地球环境和膳食中的氟水平有关，高氟地区人群体内的氟含量高于一般地区人群。

氟的主要生理功能为：（1）氟对维持骨骼和牙齿结构稳定性具有重要作用，它可以部分取代骨骼中的羟磷灰石结晶体；（2）氟也是构成牙齿的重要成分，可与牙釉质中羟磷灰石结合，在牙齿表面形成一层坚硬且具有抗酸性腐蚀的氟磷灰石晶体保护层，起到防止龋齿的作用。

在人类尚未发现有确切或特异的氟缺乏症，但在水源性低氟区，龋齿发生率增高。氟缺乏还对骨骼形成有影响。过量氟可引起中毒，急性中毒多见于特殊职业环境。慢性中毒主要为高氟地区居民长期摄入含氟高的饮水而引起，主要表现为氟骨症和氟斑牙，以及神经系统损害。

根据不同人群氟的生理需要，中国居民膳食营养素参考摄入量中推荐了不同人群氟的适宜摄入量（AI）和可耐受最高摄入量（UL），具体如表2-43所示。

表2-43　中国居民膳食氟参考摄入量　　单位：mg/d

人群	AI	UL	人群	AI	UL
0岁~	0.01	—	11岁~	1.3	2.5
0.5岁~	0.23	—	14岁~	1.5	3.1
1岁~	0.6	0.8	18岁~	1.5	3.5
4岁~	0.7	1.1	孕妇	+0	3.5
7岁~	1.0	1.7	乳母	+0	3.5

根据GB 25596—2010、GB 29922—2013的规定，特医食品中允许使用的氟的化合物来源为钠和钾。在特医食品中的添加量须满足GB 25596—2010或GB 29922—2013对氟的含量要求。

四、富硒酵母

硒是人体所必需的微量元素，与人类的健康密切相关。人体缺硒可引起某些重要器官的功能失调，引发许多严重疾病。低硒或缺硒人群通过适量补硒不但能够预防肿瘤、降三高（高血压、高血脂、高血糖），而且还可提高机体免疫力，维持重要器官的正常功能，预防心脑血管疾病的发生。

许多研究提到特定形式的硒的肿瘤预防特性，比如涉及27个国家的流行病学研究显示硒摄入量和特定肿瘤的发病率呈现相反的联系。1990年芬兰一项关于40000名个体长达10年的研究证明硒摄入量如果太低的话会导致罹患某些肿瘤的危险。

在自然条件下，硒在地表的分布是非常不均匀的，高硒地区有美国的北美大平原和中国的部分地区，低硒地区有新西兰南岛、中国和欧洲的部分地区。因为植物硒含量随生长土壤中硒含量的变化而变化，所以地质学和地理学都对硒的膳食需要量评估发挥了重要作用。在中国的缺硒地区，有报道一种地方性心脏病即克山病。还有大骨节病（国外称Kashin-Bek病，一种肌肉与骨骼紊乱病）在世界上仅见于中国、俄国和朝鲜北部少数地区，本病病区大致与土壤低硒地带一致，与克山病病区大部分重叠。

无机硒（如亚硒酸钠、硒酸钠）存在于土壤中，植物吸收后将其转化为有机硒，如硒代甲硫氨酸、硒代半胱氨酸。硒代蛋甲硫酸和硒代半胱氨酸是含硒食品中最常见的存在形式。当被人体或动物摄入后，这些有机硒结合到一定量的含硒蛋白和酶上，产生抗氧化等功能以帮助降低自由基对细胞的伤害。

硒普遍存在于植物和动物食品中，在世界范围内被人体世代食用，包括谷物和其他食品；如花椰菜、洋葱、大蒜、蛋、海产品和巴西坚果。谷物和富硒酵母中的硒以硒代甲硫氨酸为主要存在形式，但在洋葱、大蒜和花椰菜中以硒代半胱氨酸为主要的含硒化合物。

富硒酵母是通过生物富集工艺使无机硒富集在酵母细胞内，完全以有机硒形式存在，具有吸收利用率高、毒性低的特点，是硒营养强化的最佳来源。Zhang SQ等研究发现大鼠口服富硒酵母后，使用UPLC-MS/MS定量测定其血浆中的硒代甲硫氨酸，结果表明富硒酵母在大鼠中的生物利用度为87%。

（一）富硒酵母作为特殊医学用途配方食品硒源的相关法规进展

1. 美国法规

在 SelenoExcell 高硒酵母（申请者为 Cypress System Inc.）的 GRAS 评估（GRN000260）中，建议高硒酵母添加到医疗食品中，每日摄入份数为 20，每份硒添加量为 5μg，每日硒总摄入量为 100μg（认为是安全范围内的最高摄入量）。Rayman 指出，在西方的一些心肌病病例中，报道了接受静脉输液的静脉营养受试者含硒量不足（Rayman，2008）。因此，在选择的医疗食品中加入高硒酵母是可取的。

Alltech 公司于 2010 年 9 月 2 日在 FDA 备案通过的 GRAS No. GRN000353 建议应用在医疗食品中的富硒酵母每日摄入量不超过 19. 2mg。

2. 欧盟法规

（1）（EU）No 609/2013《关于婴幼儿食品、特殊医学用途配方食品和控制体重代餐的条例》 第十五条第（1）款所述的联盟清单中，明确将富硒酵母作为特殊医疗用途食品硒源列出，并标注以下信息：通过在亚硒酸钠作为硒源存在下培养产生富硒酵母，并且市售干燥形式每克含硒不超过 2. 5mg。酵母中存在的主要有机硒是硒代甲硫氨酸（占产品中总提取硒的 60%~85%）。其他有机硒化合物包括硒代半胱氨酸的含量不得超过总提取硒的 10%。无机硒的含量通常不能超过总提取硒的 1%。

（2）EFSA 关于富硒酵母在食品中作为硒营养强化的科学观点 根据委员会的要求，食品添加剂专家组被要求对富硒酵母作为食品硒营养强化的安全性和生物利用度形成意见。食品科学委员会（SCF）以前曾经对硒的最高摄入限量进行评估。此观点只涉及富硒酵母在食品中作为营养强化时的安全性和生物利用度，硒本身的安全性不在此评估范围内。以亚硒酸钠为原料生产的富硒酵母中的硒以硒代氨基酸的形式存在，其中硒代甲硫氨酸含有总硒的 60%~85%，硒代甲硫氨酸占 2%~4%。无机硒含有 1%以下，说明硒在富硒酵母中是有机结合的。富硒酵母通过在含有亚硒酸钠的培养基中发酵得到，干燥后含有硒不超过 2. 5mg/g。其中硒代甲硫氨酸形式的硒含量占总硒的 60%~85%，其他形式的硒不超过 10%。无机硒含量不超过 1%。硒代甲硫氨酸通过肠道被吸收。在许多人群和动物实验中，结果显示，富硒酵母中硒的生物利用度是无机硒的 1. 5~2 倍。吸收后，硒代甲硫氨酸代谢成为硒的功能形式，或转化为含硒蛋白储存。硒代甲硫氨酸的半衰期为 252d，明显高于无机硒的 102d。大量的研究显示，尽管具有较高的生物利用度，有机硒的毒性却明显的低于无机硒。这说明高的生物利用度可能与其低毒性相抵消。富硒酵母在食品中添加量范围是每天 30~200mg，每天提供 50~200μg 硒。欧洲人每日硒摄入量平均为 29~70μg。基于提供的数据和可以查阅到的文献，专家组得出结论：将富硒酵母用于食品作为硒营养强化，在特定的添加量范围内并不存在安全问题。

3. 中国法规

中华人民共和国国家卫生和计划生育委员会委制定发布的 GB 10765—2010《食品安全国家标准 婴儿配方食品》、GB 10767—2010《食品安全国家标准 较大婴儿和幼儿配方食品》、GB 29922—2013《食品安全国家标准 特殊医学用途配方食品通则》等规定了硒限量值。GB 14880—2012《食品安全国家标准 食品营养强化剂使用标准》允许在调制乳粉、大米及其制品等类别食品中强化硒并规定了使用量，列出了强化硒所允许使用的化合物来源，包括亚硒酸钠、硒酸钠、硒蛋白、富硒食用菌粉、L-硒-甲基硒代半胱氨酸、硒化卡拉胶、富硒酵母等。GB 1903.21—2016《食品安全国家标准 食品营养强化剂 富硒酵母》和 GB/T 35882—2018《食品安全国家标准 富营养素酵母》对富硒酵母的技术要求进行了规定。如需在特定食品中强化硒，食品生产经营企业应当按照标准规定执行。GB 28050—2011《食品安全国家标准 预包装食品营养标签通则》对预包装食品营养标签中能量和营养成分的含量声称等做出了规定。对于“富硒”“含有硒”声称的条件和要求，明确规定声称“富硒”的食品中硒含量应当符合 GB 28050—2011 附录 C 的规定，即≥15μg/100g 或≥7.5μg/100mL 或≥5μg/420kJ。GB 28050—2011 还规定了硒的营养素参考值（NRV），对于声称“富硒”的预包装食品，应当按照标准规定在营养成分表中标示硒含量和占 NRV 的百分比，以便于消费者选择食品，合理膳食。此外，我国 GB 2762—2012《食品安全国家标准 食品中污染物限量》已取消将硒作为污染物的限量规定。

综上，我国现有食品安全国家标准已对富硒食品中硒含量做出了规定，未来相关标准的制定与修订会随着居民硒的实际摄入量、我国相关研究数据资料以及产业发展需要、国际标准进展等因素进一步综合考虑。

（二）硒及富硒酵母的功能作用研究进展

1. 抗癌作用

硒的抗癌作用在近 20 年来已受到国内外学者的普遍关注。实验研究也已证实硒是一种有效的肿瘤化学预防物质。硒能够增强人体的抗癌能力和提高其免疫力。每天补充 200μg 硒，对免疫功能具有显著的刺激作用，淋巴细胞和中性细胞的生成量可大量增加。这两种细胞都具有破坏肿瘤细胞的作用。根据流行病学调查，补硒对减少前列腺癌、肺癌和肝癌的发生作用最为明显。实验表明，在每天服 200μg 硒制剂的人群中，癌症总死亡率降低了 50%，总发病率降低了 37%。其中，前列腺癌的发病率降低了 63%，结肠癌的发病率降低了 58%，肺癌的发病率降低了 46%。

（1）肝癌　Yu SY 等在中国江苏省启东县（该地区在中国的原发性肝癌发病率排名第二）的原发性肝癌高危人群中进行了两项关于富硒酵母的干预试验。一项试验为乙型肝炎病毒表面抗原携带者（$HBVsAg^{+}$）每日补充 200μg 硒（富硒酵母），以安慰剂作为对照，长达 4 年。另一项试验为原发性肝癌高发病率家庭成员使用富硒酵母（每日补充 200μg 硒），以安慰剂作为对照，长达 2 年。结果表明，硒的营养补充剂富硒酵母可显著降低原发性肝癌的发病率。

（2）前列腺癌　Algotar AM 等第一次研究证明补充富硒酵母 4~6 周以剂量依赖的方式显著增加前列腺癌患者的前列腺组织硒水平。这些数据有助于进一步理解硒与前列腺癌之间的关系。Sinha R 等研究表明，成年男性在补充富硒酵母（247μg/d）9 个月后对前列腺具有保护作用，并且还降低了前列腺特异性抗原的氧化应激和水平。

（3）乳腺癌　Guo CH 等研究表明剂量为 100~1500ng Se/mL 的富硒酵母可以增加氧化应激，并刺激乳腺癌细胞系中的生长抑制效应和凋亡诱导，但不影响非致瘤细胞。

（4）脑转移癌　转移是癌症死亡的主要原因，其发展可能受到饮食的影响。Wrobel JK 等研究发现补充富硒酵母减少小鼠转移性肿瘤的生长，富硒酵母可能是抑制脑转移性疾病的有价值的补充剂。Wrobel JK 等从富硒酵母中提取 pH4.0 和 pH6.5（分别称为 SGP40 和 SGP65）的硒糖蛋白（SGP），对它们对肺和乳腺肿瘤细胞与人脑微血管内皮细胞（HBMEC）之间相互作用的影响进行评估，结果发现提取的 SGP（特别是 SGP40）显著抑制肿瘤细胞与 HBMEC 的黏附以及它们的跨内皮迁移，并且相关研究表明特定的富含有机硒化合物具有通过下调 NF-κB 抑制肿瘤细胞与脑内皮细胞黏附的能力，SGP 似乎比小型含硒化合物更有效，这表明不仅硒起作用，而且糖蛋白成分也起保护性作用。

2. 降血糖作用

据 WHO 2017 年 11 月公布的数据显示，全球糖尿病患者的人数从 1980 年的 1.08 亿增加到 2014 年的 4.22 亿。全球 18 岁以上成年人糖尿病患病率从 1980 年的 4.7%上升至 2014 年的 8.5%。中低收入国家的糖尿病患病率上升得更快。糖尿病是导致失明、肾衰竭、心脏病发作、中风和下肢截肢的主要原因。2012 年有 220 万人死于高血糖。2015 年，估计有 160 万人因糖尿病直接原因造成死亡。由于高血糖导致的死亡中几乎一半发生在 70 岁以前。世界卫生组织预测，糖尿病将成为 2030 年第七大死因。

硒是体内的一种重要的必需微量元素，对糖尿病的发病、并发症的产生关系密切。硒的抗氧化作用是通过谷胱甘肽过氧化物酶（GSH-Px）清除体内氧自由基，减少脂质过氧化，使质膜免受氧化物的损伤，保护胰岛素 A、B 肽链间二硫键免受氧化破坏，从而保证了胰岛素分子的完整结构和功能，起到降血糖的作用。硒的拟胰岛素样作用能刺激脂肪细胞膜上葡萄糖载体的转运，在脂肪、肌肉等组织中促进细胞对糖的吸收和利用；在肝脏抑制肝糖原的异生和分解，增加肝糖原的合成。同时，硒通过抗氧化作用，保护胰岛细胞，提高葡萄糖耐量，从而表现出降血糖作用。

硒与糖尿病关系的研究，经历了从体外到体内的发展过程。最先报道硒的类胰岛素作用是 Ezaki 1990 年发表在 Journal of Biological Chemistry 上的文章。在无血清的细胞培养中，硒（如亚硒酸钠）可作为营养因子之一加到培养基中能促进细胞生长。在此现象的启发下，Ezaki 用添加硒酸钠的培养基对大鼠脂肪细胞进行培养，发现可促进大鼠脂肪细胞对葡萄糖的转运。1991 年，McNeill JH 等用体内试验证明了硒酸钠对链脲佐霉素诱导的糖尿病大鼠的降血糖作用。此后，一系列的文献报道了硒对糖尿病动物的降血糖作用，而且证明了硒在促进细胞对葡萄糖的转运、糖代谢以及信号转导等方面都有类胰岛素作用。汪玮琳等研究发现 40 例Ⅱ型糖尿病患者血清硒元素含量与血糖呈负相关。多元回归分析显示与血糖关系最密切的微量元素为血清硒。Ⅱ型糖尿病患者血清硒明显低于健康人，且血清硒水平与血糖呈负相关，其原因可能为缺硒时，胰腺内自由基清除障碍，胰腺萎缩，胰岛 β 细胞机能障碍，胰岛素分泌减少，糖耐量异常。

Liu J. 等研究表明补充多矿物质富营养酵母（MMEY）降低血糖，消除氧化应激，调节脂质代谢紊乱，并减少糖尿病小鼠免疫功能的损害，尤其是适中剂量的 MMEY 对糖尿病小鼠的胰岛细胞具有保护作用。Tanko Y. 等对富硒酵母在胆固醇饮食诱导的Ⅱ型糖尿病和氧化应激大鼠中的保护作用进行了研究，结果显示富硒酵母组的血糖水平显著下降并防止自由基形成。张高芝等人选取 120 例Ⅱ型糖尿病患者进行随机对照研究，发现硒酵母片可提高Ⅱ型糖尿病患者空腹及餐后 2h C 肽水平，改善血糖控制程度。

3. 降血脂作用

美国第 3 次全国健康与营养调查中 5452 名成人（>20 岁）资料显示，人群硒浓度较高，平均为 125.7μg/L，同时伴有总胆固醇、低密度脂蛋白胆固醇、甘油三酯的降低和高密度脂蛋白胆固醇的升高。胡志坚等研究表明，缺硒与肥胖症呈显著正相关。流行病学研究也发现，高剂量的血清硒浓度具有提升血脂水平的效果。对 1042 名英国成人进行横断面分析发现，血浆硒水平的升高常伴有总胆固醇和高密度脂蛋白胆固醇下降。对中国台湾老年人的一项横断面研究发现，总胆固醇、低密度脂蛋白胆固醇、甘油三酯和空腹血糖随着血清硒浓度的增加而显著降低，平均血清硒浓度为 90μg/L。研究表明，一些硒化合物，尤其是亚硒酸钠可诱导氧化应激。硒蛋白和胆固醇通过共同的异戊二烯甲羟戊酸途径合成，而羟甲基戊二酸单酰辅酶 A 还原酶（HMG-CoA）是这一途径重要的限速酶。欧洲肺气肿与气道疾病研究项目（EVA）最近的研究结果显示，长期服用贝特类降血脂药物的血脂异常的老年人血清中硒浓度偏高，而贝特类药物通过抑制 HMG-CoA

还原酶的活力来降低血清中总胆固醇的含量，这可以部分解释硒降低血脂的机制。因此，适量地补硒相对有效地降低人们的血脂水平，我们可以在医生的正确指导下，合理地选择营养补充剂和富硒产品。

简勋等研究发现100例原发性高脂血症患者采用硒制剂治疗后平均血硒水平为（0.0612±0.012）mg/L，血硒、发硒水平与血清总胆固醇、低密度脂蛋白胆固醇、甘油三酯呈负相关，而与高密度脂蛋白胆固醇呈正相关。补硒治疗后血硒、发硒水平明显提高，且血清总胆固醇、低密度脂蛋白胆固醇、甘油三酯水平降低，高密度脂蛋白胆固醇水平增高，可改善高脂血症患者的血硒、发硒及血脂水平，且安全性、耐受性好。

在Rayman MP等开展的按年龄和性别分层的随机、安慰剂对照、平行组研究国际标准随机对照试验（注册号：ISRCTN25193534）中，501名年龄在60~74岁的志愿者接受硒含量为100μg/d（n = 127）、200μg/d（n = 127）或300μg/d（n = 126）的富硒酵母或基于酵母的安慰剂（n = 121）长达6个月，观察到随着硒剂量的增加，总-HDL胆固醇比率逐渐下降。初步结论为接受硒补充剂不会加重血胆固醇水平，在硒样本相对较低的人群中，硒补充对血浆脂质水平有一定好处。Cold F等开展了一项为期5年的随机、双盲、安慰剂对照的丹麦PRECISE（通过硒干预预防癌症）四组（分配比例为1：1：1：1）初步研究（ClinicalTrials.gov ID：NCT01819649），将年龄在60~74岁（n = 491）的男性和女性随机分配至100μg（n = 124）、200μg（n = 122）或300μg（n = 119）富硒酵母或酵母片安慰剂对照组（n = 126），每天服用，持续5年。共468名参与者持续至6个月，361名参与者平均分布在不同的治疗组，持续至5年。对基线、6个月和5年血浆样品的总胆固醇和高密度脂蛋白胆固醇以及总硒浓度进行分析，结果发现6个月和5年后，干预组血浆硒浓度显著增加并呈剂量依赖性。干预组和对照组总胆固醇均显著下降。

4. 降血压作用

据报道，糖尿病合并高血压约占糖尿病患者的40%，糖尿病并发高血压机制大致如下：高血糖增加糖在近曲小管重吸收并伴钠重吸收，致使体内钠水潴留，血管周围阻力升高；增加血管平滑肌对交感神经反应性，致血管收缩；糖直接作用血管平滑肌细胞，影响血管结构。补硒可有效降低血糖，阻止这方面升压作用。

研究显示，糖尿病并发高血压患者血浆硒水平及GSH-Px均显著低于正常人，但血管内皮素（ET）却高于正常，使得血管收缩。而糖尿病早期血管NO可有一定程度升高，有一定的拮抗ET升压作用，但随时间延伸，NO逐渐被增高的氧自由基灭活，适当补硒则可通过清除氧自由基防止NO灭活，起到一定降压作用。同时由于氧自由基氧化作用，导致红细胞变形能力降低，血管通透性增高，血液黏滞度升高，血小板聚集，血液流变性异常，这都可以导致糖尿病患者血压的升高，而补硒则因有抗自由基、降血糖功效，能有效地拮抗这种升压作用。

1998 年 12 月 Drugs 杂志报告 May 与 Pollock 两人合成的新型硒化合物-酚氨乙基硒腹腔注射于 SHR，能剂量相关地降压，其作用部位为交感神经末梢，该药从体内清除迅速，半衰期很短，中枢神经透过性很低。口服具有降压作用。化学结构为 4-羟-α-甲基-酚-2-氨基乙基硒（HOMePASe）。作用机制是与多巴胺-β-单胺氧化酶（DBM）起作用。DBM 在合成去甲肾上腺素过程中，需要还原型抗坏血酸作为辅因子，没有还原型抗坏血酸，DBM 就催化不了 NE 的产生。HOMePASe 能促使氧化型抗坏血酸形成。这样 DBM 就无法促使 NE 生成，使周围交感神经系统活性降低起降压作用。

先兆子痫是一种严重的妊娠高血压病，与母亲和胎儿的高发病率和死亡率有关。Rayman MP 等开展了一项双盲、安慰剂对照的初步试验中，将 230 名初产孕妇随机分为两组，从妊娠 12~14 周直至分娩，分别给予硒（60μg/d，富硒酵母）或安慰剂治疗，主要结果显示在 12~35 周，硒治疗组全血硒浓度显著升高，而安慰剂组全血硒浓度显著降低。在 35 周时，硒治疗组全血硒和血浆硒蛋白 P（Sep1）的浓度显著高于安慰剂组，血清可溶性血管内皮生长因子受体-1（sFlt-1，一种与子痫前期风险相关的抗血管生成因子）的浓度显著低于安慰剂组。本研究发现补充硒有可能降低低硒孕妇子痫前期的风险。

5. 增强人体免疫力

据澳大利亚《悉尼时报》报道，人体缺硒会导致人体机能下降，感染高致病性病毒性疾病的危险明显增大，因此多吃富含硒的芝麻、大蒜可以降低前列腺癌的发病率 63%。

科学家已经证实，硒是红细胞中的抗氧化剂的重要成分，人体在缺硒的情况下，普通病毒的致病性会增强。其他病毒，如普通感冒病毒、艾滋病病毒、埃博拉病毒、天花病毒和肝炎病毒，都对缺硒有类似的敏感性。科学家发现，与体内含硒酶具有最佳活性的艾滋病感染者相比，体内缺硒的艾滋病感染者的死亡率要高出 20 多倍。

硒能够增强人体的抗癌能力和提高其免疫力。每天补充 200μg 硒，对免疫功能具有显著的刺激作用，淋巴细胞和中性细胞的生成量可大量增加。这两种细胞都具有破坏肿瘤细胞的作用。根据流行病学调查，补硒对减少前列腺癌、肺癌和肝癌的发生作用最为明显。实验表明，在每天服 200μg 硒制剂的人群中，癌症总死亡率降低了 50%，总发病率降低了 37%。其中，前列腺癌的发病率降低了 63%，结肠癌的发病率降低了 58%，肺癌的发病率降低了 46%。硒还能防止人体免疫力低下。研究显示，一些老年人在每天服用含 100μg 硒的酶制剂 6 个月以后，他们的免疫力全部恢复到了年轻人的水平。

为了测试饮食中硒摄入量的增加是否影响免疫功能，Hawkes WC 等在健康独立生活的 42 名男性中进行了一项每天服用高硒酵母（300μg）或低硒酵母的 48 周随机对照试验，结果表明补充硒可使血硒浓度提高 50%，低硒酵母诱导 DTH 皮肤反应无应答，并且增加了表达高亲和力白细胞介素-2 受体（IL2R）的两个亚基的自然杀伤（NK）细胞和 T 淋巴细胞的计数，高硒酵母组 DTH 皮肤反应和 IL2R +细胞无变化，提示补硒阻断了 DTH 无应答的诱导。这些结果提示硒在免疫耐受中起作用，这是一种细胞介导的过程，涉及免疫功能的许多方面。

Peretz A 等在 22 名老年受试者每天服用 100μg 硒（富硒酵母）或安慰剂的 6 个月试验中研究了补硒对血浆硒浓度和对有丝分裂原的淋巴细胞增殖反应，结果显示 2 个月后硒补充组的血浆硒浓度从 0. 84±0. 26μmol/L 增加至 1. 55±0. 33μmol/L，并且之后趋于稳定。在硒补充期间对美洲商陆有丝分裂原的增殖反应显著增加（4 个月后达到基线浓度 +79%），6 个月后达到成年人正常范围的上限（+138%），首次证明了富硒酵母在老年人中的免疫刺激作用。

第九节 水

一、概述

水是人体中含量最多的成分，占成年人体重的 60%～70%。不同年龄、性别和体型的人，其体内含水量存在着明显的差异。年龄越小，含水量越多。0～6 个月婴儿可达 80%左右。随着年龄的增长，总体水含量会逐渐减少，12 岁以上，逐渐减至成人水平。成年男子体内总体水含量约为体重的 59%，女子为 50%，女性体内含水量小于男性；随着年龄增长，肌肉组织逐渐减少，机体水含量也随之下降。一般 50 岁以上男性含水量为体重的 56%，女性为 47%。

水在体内主要分布于细胞内和细胞外。细胞内液水含量约为占 2/3，细胞外液约为 1/3，包括组织液、血浆、淋巴和脑脊液等。

二、水的生理功能

（一）人体组织的主要成分

水是维持细胞形状及构成人体体液所必需的物质。水广泛分布在人体组织中，构成人体的内环境。人体各组织器官的含水量相差很大，血液中最多，脂肪组织中相对较少。

（二）参与人体内新陈代谢

人的一切生命活动都需要水的参与。水是营养物质代谢的载体，可以使营养物质以溶解状态和电解质离子状态存在于体液中。水可参与体内物质新陈代谢和生化反应。在消化、吸收、循环、排泄过程中，水可以促进营养物质的吸收和运送，协助代谢废物通过大小便、汗液及呼吸等途径排泄。

（三）维持体液正常渗透压及电解质平衡

人体在正常情况下，体液在血浆、组织间液及细胞内液之间，通过溶质的渗透作用，维持动态平衡，即渗透压平衡。细胞内液和细胞外液的渗透压平衡主要依靠水分子的自由渗透。

（四）调节体温

水的比热容大，1g 水每升高 1℃需要约 4.2J 热量，一定量的水可以吸收代谢过程中产生的大量能量，使体温不至于显著升高。水的蒸发热也较多，在 37℃体温下，每蒸发 1g 水可带走 2.4kJ 的热量。因此经皮肤蒸发水分散热是维持人体体温恒定的重要途径。

（五）润滑作用

水与黏性分子结合可以形成关节润滑液、消化液、呼吸系统及泌尿生殖系统的消化液，对器官、关节、肌肉、组织起到缓冲、润滑等作用。

三、水缺乏与过量

（一）水缺乏

在正常生理条件下，人体通过尿液、粪便、呼吸和皮肤等途径排出水分。通过足量饮水即可补充丢失量。另一种是因腹泻、呕吐、胃部引流和瘘管流出等造成的病理性水丢失，如果水量丢失严重就需要通过临床补液来处理。水缺乏会对人体健康造成很多危害。

1. 水和电解质代谢紊乱

水和电解质是体液的主要成分。细胞外液和细胞内液的电解质分布、浓度都有较大的差异，细胞外液以 Na^+、Ca^{2+}、Cl^-、HCO_3^-为主，细胞内液主要是 K^+、HPO_4^{2-}和蛋白质离子为主。血浆中含少量 Mg^{2+}。其中 Na^+对维持细胞外液的渗透压、体液分布等起决定性作用。机体水摄入量不足、丢失过多或者摄入盐过多时，细胞外液 Na^+浓度的改变会引起水和电解质代谢紊乱。

2. 失水程度与相关症状

失水是指体液丢失造成的体液容量不足。体液丢失量达到体重的 1%左右时，血浆渗透压升高，出现口渴感，体能开始受到影响。当失水量达到体重的 2%~4%时，为轻度脱水，出现口渴、尿少、尿呈深黄色、尿比重升高，工作效率降低等。失水量达到体重的 4%~8%时，为中度脱水，除以上症状外，可见极度口渴、皮肤干燥、尿量明显减少、烦躁不安等。失水量超过体重的 8%为重度脱水，表现为精神及神经系统异常。失水超过体重的 20%时可引起死亡。

3. 慢性肾病

人体增加总体水的摄入量可有效预防复发性肾结石、低肾结石发生的风险。而水缺乏时尿量降低，增加了慢性肾病的风险。

4. 认知和体能下降

水摄入不足会对人的认知能力带来负面影响。且失水量在 1%时即可能对认知功能产生负面影响。而与成人相比，儿童更容易脱水。在水分丢失达 2%时，机体会出现生理应激增加、体能降低和体温调节受到干扰等现象。

（二）水过量

人体水摄入量过多，超过了肾脏排泄能力（0.7~1.0L/h）可引起急性水中毒。一般多是与疾病相关，正常人少见水中毒。水中毒同时会伴有低钠血症，极严重时还会危及生命。

四、水的需要量

水的需要量不仅个体差异较大，同一个体不同环境或生理条件下也存在差异。水的需要量主要受代谢、年龄、性别、身体活动水平、温度和膳食等因素的影响，因此水的需要量变化很大。根据不同年龄、性别人群的生理需要量，中国居民膳食营养素参考摄入量中推荐了不同人群的水适宜摄入量（AI），见表 2-44。

表 2-44　中国居民水适宜摄入量　单位：L/d

人群	饮水量[①]		总摄入量[②]	
	男性	女性	男性	女性
0 岁~	—		0.7[③]	
0.5 岁~	—		0.9	
1 岁~	—		1.3	
4 岁~	0.8		1.6	
7 岁~	1		1.8	
11 岁~	1.3	1.1	2.3	2
14 岁~	1.4	1.2	2.5	2.2
18 岁~	1.7	1.5	3.0	2.7
孕妇（早）	—	+0.2	—	+0.3
孕妇（中）	—	+0.2	—	+0.3
孕妇（晚）	—	+0.2	—	+0.3
乳母	—	+0.6	—	+1.1

注：①温和气候条件下，轻水平的身体活动。如果在高温或进行中等以上身体活动时，应适当增加水摄入量。
②总摄入量包括食物中的水及饮水中的水。
③来自母乳。

参考文献

[1] 葛可佑. 中国营养科学全书. 北京：人民卫生出版社，2004.

[2] 中国营养学会. 中国居民膳食营养素参考摄入量（2013 版）. 北京：科学出版社，2014.

[3] 许静涌，蒋朱明. 2015 年 ESPEN 营养不良（不足）诊断共识、营养风险及误区. 中华临床营养杂志，2016，24（5）：261-265.

[4] Cederholm T，Bosaeus I，Barazzoni R，et al. Diagnostic Criteria for Malnutrition-an ESPEN Consensus Statement. Clin Nutr，2015，34（3）：335-40.

[5] Laur C V，McNicholl T，Valaitis R，et al. Malnutrition or frailty? Overlap and evidence gaps in the diagnosis and treatment of frailty and malnutrition. Appl Physiol Nutr Metab，2017，42（5）：449-458.

[6] http：//data. stats. gov. cn/tablequery. htm？ code=AD03

[7] Marshall S, Young A, Bauer J, et al. Malnutrition in Geriatric Rehabilitation: Prevalence, Patient Outcomes, and Criterion Validity of the Scored Patient-Generated Subjective Global Assessment and the Mini Nutritional Assessment. J Acad Nutr Diet, 2016, 116 (5): 785-794.

[8] 韦军民. 老年临床营养学. 北京：人民卫生出版社，2012.

[9] 陈伟，江华，李增宁，等. 老年住院患者营养风险、营养支持等发生率调研和对比分析. 北京：中国营养学会老年营养分会，2010.

[10] 黄蕾，张继红，邱琛茗，等. 心血管内科老年住院患者营养不良及营养风险评估分析. 西南国防医药. 2011，21 (01)：116-117.

[11] 李德育，崔同建，刘振华. 肿瘤内科老年住院患者营养风险筛查和营养支持状况分析. 吉林医学，2012，33 (30)：6607.

[12] 任莉，王健，邹军，等，老年消化系疾病住院患者营养风险筛查与护理. 湖南中医药大学学报，2013，33 (02)：111-113.

[13] 朱跃平，丁福，刘欣彤，等. 老年住院患者营养风险筛查及营养支持状况. 中国老年学杂志，2013，33 (11)：2609-2611.

[14] 陈禹，李晓雯，林兵，等. 老年住院患者营养风险筛查和营养状况分析. 中国食物与营养，2014，20 (02)：81-84.

[15] 宗晔，吴咏冬，卢迪，等. 老年住院患者营养风险的筛查及与临床结局关系的研究. 临床和实验医学杂志，2014，13 (09)：711-713

[16] 王卓群，张梅，赵艳芳，等. 中国老年人群低体重营养不良发生率及 20 年变化趋势. 疾病监测，2014，29 (6)：477-480.

[17] Tombini M, Sicari M, Pellegrino G, et al. Nutritional Status of Patients with Alzheimer's Disease and Their Caregivers. J Alzheimers Dis, 2016, 54 (4): 1619-1627.

[18] 邓晓清，黄丽华，蒋红焱. 急性脑卒中患者营养不良、卒中后并发症及不良预后的危险因素分析. 临床神经病学杂志，2013 (01).

[19] Eriksson B, Backman H, Bossios A, et al. Only severe COPD is associated with being underweight: results from a population survey. ERJ Open Res, 2016, 2 (3).

[20] Morgese M G, Tucci P, Mhillaj E, et al. Lifelong Nutritional Omega-3 Deficiency Evokes Depressive-Like State Through Soluble Beta Amyloid. Mol Neurobiol, 2016.

[21] Sheard J M, Ash S, Mellick G D, et al. Malnutrition in a sample of community-dwelling people with Parkinson's disease. PLoS One. 2013, 8 (1): e53290.

[22] 蒋朱明，陈伟，朱赛楠，等，营养风险及营养支持调查协作组. 我国东、中、西部大城市三甲医院营养不良（不足）、营养风险发生率及营养支持应用状况调查. 中国临床营养杂志，2008，16 (06)：335-337.

[23] 王楠，王玉梅，刘雪梅，等. 住院患者营养风险、营养不良发生率及营养现状的评估分析. 职业与健康，2013，29 (19)：2424-2426.

[24] 中华医学会肠外肠内营养学分会. 成人围手术期营养支持指南. 中华外科杂志，2016，54 (9)：

641-657.

[25] Heyland D K, Dhaliwal R, Drover J W, et al. Canadian clinical practice guidelines for nutrition support in mechanically ventilated, critically ill adult patients, JPEN J Parenter Enteral Nutr, 2003, 27 (5): 355-373.

[26] 侯永超，王建芬，宁亮亮，ICU 危重病人营养风险筛查与营养支持效果．护理研究，2015，29 (1): 361.

[27] 中国抗癌协会肿瘤营养与支持治疗专业委员会．营养不良的五阶梯治疗．肿瘤代谢与营养电子杂志，2015，2 (1): 29-33.

[28] Philipson T J, Snider J T, Lakdawalla D N, et al. Impact of oral nutritional supplementation on hospital outcomes. 2013, 19: 121-128.

[29] Zhong JX, Kang K, Shu XL, Effect of Nutritional Support On Clinical Outcomes in Perioperative Malnourished Patients: A Meta-Analysis. Asia Pac J Clin Nutr, 2015, 24 (3): 367-78.

[30] Koretz RL, Avenell A, Lipman TO, et al. Does enteral nutrition affect clinical outcome? A systematic review of the randomized trials. Am J Gastroenterol, 2007, 102 (2): 412-429.

[31] 王新颖，外科危重病人的营养与代谢调控．外科理论与实践，2012，17 (2): 102-104.

[32] Berger MM, Chiolero RL, Pannatier A, et al. A 10-Year Survey of Nutritional Support in a Surgical ICU: 1986-1995. Nutrition, 1997, 13 (10): 870-877.

[33] Peter JV, Moran JL, Phillips-Hughes J. A metaanalysis of treatment outcomes of early enteral versus early parenteral nutrition in hospitalized patients. J Crit Care Med, 2005, 33 (1): 213-220.

[34] Rousing M L, Hahn-Pedersen M H, Andreassen S, et al. Energy expenditure in critically ill patients estimated by population-based equations, indirect calorimetry and CO_2-based indirect calorimetry. Ann Intensive Care, 2016, 6 (1): 16.

[35] Weir JdV. New methods for calculating metabolic rate with special reference to protein metabolism. J Physiol (Lond), 1949, 109 (1-2): 1-9.

[36] Kreymann KG, Berger MM, Deutz NE, et al. ESPEN guidelines on enteral nutrition: intensive care. Clin Nutr, 2006, 25: 210-23.

[37] Heyland DK, Dhaliwal R, Drover JW, et al. Canadian Critical Care Clinical Practice Guidelines Committee. Canadian clinical practice guidelines for nutrition support in mechanically ventilated, critically ill adult patients. J Parenter Enteral Nutr, 2003, 27 (5): 355-73.

[38] Harris JA, Benedict FG. A biometric study of human basal metabolism. Proc Natl Acad Sci USA, 1918, 4 (12): 370-3.

[39] Mifflin MD, St Jeor ST, Hill LA, et al. A new predictive equation for resting energy expenditure in healthy individuals. Am J Clin Nutr, 1990, 51 (2): 241-7.

[40] Frankenfield D. Energy dynamics. In: LE Matarese GM, editor. Contemporary nutrition support practice: a clinical guide Philadelphia. Philadelphia: W. B. Saunders Company, 1998: 79-98.

[41] Frankenfield D, Smith JS, Cooney RN. Validation of 2 approaches to predicting resting metabolic rate in critically ill patients. J Parenter Enteral Nutr, 2004, 28 (4): 259-64.

[42] Frankenfield D, Roth-Yousey L, Compher C, Evidence Analysis Working Group. Comparison of predictive equa-

tions for resting metabolic rate in healthy nonobese and obese adults: a systematic review. J Am Diet Assoc, 2005, 105 (5): 775-89.

[43] 韩军花. 特殊医学用途配方食品系列标准实施指南. 北京: 中国质检出版社, 中国标准出版社, 2015.

[44] Gimpfl M, Rozman J, Dahlhoff M, et al. Modification of the fatty acid composition of an obesogenic diet improves the maternal and placental metabolic environment in obese pregnant mice. Biochim Biophys Acta, 2017, 1863 (6): 1605-1614.

[45] 杜光, 胡俊波 主编. 临床营养支持与治疗学. 北京: 科学技术出版社, 2016.

[46] 荆莹. 酪蛋白的酶水解改性研究. 内蒙古农业大学, 2010.

[47] Sawatzki G. Recent advances in infant feeding. United States Patent, 1992, 80-86.

[48] Andre D. The importance of peptide lengths in hypoallergenic infant formulae. Trends food science & technology, 1993, 4: 16-21.

[49] Ganapathy V. Intestinal transport of amino acids and peptides. Racen Press, 1994, 52: 1774-1794.

[50] Siemensma A. D. The importance of peptide lengths in hypoallergenic infant formulae. Trends Food Sci. &Tech. 1993, 4: 16-21.

[51] 李勇, 蔡木易. 肽营养学. 北京: 北京大学医学出版社, 2007: 23.

[52] Ganapathy, V., Leihach. Role of pH gradient and membrane potential in dipeptide transport in intestinal and renal bnish-border membrane vesicles from the rahbit. Biol Cham, 1983, 258: 141-189.

[53] Takuwa, Shimada, Matsumoto. Proton-coupled transport of glycylglycine in rabbit renalbmsh-border membrane vesicles. Bioohim. Biqphys. Aeta, 1985, 81: 186.

[54] 于辉. 小肽转运载体的分子营养学的研究进展. 佛山科学技术学院学报: 自然科学版, 2005, 23 (3): 77-81.

[55] 邬小兵. 外源核苷酸对婴幼儿的营养作用及其在代乳品中的应用. 食品科技, 2000 (5): 17-19.

[56] 张和平, 张佳程. 乳品工艺学. 北京: 中国轻工业出版社, 2007.

[57] 张和平, 张列兵. 现代乳品工业手册: 第2版. 北京: 中国轻工业出版社, 2012.

[58] 赵正涛, 李全阳, 赵红玲, 等. 牛乳中酪蛋白的分离及其特性的研究. 食品与发酵工业, 2009, 35 (1): 169-172.

[59] 赵新淮, 于国萍, 张永忠, 等. 乳品化学. 北京: 科学出版社, 2007.

[60] Marella C, Muthukumarappan K, Metzger L E. Evaluation of commercially available, wide-pore ultrafiltration membranes for production of α-lactalbumin-enriched whey protein concentrate. Journal of Dairy Science, 2010, 94 (3): 1165-1175.

[61] Kevin W K Y, Dianne E W, Jie B. Whey protein concentrate production by continuous ultrafiltration: Operability under constant operating conditions. Journal of Membrane Science, 2007, 290 (1-2): 125-137.

[62] 孙海岚, 许红霞, 蒋宝泉. 乳清蛋白与水解乳清蛋白的研究进展与临床应用现状. 检验医学与临床, 2014, 11 (23): 3364-3366.

[63] 黄国平, 孙春凤, 陈慧卿. 大豆分离蛋白提取与性能改善工艺研究进展. 食品工业科技, 2012, (12): 398-404.

[64] 徐英操，刘春红．蛋白质水解度测定方法综述．食品研究与开发，2007，28（7）：173-176.

[65] 25 Aigner T, Stöve J. Collagen-major component of the physiological cartilage matrix, major target of cartilage degeneration, major tool in cartilage repair. Advanced Drug Delivery Reviews, 2003, 55: 1569-1593.

[66] 宋芹，陈封政，颜军，等．胶原蛋白研究进展．成都大学学报（自然科学版），2012，31（1）：35-38.

[67] 蒋大挺．胶原与胶原蛋白．北京：化学工业出版社，2005.

[68] 张波，乔磊，杨玉波．胶原蛋白的研究进展．中国甜菜糖业，2015，4（1）：45-48.

[69] 于康．临床营养治疗学．中国协和医科大学出版社，2008：29.

[70] 石汉平，王昆华，李增宁．蛋白质临床营养．北京：人民卫生出版社，2015.

[71] 吴国豪．特殊营养素在外科患者中的应用．中华胃肠外科杂志，2012，15（005）：433-436.

[72] 谢颖，曹婧然，胡环宇．精氨酸强化的营养治疗对创伤、烧伤及手术患者预后影响的 meta 分析．中华临床医师杂志．2013，7（5）：2091-2098.

[73] Rajendram DR, Preedy VR, Patel VB. Glutamine in Clinical Nutrition. Springer, 2014.

[74] 蒋朱明，于康，蔡威．临床肠外与肠内营养（第 2 版）．北京：科学技术文献出版社，2010.

[75] Yang Q, Yang J, Wu G, et al. Effects of taurine on myocardial cGMP/cAMP ratio, antioxidant ability, and ultrastructure in cardi-ac hypertrophy rats induced by isoproterenol. Advances in Ex-perimental Medicine and Biology, 2013, 776: 217-229.

[76] 杨月欣，李宁．营养功能成分应用指南．北京：北京大学医学出版社，2011.

[77] ESPEN guideline: Clinical nutrition in surgery [J]. Clinical Nutrition, 2017, 36: 623-650.

[78] 孙长颢．营养与食品卫生学：第 7 版．北京：人民卫生出版社，2014：57.

[79] Kris - Etherton PM. AHA Science Advisory. Monounsaturated fatty acids and risk of cardiovascular disease. American Heart Association. Nutrition Committee. Circulation, 1999, 100: 1253-1258.

[80] Mori TA, Beilin LJ. Long-chain omega 3 fatty acids, blood lipids and cardiovascular risk reduction. Curr Opin Lipidol, 2001, 12: 11-17.

[81] Calabrese C, Myer S, Munson S, et al. A cross-over study of the effect of a single oral feeding of medium chain triglyceride oil vs. canola oil on post-ingestion plasma triglyceride levels in healthy men. Altern Med Rev, 1999, 4 (1): 23-28.

[82] 徐振波，梁军，陈丽丽．微胶囊化粉末油脂的研究与应用进展．食品工业科技，2014，35（5）：392-395.

[83] Rubilar M, Morales E, Contreras K, et al. Development of a soup powder enriched with microencapsulated linseed oil as a source of omega-3 fatty acids. European Journal of Lipid Science and Technology, 2012, 114 (4): 423-433.

[84] Daniel M, Kushwaha S. Techniques of food microencapsulation. International Journal of Research, 2015, 2 (3): 666-669.

[85] 李晓龙．粉末油脂氧化稳定性分析方法的评估．江南大学，2016：1-2.

[86] Jala RC, Hu P, Yang T, et al. Lipases as Biocatalysts for the Synthesis of Structured Lipids. Methods in Molecular Biology, 2012, 861: 403-33.

[87] 曹昱．新型结构脂的酶法制备与功能特性研究．华南理工大学，2013：1-2.

[88] French S. Effects of dietary fat and carbohydrate on appetite vary depending upon site and structure. British Journal of Nutrition, 2004, 92 : 23-26.

[89] 乔国平, 王兴国. 功能性油脂——结构脂质. 粮食与油脂, 2002 (9): 33-36.

[90] Osborn H T, Akoh C C. Structured Lipids-Novel Fats Medical Nutraceutical and Food Applications. Institute of Food Technologists, 2002, 1 (3): 93-103.

[91] 曹昱. 新型结构脂的酶法制备与功能特性研究. 华南理工大学, 2013: 2.

[92] 中华医学会糖尿病学分会. 中国2型糖尿病防治指南 (2013年版). 中国糖尿病杂志, 2014, 22 (8): 2-42.

[93] 顾景范, 杜寿玢, 郭长江. 现代临床营养学. 北京: 科学出版社, 2009.

[94] Maisa B, Xu X Y, Si Y P, et al. Effect of oxidation and esterification on functional properties of mung bean (Vigna radiata (L.) Wilczek) starch. European Food Research and Technology, 2013, 236: 119-128.

[95] Ba K, Aguedo M, Tine E, et al. Hydrolysis of starches and flours by sorghum malt amylases for dextrins production. European Food Research and Technology, 2013, 236 (5): 905-918.

[96] 武小辉. 麦芽糊精的交联聚合技术及其特定研究. 河南工业大学, 2016: 12-13.

[97] 刘文慧, 王颉, 王静, 徐立强. 麦芽糊精在食品工业中的应用现状. 中国食品添加剂. 2001, 7: 183-186.

[98] 陆正清. 糖醇类营养型合成甜味剂的开发与应用. 食品工业科技, 2004 , 25 (10) : 115-117.

[99] 尤新. 食糖替代品——糖醇. 中国食物与营养. 2008 (6) : 23-26.

[100] 冯永强, 王江星. 木糖醇的特性及在食品中的应用. 食品科学, 2004 , 25 (11) : 379-381.

[101] 王蕊. 功能性甜味剂木糖醇及在食品加工中的应用. 江苏食品与发酵 , 2008, 2 : 18-20.

[102] 徐莹 , 李景军 , 何国庆. 赤藓糖醇研究进展及在食品中的应用. 中国食品添加剂, 2005 (3) : 92-95.

[103] 赵燕, 李建科, 李锋. 麦芽糖醇在无糖食品中的应用. 中国食品添加剂, 2007, 1 : 155-158.

[104] 高彦祥. 食品添加剂. 北京: 中国轻工业出版社, 2011: 179-182

[105] 中华人民共和国国家卫生和计划生育委员会. 成人糖尿病患者膳食指导. 中华人民共和国卫生行业标准, WS/T 429—2013.

[106] Roberfroid, M, G. Gibson, and N. Delzenne. The biochemistry of oligofructose, a nondigestible fiber: An approach to calculate its caloric value. Nutr. Rev, 1993, 51: 137-146.

[107] Roberfroid M, Slavin J. Nondigestible Oligosaccharides . Food Science and Nutrition, 2000, 40 (6): 461 -480.

[108] Linetzky D, Alves CC, Logullo L, et al. Microbiota benefits after inulin and partially hydrolized guar gum supplementation: A randomized clinical trial in constipated women. Nutr Hosp, 2012, 27 (1): 123-9.

[109] David J, Jenkins A, Cyril W, et al. Inulin, oligofructose and intestinal function. Journal of Nutrition, 1999, 129: 1431-1433.

[110] Roberfroid M. Prebiotics: the concept revisited. J Nutr, 2007, 137: 830S-837S.

[111] K. A Kelly-Quaglianaa, P. D Nelsona, R. K Buddington. Dietary oligofructose and inulin modulate immune

functions in mice. Nutri Resaech, 2003, 23 (2): 257-267.

[112] 王莹, 王鸿, 周金花, 等. 聚葡萄糖治疗功能性便秘的临床疗效分析. 氨基酸和生物资源, 2011, 33 (3): 56-57.

[113] 刘军军. 聚葡萄糖对凝固型酸奶品质的影响及贮存期间参数变化的研究. 烟台大学, 2013.

[114] 江建青. 慢性肾脏病合理应用活性维生素 D 及专家共识. 临床内科杂志 2012, 29 (5): 299-301.

[115] Logan VF1, Gray AR, Peddie MC, et al. Long-term vitamin D3 supplementation is more effective than vitamin D2 in maintaining serum 25-hydroxyvitamin D status over the winter months. British Journal of Nutrition, 2013, 109 (6): 1-7.

[116] Armas LA, Hollis BW, Heaney RP. Vitamin D2 is much less effective than vitamin D3 in humans. Journal of Clinical Endocrinology & Metabolism, 2004, 89 (11): 5387-5391

[117] Holick MF, Biancuzzo RM, Chen TC, et al. Vitamin D2 is as effective as vitamin D3 in maintaining circulating concentrations of 25-hydroxyvitamin D. J Clin Endocrinol Metab, 2008, 93: 677-681.

[118] 蔡威, 邵玉芬. 现代营养学. 上海: 复旦出版社, 2010.

[119] Flint AC, Liu X, Kriegstein AR. Nonsynaptic glycine receptor activation during early neocortical development. Neuron, 1998, 20: 43-53.

[120] 冉霓, 郭履赐. 牛磺酸与胎儿和婴儿的生产发育. 国外医学: 儿科学分册, 1993, 20: 70-73.

[121] 李金芳, 周荫庄, 屠淑洁. 牛磺酸对细胞的保护功能. 首都师范大学学报 (自然科学版), 2006, 27 (01): 63-66+54.

[122] 刘辉, 金玉兰, 徐应军, 等. 牛磺酸研究的进展. 国外医学: 妇幼保健分册, 2004, 13: 40-41.

[123] 金峰. 优质营养素——牛磺酸. 中国食物与营养, 2006, 3: 53-54.

[124] 向忠权, 蒲国荣, 韦志明, 等. 左旋肉碱的合成与应用. 化工技术与开发. 2013, 42 (2): 15-21.

[125] 杨静. 左旋肉碱的生理功能及在功能性食品中的应用. 农业工程. 2012, 2 (1): 54-59.

[126] 王新果, 刘妍. 他莫昔芬联合复合左旋肉碱治疗特发性少弱精子症. 中国伤残医学, 2015, 1: 103-104.

[127] Croze ML, Soulage CO. Potential role and therapeutic interests of myo-inositol in metabolic diseases. Biochimie, 2013, 95 (10): 1811-1827.

[128] Bacic I, Druzijanic N, Karlo R, et a1. Efficacy of IP6+inositol in the treatment of breast cancer patients receiving chemotherapy: prospective, randomized, pilot clinical study. J Exp Clin Cancer Res, 2010, 29: 12.

[129] 舒向荣, 王霆, 程泽能, 等. 肌醇类物质降血糖作用的研究进展, 中南药学, 2009,

[130] Fisher SK, Novak JE, Agranoff BW. Inositol and higher inositol phosphates in neural tissues: homeostasis, metabolism and functional significance. J Neurechem, 2002, 82 (4): 736-754.

[131] 刘赛, 王建华, 钟儒刚. 叶酸及肌醇在神经管发育中的相关研究进展. 中国优生与遗传杂志, 2015 (09).

[132] Mancia G, Fagard R, Narkiewicz K, et a1. 2013 ESH/ESC guidelines for the management of arterial hypertension: the task foree for the management of arterial hypertension of the European Society of Hypertension (ESH) and of the European Society of Cardiology (ESC). Eur Heart J, 2013, 34 (28): 2159-2169.

[133] Elliott P, Stamler J, Nichols R, et a1. Intersalt revisited: further analyses of 24 hour sodium excretion and blood pressure within and across populations. Intersah Cooperative Research Group. BMJ, 1996, 312 (7041): 1249-1253.

[134] Kotchen TA, Cowley AW, Frohlich ED. Salt in health and disease—a delicate balance. N Engl J Med, 2013, 368 (13): 1229-1237.

[135] Hume JR. Duan D. Collier ML, et al. Anion transport in heart. Physiol Rev, 2000. 80 (1): 31-81.

[136] Yunos NM, Bellomo R, Story D, et al. Bench-to-bedside review: chloride in critical illnessJ. Crit Care, 2010, 14 (4): 226-235

[137] 让蔚清，刘烈刚．妇幼营养学．北京：人民卫生出版社，2014：51.

[138] Margaret Prayman. The importance of selenium to human health (review). The Lancet, 2000, 356: 233-241.

[139] Zhang SQ, Zhang HB, Zhang Y. Quantification of selenomethionine in plasma using UPLC-MS/MS after the oral administration of selenium-enriched yeast to rats. Food Chem, 2018, 241: 1-6.

[140] GRAS Notices: https://www.accessdata.fda.gov/scripts/fdcc/?set=GRASNotices&sort=GRN_No&order=DESC&startrow=1&type=basic&search=selenium.

[141] REGULATION (EU) No 609/2013 OF THE EUROPEAN PARLIAMENT AND OF THE COUNCIL of 12 June 2013 on food intended for infants and young children, food for special medical purposes, and total diet replacement for weight control.

[142] European Food Safety Authority. Selenium-enriched yeast as source for selenium added for nutritional purposes in foods for particular nutritional uses and foods (including food supplements) for the general population. The EFSA Journal, 2008, 766, 1-42.

[143] 对十二届全国人大四次会议第3999号关于制订国家级富硒食品硒含量标准建议的答复（摘要）：http://www.nhfpc.gov.cn/zwgk/jianyi/201611/b48c99ed748f42bebefe847d28d6ab79.shtml

[144] Algotar AM, Stratton MS, Xu MJ, et al. Dose-dependent effects of selenized yeast on total selenium levels in prostatic tissue of men with prostate cancer. Nutr Cancer, 2011, 63 (1): 1-5.

[145] Sinha R, Sinha I, Facompre N, et al. Selenium-responsive proteins in the sera of selenium-enriched yeast-supplemented healthy African American and Caucasian men. Cancer Epidemiol Biomarkers Prev, 2010, 19 (9): 2332-2340.

[146] 谢占峰，朴松兰．微量元素硒降血糖作用的研究．长春中医药大学学报，2010，26（2）：280-281.

[147] 郑雪芳．微量元素铬和硒与2型糖尿病的相关性研究．护理研究，2012，26（8）：2024-2025.

[148] Tanko Y, Jimoh A, Ahmed A, et al. Effects of selenium yeast on blood glucose and antioxidant biomarkers in cholesterol fed diet induced type 2 diabetesmellitus in wistar rats. Niger J Physiol Sci, 2017, 31 (2): 147-152.

[149] Dabor R, Van len te F. Concanavalin A-bound selenoprotein in human serum analyzed by graphite furnace atomic absorption spectrometry. Clin Chem, 1994, 40 (1): 62-70.

[150] WHO Diabetes: http://www.who.int/mediacentre/factsheets/fs312/en/

[151] Liu J, Bao W, Jiang M, et al. Chromium, selenium, and zinc multimineral enriched yeast supplementation ameliorates diabetes symptom in streptozocin-induced mice. Biol Trace Elem Res, 2012, 146 (2): 236-245.

[152] 汪玮琳, 张喆, 于德民. 2型糖尿病患者血清微量元素研究. 天津医科大学学报, 1999, 5 (4): 60-62.

[153] Yu SY, Zhu YJ, Li WG, et al. A preliminary report on the intervention trials of primary liver cancer in high-risk populations with nutritional supplementation of selenium in China. Biol Trace Elem Res, 1991, 29 (3): 289-294.

[154] McNeill JH, Delgatty HLM, Battell ML. Insulinlike effects of sodium selenate in streptozocin-induced diabetic rats. Diabetes, 1991, 40 (2): 1675-1678.

[155] 张高芝, 黄晓燕, 林宏献, 等. 硒酵母对2型糖尿病患者血清C肽水平的影响. 实用药物与临床, 2014, 17 (11): 1417-1419.

[156] 盛希群. 硒与糖尿病关系的研究. 华中科技大学, 2004.

[157] Ezaki O. The insulin-like effects of selenate in rat adipocytes. J Biol Chem, 1990, 265 (2): 1124-1128.

[158] Stapleton SR. Selenium: an insulin-mimetic. Cell Mol Life Sci, 2000, 57 (13-14): 1874-1879.

[159] Rayman MP, Stranges S, Griffin BA, et al. Effect of supplementation with high-selenium yeast on plasma lipids: a randomized trial. Ann Intern Med, 2011, 154 (10): 656-665.

[160] El-Demerdash FM, Nasr HM. Antioxidant effect of selenium on lipid peroxidation, hyperlipidemia and biochemical parameters in rats exposed to diazinon. J Trace Elem Med Biol, 2014, 28 (1): 89-93.

[161] Cold F, Winther KH, Pastor-Barriuso R, et al. Randomised controlled trial of the effect of long-term selenium supplementation on plasma cholesterol in an elderly Danish population. Br J Nutr, 2015, 114 (11): 1807-1818.

[162] Laclaustra M, Stranges S, Navas-Acien A, et al. Serum selenium and serum lipids in US adults: National Health and Nutrition Examination Survey (NHANES) 2003-2004. Atherosclerosis, 2010, 210 (2): 643-648.

[163] Rayman MP, Searle E, Kelly L, Johnsen S, Bodman-Smith K, Bath SC, Mao J, Redman CW. Effect of selenium on markers of risk of pre-eclampsia in UK pregnant women: a randomised, controlled pilot trial. Br J Nutr, 2014, 112 (1): 99-111.

[164] Stranges S, Laclaustra M, Ji C, et al. Higher selenium status is associated with adverse blood lipid profile in British adults. J Nutr, 2010, 140 (1): 81-87.

[165] Yang KC, Lee LT, Lee YS, et al. Serum selenium concentration is associated with metabolic factors in the elderly: a cross-sectional study. Nutr Metab (Lond). 2010, 7: 38.

[166] Moosmann B, Behl C. Selenoproteins, cholesterol-lowering drugs, and the consequences: revisiting of the mevalonate pathway. Trends Cardiovasc Med, 2004, 14 (7): 273-281.

[167] Arnaud J, Akbaraly TN, Hininger-Favier I, et al. Fibrates but not statins increase plasma selenium in dyslipidemic aged patients—the EVA study. J Trace Elem Med Biol, 2009, 23 (1): 21-28.

[168] 简勋, 张耿新, 邱晓敏. 高脂血症患者硒水平与血脂关系探讨. 广东医学, 2003, 24 (8): 848-849.

[169] 罗军, 张世联. 硒在糖尿病及其并发症中的作用. 微量元素与健康研究, 2003, 20 (3): 57-59.

[170] 编辑部评论．硒的降血压作用．中华高血压杂志，2000，8（4）：275.

[171] May SW，Pollock SH. Selenium-based antihypertensives. Rationale and potential. Drugs. 1998，56（6）：959-964.

[172] Guo CH，Hsia S，Shih MY，et al. Effects of Selenium yeast on oxidative stress，growth inhibition，and apoptosis in human breast cancer cells. Int J Med Sci，2015，12（9）：748-758.

[173] Wrobel JK，Seelbach M，Chen L，et al. Supplementation with selenium-enriched yeast attenuates brain metastatic growth. Nutr Cancer，2013，65（4）：563-570.

[174] Wrobel JK，Choi JJ，Xiao R，et al. Selenoglycoproteins attenuate adhesion of tumor cells to the brain microvascular endothelium via a process involving NF-κB activation. J Nutr Biochem，2015，26（2）：120-129.

[175] Hawkes WC，Hwang A，Alkan Z. The effect of selenium supplementation on DTH skin responses in healthy North American men. J Trace Elem Med Biol，2009，23（4）：272-280.

[176] Peretz A，Nève J，Desmedt J，et al. Lymphocyte response is enhanced by supplementation of elderly subjects with selenium-enriched yeast. Am J Clin Nutr，1991，53（5）：1323-1328.

第三章 制剂工艺

第一节 概述

一、剂型的重要性

剂型是把物料制备成适合使用的形式。剂型设计最早是从外观和服用方便考虑的，优良的剂型应具有主料量精确、外观美洁、贮放稳定、服用方便等特点。在医药领域，多年临床实践表明，药物剂型设计不仅要考虑剂型要求和方便服用，还应考虑到给药途径，药物剂型的制备与给药途径是密切相关的。例如：眼药水多选用液体、半固体剂型为给药途径；直肠用药应选择栓剂；口服用药剂型发展相对丰富，有多种剂型可以选择，如溶液剂、片剂、胶囊剂、乳剂、混悬剂等；皮肤给药多用软膏剂、贴剂、喷雾等；注射给药必须选择液体制剂，包括溶液剂、乳剂、混悬剂等。总之，药物剂型必须与给药途径相适应。而在特殊医学用途配方食品方面，因患者主要是通过口腔摄入或者管饲，所以剂型大多选择溶液剂、粉剂、颗粒剂、片剂、胶囊剂、乳剂、混悬剂、丸剂、凝胶剂等，如常见的凝胶状食品、多孔状食品、粉状食品、糊状食品、液体食品等。剂型的生产需要集主料、辅料、工艺、设备、技术为一体进行组织操作，其中主料性质和摄入量是设计剂型的关键因素。剂型对主料的功效起着主导作用，与临床使用的效果密切相关，对它的选择非常重要。剂型的重要性主要体现在以下几个方面：

（1）可以改变主料的作用速度　溶液剂、乳剂等吸收快；但普通口服片剂、胶囊剂作用缓慢，因为口服后需要崩解、溶解、吸收等过程，完成这些过程需要时间。

（2）剂型可影响疗效　剂型的不同可影响主料的疗效，比如片剂、颗粒剂、丸剂的制备工艺不同，主料的功效就会产生差异，物料晶型、物料粒子大小的不同，也可直接影响产品的作用效果。

（3）有些制剂可产生靶向作用　微粒分散系的静脉注射剂进入人体血液循环系统后，会被网状内皮系统的巨噬细胞所吞噬，从而使主要成分浓集于肝、脾等内脏器官，起到肝、脾的被动靶向作用。

二、特殊医学用途配方食品剂型的分类

（一）按照使用部位分类

1. 口服作用剂型

口服作用剂型是指口服后通过胃肠黏膜吸收而发挥全身作用的制剂。目前市场产品主要是此剂型。

（1）片剂　口服片可再细分为普通片、分散片、咀嚼片、口腔崩解片、溶解片等。

（2）胶囊剂　硬胶囊剂和软胶囊剂。

（3）颗粒剂　溶液型颗粒剂、混悬型颗粒剂、泡腾颗粒剂。

（4）散剂/粉剂　根据需要分为儿童散、煮散等。

（5）口服液　溶液剂、混悬剂、乳剂等。

2. 口腔内作用剂型

口腔内作用剂型是主要在口腔内发挥作用的制剂。

（1）口腔用片　含片、舌下片等。

（2）口腔喷雾剂

3. 呼吸道作用剂型

呼吸道作用剂型通过气管或肺部发挥作用的制剂。主要以管饲或喷雾方式给药。如溶液剂、混悬剂、乳剂和喷雾剂等。

（二）按分散系统分类

（1）溶液型　主料以分子或者离子状态（质点的直径≤1nm）分散于分散介质中所形成的均匀分散体系、亦称低分子溶液。

（2）胶体型　分散质点直径在1~100nm的分散体系。有两种，一种是高分子溶液的均匀分散体系，另一种是不溶性纳米粒的非均匀分散体系。

（3）混悬剂　固体主料以微粒状态分散在分散介质中所形成的非均匀分散体系。

（4）乳剂型　油性主料或物料的油溶液以液滴状态分散在分散介质中所形成的非均匀分散体系。

（5）气体分散剂　液体或者固体物料以微粒状态分散在气体分散介质中所形成的分散体系，如气雾剂、粉雾剂。

（6）微粒分散型　物料以液体或固体微粒状态分散的分散体系，如微球制剂、微囊制剂等。

（7）固体分散型 固体混合物的分散体系，如片剂、散剂、颗粒剂、胶囊剂、丸剂等。

（三）按形态分类

（1）液体剂型 如溶液剂。

（2）气体剂型 如气雾剂、喷雾剂等。

（3）固体剂型 如散剂、丸剂、片剂等。

（4）半固体剂型 如凝胶剂、糊剂等。

（四）其他分类方法

根据特殊的原料来源和制备过程进行分类。

（1）浸出制剂 用浸出方法制备的各种剂型。

（2）无菌制剂 是用灭菌方法或无菌技术制成的剂型。

三、特殊医学用途配方食品剂型的设计

剂型设计是特殊医学用途配方食品研究和开发的起点，它决定着产品的安全性、有效性和稳定性。剂型的设计与物料的生物学性质、理化性质、临床需要以及其他市场因素有关，因此在设计产品剂型时需要综合考虑以下因素。

（一）物料的生物学性质

剂型不同会影响产品在体内吸收的速度和程度，导致对人体的刺激也不同。固体制剂产品吸收的速度主要受到物料的溶出过程及跨膜转运过程的限制。物料跨膜转运吸收跟物料的分子质量、脂/水溶性、物料的浓度等有关。物料本身的理化性质如溶解度、分子质量等影响溶出，进而会影响到产品的吸收。同一种物料的不同剂型其溶出与吸收也有很大差异。液体制剂不存在崩解、分散等过程，所以吸收相对较快，生物利用度要大于固体制剂。混悬剂和乳剂存在溶出过程，吸收比一般溶液剂慢，但是粒子越小，吸收也就越快。

（二）物料的理化性质

物料的理化性质在产品剂型的确定中扮演着重要的角色，在制备特殊医学用途配方食品时要充分考虑物料的理化性质，特别是主料的溶出度和稳定性。在设计配方前，首

先应该测定其溶解度，其意义是通过溶解度可以判断能否制成溶液剂等剂型；然后是考察物料的吸湿性，如果能从周围环境中吸收水分说明是具有吸湿性的，物料吸湿的程度是由周围环境中相对湿度的多少决定的，水溶性物料在大于其临界相对湿度的环境中吸湿量会突然增加，而水不溶性物料吸湿量的增加则相对缓慢。通过查考吸湿性可以提前控制工艺及车间环境，并且利于选择适宜的包装材料；再次需考察其粉体学性质。粉体学性质包括形状、粒子大小及分布、密度、表面积、孔隙率、流动性、可压性等，这些性质之间存在一定的关系，研究主料与辅料的这些性质是产品安全生产和质量控制的前提条件；最后考察主料的稳定性，它是配方设计、制备工艺控制、贮藏条件、使用安全的重要依据。

（三）临床需求

剂型设计时需要了解临床需求。比如口感、外观、每日使用次数、贮藏是否方便等，除此之外，还需考虑患者是否吞咽困难、是否配合等。

四、辅料的作用及应用

辅料是指剂型中除主要原料以外的其他成分，它不具有活性成分，主要作用是帮助制剂成形。辅料的来源很丰富，包含食品添加剂和食品原料；食品添加剂的使用要符合 GB 2760—2014《食品安全国家标准　食品添加剂使用标准》的要求。

相关辅料要符合国家相关法规要求。辅料有天然、合成和半合成的，无论来源如何，都不应对人体产生有毒有害作用；使用辅料的基本要求是：物理化学性质要稳定，与主料及其他辅料之间无配伍禁忌；不影响制剂的检验；且尽可能用较小的用量发挥较大的作用。

（一）辅料的作用

辅料是在制剂生产中必不可少的组成成分，它的理化性质和内在质量对制剂起着至关重要的作用，可以说“没有辅料就没有剂型”。我国辅料有悠久的历史，在药用辅料上，最早开始使用的是动物胶、蜂蜜、淀粉类、醋、植物油等，但是由于质量不理想、规格和品种较少，导致制剂存在下列问题：①制剂质量不合格，如外观、硬度、崩解度等；②限制剂型的发展；③有些辅料质量不稳定。因此，近年来药用辅料及食品级辅料急剧增加。现在辅料的性能很多，如①有利于制剂形态形成的辅料：溶剂、稀释剂、黏合剂、填充剂等；②改进制备过程的辅料又称加工助剂：如助溶剂、助悬剂、乳化剂、润滑剂等；③增加产品稳定性的辅料：稳定剂、防腐剂等；④调节有效成分作用或消费要求的辅料：肠溶性、体内可降解的各种辅料、矫味剂、色素等。因此在制剂过程中，使用辅料的目的是多方面的。

（二）辅料的选择

制备安全、有效、稳定的制剂，需要合理选择辅料，这就需要研究者综合考虑以下几点：①对机体无不良影响：任何辅料的使用都不能对机体生产有毒有害作用；②辅料性质的考察：选用辅料之前，需对其性质、功能、质量规格、配伍禁忌、稳定性等方面进行考察，如吸湿性、溶解性、流动性等；③生产工艺：根据生产工艺来选择合适的辅料，如片剂的制备工艺有湿法制粒、干法制粒、直接压片，制备工艺不一样，选用的辅料也不同；④主料的剂量：辅料要有满足制剂成型、质量稳定、方便使用的最低用量原则，所以用量要适当，在满足要求的情况下尽量减少添加量不仅可以节约成本，而且可以减少剂型的剂量，使应用更加方便；⑤剂型的考虑：不同的剂型需要选择不同的辅料。

（三）辅料的应用

随着辅料的发展，使制剂的开发与应用也得到了迅速的发展。液体制剂中的表面活性剂、助悬剂和乳化剂的作用早已为人所共识；在固体制剂中，羧甲基淀粉钠、交联聚维酮、交联羧甲基淀粉钠、微晶纤维素、可压性淀粉、各种糖醇类等直接压片辅料的出现把直接压片技术推向了新的阶段。

第二节
粉剂

一、概述

粉剂是指原辅料经粉碎、混合得到的粉末制剂。通常所说的“粉”、“粒”都属于粉体。一般我们将小于100μm的粒子称作“粉”，大于100μm的粒子称作“粒”。组成粉体的每个粒子的都不同，而粉体的性质随着粒子的很小一点变化而发生很大变化。因此对粉体性质的研究对粉剂的特性有重要意义，粉体技术为粉剂的配方设计、生产工艺、质量控制提供了理论依据。

二、粉体学理论

(一)粒子径与粒度分布

1. 粒子径

粒子大小是粉体的最基本性质。然而，将粉体放在显微镜下观察，粒子的形状往往不规则，大小也不同，无法用一个长度表示其大小。粒子径有多种表示方法，其测定方法也不同。

2. 粒度分布

多数粉体中粒子的粒径不同，粒度分布可以反映各种粒子大小的分布情况。粒度分布可以通过测定粉体样品中不同粒径粒子占粒子总量的比例来衡量。

3. 平均粒子径

平均粒子径通常用中位径表示，也称中值径，它是指粒径大于它的颗粒和小于它的颗粒各占50%。

4. 粒子径的测定方法

粒子径的测定方法有以下几种：

(1)显微镜法　显微镜法是在显微镜下测粒子粒径的方法，测定以个数、面积为基准的粒度分布。不同的显微镜测粒径的级别不一样，光学显微镜能测到微米级，电子显微镜能测定纳米级。

(2)库尔特计数法　库尔特计数法是测出每个粒子的大小，然后再经过统计，得出粒度分布。

(3)沉降法　沉降法是通过测定液体中混悬粒子的沉降速度，根据Stock's方程求出。该方法适用于100μm以下的粒径测定。沉降法有分散沉降法和齐沉降法。分散沉降法是粒子群在溶剂中分散均匀混悬后待其沉降，齐沉降法是粒子群从溶剂的上端开始沉降。沉降开始后，在一定时间间隔内测定粒子的沉降速度和所对应的沉降粒子的量，从而测得粒子径与粒度分布。

(4)比表面积法　粉体的粒径越小，比表面积越大，因此通过粉体比表面积与粒径的关系可求得粉体的平均粒径。这种方法不能得出粒度分布，只能测粒径，且测定粒度范围为100μm以下。

(5)筛分法　筛分法是最简单、快速、常用的测粒径的方法。筛分法的原理是利用筛网的孔隙大小不同对粉体分级。将筛子按筛号顺序层叠，将待测粉体样品层层过筛，振荡筛子后，称量每层筛子上的粉体质量，得到各大小筛上粉体质量分数，对应各自的筛号，获得粒度分布及平均粒径。筛号一般用“目”表示，“目”是指在每 1in（25.4mm）的筛面长度上开有的孔数。

（二）粉体的密度及空隙率

1. 粉体的密度

衡量粉体密度的指标主要有真密度（ρ_1）、颗粒密度（ρ_g）、堆密度（ρ_b）。真密度是粉体质量除以真体积求得的密度。颗粒密度是粉体质量除以颗粒体积求得的密度。堆密度是粉体质量除以堆体积求得的密度，亦称松密度。粉体填充时，振动紧实后测得的堆密度称振实密度（ρ_b）。一般粉剂中常用的是堆密度和振实密度。

2. 堆密度和振实密度的测定

堆密度为单位体积粉体的质量。粉体体积受容器的形状影响。测振实密度时，粉体的体积随着振荡次数而发生变化，振动次数越多，体积越小，最终体积不变时即达到最紧堆密度。

3. 空隙率

空隙率是粉体中空隙所占有的比率。粉体是由固态的粒子和其间的空气所组成的非均相体系，因此粉体的充填体积（V）为固体成分的真体积（V_t）、颗粒内部空隙体积（$V_{内}$）、颗粒间空隙体积（$V_{间}$）之和。相应地将空隙率分为颗粒内空隙，$\varepsilon_{内}=V_{内}/(V_t+V_{内})$；颗粒间空隙率，$V_{间}=V_{间}/V$；总空隙率，$\varepsilon_{总}=(V_{内}+V_{间})/V$ 等。

（三）粉体的流动性

1. 流动性的测量方法

粉体的流动性对粉剂的包装有重要的影响，关系到产品的质量差异、包装设备、包装材料等，是影响产品质量的重要性质。评价粉体流动性的方法有很多，主要有以下几种。

（1）休止角　休止角是粉剂自然流动后粉体堆放的斜角最大角。测量休止角的方法一般是漏斗法：粉体从漏斗中漏下流至水平圆盘，结束后，测量半径和高度，再通过 $\tan\theta$，计算休止角 θ。休止角越小，流动性越好，最好小于 40°。

（2）流出速度　粉体加入漏斗中流出的速度来表示。

（3）压缩度　压缩度测量了粉体的最初堆体积 V_0 和振实后的体积 V_f；计算最松密度 ρ_0 与最紧密度 ρ_f；然后按式（3-1）计算压缩度 C。

$$C=\frac{V_0-V_f}{V_0}\times 100\%=\frac{\rho_f-\rho_0}{\rho_f}\times 100\% \tag{3-1}$$

压缩度代表的是粉体的可压性能，以及是否易团聚。

2. 改善流动性的方法

改善粉体流动性主要是减少粒子间的各种力，有以下几种方法：①控制粉体的含水量，减少粒子间的吸附力；②增大粒子大小。用粒径较大的粒子代替粒径较小的粒子，可以减少粒子间的黏着力；③增加粒子表面的光滑度，减少粒子间的摩擦力；④加入助流剂。粉剂流动性不好时，可以加入适宜的助流剂，减少粒子表面的粗糙，减少摩擦力，例如滑石粉、二氧化硅等。

（四）粉体的黏附性和团聚性

黏附性是不同分子之间的引力产生的，团聚性是同分子之间产生的。产生黏附或团聚的主要原因和粉体的干燥程度有关。在干燥时主要是静电导致团聚；而在潮湿时主要是粉体间形成液体架桥的现象。一般情况下，粒子粒径越小，越易发生黏附与团聚。采用造粒加大粒径或加入助流剂等手段可以防止产生黏附性和团聚性。

三、粉剂的制备

粉剂的制备有干法和湿法两种。干法制备适用于不溶于水的物料，工艺设备要求较简单，一般按以下工艺制备：原辅料 → 粉碎 → 过筛 → 混合 → 检验 → 包装。其主要的工艺就是粉碎。粉碎包括切碎、破碎、研细、超微等。按照原料的来源和粒径的要求，选择不同的设备和类型。由于这些操作会产生一定的热，所以需要了解原料的一些理化性质，如熔点、黏性、热稳定性、硬度、含水量、脆度等。湿法制备适用于可溶于水的物料，是将原辅料都溶于水中或其他溶剂中，搅拌均匀后经喷雾干燥，制成粉剂，湿法制得的粉剂更均匀。

（一）干法制备

1. 前处理

物料在粉碎之前，有的需要进行前处理，以方便粉碎。如果是化合物，通常需要进行干燥；如果是植物成分，则需要清洗、烘干、切片供粉碎之用。

2. 粉碎

粉碎的设备必须采用不锈钢制成，并要易于清洗，减少污染。

（1）粉碎的机理　物质分子间的内聚力使物质具有不同性质。因此粉碎实际上就是抵抗分子间的内聚力。利用外力破坏分子间的内聚力，才能把固体粉碎。在粉碎的机械力作用下，物料的内部可产生各种应力。在应力达到极限时，物料被破碎。

（2）粉碎的方法　粉碎主要是用撞碎、切割、研细、压碎等机械力（表3-1），一般是这几种力的联合运用。一般粗粉碎以撞击力为主，细粉碎以剪切力与摩擦力为主。不同的物料应选择不同的粉碎方式，或几种方式同时作用。

表3-1　粉碎方法比较

粉碎方法	粉碎机理	适用范围
压碎	压力使其内聚力破坏	适用于脆性物料
磨碎	摩擦力和剪切力使其成为细粉	小而有韧性的植物块茎等
击碎	物料被快速的冲击而粉碎	适用脆性物料
剪切破坏	剪切力为主要作用力	可粉碎韧性物料，也可粉碎脆性物料

（3）粉碎设备　常用的粉碎机有冲击式粉碎机、球磨机和气流粉碎机等。

①冲击式粉碎机带有可以运动的刀片或锤的叶轮，叶轮快速转动，达到破碎目的。这种粉碎设备粉碎速度快、粉碎程度大、粉碎范围广，适合各种硬度的物料，所以也称为万能粉碎机。其主要作用力为冲击力和摩擦力，比较适合脆性物料，如矿物质、晶体物料等。其粉体的细度可以通过容器内的筛网来控制筛分。但在粉碎时由于摩擦生热，产热极高，粉碎腔内必须要冷却。温度上升会使一部分植物成分失去活性，还有一些熔点较低的物料，如糖醇类，容易熔融结块。这些对热敏感的物料都不适宜用此种粉碎机粉碎。

②球磨机主要用于微粉碎。它的内部是密闭的，粉碎时损耗低，又不容易被微生物污染。但是球磨机的粉碎能源消耗大，粉碎需要时间较长。近年来，随着技术的不断提高，在球磨机的基础上又发展出振动磨、搅拌磨等，克服了一些球磨机的缺点。搅拌磨的粉碎效率更高、更节能；振动磨现在较常用，一般动植物原料的超微粉碎多选用振动磨。

③气流粉碎机：它是以压缩空气快速进入粉碎室时产生高速气流，粒子与粒子之间、粒子与固定板之间发生强烈撞击、摩擦和研磨等作用而粉碎。因此也常称为“微粉机”。气流粉碎机可将物料粉碎至3~20μm，而且适用于热敏性物料和低熔点物料粉碎，但它与其他粉碎机相比生产成本较高。

3. 过筛

目前很多粉碎机都有筛子，根据要求的粒子粒径安装对应目数的筛网，粉碎完成后符合粒度要求的原料通过筛网出粉，不符合要求的原料继续粉碎。

4. 混合

混合的目的是得到各物质含量均匀的粉剂，使有效成分在制剂中均匀分散，每个组分的含量一致。因此混合工艺需要进行验证。一般工业中用旋转容器混合法，实验中也可用研磨、过筛、搅拌等方法。

混合效果决定于多种因素：

（1）各组分的粒径　各组分粒径的大小是避免离析重要的影响因素，通常各组分应具有相同的粒径。因此混合前物料要经过粉碎和过筛。

（2）各组分的密度　密度较大的物料往往沉到底部，而密度较小的物料往往升到顶部，因此要避免出现这种情况。

（3）各组分的量（比例）　如果组分中某种成分比例很小，则很难在混合物中分散均匀。这种情况下常用等量递增法，即将量少的组分与等体积的其他组分先混合，将此混合物混合均匀后，再将多量成分按此混合物的体积等量加入、再混合均匀，依此等量递增直至全部混合均匀。

（4）各组分的黏附性与静电　有的原料易吸附在混合设备上，应将量大或不易吸附的原辅料先加入，后加易吸附的物料。有的物料混合时易摩擦起电，可以加入少量润滑剂作抗静电剂，如硬脂酸镁等。

（5）液体组分　如果配方中有液体组分，可用其他成分作为液体吸附剂。如果其他成分不适合做吸附剂，则需要另加吸附剂，吸附液体至不润湿为止。可作为吸附剂的有磷酸钙、葡萄糖等。

理想的混合机应尽可能轻柔又迅速地实现完全混合，避免对活性成分的破坏，还要易清洗、易装配、能耗低。实验室里可以通过搅拌混合，也可以通过过筛、研磨等方式来混合均匀。生产中常用的按容器类型分为两种：①旋转容器型。这些容器可以是圆筒型，可以是V型，还有三维混合机。水平圆筒型成本低，但混合效率低，最适宜充填量为容器体积的30%；V型混合机将物料分到两个筒内，又合并在夹角处，然后又分开，混合效率较高，最适宜充填量为容器体积的30%；三维混合机圆筒在两个垂直的方向往复运动，混合不容易有死角，混合效率较高，占空间较V型混合机少。②固定容器型。粉体在容器内靠其他物质的搅拌，使其均匀。主要有槽型混合机和锥形垂直螺旋混合机。槽型混合机由混合槽和螺旋状搅拌桨组成，通过搅拌桨的运动，使物料均匀混合，混合时间较长；锥形垂直螺旋混合机由锥形容器和内装的螺旋推进器组成，螺旋推进器既有公转又有自转，混合速度快，混合效率高，动力消耗少。

5. 包装与贮存

粉剂的表面积大，容易吸收空气中的水分，所以粉剂包装与存放要注意防止受潮。

生产过程中要注意环境湿度，包装材料也应考虑透湿性。

（1）环境　包装环境应严格控制相对湿度，尤其是有引湿性的物料。如果不控制环境湿度，既有可能在包装过程中就发生粘连、结块、流动性差等现象，从而使包装夹料，密封不严。水溶性物料还会在潮湿环境中出现受潮分解、颜色变深、结块等现象。

（2）包装材料　粉剂的包装必须密封，包装材料的透湿性对防止吸潮非常重要。

（二）湿法制备

湿法制备适合不易混合均匀的、有小量组分的，且易溶于水并对热稳定的物料，或主要原料是液体的物料，例如特殊医学用途婴儿配方食品。

1. 前处理

将物料分别过筛，去除杂质。难溶水的物料粉碎成细度均匀的粉末，使其易于混悬于溶液中。

2. 配制溶液

按配方将各物料配料，用一定量的水溶解，搅拌均匀。不能溶解的物料混悬于溶液中。如果主要原料是提取液，可以将其他物料直接加入提取液中，稀释到一定浓度。

3. 干燥

通过喷雾干燥的方式将溶液干燥为粉末。

四、粉剂的质量要求

粉剂的质量要求主要有以下项目：

（1）粒度　粉剂应95%能通过七号筛。

（2）外观　外观为均匀的粉末，无杂质、无结块。

（3）干燥失重　在105℃干燥至恒重，减重不得超过2.0%。

（4）水分　水分不得超过9.0%。

（5）净含量及负偏差　净含量及负偏差应符合相关规定。

（6）微生物　微生物指标应符合GB 29922—2013的规定。

五、粉剂的应用举例

【例1】 无乳糖配方婴儿配方乳粉

【配料】 玉米糖浆固体、棕榈油、乳清蛋白粉、酪蛋白、复合矿物质盐、维生素

A、维生素 D、维生素 E、维生素 K、B 族维生素、维生素 C、生物素、胆碱、花生四烯酸、二十二碳六烯酸、牛磺酸、左旋肉碱、大豆磷脂、柠檬酸钠。

【制备】

（1）将复合矿物质盐、维生素 A、维生素 D、维生素 E、维生素 K、B 族维生素、维生素 C、生物素、胆碱、牛磺酸、左旋肉碱分别过筛，然后按配方量称取，混合均匀，得到混合粉一。

（2）将混合粉一和过筛后的乳清蛋白粉用等量递增的方式混合均匀，得到混合粉二。

（3）将混合粉二与分别过筛后的玉米糖浆固体、乳清蛋白粉、酪蛋白、柠檬酸钠按配方量混合均匀，得到混合粉三。

（4）将棕榈油、大豆磷脂、花生四烯酸、二十二碳六烯酸均匀分散在混合粉三中，得到半成品。

（5）半成品检验。

（6）用铝箔袋包装成 500g/袋或用马口铁罐包装成 500g/听。

（7）成品检验，入库。

【例 2】 氨基酸配方粉

【配料】 葡萄糖浆、玉米油、柠檬酸脂肪酸甘油酯、抗坏血酸棕榈酸酯、复合氨基酸、水解酪蛋白、复合矿物质盐、维生素 A、维生素 D、维生素 E、维生素 K、维生素 B_1、维生素 B_2、烟酸、泛酸、维生素 B_6、叶酸、维生素 B_{12}、维生素 C、生物素、胆碱、花生四烯酸、二十二碳六烯酸、左旋肉碱。

【制备】

（1）将维生素 A、维生素 D、维生素 E、维生素 K、B 族维生素、维生素 C、生物素、胆碱、左旋肉碱分别过筛，然后按配方量称取，混合均匀，得到混合粉一。

（2）将混合粉一与复合矿物质盐按配方量等量递增混合均匀，得到混合粉二。

（3）将葡萄糖浆、玉米油、柠檬酸脂肪酸甘油酯、抗坏血酸棕榈酸酯、复合氨基酸、水解酪蛋白、花生四烯酸、二十二碳六烯酸溶于水中，并过均质机，形成乳液。

（4）将上述乳液经喷雾干燥。

（5）然后将干燥后的粉末和混合粉二混合均匀，得到半成品。

（6）半成品检验。

（7）用铝箔袋包装成 500g/袋或用马口铁罐包装成 500g/听。

（8）成品检验，入库。

【例3】 早产/低出生体重婴儿配方食品

【配料】 脱脂乳粉、大豆油、中链甘油三酯、麦芽糊精、浓缩乳清蛋白、乳糖、单甘油脂肪酸、复合矿物质盐、维生素A、维生素D、维生素E、维生素K、B族维生素、维生素C、生物素、胆碱、花生四烯酸、二十二碳六烯酸、左旋肉碱。

【制备】

（1）将维生素A、维生素D、维生素E、维生素K、B族维生素、维生素C、生物素、胆碱、左旋肉碱分别过筛，然后按配方量称取，混合均匀，得到混合粉一。

（2）将混合粉一与过筛后的复合矿物质盐按配方量等量递增混合均匀，得到混合粉二。

（3）将分别过筛后的脱脂乳粉、大豆油、中链甘油三酯、麦芽糊精、浓缩乳清蛋白、乳糖、单甘油脂肪酸、花生四烯酸、二十二碳六烯酸按配方量与混合粉二混合均匀，得到半成品。

（4）半成品检验。

（5）用铝箔袋包装成500g/袋或用马口铁罐包装成500g/听。

（6）成品检验，入库。

第三节 颗粒剂

一、概述

颗粒剂是特医食品经常采用的形式，也是传统剂型。颗粒剂可冲水饮服，也可以直接口服。颗粒剂不但服用方便，便于携带，还能够直接通过包衣的方式，提升产品的稳定性，避免不良气味，同时还能够起到缓释的效果。

颗粒剂一般是采用复合铝箔袋包装，不易受潮，质量稳定。因此在保质期内不易变质，而且颗粒剂严格控制了装量差异，剂量准确。

颗粒剂按溶解方式分类：可溶、混悬、肠溶、泡腾、控释和缓释颗粒剂等。

颗粒剂具有以下优点：①可减少粉尘，飞散性、吸湿性较少；②可提高主要成分在产品中的均匀度，防止各种成分的离析；③贮存、运输方便；④可提高流动性和速率均一性；⑤可改进产品的外观。

二、颗粒剂的制备

根据不同的颗粒要求和物料性质，选用不同的制粒方法、不同制粒条件能够获得不同的颗粒。随着制粒技术的发展，可将制粒方法分为湿法制粒、干法制粒，按设备类型分为流化床干燥机制粒、喷雾干燥塔制粒等。制粒方法在成型工艺过程中起着举足轻重的作用。下面对各种制粒方法分别阐述。

（一）湿法制粒

湿法制粒需要加入黏合剂，粉末物料因为黏合剂的作用形成颗粒。一般湿法制粒有挤压制粒、离心制粒、高速剪切、低速剪切、转动制粒等多种方式。与干法制粒相比，湿法制粒需要配制黏合剂、过筛、干燥。湿法制粒要求所用的物料粒度相近，以利于混合均匀。

湿法制粒的一般步骤：黏合剂配制，将黏合剂加入物料中，制得颗粒。也可先将干黏合剂与粉末混合，加入溶剂。有植物成分的原料，也可以先提取纯化，再浓缩成膏状，加入其他原辅料，制成湿颗粒后干燥而成。在湿法制粒过程中，黏合剂的种类、用量、混合时间是关键控制点。湿法制粒的基本工艺步骤如图 3-1 所示。

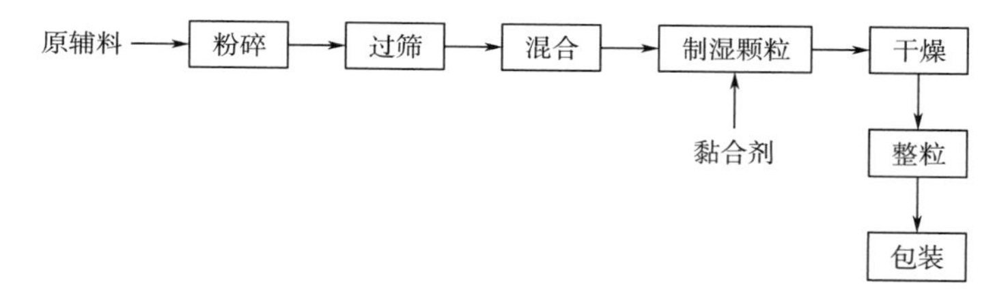

图 3-1 湿法制粒工艺

应根据物料性质和所需颗粒的要求，选择适宜的制粒技术。湿法制粒从摇摆制粒发展到高、低速剪切制粒，在颗粒制备中占重要地位。近年的一些新型的制粒技术融合了多种制粒技术和设备。例如转动制粒可以制备球形颗粒，与挤压制粒相结合开发了转动制粒机；利用流化床的优点，将流化床和湿法制粒技术结合，开发出了搅拌流化制粒机、转动流化制粒机；还有将几种制粒技术融合在一个机器内进行的新型设备。综合了各种制粒特点，取长补短，提升制粒效率。这些多种制粒技能相结合的方法，优化颗粒的制备工艺，缩短工作时间，是未来制粒的趋势。

各种湿法制粒技术简介见表 3-2。

表 3-2　各种湿法制粒比较

分类	制备工艺	优点	缺点
挤压制粒技术	将粉碎后的物料粉末配料，加入适宜的黏合剂，然后制成软材，将软材用挤压的方式过筛制粒	①筛网的孔径大小不同，制得的颗粒的大小不同，可调节； ②加入的黏合剂不同，影响颗粒的松软程度，可选择合适的黏合剂，以适应压片的需要	①增加了混合、制软材等工序，效率较低，不适合大批量、连续生产； ②对筛网的要求高，易损耗
离心制粒技术	将母核输入离心转盘，由于离心力的作用，母核在转盘与筒体的过渡曲面上形成涡旋运动的粒子流，按一定规律在这种粒子流的表面喷射黏合剂和物料，随着热风吹入，使母核不断放大而制粒	①收率较高； ②颗粒均匀圆整； ③植物提取物可不经处理直接制粒	生产能力小，一次制粒所用的时间较长
高速剪切制粒技术	先将原辅料粉末加入高速剪切制粒机内，搅拌混匀后加入黏合剂，经高速搅拌形成均一的颗粒	①节省工序、操作简单快速； ②适用性强，不仅可以制备致密的硬颗粒，也可用于制备松软、适合压片的颗粒	对黏合剂的种类和用量选择的要求高
低速剪切制粒技术	先将原辅料粉末加入低速剪切制粒机，加入黏合剂，搅拌混匀后低速搅拌制粒	颗粒的密度小、粒径大、圆整	①所需的时间长； ②黏合剂用量多，通常为高速剪切制粒的 1.2~1.5 倍

1. 挤压制粒技术

挤压制粒技术的历史很悠久，常用于做小试。少量物料经人工软材，搓过一定目数的筛网，制得湿颗粒，再干燥即可；大量制备用挤压式制粒机。其中制软材是关键步骤。黏合剂的用量和品种影响软材的制备，用量过多时，软材易被挤压成条状或结成硬团，无法搓散；黏合剂用量过少时，则干燥后又恢复成粉状。因此，选择适宜的黏合剂种类和用量对颗粒的成型很重要。软材是否制好可以用“握之成团，轻压即散”来判断，对经验要求高，不易控制，但这种制粒方法简单，对物料量要求少，仍常用。

挤压制粒设备主要有摇摆式挤压制粒机、螺旋式挤压制粒机、旋转式挤压制粒机、填压式挤压制粒机、滚压式挤压制粒机、篓孔式挤压制粒机等。

（1）挤压制粒步骤

①原辅料处理：粉末细度控制在 80~100 目，以便于混合均匀。

②混合：按配方量称取原辅料，混合均匀。微量原料应取细粉先与部分辅料混合，用少量辅料分散后，按等量递增法与其他物料再混合。配方中的一些挥发性物料和热敏性物料应在颗粒干燥后再加入，以免受热损失。工业生产可用三维混合机进行。

③制软材：制软材选用合适的黏合剂与润湿剂最重要。若原辅料本身没有什么黏性，是植物纤维，或者没有黏性的晶体时，黏合剂的用量要多些。若原辅料本身具有一定黏性，可直接选用润湿剂，如水或乙醇等。若物料中含有较多矿物质成分，黏合剂就应选择黏性强一些的，如羟丙甲纤维素等。亲水性高分子辅料（如淀粉、纤维素衍生物等）及植物提取物遇水容易粘连，加入水等润湿剂时需注意用量。

④制颗粒：软材过筛即得颗粒，一般筛网目数 10~20 目。湿颗粒以细粉少、大小整齐、色泽均匀、无长条者为宜。

⑤湿颗粒干燥：湿颗粒制成后，应尽快干燥，避免结块或变形。干燥温度在 50~60℃左右，温度过高可能引起部分物料熔化结块，或物料变色。温度过低干燥时间长，易结块。在干燥过程中，待颗粒稍干，需定时翻动，使颗粒受热均匀；翻动不宜过早，以免破坏颗粒完整性。

工业生产时，也可采用沸腾干燥。它是通过加热的空气吹起湿颗粒，颗粒悬浮像水沸腾一样。湿颗粒的水分被热空气带走，最后完全干燥。其优点是物料磨损较轻，干燥速度快，热能消耗少。一般干燥时间为 20min 左右，颗粒颜色均匀，且能自动出料，节省劳动力。

⑥整粒：干燥后的颗粒有一些大颗粒或细粉，可以通过整粒去除，满足产品对粒度的要求。

（2）常见问题及解决办法

①颗粒过大或过细、颗粒不均匀产生的原因有哪些？如何解决？

主要原因是筛网选择不当。应合理选择筛网，并筛去过大的颗粒和细粉。

②颗粒流动性差是哪些原因引起的？怎么解决？

原因有①黏合剂用量不够，细粉较多，流动性差。重新选择黏合剂或补加黏合剂。②颗粒含水量过高。降低颗粒含水量。

③为什么有时候颗粒过硬？

主要原因和黏合剂选择和用量有关，黏合剂的黏性过强，粉末之间黏结过紧密，导致颗粒过硬；或黏合剂用量过多，颗粒团聚，干燥时间长。应调整黏合剂种类、降低浓度，可尝试用一定浓度的食用酒精制粒。

④颗粒吸湿产生的原因与解决方法是什么？

有些物料本身吸湿、辅料吸湿性强（如山梨醇、低聚果糖等）。解决办法有：可换用抗吸湿性辅料如微粉硅胶；二次制粒使颗粒致密；控制车间湿度等。

2. 离心制粒技术

离心制粒是指在原辅料的混合粉中加入黏合剂，在离心作用下使粉末聚结成球形粒子的制粒技术，主要用于制造微丸型的颗粒。

离心制粒机主要由离心机、送风系统、进料系统、空压机、抽风系统等组成。其原理是通过高速旋转的转盘和空气流，使物料在离心机内形成涡旋运动的粒子流。然后将雾化的黏合剂喷洒在粒子流上，使之聚合，随着颗粒越来越大，得到球形的微丸。

（1）离心制粒的工艺步骤

①混合：将粉碎后的原辅料按配方量混合均匀；

②配制润湿剂或黏合剂；

③母核的形成：粉末离心过程中，一边随离心机旋转，一边喷入黏合剂，黏合剂呈雾状，包裹粉末后旋转形成母核；

④继续分别喷入雾化黏合剂和物料，直至所需粒度；干燥得球形颗粒；

⑤干燥。

（2）常见问题及解决办法

物料黏结在底部或细粉太多是什么原因？

喷浆转速低，物料不能充分润湿，黏合剂在物料润湿前已干燥，导致颗粒易碎、细粉多。当喷浆转速过大时，导致粉料过湿，致使大粒径颗粒增加，易粘连、变形，表面粗糙。因而应准确掌握喷浆转速，这是使用离心制粒机制粒的技术关键。

另外，当转速过小时，物料大部分沉积在底部，无法翻滚，润湿效果差，且物料与挡板的撞击力小，导致大部分是团块状；当转速增加，离心力增大，物料与挡板的撞击力增加，粒径减小。但主机转速过快，细粉会增多。因此，应控制主机转盘转速在200~300r/min为宜。

3. 高速剪切制粒技术

高速剪切制粒技术是将物料进行混合，通过搅拌桨和剪切桨的机械搅动，使物料通过黏合剂的作用制备成颗粒的一种技术。

高速剪切制粒机的设备有立式、卧式两种。设备带有搅拌桨与剪切桨。在一个容器中完成混合和制粒。搅拌叶面成一定角度，能使物料翻滚达到充分混合。注入黏合剂后，物料逐渐湿润。搅拌桨的转动产生涡流，使物料翻腾，而剪切桨将块状的物料切碎成颗粒。物料在翻滚中经揉搓、剪切，形成球状颗粒。

（1）产品影响因素　这种制粒技术，对产品影响的主要参数有搅拌桨与剪切桨转速、混合制粒时间、混合槽装载量、黏合剂选择等几个方面。搅拌桨和剪切桨的转速决定了颗粒粒径的大小、分布。混合槽装载物料多，颗粒不均匀，一般为混合槽总容量的1/2左右。黏合剂的浓度大，则干燥后颗粒的强度大，但会使颗粒润湿性下降。

（2）常见问题及解决方法

①液体黏合剂如何均匀喷入？

需综合考虑喷入的距离、雾化程度、加液速度和加液量。

②粘壁现象如何解决？

易粘连的成分原料制粒时，选择一定浓度的食用酒精调节黏性，并掌握好用量。物料混合时加热温度过高或搅拌时间过长，使水分蒸发，黏合剂会引起粘壁，此时应控制加热温度和搅拌时间。

（二）干法制粒

干法制粒是将原辅料的粉末混合均匀，压成大片状后，粉碎成小颗粒的方法。干法制粒常用于对热、水不稳定的物料。

干法制粒设备投资少，空间与厂房需求小，操作人员少，设备的维修保养费用低，能耗少。有研究表明，干法制粒耗电量只占湿法制粒的40.4%。干法制粒还可减少粉料浪费，而且没有废气排放，减少了环境污染。

1. 干法制粒工艺

根据压制原理可以分为重压法和滚压法。

重压法制粒是将固体粉末先用重型压片机压实成片坯，然后再粉碎成一定粒度的颗粒。滚压法是将粉末在两个滚轮间滚压成块状物，然后用颗粒机破碎成一定粒度的颗粒。滚压法制粒生产能力大，工艺可操作性强，已经成为一种较常用的干法制粒技术。下面重点介绍滚压法制粒。

滚压制粒可以根据不同物料的要求，调整设备的压制压力、滚压速度和送料速度。滚压制粒具有工艺简单、生产效率高、产品稳定性高的优点。

滚压制粒主要由滚压、碾碎、分级等步骤组成。滚压制粒机由进料斗、送料螺杆、滚压轮、真空系统及其他辅助设备组成。关于滚压制粒的生产设备其他书籍多有介绍，此处介绍一种可用于中试的滚压制粒设备。

Alexanderwerk公司研制了一种WP 120 Pharma干法制粒机，非常适合小批量的试验。研发和中试需要的量比较小，生产用的制粒机产量太大，比较浪费。而WP 120 Pharma干法制粒机的最小每批可仅处理5kg，而每小时可连续制粒8~40kg。而且该设备拆卸清洗十分方便，又方便移动，特别适合研发或中试中更换品种。

除此之外，它的设计可以满足特医食品的法规和技术要求，符合 GMP 的规定。例如：采用不锈钢制造；自动化可编程逻辑控制器；可在线清洗；两级筛分制粒系统等。

传统的滚压制粒机的辊压压力和压辊的间隙是固定的，不能根据物料性质调节。而该制粒机可以根据物料调节参数，提高制粒质量。

在制粒过程中，颗粒的粒径通常都有严格的要求，以满足净含量的需求，粒径过大和细粉过多的颗粒均不符合质量要求。而粒径的控制是通过粉碎来控制的。而该制粒机的两级制粒系统可以控制粒径，通过调节生产出粒径相对稳定的颗粒。

2. 常见问题及解决方法

（1）压制过程中细粉渗漏如何解决?

可采用有凹槽结构的滚压轮，增大物料与表面的摩擦力，防止渗漏。另外，真空除气装置除气效果差，会导致压成薄片破碎成细粉，提高真空除气装置效率可以改善。将渗漏下来的细粉进行重新压制也是有效的解决方法。

（2）压制物不均匀时怎么解决?

压制物不均匀主要是滚压轮上的压力分布不均导致的。常规的边缘密封系统会使滚压轮中间物料受力较大而在滚压轮边缘的压制物受力较轻。如果是这样导致的不均匀，可采用具有凹凸边缘的滚压轮改善。

（三）流化床制粒

流化床制粒是将粉末物料用气流吹起，呈悬浮状，犹如水沸腾，再喷入雾状黏合剂，使粉末聚集逐渐成颗粒，最后采用流动的热气流干燥得到干燥的颗粒。

1. 流化床制粒的优点

（1）在同一设备中完成混合、制粒、干燥过程，生产工艺简单；

（2）颗粒均匀性好，易溶解；

（3）在密闭容器内操作，避免了粉尘飞扬；

（4）操作人员可以通过数字控制台操作控制整个生产流程。

2. 流化床制粒颗粒成粒的原理

润湿剂将接触到的粉末润湿，黏结附近的粉末，以此为核心，继续喷入的液滴在核心表面产生液体桥，使粒子核之间逐渐结合相互凝聚成颗粒，两个或两个以上的颗粒团聚成一个较大颗粒。干燥时，液体蒸发后，粉末间的液体桥变成固体桥，因而得到均匀圆整的球状颗粒。

3. 流化床制粒的工艺及影响因素

流化床制粒的工艺流程如图 3-2 所示。

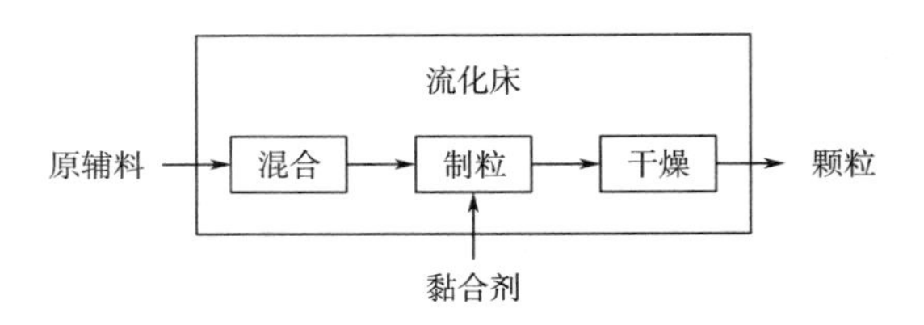

图 3-2 流化床制粒工艺

流化床制粒过程主要工艺都是在流化床中完成，粒子在流化床中的运动状态、黏合剂的种类和浓度，干燥过程决定了颗粒的成粒情况。流化床制粒的影响因素主要有以下几点。

（1）物料性质　物料的亲水性对成粒影响较大，亲水性物料易成粒，而疏水性物料不易成粒，必须加入黏合剂。

（2）进风温度　进风温度过高，粉末表面的溶剂蒸发快，粉末润湿不够，颗粒粒径小，脆性大，干燥后会重新变成粉末。并且干燥过快，还会造成颗粒外干内湿，颜色加深。还有些物料熔点低，高温下易软化结块，造成塌床。而进风温度过低，湿颗粒干燥过慢，聚集成团，也会造成塌床。

（3）黏合剂　可供选择的黏合剂主要有聚乙烯吡咯烷酮、羟丙甲纤维素、糖浆、淀粉、阿拉伯胶等，也可以将其配合使用。黏合剂需要具有较好的黏性、流动性、分散性，且易雾化。

黏合剂的流速影响颗粒的大小，如果黏合剂加入太快，湿颗粒干燥太慢，会结块塌床；反之，则因雾滴过小而颗粒成粒困难，细粉多。

（4）风量　风量对颗粒的形成和状态影响很大。风量大，物料沸腾的状态好，但过大会造成颗粒小，成粒困难。而且，会导致物料沸腾太高，靠近喷嘴，使黏合剂雾化不完全时就喷到粉料上。风量小，沸腾状态差，干燥不均匀。

（5）喷嘴位置　喷嘴应朝下以减少细粉的存在空间。喷嘴越接近流化床，颗粒越容易形成，但位置过低时影响雾化，易被粉末堵塞。

（6）静床深度　静床深度是容器中物料静止时的深度。静床深度较浅时，沸腾效果好，干燥效率高。如果静床深度过浅，则气流穿透物料层，影响沸腾状态。

4. 常见问题及解决方法

（1）塌床现象是如何产生的，如何解决？

产生塌床的原因是黏合剂加入润湿的速度大于干燥速度。黏合剂喷液速度过快、进风湿度大、进风温度降低、雾化压力不够是造成塌床现象的关键因素。

发生塌床现象须马上关闭喷雾系统，然后排查具体原因，按原因排除故障，重新开机操作。

（2）为什么会出现物料冲顶的现象，怎么解决？

物料冲顶是指大部分物料被吹到捕尘袋上。产生这种现象的原因通常是因为物料粉末过细（粒径小于50μm），容易被吹起，或者风量过大、反吹失灵。这时候可以先将物料抖落回，再加强反吹，降低风量。或换用较大粒径的物料。

（3）出现物料黏结槽底现象怎么解决？

物料黏结在槽底的筛网上，使气流流通不畅，负压降低。其产生的主要原因有：进风温度过高，物料熔点低，熔融后附着在底网上；喷枪附近物料聚集，影响了黏合剂的雾化，黏合剂形成液滴使物料黏结在底部；流化床负压不够。排查原因后，清除相应故障。

（4）产生较多的细粉或粗颗粒的现象怎么解决？

主要有以下几种情况：

①物料粒径过细，会增加细粉量，过粗时会产生较多大颗粒。物料的粒度应适当。

②进风温度高，黏合剂很快被蒸发，或者雾化过小，颗粒形成太小，干燥太快，无法增大，细粉就较多；反之则产生较多粗颗粒。控制进风温度，以保证颗粒的形成，又能很好的干燥。

③喷枪的压力大，黏合剂的雾滴小，形成的颗粒粒径过小；反之，则形成的颗粒粒径也大。需调节雾化压力。

（四）喷雾干燥制粒技术

喷雾干燥制粒是将一定浓度的液体物料，经雾化后，热空气与雾滴接触、混合，进行热交换，使溶剂迅速蒸发，完成干燥的过程。

喷雾干燥制粒的过程分为三个阶段：雾化、热交换、干燥颗粒与空气分离。

1. 喷雾干燥制粒的优缺点

喷雾干燥制粒的主要优点有：

（1）活性物质分布均匀。由于物料都是混合均匀的液体，所以干燥后均匀分布，不会分层或混合不均。

（2）干燥时间短，只要3~10s，对物料的稳定性影响较小。

（3）干燥颗粒的溶解、流动性较好。

（4）喷雾干燥整个过程在一个容器中完成，能避免环境污染。

（5）喷雾干燥过程连续进行，适合于连续工业化大生产。

当然喷雾干燥制粒也存在一些缺点，主要有：热量消耗大，热效率较低；动力消耗也大；喷雾干燥得到的物料颗粒较小，只适合颗粒小的产品；黏性较大的料液易粘壁。

2. 喷雾干燥制粒工艺及影响因素

喷雾干燥制粒的工艺流程如图 3-3 所示。

原辅料配制成一定浓度的液体物料 → 液体物料雾化 → 雾化粒子与热气流混合 → 雾滴干燥成颗粒 → 干燥颗粒分离收集

图 3-3 喷雾干燥制粒工艺

对喷雾干燥制粒的影响因素有几个方面，主要是和物料的性质、工艺参数有关。包括以下几个方面：

（1）物料的性质　含多糖类黏性物质较多的原料，黏度大，容易引起粘壁，可以加入 β-环糊精等辅料，或采用升温的办法降低黏度；物料的密度过低会使生产效率降低，密度过高，黏度增大，易粘壁。

（2）溶剂的选择　一般用水作为喷雾干燥制粒的溶剂，不溶于水的物料就混悬于水中。

（3）入塔风压　入塔风压高干燥速度快，但过高热空气流的状态会变化，雾化粒子的行动轨迹变化，获得的颗粒质量也不一样。

（4）入塔风温　入塔风温越高，干燥越快。但过高会影响原料成分稳定性，所以要控制风温。

（5）料液流量　料液的流量不稳定会产生粘壁。

3. 喷雾干燥制粒的应用

（1）干燥制粒　喷雾干燥制粒常用在植物提取物的干燥中，分散性和流动性好。

（2）制备微胶囊球　喷雾干燥制粒技术可以用于制备微囊微球。如缓控释制剂和蛋白、多肽类微囊化。

（3）包埋热敏性原料，如维生素 E 油等。

4. 常见问题及解决方法

（1）液体物料如何处理，防止堵塞喷头和粘壁？

液体物料在干燥前应先过滤，并控制密度在 1.10～1.25g/mL（50～80℃）。过浓或未过滤的液体会堵塞喷头；醇提的溶液容易出现粘壁现象，可在提取液中加入一定量的润滑剂一起喷。

（2）干燥温度多少为宜？为什么？

喷雾干燥机的进风温度一般控制在 120～180℃，出风温度一般低于 110℃。温度过高，易使低熔点物料熔融，引起粘壁；温度过低，干燥不完全、速度慢。

（3）粘壁问题如何解决？

粘壁现象主要和壁温有关。可采取的措施主要是：

①采用夹壁干燥塔，通入冷风，降低壁温；

②塔壁增加气锤；

③保证内壁光滑度，减轻粘壁；

④以恒压空气送料，保证液体流量稳定。

三、颗粒剂的质量要求

颗粒剂的技术要求主要有感官要求、营养成分指标、污染物限量、真菌毒素限量、微生物限量等，还有水分、装量差异等项目。

（1）感官要求　颗粒均匀，无黏连、无结块、无异物。

（2）污染物限量和真菌毒素限量　应符合 GB 29922—2013 的规定。

（3）水分　按 GB 5009.3—2016 测定，除另有规定外，不得超过 6.0%。

（4）净含量及负偏差　应符合相关规定。

四、颗粒剂的应用举例

【例】 老年型全营养素（颗粒剂）

【配料】 麦芽糊精、大豆磷脂、大豆分离蛋白、乳清蛋白、山药粉、水溶性膳食纤维、酪蛋白酸钠、复合维生素、复合矿物质、果糖、柠檬酸钾、氯化钾、黄原胶、食用香精。

【制备】

（1）将麦芽糊精、大豆磷脂、大豆分离蛋白、乳清蛋白粉、山药粉、水溶性膳食纤维、酪蛋白酸钠、柠檬酸钾、氯化钾、黄原胶、复合矿物质、果糖按配方配料。

（2）加入 20% 乙醇溶液，制成软材，过 16 目筛制粒，湿颗粒于 70℃ 干燥 45min，干颗粒过 16 目筛整粒，去除大颗粒，再过 60 目筛去细粉。

（3）将颗粒和复合维生素按配方量混合均匀。

（4）包装，检验。

第四节
口服液

一、概述

口服液在特医食品中主要是提供液体、电解质和碳水化合物。口服液由于其服用方便、定量准确使用范围很广泛。口服液有溶液、混悬液和乳剂等多种形式。一般患者对固体制剂的依从性较差，尤其是儿童和老年人。这类人群吞咽食物比较困难，容易造成营养缺乏，而口服液是流体，更容易服用。营养物质溶解在溶液中，可以降低对胃肠的刺激，和片剂胶囊相比吸收更迅速、高效。

缺点是其稳定性不及固体，微生物也很难控制。有些难溶的物质需要特殊的处理才能溶解。

二、口服液的配方设计

口服液的配方设计要考虑其可接受性和有效性。液体制剂的配方要考虑以下因素：原料的溶解性、液体介质的选择、稳定性、微生物控制以及辅料（如甜味剂、香精、增稠剂、色素等）。

（一）原料的溶解性

口服液必须首先考虑原料的溶解性。原辅料在产品的保存期限内应一直是溶解的状态。因此，原料在溶液中不能是饱和状态，否则随着温度变化，有些成分可能会结晶析出。

1. 溶解度的表示方法

溶解度一般用一定温度下，100g溶剂中溶质溶解的最大克数来表示。溶解度可以分为7个等级来描述，分别为极易溶解、易溶、溶解、略溶、微溶、极微溶、几乎不溶或不溶。

溶解度可以用特性溶解度和平衡溶解度来表示。特性溶解度是某种物质完全排除解离和溶剂的影响，在溶剂中形成饱和溶液的浓度。实际中，不太可能完全排除解离和溶剂的影响。因此，一般测定的溶解度多为平衡溶解度。

2. 溶解度的测定方法

由于特医食品的口服液都是多种物质的混合物，所以一般测定平衡溶解度。平衡溶解度可以按以下方法测定。

取数份物料，恒温条件下配制成不同浓度的溶液，振荡至平衡，过滤溶液，然后分析，分别测定在各溶液中溶解的溶质浓度 S，对溶液浓度 C 作图，如图 3-4 所示，图中曲线的转折点 A 即为该溶质的平衡溶解度。

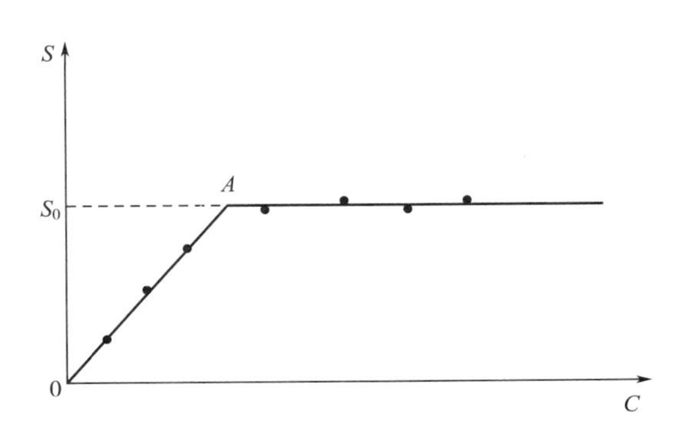

图 3-4　平衡溶解度测定曲线

测定平衡溶解度要在低温和体温两种条件下进行，模拟产品存放和食用时的状态。此外测定时，取样温度与测试温度要一致，应注意搅拌时保持恒温，记录达到平衡的时间，并滤除未溶的物质。

3. 影响物料溶解度的因素

物料的溶解度与溶质的粒子大小、分子结构、晶型有关，而溶剂的极性、品种、溶液的酸碱性、溶解温度及添加成分也会影响原料的溶解度。

（1）溶质粒子大小、晶型与分子结构的影响符合“相似相溶”的原理。一般溶质和溶剂分子之间的力越大，物质溶解度也越大，反之，则溶解度小；晶型不同，物料的溶解度也不同，通常，无定形结构的物料溶解度较结晶型大。粒子大小主要影响的是难溶性物料，当粒径大于 2μm 时，溶解度不受粒径影响，当粒径小于 100nm 时，粒径越小，溶解度越大。

（2）溶解度的大小在一定程度上由极性大小决定。一般用偶极距衡量物质分子的极性大小。

（3）温度对溶解度的影响取决于溶解过程是吸热反应（$\Delta H_s>0$），还是放热反应（$\Delta H_s<0$）。如果是吸热反应，温度升高，溶解度升高；反之，如果是放热反应，温度升高，溶解度降低。

（4）溶液酸碱性。

对于弱酸性物料，已知 pK_a 和特性溶解度 S_0，由式（3-2）即可计算弱酸在任何 pH 下的表观溶解度（S），此式表明溶液的 pH 低于 pH 计算值时弱酸析出，即可以求得最低 pH，以 pH_m 表示。

$$pH_m = pK_a + \lg\frac{S - S_0}{S_0} \tag{3-2}$$

对于弱碱性物料，可由式3-3即可计算弱碱在任何pH下的表观溶解度。此式表明溶液的pH高于pH计算值时弱碱析出，即为弱碱溶解的最高pH，以pH_m表示。

$$pH_m = pK_a + \lg\frac{S_0}{S - S_0} \tag{3-3}$$

（5）同离子效应，相同离子在同一溶剂中溶解时，溶解度会降低。

（二）原料的溶解速度

1. 溶解速度的表示方法

溶解速度是指在一定条件下，在单位时间内溶质溶解进溶液的量。固体物料的溶解速度主要受扩散控制，可用式（3-4）Noyes -Whitney方程表示：

$$\frac{dC}{dt} = \frac{DS}{hV}(C_s - C) \tag{3-4}$$

式中 D——溶质在溶剂中的扩散系数；

S——固体表面积；

C_s——药物饱和溶解度；

C——药物浓度；

V——溶剂的体积；

h——扩散层的厚度。

一般当固体物料的溶出速度常数小于1mg/（min · cm^2）时，就应考虑溶解速度对其吸收的影响。

2. 影响物料溶解速度的因素

（1）物料的粒径和表面积　粒径越小，则表面积越大；同样大小的物料，孔隙率越高，表面积越大；对于疏水性较强的颗粒状或粉末状的物料，溶解时容易结块，可加入润湿剂改善其粒子的分散度，增加与溶解的接触面，以提高溶解速度。

（2）温度　温度升高，溶解度C_s增大、扩散速度快，溶出速度加快。

（3）溶出介质的体积　体积越大，溶出越快；体积越小，溶出越困难。

（4）扩散系数　扩散系数越大，溶出速度越快。当温度不变时，扩散系数受溶出介质的黏度的影响。

（5）扩散层的厚度　扩散层越厚，溶质分子扩散越慢，溶出速度越慢。可以通过搅拌加快扩散，搅拌速度越快，扩散层薄，溶出速度越快。

（三）溶液的性质与测定方法

1. 溶液的渗透压

溶液的渗透压的大小与溶液中所含溶质的粒子数目成正比，通常以渗透压摩尔浓度表示。渗透压摩尔浓度可按式（3-5）表示为毫渗透压摩尔浓度（mOsmol/kg）：

$$毫渗透压摩尔浓度（mOsmol/kg）=\frac{n\times 1000}{相对分子质量} \quad (3-5)$$

式中 n——溶质分子溶解时生成的离子数。

2. 溶液的 pH 与 pK_a

（1）溶液的 pH　溶液 pH 要求与体液的 pH 接近，若相差太大，容易对机体产生刺激，引起酸碱中毒。此外，由于溶液的 pH 对溶液的稳定性也有影响，应选择有利于溶液稳定的 pH。溶液 pH 的测定多采用 pH 计。

（2）解离常数　测定物料解离常数通常采用：滴定法、电位法、电导法、溶解度法、分光光度法等。

3. 溶液的黏度

溶液的黏度可用黏度计测定，各种黏度的具体测定方法详见《中国药典》2015 版。

三、口服液常用溶剂的种类与性质

溶剂的选择对口服液的稳定性和疗效有直接影响。溶剂应具备的以下特点：①原料易溶解其中；②性质稳定、不与主料和辅料发生化学反应；③不影响产品效果和含量测定；④毒性小、无臭味、不易腐坏等。实际上能同时符合这些条件的很少，需要根据溶质的性质和口服液的要求选用适宜溶剂。

1. 极性溶剂

水是无色透明的液体，能溶解大多数无机盐与许多极性有机物如皂苷类、糖类、生物碱、蛋白质、酸类、鞣质及色素等，水本身无毒，且不易与物料发生反应，是口服液中最常用的溶剂。但水不适合用于易水解或氧化的原料，而且水溶液易发生霉变，灭菌要求高。一般应使用纯化水或饮用水。

2. 半极性溶剂

乙醇是最常用的半极性溶剂，它能溶解皂苷类、生物碱类、挥发油、色素等，并且乙醇具有防腐的作用。缺点是乙醇易挥发、易燃烧。

3. 非极性溶剂

非极性溶剂多为脂肪油，包括植物油，如核桃油、橄榄油等。对油溶性原料如甾醇、挥发油等，可以使用此类溶剂。脂肪油要注意的是易酸败，也易与碱性物质发生皂化反应而变质。

四、口服液的常用附加剂

1. 增溶剂

增溶技术包括加入潜溶剂、成盐、络合、降低粒子大小和使用表面活性剂等。用于增溶的表面活性剂称为增溶剂，常用的增溶剂为山梨醇酐单月桂酸酯等。

表面活性剂通过形成胶束起到增溶的效果，同时减少了原料与水分子的接触，可增加溶液的稳定性，特别是可以减少蛋白质的降解。

2. 防腐剂

口服液是极易被微生物污染的制剂。而且口服液经常加入糖等辅料，容易滋生细菌。在生产过程中，纯化水、环境和天然来源的物料中的孢子也是微生物污染的主要因素。微生物污染可能影响药效，甚至产生毒副作用。所以需要采取一定有效的防腐措施，抑制微生物的生长繁殖。

（1）防腐的主要措施

①控制辅料和原料的质量口服液常用溶剂是水，必须使用纯化水或饮用水，控制微生物指标。

②控制环境的污染加强生产环境、人员卫生、工器具、设备的管理，清除周围环境的污染源。

③添加防腐剂在口服液的生产、贮存过程中，完全避免微生物的污染比较困难，因此需要加入防腐剂。

防腐剂的抑制细菌生长的作用机理主要有：使微生物维持正常生理功能的酶失去活性，不能继续生长；改变细胞膜的渗透性；使微生物的蛋白质变性。

适合于口服液的防腐剂需要满足这些要求：剂量能发挥防腐作用，又对人体无害、无刺激性，不影响产品口感；在溶剂中溶解性好；不影响制剂的理化性质和药理作用；抑菌范围广；不受温度、pH 的影响；稳定性好，不与包材发生反应。

（2）常用的防腐剂

①对羟基苯甲酸酯类（尼泊金类）：这是目前应用最广的一类防腐剂，无味低毒，不易挥发，一般都比较稳定。甲、乙、丙、丁酯均可应用，其中乙酯使用范围较广。其抗菌机理是通过抑制微生物细胞酶的活性，并破坏细胞膜结构。本类防腐剂的防腐能力比苯甲酸和山梨酸强，并且可以几种混合使用，防腐效果更好。另外，本类防腐剂遇铁

颜色会发生变化，所以不宜用在铁容器的产品中。当包装材料为塑料制品时，也会对其有吸附作用。要想保持稳定的抑菌效果，pH 应控制在 4~8。

②苯甲酸与苯甲酸钠：这是最早使用的化学防腐剂。苯甲酸的用量一般为 0.03%~0.1%。它只有在分子状态才能够发挥防腐作用。故其杀菌力与溶剂中 pH 有关，保证较低的 pH 才能维持其防腐作用。由于尼泊金类的抑制酵母菌的能力不如苯甲酸，所以一般将二者联合使用。

③山梨酸及其盐类：它们也是应用很广泛的防腐剂。对细菌最低抑菌浓度为 0.02%~0.04%（pH<6.0），对酵母、真菌最低抑菌浓度为 0.8%~1. 2%。山梨酸是脂肪酸，可在人体内被代谢成 CO_2 和水，毒性较低。山梨酸也能与其他抗菌剂联合使用，协同增效。

（3）影响防腐效果的因素

①pH：以上三类防腐剂的防腐效力都依赖于分子的浓度，而分子状态和 pH 密切相关。

②溶解度：防腐剂的溶解度太小，无法在溶剂中达到抑菌浓度。可加热溶解，或先用乙醇溶解，再将乙醇溶液加入水中。

③表面活性剂：防腐剂的部分分子进入表面活性剂形成的胶束中，使口服液中的抑菌浓度达不到，而影响防腐效果。

④配伍禁忌：有些物质会与防腐剂发生反应，生成沉淀，从而影响防腐效果。有的不宜使用在铜、铁及塑性容器中；尼泊金类不能与淀粉共存。

还有一些新型的天然防腐剂，毒性低、刺激性小。例如植物挥发油，桂皮醛可防止霉菌和酵母的生长。桂皮油和八角茴香油混合使用可产生协同作用。紫苏油、肉桂油也常用于防腐。此外，一些植物成分也有防腐抑菌作用。从魔芋中提取的魔芋精粉，其水溶液（0.05%~0.1%）显示较好的防霉变效果；绿原酸也有抗菌的作用，可用于口服液，有明显的抑菌效果。

3. 抗氧化剂

在口服液体制剂的生成和贮存中，经常会发生氧化变质，常见的有变色、失效、沉淀等。氧化变质是食品不稳定的主要表现之一，通常在食品中易氧化的成分主要有：油脂、维生素 C、含碳双键及其共轭体系等。

（1）影响口服液氧化的因素

①氧的影响：氧的浓度越高，氧化进行得越快，所以在制备口服液时所用的溶剂应经处理减少氧气含量，如水应先煮沸。

②pH 的影响：pH 越低，发生脱氢反应越困难，越不容易氧化。所以维持较低的 pH，能提高抗氧化能力。

③温度的影响：易氧化的产品不宜接触高温，应低温保存。

④金属离子的影响：金属离子通常是氧化反应的催化剂。所以在其中要加入络合剂，金属离子被络合剂结合后，不能产生催化效应。

⑤光的影响：对光敏感的物质，光照会促进氧化反应速度加快。所以对光敏感的产品应避光保存。

（2）抗氧化剂的分类　抗氧化剂分为水溶性和油溶性两种。

①水溶性抗氧化剂主要用于水溶性物料的抗氧化。常用的抗氧化剂有抗坏血酸类、异抗坏血酸及其盐、植酸、乙二胺四乙酸钠、氨基酸类、肽类、香辛料和糖醇类等。

②脂溶性抗氧化剂能溶于油脂，对油脂和含油脂食品能很好地发挥抗氧化作用，防止其氧化酸败。常用的有丁基羟基茴香醚、二丁基羟基甲苯、没食子酸丙酯等。

4. 甜味剂

甜味剂是一类重要的食品添加剂，它赋予食品以甜味，改善食品的口感，掩盖不良味道。甜味剂可以分为糖类和非糖类。

属于糖类的有蔗糖、淀粉糖、糖醇及其他。常用的淀粉糖有葡萄糖等。常用的糖醇有山梨糖醇、木糖醇。其他有寡果糖、异麦芽酮糖。

属于非糖类的甜味剂有甜菊糖苷、糖精钠、三氯蔗糖等高倍甜味剂。非糖类甜味剂因为不产生或产生很少的热量、不引起血糖升高、甜度高，现在被广泛使用。

甜菊糖苷是从菊科植物甜叶菊中提取的天然甜味剂。它的甜度高，热值却很低。经研究证明，甜菊糖苷基本无毒，也不存在致癌性，用它代替蔗糖可预防糖尿病、肥胖症、龋齿等疾病。甜菊糖苷色泽纯白，溶解性好，口感最接近蔗糖，无异味，是发展前景广阔的新糖源。甜菊糖苷属非发酵性物质，不易被微生物利用产生霉变，不会引起龋齿。对酸、碱、热都比较稳定，不易分解，也不产生沉淀。

三氯蔗糖又称为蔗糖素，它是以蔗糖为原料制成，甜度大约是蔗糖的600倍，其口味特性与糖十分相似。三氯蔗糖的性质非常稳定，长期储存都能保持甜度。经安全性评估，食用三氯蔗糖是安全可靠的。三氯蔗糖对鱼类和水生生物也没有污染，可生物降解。三氯蔗糖在水中极易溶解，非常适合用在液体制剂中。三氯蔗糖溶液在泵送或搅拌时也不会产生过量泡沫。

5. 食用香精

食用香精是由各种香料和辅料复配而成的，在食品中添加少量香精可改善食品的气味。香料直接使用有一定的局限性，往往需要多种香料复配，制成各种香型的香精。制作香精的香料可分为天然香料和天然等同香料，天然香料主要是芳香性挥发油，如橙油、薰衣草等，是与天然香料中香气成分类似的物质；人造香料，是由人工合成的具有香气的物质。

香精的作用是改善产品感官、遮盖不悦气味。有些产品由于其原料成分本身的气味，容易产生令人不悦的异味。如有些食品添加人工甜味剂后，后味不舒服；乳酸菌饮料由于光照而导致异味，类似煮白菜味。又如柠檬风味的产品，柠檬醛成分因光照氧化而导致味道改变，添加香精能解决异味问题。

香精香料在空气中挥发通过鼻腔，经神经传到大脑后使人产生香气。香气根据香精香料的挥发程度可分成三个阶段：头香、体香、尾香。其中头香是人接触到香气的最初感觉。头香的口味是非常重要的，一般选择令人愉悦的、能与其他香气融为一体的，且清新爽快能使全体香气上升的香气成分作为头香。体香是显示香精香料香气特色的重要部分，持续时间较长。尾香则是挥发程度低且富有保留性的香气。

6. 增稠剂

增稠剂主要是提高口服液的黏稠度，并有定型、均质等作用。它可以干扰味蕾的味觉，增加液体的醇厚感和顺滑感。常用的增稠剂有聚葡萄糖、阿拉伯胶、黄原胶等。

增稠剂分子中含有亲水基团。增稠剂吸水膨胀后形成胶体结构，使液体的黏度、密度明显增加，有助于某些组分的悬浮。

7. 泡腾剂

泡腾剂一般是含有遇水能产生二氧化碳的物质，能一定程度改善口服液的口味。

8. 着色剂

着色剂也就是食用色素，可以改善口服液的外观色泽，减少服用者的厌恶感。根据来源可分为合成色素、天然色素两种。天然色素是从天然动物和植物中分离出来的，安全性高，但稳定性不好；合成色素是人工化学合成的，安全性没有天然色素高，可能对产品质量增加不确定因素。

五、口服液的制备

口服液的制法分溶解法和稀释法两种。

（一）溶解法

溶解法是将原辅料溶解在合适的溶剂中，其过程包括原料称量、溶解、过滤、包装等。详细步骤是：先将原料加入 1/2~3/4 量的溶剂中，通过适当搅拌使其溶解。能快速溶解的物质可以直接溶解，如配方中有附加剂或溶解度较小的原料，应先溶解于溶剂中，再加入其他原料。有些原料需要先行粉碎或加热助溶。溶液需要过滤和澄清，高度净化的溶液须除去大于3μm的粒子。如溶剂不是水，则容器应干燥。制得的溶液灌装、密封。灌装的方法不同，准确度和精密度也不同，要选用合适的方法灌装。高黏度的液体需要用专门的设备灌装，例如高压或开口较大的容器。灌封的常见问题是产生过多泡沫。在灌封时可采取一系列方法控制泡沫的产生：封闭系统减少空气；使用减少涡流的灌封装置；使用机械去泡装置。

【例】 复合肽口服溶液

【配料】 纯化水、小麦低聚肽、胶原蛋白、膳食纤维、麦芽糖醇、柠檬酸、三氯蔗糖、乙二胺四乙酸铁纳、食用香精。

【制法】 按配方称取原辅料，加纯化水500mL，完全搅拌溶解，然后加水至1000mL，搅拌均匀后，滤除杂质即得。

（二）稀释法

稀释法是先将原料制成高浓度溶液或将易溶性物料制成储备液，再通过稀释，达到需要的浓度。

稀释法应注意：将原料先粉碎，采用搅拌、加热等措施加快原料溶解；易氧化的原料先将溶剂加热，冷却后加入原料进行溶解，然后加入适量抗氧化剂，减少原料的氧化；易挥发性的原料应最后加入。

第五节
混悬剂

一、混悬剂的定义

混悬剂系指固体粒子分散在悬浮介质或载体（大多数为水，也可用植物油）中形成的热力学不稳定的非均相分散体。

二、混悬剂的分类

（一）按粒径大小分类

1. 胶体混悬剂

粒径小于1μm的体系为胶体混悬剂。假定分散体为球形，则胶体分散体的经典粒径范围为 1nm～1μm。如果分散体为其他形状，则也可以考虑直径高达 2μm 的颗粒为胶体。实际胶体混悬剂直径一般大于 0.2μm。

2. 粗混悬剂

粒径大于 1μm 的体系为粗混悬剂。有时直径在 50～100μm，对于这种较大颗粒，胶体科学的原理依然存在。

3. 纳米混悬剂

粒径在 1～100nm 的体系为纳米混悬剂。现如今纳米混悬剂越来越多，例如，在一些文献中，用 sol 这个术语来区分粒径非常小的混悬剂。

（二）按不溶性固体性质分类

1. 亲水固体

易被水润湿而且有相当低的表面张力（不考虑粒子大小）的不溶性固体细粉称为亲水固体，如黏土、铋盐、硫酸钡、锌、镁和铝等。粉末表面的亲水性可通过吸湿性试验来考察，即将固体粒子暴露在不同的湿度环境下（如在室温和 70%～80% 相对湿度条件下）能吸收空气中水分的即为亲水性固体，其没有水分散性表明活性剂或润湿剂也容易混悬在水中，其晶体密度通常为 1.5～6.9g/cm^3。

2. 疏水固体

不易被水湿润且具有相当高的表面张力的不溶性固体细粉称为疏水固体，如碳和硫等许多低密度有机物。这些粒子表面吸附空气后的疏水性愈加明显。可以用油或半极性液体来润湿疏水性物质，称为亲油性固体，其没有亲油性表面活性剂也可以混悬在油或非极性介质中，其晶体密度通常为 0.9～2.2g/cm^3。

（三）按临床使用途径分类

Martin 和 Bustamante 列出了混悬剂的三种临床使用类型：口服混悬剂（有时称为合剂）、外用混悬剂（局部洗剂）和可注射混悬剂（非胃肠给药）。用于特医食品的主要是口服混悬剂，故重点进行阐述。

口服混悬剂中的固含量变化较大，如在 5mL（约一勺）剂量下，某一制剂可含有 125～500mg 的活性固体物质，然而另一制剂可能在 1～2mL 中提供相同量的不溶性固体物质。此外，还存在混悬剂口服时含大量混悬物质。载体可能是糖浆剂、含水的人工甜味剂、山梨糖醇溶液或稠胶等。处方设计中需要重点考虑的除了成分外，还有安全性、口感及味道。由于口服混悬剂储藏期有限（不溶性固体物质化学稳定性低），可以将其制成混合粉末或干颗粒，使用前加水制成混悬剂即可。

对于不溶或难溶的固体物质，水性混悬剂是有用的口服剂型。被分散的固体粒子大的表面积可以加速产品的吸收。混悬剂中的固体粒子不像片剂或胶囊剂中的固体粒子，其在胃肠液中稀释后开始溶出并吸收。细粒子比大粒子有更高的相对溶解度，溶出更快。

三、混悬剂的配方设计

在制备物理稳定性混悬剂期间，需要使用很多处方成分使固体粒子保持混悬状态。本身作为液体介质的一部分其他成分在混悬剂中还具有其他功能。

（一）作为混悬系统的组分

1. 润湿剂

润湿剂系指能增加疏水性产品被水湿润的能力的表面活性剂。当不溶性粉末加入到含润湿剂的液体介质中时，可降低表面张力，增加其亲水性，液相穿透粉末，足够快地赶出粒子中的空气。被润湿的粒子沉降成团或用低剪切搅拌来分散。最常见的润湿剂是最佳亲水亲油平衡（HLB）的范围值在7~10的非离子表面活性剂，如聚山梨酯-80等。

2. 助悬剂

助悬剂系指添加到流体中以促进颗粒悬浮或分散并减少沉淀的物质。助悬剂的种类包括：

（1）低分子助悬剂，如甘油、糖浆、山梨醇等，在外用混悬剂中常加入甘油。

（2）高分子助悬剂，如天然的树胶类和植物多糖类、合成或半合成的纤维素衍生物、皂土和触变胶。助悬剂的选择应该根据混悬剂中主要成分的性质而定，因为某些助悬剂与产品或其他附加剂有配伍变化。

3. 絮凝剂与反絮凝剂

（1）絮凝剂　制备混悬剂时常需加入絮凝剂，主要的絮凝剂是溶液中简单的中性电解质。

（2）反絮凝剂　反絮凝剂一般作为混悬剂的稳定剂和分散剂。应开展试验对絮凝剂和反絮凝剂进行选择。

（二）作为混悬介质或外相组分

（1）pH控制剂和缓冲剂。

（2）渗透压调节剂。

（3）着色剂、矫味剂和芳香剂。

（4）控制微生物生长的防腐剂。

四、混悬剂的制备

制备混悬剂时，需重点注意以下几点：①选择正确的物料；②步骤及其顺序；③保存和储存。

小规模制备混悬剂的方法如下：

（1）在研钵中将不溶物与含有润湿剂的载体一起研磨至光滑的糊状物。

（2）所有可溶性成分都溶解在相同的载体中，并加到光滑的糊状物中以获得浆液。

（3）将浆液转移到量筒，用连续部分的载体冲洗研钵。

（4）判断固体是否为：①悬浮在结构化载体中；②絮凝；③先絮凝后悬浮，加入含有助悬浮剂（或）絮凝剂的载体。

（5）最后定容混悬液，完成混悬剂制备。

【例】 酵母葡聚糖干混悬剂

【处方】 酵母葡聚糖、蔗糖、柠檬酸钠、柠檬酸单水化合物、糖精钠、环己烷基磺酸钠、聚烯吡酮、羟甲基纤维素、色素 E124、橘味香精。

【制备】 用制粒机对酵母葡聚糖干混悬剂原料进行制粒使之形成粒状粉末；其次，采用卧式混料机将酵母葡聚糖干混悬剂粉末以及辅料混匀；采用压片机对混合后的粉末进行压片处理；然后，将片子进行铝塑包装处理；最后，进行外包装处理。

五、混悬剂的质量评定和检测方法

（一）质量评定

作为非均相体系，混悬剂的不稳定性是在处方、生产和贮存中经常需要关注的重要质量问题。

（二）检测方法

1. 外观

在带刻度的玻璃量筒或透明玻璃容器中观察混悬剂的外观并注意以下四个问题：①沉降物在平衡状态下的颜色和外观是否均匀？②是否有裂纹和空气存在于沉降物中？

③是否有凝聚的物料吸附在容器的内壁？④沉淀物上方的残留液是不是最少，是否均匀？

2. 颜色、气味和味道

对于口服混悬剂来说，这些特性特别重要。颜色的变化通常提示粒径大小有差异和（或）粒径分布不好。活性组分味道的改变，一般归因于粒径、晶癖及粒子分散的变化。颜色、气味和味道的变化也提示着其化学不稳定性。

3. 光学显微镜检查

可以将显微镜用于估计和测定粒径分布和晶体形状的变化。在进行显微检测时，所用的稀释液应该为上清液相而不是纯水，而且应具备足够的视野和样品量。合适的电子仪器可以精确地检测出单一粒径分布。

4. 沉降体积、沉降速率、沉降容积比、絮凝度和重新分散性

混悬剂的物理稳定性可用简单价廉、有刻度的量筒（100~1000mL）来测定絮凝和非絮凝混悬剂的沉降速率及平衡时的沉降高度。混悬剂从液面到沉降界面的下降高度和时间为函数关系。在储存期间定期重复测定沉降速率。平衡时的沉降体积应足够大，通过温和搅拌即可让其均匀再混悬。批与批之间的平衡沉积体积应该是相似的并且可重复。

用量筒来测定絮凝比率，其值为沉降体积与原始混悬剂在给定时间内的体积比，其用于测定絮凝的相对程度及混悬剂的物理稳定性。由于容器表面与混悬粒子间的黏附力作用，小量筒有支持混悬倾向，所以量筒的直径应足够大，可以克服“壁效应”。

5. 密度

混悬剂的密度或相对密度是一个重要参数。密度减小通常表明在混悬剂中引入了气泡。密度的测量应该在给定的温度条件下使用混合均匀的混悬剂，使用精密的比重计会使该测量变得更加方便。

6. 黏度及流变学特性

使用流变学设备黏度计来测量沉降行为和混悬剂的结构，也可用来表征絮凝剂的性质和稳定性。应对黏度计进行校正，以测量混悬剂在给定的温度下平衡时的表观黏度，以确立混悬剂的重现性。同 pH 一样，表观黏度是一个指数关系术语，因此表观黏度的对数是报告结果的一种合理方式。

7. pH

应在一定温度下且仅在沉降平衡后进行水性混悬剂的 pH 测定，以减少“pH 飘移”和混悬粒子包覆的电极表面。不应将电解质加到混悬剂的外相中，以定 pH，中性电解质会干扰混悬剂的物理稳定性。

8. 冻融循环

如果选择冻融循环或升温来测定物理稳定性，应该选择混悬剂市售产品作为对照，因为混悬剂通常不是设计成能耐受储存期间极端的温度（最好 15~30℃）。

9. 微粒大小

可用于粒子大小测定的方法包括显微镜法、库尔特计数法、浊度法、光散射法、漫反射法、光子相关图谱法（PCS）、单个粒子光学检测（SPOS）、激光衍射（LD）和超声衰减（UA）等，从这些方法中可获得的信息包括平均粒径、粒径分布、粒子浓度、粒子形状、分子质量估计、多分散性、流体动力学相互关系和凝聚机制等。

10. 溶出测试

该技术仍在发展中，目前较好的方法是将少量的已知量的混悬剂像“袋茶”一样浸在浆法设备中合适的溶出介质中。必须进行实验条件的优化（搅拌速度、介质的体积和类型、温度等），才能得到可重现的结果。

11. 含量均一性

对于以体积作为“使用单位”的混悬剂，或从混合均匀的分散容器中取样，或从混悬剂的上、中、下部取样等情况来说，含量均一性是重要的测试项目。

12. zeta 电位

用移液管将大约 1mL 的混悬液转移到塑料比色皿中，并用蒸馏水稀释。使用 zeta 电位测定软件进行测量。参数设定为温度 25℃和折射率 1. 33。分别在混悬剂制备完成后第 0、7、14、21 和 28 天测定混悬剂的 zeta 电位。

13. 其他项目

应该在与传统液体溶液相似的条件下进行效价、与主要容器瓶塞系统的相容性、防腐剂效果、模拟使用测试、开瓶扭矩等，也要保证取样前充分混匀容器内容物。

六、混悬剂的物理稳定性

疏水性固体在水中不易湿润，也不能自然分散，因此比亲水性产品存在更大的物理稳定性问题。

（1）混悬粒子的沉降速度；

（2）微粒的荷电与水化；

（3）絮凝与反絮凝；

（4）结晶微粒的长大。

混悬剂中的固体物质微粒大小不可能完全一致，微粒的大小与数量在放置过程中不断变化，即小的微粒数不断减少、大的微粒数不断长大。

通过减小微粒的办法可以增大难溶性产品的溶解度，利用这一原理，微粉化技术可提高难溶性产品的溶解度。

（5）分散相的浓度和温度。

第六节 乳剂

乳剂的基本原理主要来自胶体科学、界面化学、聚合物科学和流体力学等学科。随着乳化科学在食品工业中的发展，它还包含了一系列其他科学学科，如感官科学和人体生理学。作为研究人员试图将感官品质（如口味、气味、口感和外观）与生物反应（例如消化、吸收和激素释放）与乳剂组成、结构和物理化学性质相关联。

一、概述

（一）定义

乳剂由两种不混溶的液体（通常为油和水）组成，其中一种液体在另一种中分散成小球形液滴。在大多数食品中，液滴的直径通常为100nm～100μm，但由于其新的物理化学性质，近来人们越来越关注利用直径更小（d<100nm）的乳剂。根据油相和水相的相对空间分布可对乳剂进行分类。由分散在水相中的油滴组成的系统称为水包油（O/W）乳剂，例如牛乳、奶油、调味料、蛋黄酱、饮料、汤和调味汁。由分散在油相中的水滴组成的系统称为油包水（W/O）乳剂，例如人造黄油和黄油。构成乳剂中的液滴的物质称为分散相、不连续相或内相，而组成周围液体的物质称为连续相或外相。通常以分散相体积分数ϕ来描述乳剂中液滴的浓度。除了先前描述的常规O/W或W/O乳剂外，还可以制备各种类型的复乳，例如油-包-水-包-油（O/W/O）或水-包-油-包-水（W/O/W）乳剂。例如，W/O/W乳剂组成由水滴分散在较大的油滴中，它们本身分散在连续性水相中。最近，已经进行研究以产生稳定的复乳，其可用于控制某些成分的释放，降低基于乳剂的食品的总脂肪含量，或者将一种成分与通常可能与之相互作用的另一种成分分离。复乳是不断增长的结构设计乳剂的一部分，由于它们比常规乳剂具有潜在优势，因此可在食品工业中发挥越来越多的作用。除复乳外，该组还包括纳米乳、多层乳、胶体、填充水凝胶颗粒和微簇体。目前研究人员正在尝试开发结构化乳剂，该乳剂可使用食品级成分经济生产，并具有理想的质量属性、功能性能和保质期。

可以通过将纯油和纯水一起均质化来形成乳剂，但两相通常快速分离成油层（较低密度）在上、水层（较高密度）在下组成的系统。这是因为液滴在与邻近液滴碰撞时倾向于与它们合并，最终导致完全的相分离。这个过程的驱动力是油和水分子之间的接触在热力学上是不利的，所以乳剂是热力学不稳定的系统。通过加入稳定剂，可以在合理的时间段内（几天、几周、几个月或几年）形成动力学稳定（亚稳态）的乳剂。

（二）乳剂不稳定性的机制

乳剂稳定性广泛用于描述乳剂抵抗其性质随时间变化的能力。由于物理变化（组分相对位置的变化）或化学变化（组分化学变化），乳剂可能会分解。有许多物理、化学机制可能导致乳剂性质的改变，通常有必要确定在考虑的特定系统中哪些机制是重要的，然后才能开发有效的策略来提高稳定性。在导致食品乳剂不稳定的多种最常见的物理机制中，分层和沉降均为重力分离的两种形式。分层描述了由于液滴具有比周围液体更低密度的事实而引起它们向上移动，而沉降描述了由于液滴具有比周围液体更高密度的事实而引起它们向下移动。絮凝和聚结是两种类型的液滴聚集。当两个或更多个液滴聚集在一起形成聚集体时，发生絮凝，其中液滴保持其个体完整性，而聚结是两个或更多个液滴合并在一起形成单个较大液滴的过程。广泛的液滴聚结可能最终导致在样品顶部形成单独的油层，这被称为“脱油”。相转化是将O/W乳剂转化成W/O乳剂的过程，反之亦然。除了前面提到的物理过程之外，还应该注意的是，还有发生在食品乳剂中的各种化学、生物化学和微生物学过程也会对其保质期和质量产生不利影响，例如脂质氧化、酶水解和细菌生长。

（三）乳剂中的成分划分

乳剂是非均质性物质，当在纳米或微米级的长度范围内进行检测时，其组成和性能因地区而异。大致上，许多常规食品乳剂可以被认为是由三个不同物理化学性质的区域组成：液滴内部、连续相和界面。乳剂中的分子根据它们的浓度和极性分布在这三个区域之间。非极性分子主要倾向于位于油相中，极性分子位于水相中和两亲性分子位于界面处。即使在平衡状态下，不同区域之间也会不断发生分子交换，这种交换发生的速率取决于分子通过系统各相的质量传输。当乳剂的环境条件发生一些变化时，例如温度变化或稀释，分子也可能从一个区域移动到另一个区域。乳剂中分子的位置和质量传递对乳剂的稳定性、味道和释放特性有明显影响。

（四）乳剂的动态性

只有参考乳剂的动态性才能理解其许多性质。通过均质化形成乳剂是一个高度动态的过程，涉及液滴的剧烈破坏和表面活性分子从大量液体到界面区域的快速移动。即使在它们形成之后，由于它们的布朗运动、重力或施加的机械力，乳剂中的液滴也会持续运动并经常相互碰撞。由于各种不稳定机制，液滴的持续运动和相互作用会导致乳剂的性质随时间推移而演变。生物大分子吸附到乳剂液滴表面上可能经历相对较慢的构象变化，这导致整个体系的稳定性和物理化学性质的改变。连续相中的表面活性分子可以与吸附到液滴表面的那些进行交换，从而改变液滴界面的组成和性质。由于在液滴内部、界面区域或连续相中发生的化学反应，例如脂质或蛋白质的氧化或蛋白质或多糖的水解，系统的性质也可能随时间而改变。因此，了解食品乳剂中发生的动态过程对于彻底了解其食品的理化、感官和生理特性非常重要。

（五）食品乳剂的复杂性

大多数食品乳剂比简单三组分（油、水和乳化剂）体系复杂得多。水相可含有多种水溶性成分，包括糖、盐、酸、碱、缓冲剂、乙醇、表面活性剂、蛋白质、多糖和防腐剂。油相也可含有脂溶性成分的复杂混合物，如三酰甘油、二酰甘油、单酰甘油、游离脂肪酸、甾醇、维生素、脂肪替代品、增重剂、色素、香料和防腐剂。界面区域可含有不同表面活性组分的混合物，包括蛋白质、多糖、磷脂、表面活性剂、乙醇和分子复合物。此外，这些组分可以形成油、水或界面区域中各种类型的结构实体（例如脂肪晶体、冰晶、生物聚合物聚集体、气泡、液晶和表面活性剂胶束），这又可能形成较大的结构（如生物聚合物或微粒网络）。另一个复杂的因素是食品在生产、储存和处理过程中受到温度、压力和机械搅拌的变化，这会导致它们整体属性的明显变化。

食品乳剂是组成性、结构性和动态性复杂物质，并且许多因素对其整体性质有影响，例如成分相互作用（例如生物聚合物-生物聚合物，生物聚合物-表面活性剂和生物聚合物-水）和加工条件（例如均质、冷冻、冷却、蒸煮、灭菌、巴氏消毒、机械搅拌、加压和干燥）。

（六）乳剂的分类

根据乳滴的大小，将乳剂分类为普通乳、亚微乳和纳米乳。

1. 普通乳

粒径大小一般在 1~100μm，一般为乳白色不透明的液体。

2. 亚微乳

粒径大小一般在 0.1~1.0μm。静脉注射乳剂应采用亚微乳，粒径控制在 0.25~0.4μm 。

3. 纳米乳

粒径<100nm，一般范围在10~100nm。

试验表明，体积为$1cm^3$，直径为1.25cm的油滴，在水中分散为直径0.5μm的液滴时，其表面积由4.9 cm^2增加至1.2×10^5 cm^2。这些液滴较原来的油滴具有高很多的表面自由能，以油对水的界面张力为17.6×10^{-5} N/cm计算，其表面自由能增加了0.2J。但这种能量阻止油滴的分散而促使其融合，具有自发缩小表面积的趋势，因此，乳剂在热力学上属不稳定体系。

此外，形成乳剂的两相的相对密度一般相差较大，因为重力作用，易在分散相或连续相中发生沉降或发生上浮，如直径为10μm的液滴在水中的上浮速度约为2cm/h，直径为1μm的液滴在水中的上浮速度约为0.02cm/h，无论上浮或下沉速度有多慢，其在长期放置中也必然促使分散相融合，因此，乳剂在动力学也属不稳定体系。

二、稳定剂

稳定剂是可以用于增强乳剂动力学稳定性的任何成分，并且可以根据作用方式分类为乳化剂、调质剂、增重剂或成熟抑制剂。

（一）乳化剂

乳化剂是在均质过程中吸附到新形成的液滴表面，形成保护层，防止液滴靠得足够近而聚集的表面活性分子。乳化剂是乳剂的重要组成部分，在乳剂的形成、稳定性以及疗效等方面起重要作用。大多数乳化剂是两亲性分子，即它们在同一分子上具有极性和非极性区域。食品工业中最常用的乳化剂是小分子表面活性剂，如磷脂、蛋白质和多糖。

1. 乳化剂的作用

（1）乳化剂可有效地降低表面张力，有利于形成乳滴，增加新生界面，使乳剂具备一定的分散度和稳定性。

（2）在乳剂的制备过程中，用简单的振摇或搅拌的方法就能制成稳定的乳剂，不必消耗更大的能量。

2. 乳化剂应具备的条件

（1）乳化能力对乳剂的形成及其稳定性起着决定性的作用，故制备乳剂应选择那些具有较强乳化能力的乳化剂。

（2）乳化剂应有一定的生理适应能力，用于特医食品的乳剂一般经口服。不论哪种途径，乳化剂都不应对机体产生毒性。

（3）乳化剂受各种因素的影响小，乳剂处方中除主要成分外，还会添加许多其他成分，如酸、碱、电解质、辅助乳化剂等，乳化剂不应受这些成分的影响。

（4）乳化剂稳定性好，其对不同的 pH 及乳剂贮存时温度的变化应有一定的耐受能力。

3. 乳化剂的种类

（1）表面活性剂类乳化剂　包括阴离子型乳化剂和非离子型乳化剂。非离子型乳化剂在分子中没有电荷，分别有一个极性官能团和非极性官能团，如聚氧乙烯型、多元醇的脂肪酸酯、烷基醇酰胺、丙氧基化磺基琥珀酸二酯、聚氧乙烯山梨醇脂肪酸酯等。

（2）天然高分子乳化剂　系指天然高分子材料，黏度较大，可制成 O/W 型乳剂，需添加防腐剂，如阿拉伯胶（由于阿拉伯胶内含有氧化酶，所以使用前应在 80℃ 加热加以破坏。阿拉伯胶的乳化能力比较弱，常常与西黄蓍胶、琼脂等混合使用）、西黄蓍胶（可形成 O/W 型乳剂，其水溶液具有的黏度较高，溶液黏度在 pH 5 时最大，0.1%的溶液为稀胶浆，0.2%～2%的溶液呈凝胶状。西黄蓍胶的乳化能力一般较差）、明胶（O/W 型乳化剂，用量为油量的 1%～2%。易受溶液的 pH 及电解质的影响而产生凝聚作用。使用时须加防腐剂，一般与阿拉伯胶合并使用）和杏树胶（杏树分泌的胶汁凝结而成的棕色块状物，其用量为 2%～4%。其乳化能力和黏度均超过阿拉伯胶，可作为阿拉伯胶的代用品）。

（3）固体微粒乳化剂　为不溶性的微细固体粉末，一般 $\theta< 90°$易被水润湿，故形成 O/W 型乳剂；$\theta>90°$易被油润涩，故形成 W/O 型乳剂。

（4）助乳化剂　主要是指与乳化剂合并使用能增加乳剂稳定性的乳化剂。它能提高乳剂的黏度，并能增强乳化膜的强度，防止乳滴合并。

4. 乳化剂的选择

（1）乳剂的类型　乳化剂的 HLB 为这种选择提供了重要的依据。根据分子中亲水与疏水部分的相对比例，给每种表面活性剂分配了介于 0～20 的 HLB。油包水型乳剂一般采用低 HLB 的油溶性表面活性剂。水包油型乳剂多采用高 HLB 的亲水性表面活性剂。对处方设计者而言，虽然 HLB 概念缩小了供选择的乳化剂范围，并提供了公式计算法，但 HLB 还是会受到单个表面活性剂的分子结构的严格限制。由于 HLB 没有考虑到整个乳剂，因此对乳剂中乳化剂成分间的相互作用、温度变化的影响或对附加成分的存在不敏感。结果导致并非所有合适 HLB 的乳化剂混合物都能形成稳定的乳剂。比如，当 HLB 差异很大的表面活性剂混合得到一个最合适的理论 HLB 时，油相和水相中高溶解度的表面活性剂改变了界面的分子平衡，从而产生不稳定的乳剂。同样地，如果加入的表面活性剂在界面形成分子间的结合，则结合的复合体不可能具有那些以任何一种简单方式和组分分子特性相关的性质。

（2）乳剂的服用途径 对于口服乳剂型特医食品，应选择无毒的天然乳化剂或某些亲水性高分子乳化剂等。

（3）混合乳化剂 乳化剂混合使用有以下特点：①改变 HLB，以改变乳化剂的亲油性和亲水性，使其具有更大的适应性，例如混合比例为 10：1 时的磷脂与胆固醇可形成 O/W 型乳剂、比例为 6：1 时则形成 W/O 型乳剂；②与鲸蜡醇、胆固醇等亲油性乳化剂混合使用时会形成络合物，使乳化膜的牢固性增强，使乳剂的黏度及其稳定性增加；③非离子型乳化剂可以混合使用，如聚山梨酯和脂肪酸山梨酯等。

（二）调质剂

根据其操作模式和其溶液的流变特性，调质剂可分为增稠剂和胶凝剂两类。增稠剂是用于增加乳剂连续相黏度的成分，而胶凝剂是用于在乳剂的连续相中形成凝胶的成分。因此调质剂通过延缓液滴的运动来增强乳剂的稳定性。在食品工业中，最常用的增稠剂和胶凝剂通常是用于 O/W 乳剂的多糖或蛋白质和用于 W/O 乳剂中的脂肪晶体。

（三）增重剂

增重剂是添加到分散相（液滴）中的物质，以降低液滴与周围液体之间的密度差，从而阻碍重力分离。增重剂通常用于饮料工业中以增加风味油滴的密度并因此提高其分层稳定性。

（四）成熟抑制剂

成熟抑制剂是高度非极性物质（极低的水溶性），通过熵混合效应将其添加到 O/W 乳剂的油相中以抑制奥氏熟化。

在开发基于乳剂的产品时，根据系统中不稳定机理的知识确定最合适的稳定剂或稳定剂组合是非常重要的。

三、乳剂的稳定性

一般稳定的乳剂是指分散的乳滴在一定储存期限内保持其初始特性并均匀地分布在连续相中，无相变化和微生物污染，气味、颜色和稠度均表现良好。乳剂不稳定性的主要分为化学性质不稳定性和物理性质不稳定性。

（一）化学不稳定性

（1）由于空气中氧气的氧化作用而导致植物油酸败，由于水解作用引起大分子乳化剂的解聚，或者微生物的降解作用，均可通过添加合适的抗氧化剂和防腐剂来防止氧化或酸败，减少这些化学不稳定发生。

（2）主成分和乳剂辅料之间或辅料本身相互作用为更常见的化学不稳定性，也可能会导致物理不稳定性。

（3）如果上述这些相互作用与乳化剂有关，则可能会破坏其乳化性，导致乳剂破裂。例如，酚类防腐剂与聚氧乙烯非离子型乳化剂的相互作用会导致乳化作用无效和较差的防腐效果。

（二）物理不稳定性

由于乳剂内在就不稳定，其会破裂，最终转变为最初分离的两相液体。在乳化剂和其他添加剂存在的情况下，可通过不同过程产生这种状态，有些过程如分层和絮凝是可逆的，而有些过程如合并和奥氏成熟是不可逆的。

（1）分层　指乳剂放置后出现分散相乳滴上浮或下沉的现象，又称乳析。分层主要是由油水两相密度差造成的。

（2）絮凝　乳剂中分散相的乳滴发生可逆的聚集现象称为絮凝。

（3）转相　乳剂由于某些条件的变化而改变乳剂的类型称为转相，即由 O/W 型转变为 W/O 型或由 W/O 型转变为 O/W 型。

（4）合并、奥氏成熟和破裂　合并是分散相乳滴合并导致乳滴变大。油滴间连续相液膜层在油滴互相接近变薄时开始合并，当膜层达到临界厚度时，便会发生破裂而结束。相互接近的乳滴可能会变形，即在连续相粘流形成的水压下，相对表面会弯曲变平（小乳滴）或形成小窝（大乳滴）。

合并只是使分散相乳滴变大的其中一个机制。若乳剂是多分散的，而且油相与水相之间可充分混合，则会出现奥氏成熟，即由于大乳滴消耗了较小乳滴而导致乳滴的增大。

由于合并和奥氏成熟都会导致更大的乳滴形成而最终导致相分离，所以它们是不稳定性中最严重的两种类型。

四、乳剂的制备

在食品工业中，通常使用利用机械装置（均质器）的高能量方法通过油相经受破坏性力而形成小液滴，例如高速混合器、高压均质机和胶体磨。

（一）制备方法

（1）油中乳化剂法（也称干胶法）。

（2）水中乳化剂法（也称湿胶法）。

（3）新生皂法。

（4）机械法。

（二）制备设备

1. 搅拌乳化装置

搅拌乳化装置包括乳钵和搅拌机。

2. 高压乳匀机

高压乳匀机的工作原理是借助强大的推动力将两相液体通过乳匀机的细孔而形成乳剂，制备时先用其他方法初步乳化，再用乳匀机乳化，则效果更佳。

3. 胶体磨

胶体磨的工作原理是利用高速旋转的转子和定子之间的缝隙产生强大的剪切力使液体乳化，对要求不高的乳剂可用此法制备。

4. 超声波乳化器

利用10~50kHz的高频振动来制备乳剂，可制备O/W和W/O型乳剂，但不宜用此法制备黏度大的乳剂。

（三）乳剂中产品的加入方法

根据产品的溶解性质不同采用不同的加入方法。

（1）如果产品溶于油相，可先将产品溶于油相后再制成乳剂；

（2）如果产品溶于水相，可先将产品溶于水相后再制成乳剂；

（3）如果产品不溶于油相也不溶于水相，则可用亲和性大的液相研磨产品。通过考虑制备量的多少、乳剂的类型及给药途径等多个方面来制备符合质量要求的乳剂。对于黏度大的乳剂，应提高其乳化温度，保证乳剂质量的重要前提是足够的乳化时间。

【例】 鳕鱼肝油乳剂

【配方】 鳕鱼肝油500mL，西黄蓍胶细粉9g，阿拉伯胶细粉125g，杏仁油香精1mL，糖精钠0.1g，羟苯乙酯0.5g，蒸馏水加至1000mL。

【制备】 将250mL蒸馏水加入研匀的阿拉伯胶与鳕鱼肝油，研磨制成初乳，加糖精钠水溶液、杏仁油香精、羟苯乙酯乙醇液，再加入西黄蓍胶，加蒸馏水定容，搅匀即得。

【注解】 本品用作治疗维生素 A 与维生素 D 缺乏症。本品中鳕鱼肝油为主成分兼油相，采用阿拉伯胶为乳化剂，西黄蓍胶是辅助乳化剂，糖精钠、杏仁油香精为矫味剂，羟苯乙酯为防腐剂。本品是 O/W 型乳剂。

五、乳剂的质量要求

（一）分散相体积分数

乳剂中液滴的浓度在决定其成本、外观、质地、风味、稳定性和营养属性方面起着重要作用。因此，清楚地说明并可靠地报告乳剂的液滴浓度非常重要。

因为在生产过程中会控制用于制备乳剂的成分的浓度，所以分散相体积分数通常是已知的。尽管如此，当液滴由于分层或沉降而积聚在乳剂的顶部或底部时，在乳剂内会发生分散相体积分数的局部变化。另外，乳剂的分散相体积分数可能在食品加工操作期间变化，例如，是否有效地运行混合器或阀门。因此，使用分析技术测量分散相体积分数通常是很重要的。

（二）粒径

乳剂食品的许多最重要性质（如保质期、外观、质地、释放特性、风味特征和生物归宿）取决于它们所含液滴的大小。因此，对于食品科学家来说，能够可靠地控制、预测、测量和报告乳剂中的液滴大小至关重要。

如果乳剂中的所有液滴具有完全相同的尺寸，则称其为单分散乳剂，但是如果存在一系列液滴尺寸，则称其为多分散乳剂。单分散乳剂的液滴尺寸可以完全由单个数字表征，例如液滴直径（d）或半径（r）。制备的单分散乳剂有时用于基础研究，因为实验测量的解释比多分散乳剂简单得多。然而，实际生活中的食品乳剂总是含有不同液滴大小的分布，因此它们的液滴尺寸质量标准比单分散系统更复杂。在一些情况下，获得关于乳剂的完整粒径分布（即不同尺寸级别中的液滴分数）的信息是重要的，而在其他情况下，关于平均液滴尺寸的知识是足够的。

1. 收集粒径数据

有关乳剂中颗粒大小的信息可以使用各种分析方法获得，包括显微镜（透射电镜）、光散射（激光散射）、颗粒计数（库尔特计数器）和沉降方法。收集的粒径数据的性质取决于所使用的方法，例如，它可以由平均粒径或粒径分布组成。对于某些分析方法，通过直接观察样品（如显微镜）获得关于粒径的信息。在其他方法中，通过将数据与适当的数学模型进行拟合，例如，用光散射理论来解释乳剂的衍射图样，从测量系统的一些粒径依赖性物理性质来推断粒径。在后一种情况下，重要的是所用的数学模型适合被测系统，否则会得到错误的结果。

2. 呈现粒径数据

大多数乳剂中的液滴数量非常大，因此可以认为它们的大小是从一些最小值到一些最大值连续变化。当呈现粒径数据时，通常将整个粒径范围划分为多个不连续的粒径类别，然后规定落入每个类别的液滴浓度。可以以表格形式或直方图表示产生的数据。

3. 平均值和标准偏差

通过一位或两位数字代表多分散乳剂中液滴的大小通常是方便的，而不是规定完整的粒径分布。最有用的数字是平均粒径（它是分布的中心趋势的度量），以及标准偏差（分布宽度的度量）。

4. 数学模型

通常可以使用数学理论来模拟乳剂的粒径分布，这很方便，因为这意味着完整的数据集可以用少量参数来描述。此外，许多设计用于测量粒径分布的分析仪器假定分布具有某种数学形式，以便于将所测量的物理参数（例如，光强度对散射角）转换成粒径分布。

应该强调的是，许多食品乳剂的粒径分布不能用简单数学模型来充分描述。例如，由于液滴絮凝或聚结，在食品乳剂中经常遇到由双峰表征的双峰分布。对于这些系统，通常最好将数据表示为完整的粒径分布。否则，如果使用不适当的数学模型，可能会出现相当大的错误。当计算粒径分布时使用假定特定数学模型的分析仪器，例如光散射或超声波光谱仪，就会出现这种问题。如果数学模型不合适，那么仪器可能仍会报告粒径分布，但这种分布不正确。因此仪器的使用者应该意识到这个潜在的问题，并且如果有必要的话，通过使用一些独立的技术来验证粒径分布（例如显微镜检查），确保数学模型是正确的。例如，假设散射粒子是球形的和均匀的，静态光散射仪器从测量的激光衍射计算粒径分布。对于絮凝乳剂，一些颗粒是非球形的和非均匀的，因此报告的数据应当仅被视为实际粒径分布的指示，并且通常应该使用另一种方法如显微镜来确认。

（三）界面性质

液滴界面由围绕每个乳剂液滴的狭窄区域（通常为几纳米厚）组成，并且包含油、水和其他表面活性分子的混合物。当液滴半径小于约 1μm 时，仅界面区域就构成乳剂总体积的很大部分。即便如此，它在确定食品乳剂的许多最重要的主要物理化学和感官特性方面起着重要作用。出于这个原因，食品科学家特别有兴趣阐明确定界面区域的组成、结构、厚度、流变学和电荷的因素，并阐明这些界面特征与乳剂大部分物理化学、感官和营养特性之间的关系。

界面区域的组成和结构由在乳液形成之前存在的表面活性物质的类型和浓度以及在乳液形成期间和之后发生的事件（例如竞争性吸附和置换）确定。界面区域的厚度和流变性可以影响乳剂对重力分离、聚结和絮凝的稳定性、乳剂的流变学、分子进出液滴的传质速率（例如，奥氏熟化、成分熟化和风味释放）或乳剂的胃肠道归宿。界面起着表面活性成分积累的区域的作用，这可能通过增加分子的局部浓度或通过将不同的反应物质汇集在一起而导致加速某些类型的化学反应（例如脂质氧化）。

（四）液滴电荷

许多食品乳剂的大部分物理化学、感官和营养特性由液滴电荷的大小和符号来决定。这种电荷的来源通常是电离或可电离的乳化剂分子的吸附。有实验证据表明，即使由非离子表面活性剂稳定的油滴也具有电荷，因为油优先吸附水中的 OH^- 或 H_3O^+ 或含有离子杂质。表面活性剂具有亲水头基，其可以是中性的、带正电荷的或带负电荷的。蛋白质也可以是中性的、带正电荷的或带负电荷的，这取决于与其等电点相比的溶液pH。表面活性多糖也可以具有电荷，这取决于沿其骨架的官能团的类型。带电荷的亲水性物质，如矿物离子或聚电解质，也可以吸附在乳化的油滴表面上，从而改变其电荷。因此，乳滴可能具有取决于存在的可离子化分子类型和水相 pH 的电荷。液滴上的电荷可以用许多不同的方式来表征，即表面电荷密度（每单位表面积的电荷量）、电表面电位（增加表面电荷密度所需的自由能）和 zeta 电位（悬浮在介质中的颗粒的有效表面电位，其考虑到周围介质中的带电物质可吸附到液滴表面并改变其净电荷）。

乳剂液滴上的电荷至关重要，因为它决定了它与其他带电物质相互作用的性质或其在电场存在下的行为。具有相反符号电荷的两个物质相互吸引，而具有类似符号电荷的两个物质被排斥。乳剂中的所有液滴通常涂有相同类型的乳化剂，因此它们具有相同的电荷（如果乳化剂被电离）。当这种电荷足够大时，由于它们之间的静电排斥，防止了液滴聚集。

由离子化乳化剂稳定的乳剂对水相的 pH 和离子强度特别敏感。如果调节水相的 pH 使乳化剂失去电荷，或者加入盐以筛选液滴之间的静电相互作用，则排斥力可能不再强到足以防止液滴聚集。液滴聚集常常导致乳剂黏度大幅增加，并可能导致液滴更快速地分层。静电相互作用也影响乳剂液滴与其他带电物质如生物聚合物、表面活性剂、维生素、抗氧化剂、香料和矿物质之间的相互作用。这些相互作用通常对乳剂产品的整体质量有重大影响。例如，当香料被静电吸引到乳滴的表面时，香味的挥发性降低，这改变了食物的风味特征，或油滴对脂质氧化的敏感性取决于催化剂是否被静电吸引到液滴表面。在液滴表面积聚的带电物质和这种积聚发生的速率取决于它们的电荷相对于表面的符号、静电相互作用的强度（取决于离子强度）、它们的浓度以及任何其他可能与表面竞争的带电物质的存在。

液滴电荷在确定食品乳液的物理和化学性质方面非常重要，因此控制和测量液滴电荷是非常重要的。

（五）液滴结晶度

乳剂中液滴的物理状态可以影响其最重要的大部分物理化学、感官和生物化学性质，包括外观、流变学、风味、稳定性和胃肠道归宿。当脂肪晶体在口中融化时发生的凉爽感觉有助于许多食品的特征口感。因此，了解决定乳化物质结晶和熔融的因素以及液滴相变对乳剂性质的影响对食品科学家来说尤为重要。

应该指出的是，乳剂的连续相也能够熔融或结晶，这对整体性能具有深远的影响。例如，冰淇淋的特征质地部分是由于在连续水相中存在冰晶，而黄油和人造黄油的流变性是由在油相连续相中存在聚集的脂肪晶体网络决定的。

在 O/W 乳液中，关注的是乳化脂肪的相变，而在 W/O 乳液中，关注的是乳化水的相变。在食品工业中，主要关注乳化脂肪的结晶和熔化，因为这些转变发生在生产、储存或处理 O/W 乳液期间经常遇到的温度下，并且它们对食品乳剂的整体性能有显著的影响。相反，由于开始结晶所需的高度过冷却，乳化水的相变不太可能在食品中发生。在特定温度下固化的样品中总脂肪百分比称为固体脂肪含量（SFC）。SFC 在脂肪完全固化的低温下的 100%变化为在脂肪完全变成液体的高温下的 0%。SFC-温度曲线的确切性质是为特定食品选择脂肪时的一个重要考虑因素。该曲线的形状取决于脂肪的组成、样品的保热和剪切历史、样品是否被加热或冷却、加热或冷却速率、乳滴的大小以及乳化剂的类型。

（六）液滴相互作用

许多食品乳剂的大部分物理化学和感官特性受液滴之间吸引和排斥相互作用的强烈影响。在食品乳剂中存在许多不同种类的胶体相互作用，包括范德华力、静电、空间、排空和疏水相互作用。这些相互作用在其符号（吸引力或排斥力）、强度（强到弱）和范围（从长到短）方面各不相同。特定食品乳剂中液滴-液滴相互作用的总体特征取决于在特定系统中操作的不同种类的胶体相互作用的相对贡献，其取决于乳剂组成、微观结构和环境。当吸引力占主导地位时，液滴倾向于相互联系，但当排斥力占优势时，液滴倾向于保持为单个实体。乳滴之间的相互作用可导致食品乳剂的稳定性、流变学、外观、风味和胃肠道归宿的巨大变化，因此理解它们的物理化学起源和特征是至关重要的。

（七）乳剂性质的层次

乳剂食品的性质可以从不同的层级理解，从分子特征到分子结构组织、到整体物理化学性质、到感官性质，最终是乳剂及其组分与人体的相互作用。

食品乳剂由许多不同类型分子混合物组成，例如水、脂质、蛋白质、碳水化合物、表面活性剂、盐和香精。这些分子种类在它们的化学结构、极性、反应性、摩尔质量、构象、灵活性和动力学方面不同。存在于乳剂中的不同类型的分子彼此相互作用以形成油相、水相和界面相以及分布在这些相中的任何其他结构实体，例如表面活性剂胶束、分子聚集体、粒子或聚合物网络、空气气泡、脂肪晶体或冰晶。整个乳剂的物理化学性质（例如光学性质、流变学、稳定性和分子分配）取决于各个油相、水相和界面相的物理化学性质以及这些相之间发生的相互作用。

食品乳剂的感官特性（例如外观、质地、香气、味道）取决于食品乳剂及其组分与人体内的传感器的直接或间接相互作用，例如从乳剂反射的光波到达眼睛、由乳剂产生的声波到达耳朵、从乳剂释放的风味分子到达嘴和鼻子中的受体以及乳剂产生的力和热量与手和嘴中的触觉和温度传感器相互作用。一个人对这些感官输入的反应方式取决于人类感官系统的生理机能、感官信息处理、存储和检索的方式以及这种信息代表意识的方式。

此外，一个人对食品的看法强烈依赖于他们的背景和经验（如文化、年龄，性别、种族和社会阶层）。因此，相同食品的质量或合意性可能在两个不同的人或不同时间由同一个人不同的感知。对决定乳剂特性的因素有更全面的了解，这取决于建立在每个层次上运行的最重要的过程，然后将不同层次上发生的过程联系起来。应该指出的是，通常需要专门的分析技术和理论概念来研究每个层次，因此具有特定专业领域的科学家往往将其研究计划的重点放在研究某一特定水平上。因此，对食品乳液性质的物理化学基础的综合理解通常需要不同专业的科学家的合作，例如物理学家、物理化学家、分析化学家、生物化学家、聚合物科学家、化学工程师、感官科学家、生理学家、心理学家、食品科学家和营养师。来自不同层级组织的知识的整合是一项极其复杂的任务，需要多年的艰苦研究。尽管如此，从这种努力中获得的知识将使食品制造商能够以更具成本效益和系统化的方式设计和生产更高质量的食品。

第七节
凝胶剂

一、概述

凝胶剂是指主料与能形成凝胶的辅料制成溶液、混悬或乳状液型的稠厚液体或半固体制剂。在国外特殊医学用途配方食品中，凝胶剂是一种常见的剂型。它具有良好的生物相容性，而且对主料的作用具有缓释、控释作用。由于对制备工艺要求简单且形状美观，稳定性较好，近年来凝胶剂成为制剂研发的热点。

在我国，凝胶剂的使用历史是最先作为医院制剂，由医务人员自配自用。后来随着应用范围的不断扩大，于2000年7月1日开始执行的2000版《中国药典》中首次将凝胶剂-过氧苯甲酰凝胶收载到其中。近些年来市场出现各种各样的凝胶制品比如果冻、凝胶糖果等；还有多款凝胶剂药品获得了国家食品药品监督管理总局的批准。可见，凝胶剂已展现出其独特的优势。

二、凝胶剂的特点

特殊医学用途配方食品中常见的凝胶剂是经口食用的凝胶剂，能经口腔、胃、小肠、结肠4个主要部位，并参与体液循环。近年来经口食用的凝胶剂在临床上使用广泛，具有促进主料在释放点的吸收，达到定位释放的目的。

凝胶剂是由主料与基质组成的，基质既是主料的载体，又对主料的释放有重要的影响，因此基质对凝胶剂尤为重要。

凝胶剂分为单相凝胶剂和双相凝胶剂。根据基质的不同单相凝胶剂可分为水性凝胶剂与油性凝胶剂；双相凝胶剂是指主料胶体小、粒子可均匀分散于高分子网状结构的液体中，如氢氧化铝凝胶。水性凝胶基质由卡波姆、纤维素衍生物、海藻酸盐、明胶、西黄蓍胶、淀粉等加水、甘油或丙二醇构成；油性凝胶基质由聚氧乙烯、胶体硅、铝皂、锌皂、脂肪油和液状石蜡组成。目前水性凝胶这一类基质材料采用得最多。

1. 水性凝胶基质

水性凝胶基质具有以下优点：①无油腻感；②黏度小，利于主料释放，特别是水溶性主料的释放。它主要是天然高分子、半合成高分子和合成高分子三类高分子材料构成。常用的天然高分子有：淀粉、海藻酸盐、阿拉伯胶、西黄蓍胶、琼脂和明胶等；半合成高分子有：改性纤维素和改性淀粉，如羧甲基纤维素、甲基纤维素等；合成高分子有：卡波姆、聚丙烯酸钠等。

2. 特殊医学用途配方食品凝胶剂常用基质

（1）果胶　果胶是部分甲酯化的 α-（1，4）-D-聚半乳糖醛酸及残留的羧基单元以游离酸的形式存在或形成铵、钾、钠钙等盐的络合物所组成，甲氧基含量小于7者称为低甲氧基果胶，凝胶剂食品的生产一般采用低甲氧基果胶。选用果胶制备凝胶基质时，应选择果胶含量大于1.2%，果酸大于0.8%，pH2.5~3.3为宜。

（2）卡拉胶　卡拉胶是从红藻中提取的一种高分子亲水性多糖，是常用的食品添加剂。又被称为角叉菜胶、鹿角藻胶、角藻胶。因为卡拉胶带有负电荷，本身又具有黏性和凝固性，可以与其他物质形成络合物等而被广泛应用。它是由1，3苷键键合的 β-D-吡喃半乳糖残基和1，4苷键键合的 α-D-吡喃半乳糖残基交替地连接而成的线性多糖。目前商业化的卡拉胶有三种类型，分别是 κ 型、i 型和 λ 型，它们均属于酸性多糖。其中 κ 型对 K^+ 敏感，易形成最强烈的凝胶；i 型对 Ca^+ 敏感，易形成强度不高的凝胶，而 λ 型不能形成凝胶。

（3）魔芋胶　魔芋胶主要成分是由D-葡萄糖和D-甘露糖按2∶3或1∶6的摩尔比例，通过 β-1，4糖苷键链和而成的复合多糖。用于果冻凝胶制剂的魔芋粉按质量可分为：高纯度，中纯度和普通纯度三个级别。在魔芋胶品种中，还有专门用于提高持水性、调整软、硬度的品种。

（4）明胶　明胶是从动物皮肤、骨、肌膜等结缔组织中胶原部分提取而加工制成，为无色至淡黄色透明或半透明等薄片或粉粒，有特有的滋味或气味。在冷水中吸水膨胀，易溶于热水，不溶于乙醇和乙醚。明胶属于大分子的亲水胶体，广泛用于食品、药品和化学工业中，是一种营养价值较高的低卡食品，可以用来制作糖果、冷冻食品等。明胶在40℃以上可渐渐熔化，冷却到30℃以下又凝结成凝胶，制作凝胶剂主要是利用了这一特性。

三、凝胶剂的制备

水性凝胶剂的制备可先制备凝胶基质，再将主料加入基质中。水溶性主料可以先溶于水或其他辅料中，水不溶性主料粉末与水或其他辅料研磨后，再与基质搅拌均匀，然后进行调配、浇模、干燥、杀菌、冷却、包装、质量检查、出库等程序，生产工艺流程如图3-5所示。

容器的处理 → 基质的制备 → 物料配制 → 调配 → 浇模 → 干燥 → 杀菌 → 冷却 → 包装 → 质量检查 → 成品

图 3-5　凝胶剂生产工艺流程

四、凝胶剂的质量要求

凝胶剂食品比较容易出现的质量安全问题有规格不符合标准要求，食品添加剂的使用不符合 GB 2760—2014 的要求，存在微生物污染。根据《中国药典》2015 版的相关规定，凝胶剂应检查以下项目：

（1）粒度　除另有规定外，混悬型凝胶剂取适量供试品，涂成薄层，薄层面积相当于盖玻片面积，共涂 3 片，按照粒度和粒度分布测定法检查，均不得检出大于 180μm 的粒子。

（2）装量　按照最低装量检查法检查，应符合规定。

（3）无菌　按照无菌检查法检查，应符合规定。

（4）微生物限度　除另有规定外，按照微生物限度检查法检查，应符合规定。

除了以上要求，对产品其他指标也应关注，比如性状、黏度检查、含量测定、稳定性试验、卫生学检查等。可根据配方特性，设置重点检测指标。

第八节
片剂

一、概述

片剂是指主料与适宜辅料混匀压制而成的片状固体制剂。形状有圆片状，异形片状（如橄榄形、方形、菱形、三角形及各种动物模型等），其中以圆片状为最多。它是现代制剂中应用最为广泛的剂型之一。

1943 年，William Brockendon 首次提出了压片机的发明专利，以后片剂作为一种新的剂型得到快速发展。虽然早期的压片机在性能方面差强人意，但是却成了现代压片机发展的基础。尤其近几年来，随着学术研究的进步，对片剂的理论体系研究也不断深入，开发了多种新型的辅料和新型高效压片机。不仅提高了片剂的质量，而且推动了片剂品种的多样化，目前在世界各国药典收载的制剂中以片剂为最多。

片剂因其自身的优点和旺盛的生命力，使其不仅在医药领域繁衍生息，在食品领域也有了一席之地，如保健食品、特医食品、压片糖果等。片剂的性能受很多因素的影响，所用的辅料是其最重要的因素之一，近年来制备片剂所需的辅料得到快速发展，优良的辅料应无生理活性，性质稳定，不与主料发生任何物理和化学反应，对人体无毒、无害、无不良反应，不影响主料的作用和含量测定。辅料的选择应根据主料的性质和使用目的而决定。

二、片剂的特点及分类

（一）片剂的特点

一般情况下，片剂的溶出度及生物利用度较好，而且具有剂量准确，片重差异度较小等优点；片剂生产的自动化程度较高，而且产量大；因其体积较小，受外界空气、光线、水分等因素的影响较少，而且可以通过包衣技术加以保护；人们服用、携带及运输方便，尤其近年来片剂形状及颜色的发展，得到更多人的接受。

但是，它也有一些不足，比如没有咀嚼能力的人不方便服用，对于服用量较大的物料不适宜，久贮含量会下降，质量控制要求高，所以在准备片剂剂型之前，需经过科学分析。

（二）片剂的分类

特殊医学用途配方食品中的片剂以口服片剂和口腔黏膜用片剂为主。

1. 口服用片剂

（1）普通片　原料与辅料经过混合、压制而成的普通片剂。

（2）包衣片　在普通片的表面上包一层衣膜的片剂称为包衣片。根据包衣材料不同可以分为：①糖衣片：主要包衣材料为蔗糖，对物料起保护作用或掩盖不良气味和味道；②薄膜衣片：包衣材料为高分子成膜材料，如羟丙基纤维素等，其作用与糖包衣类同；③肠溶衣片：包衣材料为肠溶性高分子材料，此种片剂在胃液中不溶。

（3）泡腾片　指含有碳酸氢钠和有机酸，遇水时二者反应产生大量二氧化碳气体而呈泡腾状的片剂。制成此剂型的原料应该是水溶性的，将其放入水杯中能迅速崩解，非常适用于没有咀嚼能力及有吞服障碍的人群。

（4）咀嚼片　在口腔中咀嚼后吞服的片剂。常加入蔗糖、甘露醇、山梨醇、薄荷、食用香料等以调整口味，适合于小儿服用，对于崩解困难的原料制成咀嚼片可有利于吸收。

（5）分散片　在水中能迅速崩解并均匀分散的片剂。加水分后饮用，也可吮服或吞服。

（6）缓释片　在规定的释放介质中缓慢地非恒速释放功效的片剂。具有使用次数少、作用时间长等优点。

（7）控释片　在规定的释放介质中缓慢地恒速释放功效的片剂。与缓释片相比，血药浓度更加平稳。

（8）多层片　由两层或多层构成的片剂。每层含有不同的主料或辅料，这样可以避免复方制剂中不同原料成分之间的配伍变化，或者达到缓释、控释的效果。

口腔速崩片或口腔溶解片：将片剂置于口腔内时能迅速崩解或溶解的片剂，一般吞咽后发挥全身作用。特点是食用时不用水，特别适合于吞咽困难的患者或老人、儿童。

2. 口腔用片剂

（1）舌下片　指置于舌下能迅速溶化，主料经舌下黏膜吸收发挥全身作用的片剂。

（2）含片　指含在口腔中缓缓溶化产生局部或全身作用的片剂，其中的原料应该是易溶性的。

（3）口腔贴片　指粘贴于口腔内，经黏膜吸收后起局部或全身作用的片剂。

三、片剂常用辅料

片剂由主料和辅料组成。主料是具有功效作用的物质，可发挥不同功能；辅料是没有生理活性的物质，指在片剂中除主料以外的所有附加物的总称，亦称赋形剂。不同辅料可提供不同功能，即稀释、黏合、吸附、崩解和润滑等作用，根据需要还可加入着色剂和矫味剂等，以提高片剂的外形和口感价值。

片剂的辅料应具备：①较好的化学稳定性，不与主要原料发生任何物理化学反应；②对人体应无毒、无害、无不良反应；③不会影响主要原料的疗效和含量测定。根据各种辅料在剂型中所起的作用不同，将辅料分为以下五大类。

（一）稀释剂

稀释剂又被称为填充剂，它的作用有 2 个方面，一是增加片剂的质量或体积，二是改善主料的压缩成形性，增加主料含量的均匀性，特别是制备小剂量主料的片剂时更为重要。

1. 淀粉

淀粉根据原料来源不同分玉米淀粉、小麦淀粉、马铃薯淀粉等，其中玉米淀粉含较多的直链淀粉，而且压缩成形性较好，是最常用的淀粉。它外观呈白色粉末，无臭、无味，在冷水中不溶，也不溶于乙醇。目前商业化的玉米淀粉粒径在5~30μm，含水量在10%~14%。可与大多数原料配伍，性状稳定，价格便宜，在固体制剂中，是最常用的辅料。常与可压性较好的蔗糖粉、糊精等混合使用。

2. 蔗糖

蔗糖是从甘蔗和甜菜中经过提取而来，为无色结晶或白色结晶性粉末，无臭、具有其特有的甜味。易溶于水，在无水乙醇中几乎不溶。在室温和中等温度条件下稳定，在高温（110~145℃）或在酸性条件下不稳定，变为转化糖（葡萄糖和果糖）。它的黏合力强，配方中使用可增强片剂硬度，但吸湿性较强，压好的片剂长期贮存会使硬度过大，造成延缓崩解或溶出。而且由于现代糖尿病人的增多，现已很少使用蔗糖。

3. 糊精

糊精是由淀粉或部分水解的淀粉在保持干燥状态下经加热，改变性质之后制得的聚合物。多为白色或类白色的粉末、无臭、味道微甜。它在热水中易溶，冷水中不好溶，乙醇中不溶。压片成型好，但是具有较强的聚集、结块趋势，使用不当会使片剂表面出现类似麻点、水印等现象，有时也会造成片剂的崩解或溶出迟缓。

4. 乳糖

乳糖是从牛乳中提取制得，分为无水α-乳糖、一水α-乳糖和β-乳糖，常用的是一水α-乳糖。一水α-乳糖为白色或类白色结晶性粉末，无臭、味微甜，它的甜度是蔗糖的15%。在水中易溶，不溶于乙醇。可压性好，添加乳糖的片剂光洁美观，性质稳定，可与大多数物料配伍。但是易与氨类物质发生反应，导致片剂变色，所以设计配方时需注意。不同工艺制出的乳糖性质不同，由喷雾干燥法制得的乳糖为球形，流动性、可压性良好，可供粉末直接压片。

5. 预胶化淀粉

预胶化淀粉是改性淀粉，是将淀粉部分或全部胶化而成。目前市场上面的品种多是部分预胶化淀粉。它为白色粉末状，无臭、无味，在冷水中可部分溶解，几乎不溶于乙醇。具有良好的流动性、可压性、润滑性，而且还具有干黏合性，并有一定的崩解作用，常被作为多功能的辅料，用在各种工艺的压片中。

6. 微晶纤维素

微晶纤维素系从纯棉纤维经水解制得。它为白色或类白色粉末，无臭、无味，由多孔微粒组成，干燥失重通常不得超过5%。根据粒径和含水量不同又分为若干规格，如HP101、HP102、HP201、HP202、HP301、HP302等规格。微晶纤维素具有良好的结合力与可压性，亦有“干黏合剂”之称，但是具有一定的静电作用，可用作粉末直接压片。另外，片剂中含20%以上微晶纤维素时崩解较好。

7. 无机盐类

一些无机钙盐类也可作为稀释剂，如碳酸钙、硫酸钙、磷酸氢钙、磷酸三钙、二水硫酸钙等。其中二水硫酸钙比较常用，其性质稳定，无臭、无味，微溶于水，不溶于乙醇。它可与多种物料配伍，制成的片剂外观光洁，硬度、脆碎度、崩解度均好，对主料也无任何吸附作用。但应注意硫酸钙对某些主料的含量测定有干扰。

8. 糖醇类

目前，糖醇类在片剂中的使用越来越广泛，如甘露糖醇、山梨糖醇、木糖醇、赤藓糖醇、异麦芽酮糖醇等。这类原料大多都是为白色、无臭、具有甜味的结晶性粉末或颗粒。甘露糖醇在溶解时吸热，有凉爽感；山梨糖醇和木糖醇容易吸湿，当主料也是易吸湿性物料时配方中就不宜过多使用；异麦芽酮糖醇可压性良好；赤藓糖醇其甜度为蔗糖的80%，具有溶解速度快、有较强的凉爽感，口服后不产生热能，口腔内pH不下降等优点。它们适用于咀嚼片、口腔溶解片等，但价格稍贵，常与蔗糖配合使用，是制备口腔速溶片的最佳辅料。

（二）润湿剂与黏合剂

润湿剂和黏合剂一般是在制粒时加入的辅料。

1. 润湿剂

润湿剂本身并没有黏性，而是通过润湿物料诱发物料的黏性，通常为液体。常用的湿润剂有蒸馏水和乙醇。

（1）水　价格低廉，来源丰富，是首选的润湿剂。但干燥温度高、干燥时间长、不适合用于对水敏感的物料。用水制粒，当处方中水溶性成分较多时易出现结块、润湿不均匀、干燥后颗粒发硬等现象。此时最好选择适当浓度的乙醇-水溶液，以克服上述不足。其溶液的混合比例根据物料性质与试验结果而定。

（2）乙醇　可用于遇水易分解的物料或遇水黏性太大的物料。中药干浸膏的制粒中常用乙醇-水混合液，随着乙醇浓度的增大，润湿后所产生的黏性降低，常用浓度为30%~70%，可根据物料的性质与试验确定适宜乙醇浓度。

2. 黏合剂

黏合剂是指依靠本身所具有的黏性赋予无黏性或黏性不足的物料以适宜黏性的辅

料。黏合剂的种类与用量可通过试验优化，即根据颗粒脆碎度、片剂的硬度、崩解度、溶出度等试验进行筛选。常用黏合剂如下：

（1）淀粉浆　淀粉浆由淀粉在水中受热后糊化而得，玉米淀粉的糊化温度是73℃。淀粉浆的制法有两种，煮浆法和冲浆法。①煮浆法：将淀粉混悬于全量水中，边加热边搅拌，直至糊化；②冲浆法：将淀粉混悬于少量（1~1.5倍）水中，然后根据浓度要求冲入一定量的沸水，不断搅拌糊化而成。由于淀粉价廉易得，黏性良好，因此是制粒中首选的黏合剂，但是不合适用于遇水不稳定的物料。

（2）纤维素衍生物　纤维素衍生物是天然的纤维素经处理后制得的纤维素的各种衍生物。

①甲基纤维素：系甲基醚纤维素，为白色或类白色纤维状或颗粒状粉末，无臭、无味。在水中溶胀成澄清或微浑浊的胶体溶液，在热水及乙醇中几乎不溶。将甲基纤维素溶解于水中制备黏合剂时，先将甲基纤维素分散于热水中，然后冷却，溶解。或用乙醇润湿后加入水中分散，溶解。

②羟丙纤维素：是2-羟丙基醚纤维素，相对分子质量在4万~91万之间。本品为白色或类白色粉末，无臭、无味。在冷水中溶解成透明溶液，加热至45~50℃时形成凝胶状。羟丙纤维素的吸湿性比其他纤维小，可溶于水和乙醇，而且黏度规格较多，是优良的黏合剂。高黏度的羟丙纤维素可用于凝胶骨架的缓释片剂。本品既可做湿法制粒的黏合剂，也可做粉末直接压片的干黏合剂。

③羟丙甲纤维素：指2-羟丙基醚甲基纤维素。为白色或类白色纤维状或颗粒状粉末，无臭、无味。溶于冷水，不溶于热水与乙醇，但可溶于水和乙醇的混合液。制备羟丙甲纤维素水溶液时，先将羟丙甲纤维素加入到热水（80~90℃）中分散、水化，然后降温，搅拌使溶解。本品不仅用于制粒的黏合剂，而且在凝胶骨架片缓释制剂中得到广泛的应用。

④羧甲基纤维素钠：为白色至微黄色纤维状或颗粒状粉末，无臭、无味、有吸湿性。含水量一般少于10%，超过20%时，容易结块，要注意密闭保存。在水中先膨胀后溶解，不溶于乙醇。不同规格的羧甲基纤维素钠具有不同的黏度，1%水溶液的黏度为5~13000mPa·s。常用于可压性较差的物料。

⑤乙基纤维素：指乙基醚纤维素。为白色颗粒状或粉末，无臭、无味。本品不溶于水，溶于乙醇等有机溶剂中。乙基纤维素的乙醇溶液可作对水敏感性物料的黏合剂。其黏性较强，且在胃肠液中不溶解，会对片剂的崩解及有效成分的释放产生阻滞作用。常用于缓、控释制剂的包衣材料。

（3）聚维酮　聚维酮是1-乙烯基-2-吡咯烷酮聚合物。根据相对分子质量分为多种规格，如聚维酮 K_{30}、K_{60}、K_{90} 等，其中最常见的型号是 K_{30}（相对分子质量3.8万）。其为白色至乳白色粉末，无臭或稍有特殊臭、无味，有吸湿性，本品含水不得超过5%。既溶于水，又溶于乙醇。制备黏合剂时，根据物料的性质选用水溶液或乙醇溶液，用起来比较灵活。常用于泡腾片及咀嚼片的制粒中。最大缺点是吸湿性强。

（4）明胶　明胶是动物胶原蛋白的水解产物。为微黄色至黄色、透明或半透明的薄片或粉粒状粉末，无臭、无味，浸在水中时会膨胀变软，能吸收其自身质量5~10倍的水。在乙醇中不溶，在酸和碱中溶解。在热水中可溶，冷水中形成胶冻或凝胶，故制粒时明胶溶液应保持较高温度。明胶的缺点是制粒物干燥后比较硬。适用于松散且不易制粒的物料以及在水中不需崩解或延长作用时间的口含片等。

（5）其他黏合剂　例如：50%~70%蔗糖溶液、海藻酸钠溶液等。

（三）崩解剂

崩解剂是使片剂在胃肠液中迅速裂碎成细小颗粒的辅料。除了缓控释片、口含片、咀嚼片、舌下片等有特殊要求的片剂外，一般都需要加入崩解剂。由于片剂是在高压下压制而成，因此空隙率小，结合力强，很难迅速崩解。崩解过程经历湿润、虹吸、破碎。崩解剂的作用机制：①毛细管作用：崩解剂在片剂中形成易于湿润的毛细管通道，当把片剂放入水中时，水能迅速地随着毛细管进入片剂内部，使整个片剂湿润而瓦解；②膨胀作用：自身具有很强的吸水膨胀性，从而瓦解片剂的结合力。膨胀率是表示崩解剂的体积膨胀能力，膨胀率越大，崩解效果越显著。膨胀率＝（膨胀后体积-膨胀前体积）/膨胀前面积×100%；③润湿热：物料在水中产生溶解热时，使片剂内部残存的空气膨胀，促使片剂崩解；④产气作用：由于化学反应产生气体的崩解过程，如泡腾片的崩解。

不同的崩解剂有不同的崩解机制，常用的崩解剂如下：

1. 干淀粉

在100~105 ℃下干燥1h，含水量在8%以下。干淀粉的吸水膨胀性较强，其吸水膨胀率为186%左右。适用于水不溶性或微溶性物料的片剂，而对易溶性物料的崩解作用较差。这是因为易溶性物料遇水溶解，堵塞毛细管，不易使水分通过毛细管渗入片剂的内部，因此妨碍片剂内部的淀粉吸水膨胀。

2. 羧甲淀粉钠

羧甲淀粉钠为淀粉的羧甲醚的钠盐，不溶于水，吸水膨胀作用非常显著，其吸水后膨胀率为原体积的300倍，是一种“超级崩解剂”。

3. 低取代羟丙纤维素

低取代羟丙纤维素为白色或黄白色粉末或者颗粒，无臭无味，在水中不溶，在10%氢氧化钠溶液中溶解。根据粒径大小和取代度不同有多重型号，如LH-11、LH-21、LH-31、LH-22和LH-32等。其中LH-11粒径最大，常用于直接压片的崩解剂；LH-21粒径适中，主要用于湿法制粒的片剂的崩解剂。由于表面积和空隙率很大，具有快速吸水膨胀的性能，吸水膨胀率一般在500%~700%，也是一种“超级崩解剂”。

4. 交联羧甲纤维素钠

经化学交联而得，不溶于水，但能吸收数倍于自身质量的水，膨胀为原体积的4~8倍，所以具有较好的崩解作用。当与羧甲淀粉钠合用时崩解效果更好，但与干淀粉合用时崩解作用会下降。

5. 交联聚维酮

交联聚维酮在水中不溶，但在水中迅速表现出毛细管作用和优异的水化能力，最大吸水量为60%，膨胀倍数为2.25~2.30，无胶凝倾向。

6. 泡腾崩解剂

泡腾崩解剂是专用于泡腾片的特殊崩解剂。由碳酸氢钠与枸橼酸组成的混合物，两种物质反应生成二氧化碳气体，使片剂在几分钟之内迅速崩解，含有这种崩解剂的片剂应妥善包装，避免受潮造成崩解剂失效。

崩解剂的加入方法与片剂的崩解特点：①外加法：制粒后加入，片剂的崩解将发生在颗粒之间；②内加法：制粒前加入，片剂的崩解将发生在颗粒内部；③内外加法：将崩解剂一部分外加、一部分内加，使片剂的崩解发生在颗粒之间和颗粒内部。其中外加法崩解产生的颗粒如果无法进一步溶解或崩解成更小的颗粒，溶出有可能受影响；内加法虽然对溶出有利，但崩解时限受影响；内外加法崩解与溶出兼顾，是比较理想的加入方法。

（四）润滑剂

润滑剂是一个广义的概念。①助流剂：降低颗粒之间摩擦力，从而改善粉末流动性；②抗黏剂：防止压片时物料黏附于冲头与冲模表面，保证压片操作的顺利进行，而且使片剂表面光洁；③润滑剂：降低药片与模孔壁之间摩擦力，以保证压片时压力分布均匀、防止裂片、从模孔推片顺利。不同润滑剂的作用机制比较复杂，概括起来有以下几种：①改善粒子表面的静电分布；②改善粒子表面的粗糙度，减少摩擦力；③改善气体的选择性吸附，减弱粒子间的范德华引力。总之，润滑剂的作用是改善颗粒的表面特性，因此润滑剂需要粒径小，表面积大。目前常用的润滑剂有：

1. 硬脂酸镁

硬脂酸镁为白色粉末，具疏水性，触摸有细腻感，堆密度小，比表面积大，易于颗粒混匀并黏附于颗粒表面，减少颗粒与冲模之间的摩擦力。用量一般为0.1%~1%，用量过大时会使片剂的崩解或者溶出迟缓。另外，镁离子影响某些物料的稳定性，应注意配伍禁忌。

2. 微粉硅胶

微粉硅胶为轻质白色粉末，触摸有细腻感，比表面积大，常用量为0.1%~0.3%，为优良的助流剂和润滑剂，可用于粉末直接压片。

3. 滑石粉

滑石粉是经过纯化的含水硅酸镁，为白色或灰白色结晶性粉末，比表面积大，常用量一般为0.1%~3%，最多不超过5%，过量时反而流动性差。

4. 氢化植物油

氢化植物油由植物油催化氢化制得本品为白色至淡黄色的块状物或粉末，加热熔融后呈透明状，不溶于水，但溶于油状石蜡等。应用时，一般将其溶于轻质液状石蜡，然后喷于干颗粒上，以利于均匀分布，用作润滑剂。常用量为1%~6%（质量分数），常与滑石粉联合使用。

5. 聚乙二醇类

聚乙二醇类具有良好的润滑效果，由于水溶性好，对崩解和溶出的影响较小。

6. 十二烷基硫酸钠

十二烷基硫酸钠为阴离子型表面活性剂，白色或乳白色，有光滑感，带有苦皂味，微有脂肪臭，溶于水形成乳白色溶液。在粉末的处理中具有抗静电和良好的润滑作用，并且能够促进片剂的崩解和溶出。

（五）色、香、味及其调节剂

为了改善口味和外观，在片剂中经常加入着色剂、芳香剂和甜味剂等。这些辅料的使用既要符合GB 2760—2014《食品安全国家标准　食品添加剂使用标准》的要求，还要控制与主料的反应，比如应注意色素与主料的反应以及干燥中颜色的迁移等。

四、片剂的制备方法

片剂的制备是将粉状或颗粒状物料在模具中压缩成形的过程。物料的性质是压片成败的关键，因此要求物料必须具备：①流动性好：以保证物料在冲模内均匀充填，有效减少片重差异；②压缩成型性好：有效防止裂片、松片，获得致密而有一定强度的片剂；③润滑性好：较好的润滑性可有效避免粘冲，获得光洁的片剂。

制粒是改善物料的流动性和压缩成型性的最有效的方法之一，因此制粒压片法是最传统、最基本的片剂制备方法。制粒压片法湿法和干法制粒压片。近年来，市场上出现了许多优良的粉末直压性原料，所以粉末直接压片法得到了广泛关注。还有一种是半干式颗粒压片法，它是将物料粉末与空白辅料颗粒混合后压片，是属于粉末直接压片法的一种。根据各种不同的制粒方法，片剂制备的工艺流程如图 3-6 所示。

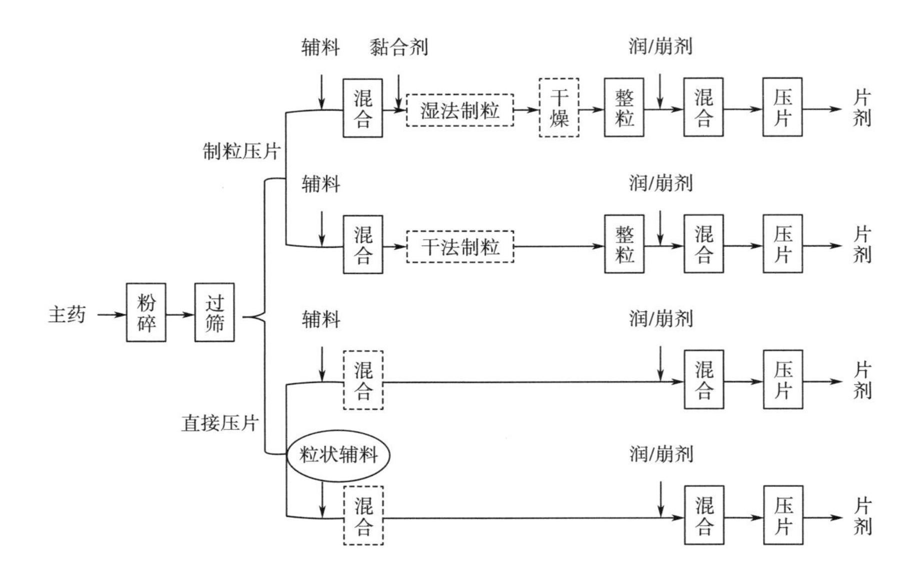

图 3-6 片剂的制备工艺流程图

无论采用何种工艺路线，压片前的物料必须具备流动性、压缩成形性和润滑性三个条件。①良好的流动性可使物料顺利地流入并充填于压片机的模孔，避免片剂质量差异过大；②良好的压缩成形性可使物料压缩成具有一定形状的片剂，防止裂片、松片等不良现象；③良好的润滑性可以防止片剂发生粘冲，使片剂从冲模孔中可顺利推出，可得到完整、光洁的片剂。

（一）物料的前处理

制备片剂的第一道工序是将主料进行粉碎、过筛，获得小而均匀的粒子，以便与各种辅料混合均匀，减少劣质片的产生。

1. 粉碎过筛

因压片过程中经常出现混合不均匀，裂片等现象，可能是与原辅料的粒度有关，如果把粒度不一致的物料混合在一起制粒，就会出现上述情况。有的原辅料为鳞片状结晶或针状结晶，出现上述情况的可能性更大。所以在原辅料预处理时应进行粉碎处理，然后再过筛。传统工艺中，粉碎过筛时的网筛多选用80目或100目的。随着现代工艺的不断进步，传统工艺上过80目筛网的原料现在大部分都能过100目网筛，因此过100目网筛工艺正逐步取代采用80目过筛的工艺。

2. 物料混合

物料混合的均匀程度不但会影响片剂的外观形状，还会影响到片剂的内在质量。但是细粉在混合时会遇到一系列问题，如粒度小，吸附性、分散性强；颗粒的形状不一、大小不够均匀，表面粗糙度不同。这些均给混合操作带来一定的难度。因此，合理的混合操作是保证产品质量的重要措施。不同物料之间粒径、粒子形态和密度等存在很大差异时，混合过程中或者混合后物料容易发生离析现象，离析现象是混合的相反过程。可通过改进配料方法、加入适量液体如水、改进加料方式等方面防止离析。在混合机内混合时应控制好物料量、机器速度、混合时间。混合物料量通过工艺验证确认后为定值，混合机的转速可能因为设备的磨损造成混合机转速的漂移，而影响混合均匀程度，需要生产前的设备点检及设备的周期性确认，为最大程度的保证颗粒的混合均匀程度，获得质量均一的产品，需要通过工艺验证获得混合时间。充分的混合时间是润滑剂在干颗粒中分散程度的有效保障，否则润滑剂会在干颗粒混合过程中形成静电吸附团，从而影响颗粒质量。

（二）制粒压片

制粒压片分为湿法制粒压片和干法制粒压片。

1. 湿法制粒压片

湿法制粒压片是将物料经湿法制粒干燥后进行压片的方法，该方法靠黏合剂的作用使粉末粒子间产生结合力。湿法制粒压片的优点是①颗粒具有良好的压缩成型性；②粒度均匀、流动性好；③耐磨性较强。缺点是不适宜用于热敏性、湿敏性、极易溶解的物料。

（1）湿法制粒　在此制备工艺中，尽管整粒前的工艺几乎和颗粒剂的制备完全相同，但对制粒的要求和颗粒剂有所不同。在颗粒剂中制粒应符合最终产品的质量要求；而在片剂中制粒是中间过程，尽管对颗粒中间体没有明文要求，但是要求颗粒压缩成形性要好。而且黏性过大，颗粒硬，不宜压片或压片后不易崩解；黏性过小，压缩成形性差。传统的湿法制粒中制软材是关键步骤，通常根据熟练工的经验，“手握成团，轻压即散”为原则掌握软材的干湿程度。目前的高速搅拌制粒机、流化床制粒机等，不用经过制软材步骤，直接在混合操作的基础上加入黏合剂制粒，效率高，重现性好，保证了压片用颗粒的质量。

大部分产品在制粒过程中不会将黏合剂温度作为控制指标，但在实际生产中发现，例如淀粉浆温度对某些特殊品种确有较大影响，其他情况相同下温度越低黏合性越大，产品的脆碎度越低；淀粉浆温度越高黏合性越小，产品的溶出度越高。因此，在使用黏合剂的工艺中，应注意对黏合剂的温度进行验证控制。

黏合剂的用量对片剂的质量影响最明显，一般黏合剂用量越大，颗粒密度和片剂硬度越高。黏合剂的加入方式对制粒影响也较大，使用高速湿法混合制粒机时，黏合剂的加入方式建议在不停机状态下，利用黏合剂加料斗，打开加料阀，在搅拌运行过程中加入，这种加料方法可避免局部不均匀的情况，能够使颗粒更均匀。

颗粒的成型性与高速混合制粒机的搅拌与切碎转速的选择直接相关，更直接影响片剂的质量。目前，高速湿法混合制粒机的搅拌电机有双速和变频调速两种，其中双速分为低速和高速，变频调速是使用手动调速，但手动调速一定程度上会影响颗粒质量，所以变频调速的高速混合制粒机一般是设定搅拌转速和运行时间，启动自动运行程序，以降低人为差异。

影响颗粒质量至关重要的一项工艺参数是搅拌切碎的时间。通常情况下，搅拌切碎时间短，会造成颗粒的密度、硬度、均匀度降低，压片时会出现裂片、均匀度不合格等情况；搅拌切碎时间过长，则造成颗粒的密度、硬度加大，压片时可能出现软材失败，片剂崩解时间延长、溶出度不合格等问题。

（2）干燥　干燥是利用热能或其他适宜的方法去除湿物料中的溶剂从而获得干燥颗粒。由于干燥过程一般采用热能（温度），因此干燥热敏性物料时必须注意化学稳定性问题。干燥后的含水量应根据物料的性质而定，干燥温度一般为40~60℃，对热稳定的物料可以放宽到70~80℃，甚至可以提高到80~100℃，干燥程度根据物料的稳定性质不同有不同要求，一般为3%（质量分数）左右。

（3）整粒与混合　整粒的目的是使制粒得到的不规整颗粒、干燥过程中结块、粘连的颗粒去除和分散开，以得到大小均匀颗粒。一般采用过筛的方法进行整粒，需要注意筛网目数和转速，它会对干燥后的颗粒产生明显的影响。一般情况下，颗粒较紧时，选择筛网较小，颗粒较松时，选择筛网较大。根据物料特性选用合适的网筛。实际生产中多采用快速整粒机进行整粒。整粒完成后，向颗粒中加入润滑剂和崩解剂，进行混合。如果配方中含有挥发油类物质或添加量很小或对湿、热很不稳定的物质，则可将物料溶解于乙醇后喷洒在干燥颗粒中，密封贮存数小时后室温干燥。

2. 干法制粒压片

干法制粒压片是将主料和辅料的粉末混合均匀之后制成大片状，再根据要求制成不同大小颗粒的方法，此种方法是依靠物料之间的压缩力使粒子间产生结合力。干法制粒压片又分为压片法和滚压法：压片法是利用压片机的压力将物料压成大块状的颗粒，然后在根据压片需要破碎成各种大小颗粒的方法；滚压法是利用两个圆筒之间的缝隙将物料压成大块状物，然后根据压片需要破碎成各种大小颗粒的方法。干法制粒在生产中常用于热敏性、遇水易分解的物料，需加入干黏合剂，以保证片剂的质量指标硬度或脆碎度合格。

干法制粒要求辅料有良好的流动性和压缩成型性，它的制粒过程相对简单，先是压成大块状再打碎过筛。制粒过程中，需要注意控制压力，如果压辊压力过高，会导致制成的干颗粒过硬，压片时可压性不好或直接无法完成压片。颗粒过筛时一般下限采用 80 目，上限采用 30 目进行筛分，也可根据实际生产需要进行调整。尽量保证过筛后剩余的粉末占原料比例小于 20%。制粒时为了保证颗粒粒径的均匀性，需要保证制粒前混合均匀；压片时，防止物料分层。

（三）直接压片

直接压片包括粉末直接压片和结晶物料直接压片。

1. 粉末直接压片法

粉末直接压片法是不需将物料制粒，直接把主料和辅料进行混合均匀，控制好水分和流动性而压片的方法。它因省去了粉碎、制粒等步骤，所以具有省时节能的优点，适用于对湿热不稳定的物料。然而，粉末直压技术对辅料的要求较高，如流动性、压缩成形性、吸湿性等，普通的辅料很难满足这些要求。改善流动性和可压性的方法：①改善物料的性能：如改变粒子大小及分布来改变形态，从而改善流动性和可压性或通过添加压片辅料改进；②压片机的改进：近年来市场上出现了多种专用于粉末直接压片的辅料，用来解决物料混合后的流动性和可压性问题，如微晶纤维素、预胶化淀粉、乳糖、羧甲基淀粉钠、各种糖醇等。遇湿、热不稳定的主料如使用传统的制粒工艺压片会导致有效活性物质分解而使含量下降，采用粉末直接压片工艺生产就可解决这一问题。同时，近年来高效压片机的发展也为粉末直接压片法提供了很大帮助。

2. 结晶物料直接压片

有些晶体性物料其流动性较好，而且具有很好的可压性，可用于直接压片。该法适用于对湿、热敏感的物料，不利之处在于颗粒与粉末物料存在粒度差异，不易混匀，容易分层。

五、片剂的质量要求

片剂的质量检查包括两个方面：一是对半成品的检查；二是对成品的检查。半成品质量检查是在压片过程中检查片剂的外观、硬度、脆碎度、片重差异、崩解时限等，以便随时控制好产品质量。成品的检查一般是压片完成后对产品的主要成分含量、微生物、重金属和一些理化指标进行检测，同时对外观、硬度、脆碎度、片重差异、崩解时限再次抽查。包装完成后检查其密封、标签、批号、品名、数量等是否符合。

片剂的质量检查项目如下。

（一）外观检查

质量合格的片剂外观光滑、色泽均匀、完整，无裂痕，无掉片、掉渣现象。对包衣片剂有畸形者不得大于0.3%。

（二）片重差异检查

片剂在生产过程中，颗粒或粉末的均匀度、粒度等都会引起片重的变化，造成片重差异。因此，对片剂要进行片重的检查，使其控制在规定范围内。片重的检查方法是按照《中国药典》2015版第四部中"制剂通则"项下【重量差异】的方法进行检查。一般情况下，片重平均值小于0.30g，其差异限度控制在±7.5%；片重平均值大于等于0.30g，其差异限度控制在±5.0%

（三）崩解时限检查

片剂中除咀嚼片外，其他片剂都需要检测崩解时限。崩解时限是指片剂在规定的实验条件下除了不溶性包衣材料之外，其他全部溶散或成碎粒。崩解时限的检查方法是按照《中国药典》2015版第四部的要求进行检查。

（四）硬度与脆碎度的检查

因包装、运输或者包衣等关系，需要对片剂的硬度和脆碎度进行检查，以保证产品质量。

硬度是指片剂的径向破碎力，单位是牛顿或千牛顿（N或kN）。硬度一般用硬度测定仪检测。

非包衣片脆碎度检查法按照《中国药典》2015版四部中"制剂通则"项下（0923）

的方法进行检查。一般情况下，脆碎度应小于1%，不能出现掉角、掉边的现象。

六、片剂的包装与贮存

片剂的包装应做到密封、防潮，还应考虑到消费者使用的方便性；目前常见的片剂包装形式有瓶装、药用铝箔泡罩等；片剂的贮存应根据物料的特性尽量贮藏在阴凉、通风处，保持主要成分的稳定。

七、片剂的应用举例

【例1】 玛咖西洋参片

【配方】 主要原料：玛咖粉、西洋参提取物。

辅料：玉米淀粉、羧甲基淀粉钠、微晶纤维素、硬脂酸镁。

【制备】 将吗咖粉、西洋参提取物、淀粉、羧甲基淀粉钠、微晶纤维素过筛、称量，混合均匀，用60%乙醇制软材，用16目筛制粒，于70~80℃干燥，用14目筛整粒，加入硬脂酸镁，混合均匀后压片，即得。

【注解】 使用传统湿法制粒方法。

【例2】 B族维生素片

【配方】 主要原料：维生素 B_1（盐酸硫胺素）、维生素 B_2（核黄素）、维生素 B_6（磷酸吡哆醇）、维生素 B_{12}（氰钴胺素）、叶酸（蝶酰谷氨酸）、烟酰胺、泛酸钙。

辅料：微晶纤维素、麦芽糊精、玉米淀粉、羟丙甲纤维素、硬脂酸镁。

【制备】 将维生素 B_1（盐酸硫胺素）、维生素 B_2（核黄素）、维生素 B_6（磷酸吡哆醇）、维生素 B_{12}（氰钴胺素）、叶酸（蝶酰谷氨酸）、烟酰胺、泛酸钙、微晶纤维素、麦芽糊精、玉米淀粉、羟丙甲纤维素、硬脂酸镁分别过80目筛，混合均匀之后直接压片。

【注解】 使用粉末直接压片法。

第九节
胶囊剂

一、概述

（一）胶囊剂的特点

胶囊剂是传统常用的剂型。胶囊剂具有如下一些特点：①能掩盖某些原料的令人不悦的气味和滋味；②由于内容物通常为粉末或颗粒，生物利用度较高；③提高产品的稳定性；④油性原料可制成软胶囊剂，方便定量。

（二）胶囊剂的种类

1. 硬胶囊剂

硬胶囊剂其内容物是固体或半固体，有的技术也可以填充液体。外层是空心胶囊壳。

2. 软胶囊剂

软胶囊剂的内容物是具有一定流动性的液体或者半固体，外层的囊材是软质的。制备方法有滴制法或压制法。

3. 肠溶胶囊

肠溶胶囊和普通胶囊不同的是外层的囊材是肠溶材料，在肠道内囊材才溶解，内容物被小肠吸收。

二、胶囊剂的制备

（一）硬胶囊剂的制备

1. 内容物的组成

硬胶囊剂的内容物以固体为主，一般有以下几种：①直接用原料粉末；②将原辅料均匀混合后制成的粉末、颗粒、小丸、小片；③将原料制成包合物、微囊；④半固态的混合物；⑤油状液体、混悬液、乳状液等。硬胶囊内容物的种类如表3-3所示。

表 3-3　　硬胶囊内容物的种类

固体	半固体	液体
粉末	触变混合物	油性液体
颗粒	热塑性混合物	非水溶液和混悬液
小丸		
小片		
微囊		

2. 胶囊壳的组成

硬胶囊的囊材主要由明胶、增塑剂和水组成，现在也有不少明胶替代材料。

（1）明胶　明胶来源于胶原质，是天然蛋白，由动物的骨、皮水解而得。明胶是生成胶囊壳的首选材料，它具有可食用、体温可溶、可形成硬质薄膜的特点。用明胶生产出的胶囊壳十分结实，能耐受填充和包装的机械应力。但现在动物来源的明胶有些消费者不能接受，而且，如果明胶胶囊壳存储时间长，胶囊壳失水，胶囊壳就会变脆，易碎裂。人们找到了替代明胶的材料，最近采用羟丙甲纤维素制造胶囊壳。还有植物胶囊壳，可以满足素食者的需求。

（2）增塑剂　增塑剂增加明胶的韧性，保持胶囊壳的湿度，使胶囊壳不易变干，造成脆裂。一般是甘油、山梨醇、羟丙基纤维素等。

（3）其他成分　①遮光剂：对光敏感的原料见光易分解，需要加入遮光剂，如二氧化钛；②色素：可以遮盖不好看的内容物颜色，增加美观；③增稠剂：可增加胶冻力。

明胶胶囊壳的含水量一般在 13%～16%，水作为增塑剂是保持胶囊柔软性的重要因素。如果太低，胶囊容易干燥而破损；含水量过高又会粘在一起结团。含水量还会影响胶囊的尺寸，含水量每变化 1%时，胶囊尺寸会变化 0.5%。所以胶囊壳的储存要注意环境的湿度。当胶囊壳大量失水后，重新放置在标准环境（相对湿度为 35%～50%）中时，也无法恢复。

3. 硬胶囊剂的制备工艺

（1）粉末填充　若原料粉碎后粒度适宜，具有一定的流动性，能满足硬胶囊剂的填充要求，即可直接填充。如果原料流动性差，可加入一定量的稀释剂、润滑剂等辅料或制粒后填充。按照填充剂量的确定方法可将胶囊填充机分为依赖型和非依赖型两种。依赖型机器直接利用胶囊壳来定量，而非依赖型机器采用独立的装置。

（2）干固体填充　颗粒、小丸和片剂也可以填充胶囊。这样两个剂型结合可以改善有效成分的释放速率，还可以隔开不相容组分。填充干固体的胶囊填充机分为直接和间接两类。直接型填充机将物料填入胶囊壳直至填满；间接型填充机由可变体积的隔室来确定填充量。另外，这些制剂应当不易碎。片剂通常需要薄膜包衣，颗粒和小丸型要大小均匀一致，有良好的流动性和填充性。

（3）液体填充　液体胶囊是现在新兴的剂型，它分为两类：①是填充非水溶液或混悬液；②是填充剪切或加热后液化的非水溶液或混悬液。原料的填充量用容量泵计量，其装量均匀性比粉末填充机好。

（4）硬胶囊规格及其选择　应根据原料需要的剂量选择硬胶囊的规格。首先根据原料的剂量和内容物中原料的添加量，以及日食用量计算内容物装量；然后测定内容物的堆密度，计算其容积；再选择合适容积的胶囊号数；再微调配方，使内容物等于所选胶囊的容积为止。另外应根据原料性质选择不同胶囊壳，如易吸水的物料，不宜选择明胶材质的胶囊壳。

小丸和颗粒填充的时候粒径是关键，因为小直径管中粒径大的颗粒空隙率更大。胶囊壳容积越小，相应填充的颗粒直径应越小，才能包装装量均匀。液体胶囊的填充体积不能超过囊体体积的80%。

（5）装填、套合　将物料装填于胶囊，然后套合胶囊帽。

（二）软胶囊剂的制备

1. 软胶囊剂的组成与影响其质量的因素

软胶囊剂由软质囊材和内容物组成。

（1）软胶囊的囊材　主要由明胶、增塑剂、水组成，也可以按需要加入着色剂和遮光剂，有时还可以加入香精等。常用增塑剂有甘油、山梨醇或它们的混合物。增塑剂的选择和用量对产品最终的硬度有决定性影响，也会影响软胶囊的溶出和崩解以及稳定性。因此明胶与增塑剂的比例对软胶囊剂的质量非常重要，需要通过多次实验确定。

（2）软胶囊的内容物　内容物的黏度从流动液体到混悬液或糊状物均可。能填充到软胶囊的内容物多数是液体状物质，如油性物质、溶液、混悬液或乳剂等。将固体内容物填充到软胶囊中，即把不溶于溶剂的物质混悬于溶剂中。不溶性物质的颗粒粒径应能通过80目筛或更细的筛，这样更利于保证混悬的均匀性。混悬剂有石蜡、蜂蜡、氢化植物油等。

（3）内容物对囊壁质量的影响　由于囊材的主要成分是明胶，明胶是蛋白质，因此设计内容物配方时必须考虑是否会引起蛋白质变性。软胶囊的内容物多为液体，因此还应当注意：①内容物中水分不应超过5%；②有些酸性或有机物如乙醇、丙酣、酸、醋等能使明胶软化或溶解；③内容物的pH应控制在2.5~7.5，否则会使明胶水解或变性。

2. 软胶囊的产品开发

开发软胶囊产品首先要确定物料在一系列溶剂中的溶解性。根据需要选择溶剂，比如是亲水性还是亲脂性，还是需要混合的溶剂。选用的溶剂要使原料在其中保持稳定性，必要的时候还要考察在加速条件下的物理、化学稳定性，以及赋形剂的相容性。

（1）冻胶相容性　对内容物和胶囊壳的冻胶相容性测定十分重要。如果配方和胶囊壳不适应，会引起很多问题。

（2）试制　试验性小批量产品考察工艺参数，包括温度、混合条件、加料顺序等。制备时，评价生产工艺及产品，为后续工艺参数范围和验证研究提供参考信息。比如，内容物的水分、胶囊的硬度、干燥时间等。

3. 软胶囊剂的制备方法

常用软胶囊的制备方法有滴制法和压制法。

（1）滴制法　滴制法用滴丸机制备。机器有内外喷头，外层喷头是供胶液喷出的，内层喷头喷的是内容物，工作时内容物被胶体包裹，内容物被密封在囊材中，随后滴入冷却液，形成球形。冷却后即凝固成软胶囊，如常见的鱼肝油胶丸等。影响滴制软胶囊质量的主要因素有：内容物和胶液的温度、喷头的大小、滴制速度、冷却液的温度等，实际中应通过试验确认。

（2）压制法　压制法是先将胶液浇铸成厚薄均匀的胶带，将内容物置于两个胶带之间，用表面含有大小和形状对应的凹陷的一对模具压制成胶囊。目前生产上主要采用旋转模压法，模具的形状可根据产品特性调整。

在生产过程中，两条胶带连续地向相反方向移动，在接近模具时，两胶带靠近，此时内容物由填充泵经导管至楔形注入器，定量地注入两片胶带之间，模具的凹陷密封软胶囊的两面，剩余胶带即自动切断分离，之后软胶囊被输送到转笼干燥器中开始干燥。

干燥一般分为两步。首先初始干燥将软胶囊传输到转笼干燥器中进行，这时软胶囊在一定的温度和湿度下翻滚，除去了一半多的多余水分；然后将软胶囊单层平铺在浅盘中，在受控制的温度和湿度条件下继续干燥，直到达到适宜的硬度，完全的干燥需要 3 天到 2 周的时间。干燥时间取决于软胶囊的大小和内容物的配方。

4. 肠溶胶囊剂的制备

肠溶胶囊剂有两种制备方法：①将内容物制成肠溶性制剂；②使用肠溶胶囊壳，填充成胶囊。

三、胶囊剂的质量要求

（1）外观　胶囊外观应光洁，无黏结、变形，无渗漏或囊壳破裂现象，并应无异味。

（2）水分　内容物的水分不高于 9.0%。

（3）装量差异　装量差异应符合相关规定。

（4）崩解时限　崩解时限应符合《中国药典》2015 版规定。

四、影响胶囊剂质量的因素

（一）硬胶囊剂的质量影响因素

1. 物料因素

内容物的影响：①内容物中的植物成分有可能带入吸湿成分，如淀粉、糖等，应注意贮存中水分变化，可加入一些干燥剂；②内容物制备过程中水分没有控制，在保存中挥发出来引起吸潮结块；③物料的流动性决定了胶囊的装量差异能否符合要求，较好的流动性能保证每粒胶囊装量一致。

空心胶囊的影响：空心胶囊要按规定的温度和空气湿度贮存；选用的时候要选择大小适宜的规格，避免出现胀破囊壳的情况出现。

2. 工艺因素

采用胶囊填充机制备时，应进行检查、保养，保证设备的良好运转状态。胶囊填充机的压力不能太大也不能太小，太大会胀破胶囊壳，压力太小则会密封不严。

生产、贮藏环境的影响：必须在一定的温度、相对湿度和洁净度下生产，贮存在一定的温、湿度下。避免引起微生物污染，以及胶囊的吸潮、变色、黏结。

（二）软胶囊剂制备中的常见问题

1. 渗漏问题

有的软胶囊的内容物是半固体，在贮存期内易出现渗漏现象。渗漏问题可以通过以下措施改善：①控制物料的粒度，颗粒越细，越不容易夹在胶皮的缝隙中；②控制胶液的黏度，黏度太低，压合不牢固；③模具应比理论大一点，胶囊干燥后不易因收缩涨破；④模具的压口应尽量圆弧过渡，有利于提高接缝率；⑤润湿剂和助悬剂。例如加入蜂蜡等可以避免内容物分层、不均匀等问题。

2. 崩解迟缓

引起软胶囊崩解迟缓的原因主要有：胶囊皮明胶老化是引起崩解困难的主要原因。胶囊皮中水分过多可使明胶加速氧化；软胶囊内常含有脂肪类物质、防腐剂等，这些化合物自身易被氧化，与胶皮中的明胶发生反应，造成崩解困难。这些因素要尽量避免和采取措施，除此以外，还可以在胶囊皮中加入崩解剂；使用山梨醇等糖醇与甘油混合作增塑剂，能降低氧的穿透力，可以防止胶皮过快氧化；也可以根据需要选择品质更好的明胶，优质的明胶杂质较少，抗氧化能力较强，稳定性更好。

五、胶囊剂的应用举例

【例 1】 微量元素胶囊（电解质组件）

【配料】 麦芽糊精、亚硒酸钠、硫酸亚铁、硫酸铜、氯化铬、硫酸锌、硫酸锰、钼酸钠、碘化钾。

【制备】 取上述各原料，分别粉碎过 80 目筛，混合；以 10%糖浆为黏合剂，用一步制粒机制粒，待水分小于 2%时出锅；上 16 目下 80 目筛整粒，然后用全自动胶囊填充机将颗粒填入 0 号空心胶囊中，0.5g/粒。

【例 2】 脂肪酸组件软胶囊

【配料】 中链脂肪酸、明胶、甘油、纯化水。

【制备】 ①称取配方量的中链脂肪酸油，过 200 目筛备用；②化胶，将纯化水加热至 50℃，加入明胶、甘油，溶解后抽真空脱泡，加入色素，继续搅拌均匀，然后在保温桶中放置备用；③压丸，用软胶囊机压制胶囊，调节软胶囊装量，取样检测胶丸的接缝、外观、内容物重，及时做出调整；④干燥，转笼干燥定型。转笼出的软胶囊置于托盘上，在干燥室内继续干燥，每 3h 翻丸一次，使干燥均匀并防止粘连，干燥条件为温度 20~25℃，转笼干燥相对湿度不高于 20%，托盘干燥相对湿度 25%~40%；⑤收丸。

第十节 丸剂

一、概述

丸剂是由主要原料与一些辅料以一定的加工工艺制成的球状或类球状固体制剂，它包含有滴丸、糖丸、小丸等。

滴丸是指将适宜的辅料基质通过加热熔融，再把固体或液体的物料溶解、乳化或混悬于基质中，然后滴入互不混溶、不会发生反应的冷凝液中，由于表面张力的作用会使液滴收缩然后冷却成小丸状的制剂。

糖丸是指以糖粒或基丸为核心原料，用糖粉和其他辅料的混合物作为撒粉材料，选用一定量的黏合剂或润湿剂制丸，并将主料以适宜的方法分次包裹在糖丸中而制成的制剂。

小丸（通称为丸）是指将主料与适宜的辅料均匀混合，加入一定量的黏合剂或者润湿剂制成的球状或类球状的固体制剂。小丸的粒径应控制为0.5~3.5mm。

二、滴丸剂的特点

滴丸剂属于先进剂型，它是利用固体分散技术制成的制剂形态，而且具有使用剂量小、生物利用度高、服用方便等优点，可提高难溶性物料的生物利用度。随着滴丸剂辅料和工艺研究的不断深入和发展，滴丸剂得到了日益广泛的应用。

滴丸剂尤其适合于含液体主料及主料体积小或有刺激性的主料制成丸，它可减少物料的不稳定性、特殊刺激气味等，此外，它还具有如下特点：①设备要求简单，生产操作容易控制，提高生产效率；②生产工艺易控制，可保持产品质量稳定；③吸收快，生物利用度高。

三、滴丸剂制备

（一）滴丸剂的基质

滴丸剂所用的基质分为两大类：水溶性基质和脂溶性基质。

（1）水溶性基质　聚乙二醇类（PEG4000、PEG6000、PEG9300）、泊洛沙姆、硬脂酸聚羟氧（40）酯、甘油明胶等。

（2）脂溶性基质　硬脂酸、单硬脂酸甘油酯、氢化植物油等。

（二）滴丸剂的制备工艺

一般采用滴制法制备，制备工艺流程如下：

主料+基质 → 熔融（混悬或溶解） → 滴制 → 冷却 → 洗丸法 → 干燥 → 选丸 → 质检 → 分装。

在工艺制作过程中，基质的比例、滴温、滴速、冷却剂的温度是需要重点关注的因素。主要原料的加入方式及配比对滴丸的成形影响也很大，如主料是以粉末状方式还是以稠膏的方式加入基质中需要工艺不断验证。主要原料与基质的比例是关键因素，通常情况下，主要原料的比例较大则不容易成型，滴出的丸存在不圆整现象；基质占比大的丸剂完整度相对较好，但基质的比例太大产品食用量就大，所以还是需要综合所有因素选择合适的比例。

四、滴丸剂的质量要求

（1）外观　大小均匀，色泽一致，无黏连现象。

（2）质量差异　除另有规定外，按照重量差异检查法（《中国药典》2015 版通则 0108）检查，应符合规定：≤0.5g，±12%；0.5～1g，±12%；1～2g，±10%；2～3g，±8%；3～6g，±6%；6～9g，±5%；≥9g，±4%。

（3）溶散时限　除另有规定外，按照《中国药典》2015 版丸剂通则 0108 项下检查，均应符合规定。滴丸剂不加挡板应在 30min 内全部溶散，包衣滴丸应在 1h 内全部溶散。

参考文献

[1] 崔德福主编．药剂学（第 2 版）．北京：中国医药科技出版社，2011.

[2] 方亮主编．药剂学（第 8 版）．北京：人民卫生出版社，2016.

[3] J. 斯沃布里克，J. C. 博伊兰编；王浩，侯惠民译．制剂技术百科全书（原著第 2 版）．北京：科学出版社，2009.

[4] 李范珠主编．药物制粒技术．北京：化学工业出版社，2007.

[5] 陆彬主编．药物新剂型与新技术．北京：人民卫生出版社，2005.

[6] 平其能主编．现代药剂学．北京：中国医药科技出版社，1998.

[7]（美）M. 莱文（M. Levin）主编；唐星等 主译．制剂工艺放大．北京：化学工业出版社，2009.

[8] 缪勇．药物制剂研究开发与生产新工艺技术应用大全．北京：当代中国音像出版社，2003.

[9] 王弘，陈宜鸿，马培琴．粉体特性的研究进展．中国新药杂志，2006，15（18）：1535-1539.

[10] 徐瑛，刘根凡，舒朝辉．中药粉碎设备的研究及应用．中国粉体技术，2004，2：25-28.

[11] 王元清，严建业，杨红艳．喷雾干燥技术及其在中药制剂中的应用．时珍国医国药，2005，16（2）：161-162.

[12] 杨浩，蔡源源，唐敏，等．喷雾干燥技术及其应用．河南大学学报（医学版），2013，32（1）：71-74.

[13] 朱民，卓震．对流化床喷雾制粒工艺过程控制的研究．化工装备技术，2005，26（3）：13-15.

[14] 刘怡，冯怡．流化床制粒影响因素的探讨．中国医药工业杂志，2004，35（9）：566-568.

[15] 肖潇，梁毅．国外干法制粒机的观察与探讨．中国制药装备，2010，5：46-48.

[16] 李会军，刘伟强．中药液体制剂中防腐剂的应用．中国野生植物资源，17（4）：46-48.

[17] 石征宇，石大安，吕孟．物质溶解度影响因素的调研．2007，99：102-103.

[18] 田耀华．口服液剂生产设备与工艺所存问题及其发展方向．中国制药装备，2010（7）：1-6.

[19] 焦学瞬，贺明波．乳化剂与破乳剂性质、制备与应用．北京：化学工业出版社，2007.

[20] 梁文平．乳状液科学与技术基础．北京：科学出版社，2001.

[21] McClements，David Julian. Food emulsions—principles，practices and techniques（Third Edition）. United States：CRC Press，2016.

[22] Laurier L. Schramm. Emulsions，foams，suspensions and aerosols microscience and applications（Second Edition）. Germany：Wiley-VCH，2014.

[23] Tharwat F. Tadros. Emulsions—Formation，Stability，Industrial Applications. Germany：De Gruyter，2016.

[24] 赖宝林，王利胜，张升，等．中药凝胶剂的研究进展．中药新药与临床药理，2010，21（02）：211-213.

[25] 高鸿慈，张先洲，乐智勇，等．实用片剂制备技术．北京：化学工业出版社，2015.

[26] 惠秋沙．中药软胶囊研究状况．齐鲁药事，2011，30（7）：407-409.

[27] 刘鸿雁，王一平，朱丽，等．明胶软胶囊干燥特性的研究．化学工程，2004，34（9）：5-8.

[28] 赵高潮．影响中药硬胶囊剂质量的因素及对策．陕西中医，2007，28（12）：1677-1678.

[29] 胡向青，杜青．滴丸剂的研究进展．药学进展，2004，12：537-541.

第四章
特殊医学用途配方食品良好生产规范

特殊医学用途配方食品（FSMP）必须在医生或临床营养师指导下，单独食用或与其他食品配合食用。它本质是一种食品，当目标人群通过进食正常膳食（或者说日常膳食）无法满足自身营养需求时，FSMP可作为一种营养补充途径起到营养支持的作用。而药品是指用于预防、治疗、诊断人的疾病，有目的地调节人的生理机能并规定有适应症或者功能主治、用法和用量的物质，包括中药材、中药饮片、中成药、化学原料药及其制剂、抗生素、生化药品、放射性药品、血清、疫苗、血液制品和诊断药品等。特殊医学用途配方食品不是药品，它既不能代替药物，也不得声称对疾病的预防和治疗功能。为什么要把二者的企业良好生产规范（以下均简称GMP）放在一起比较呢？在回答这个问题之前，有必要先对国家对FSMP的政策环境和质量安全管理发展的四个阶段简单回顾一下。

第一阶段：政策初始阶段（1970—2002年）。20世纪70年代，特殊医学用途配方食品在临床治疗上获得了成功，这推动了各国相继制定了该类产品的相关标准和政策。我国也开始关注国际上肠内外营养制剂用于患者营养治疗的相关信息，例如，1974年在北京即有FSMP的临床应用报道。20世纪80年代起，随着肠内外营养制剂在医院推广和应用，人们对FSMP的临床效果和社会价值开始有了初步认识。此后，我国医学界更是明确了营养学在医疗健康体系中的重要地位。

第二阶段：逐渐重视阶段（2002—2009年）。2002年，中华医学会对FSMP进行分类。各政府机构也逐步明确了相关医保政策。2006年，《中国营养改善行动计划》里明确指出了合理营养消费对健康是非常重要的，在《肠外肠内营养学临床“指南”系列》中，制定了系统性的肠内肠外营养学指导方案，指导医师根据患者的临床情况，考虑合适的营养治疗方案，以及使用相应肠内肠外制剂的操作规范。这一系列的举措表明我国政府意识到了因政策的不配套所带来的问题，对FSMP的技术和功能提出一定要求，这也为我国调整和完善FSMP政策提供了科学依据。

第三阶段：完善标准阶段（2009—2015年）。新《中华人民共和国食品安全法》明确了FSMP的本质是“食品”，在此之前根据国家药品管理法中化学药品注册管理办法来对FSMP进行管理，过严的要求一定程度上影响了我国FSMP的产品开发，也制约了国外产品的进入。为解决产品开发和临床需求面临的问题，原国家卫生与计划生育委员会提出了“2+1”的系列标准管理方案。“2+1”包括如下这些法规：2010年，我国发布GB 25596—2010《食品安全国家标准　特殊医学用途婴儿配方食品通则》，规定了可用于1岁以下婴儿的特殊医学用途配方食品。该标准出台标志着我国在FSMP领域的探索和尝试，也为后续标准的研究和发布奠定了基础。2013年，国家卫生和计划生育委员会相继出台了GB 29922—2013《食品安全国家标准　特殊医学用途配方食品通则》，

GB 29923—2013《食品安全国家标准　特殊医学用途配方食品良好生产规范》等国家标准，对 FSMP 的定义、类别、营养要求、基本要求、安全性和临床效果、标签标示要求、生产条件和生产规范等做出了进一步规定。

第四阶段：管理逐步规范阶段（2016 年至今）。2016 年 7 月，原国家食品药品监督管理总局发布了《特殊医学用途配方食品注册管理办法（试行）》，该办法明确了注册条件、生产企业能力、临床试验等内容。这是为加强监管提供了制度保障和技术支撑，使制定的规章既符合法律的规定，也符合监管部门和生产企业的现实需要，更是为了保障 FSMP 质量安全的根本需要。当然，国家为贯彻实施《特殊医学用途配方食品注册管理办法》（原国家食品药品监督管理总局令第 24 号），保障特殊医学用途配方食品市场供应，经征求社会各方意见，决定调整特殊医学用途配方食品注册管理过渡期。公告内容主要包括以下两点：①自 2019 年 1 月 1 日起，在我国境内生产或向我国境内出口的特殊医学用途配方食品应当依法取得特殊医学用途配方食品注册证书，并在标签和说明书中标注注册号。②在我国境内生产或向我国境内出口的特殊医学用途配方食品，生产日期为 2018 年 12 月 31 日（含）以前的，可在我国境内销售至保质期结束。

2016 年 11 月，《特殊医学用途配方食品临床试验质量管理规范（试行）》发布。该规范对临床试验实施条件、试验方案内容、试验用样品管理、数据管理与统计分析、临床试验总结报告等事项进行了详细规定，并规定了开展 FSMP 的临床试验无须食品药品监管部门批准。但国家总局相关核查机构有权对相关临床试验的真实性、完整性、准确性等情况开展现场核查。

综上所述可以看出，特殊医学用途配方食品最初因为临床需要引入国内时，是被冠以“药品”身份的，也就是我们常说的“肠内营养制剂”。但这类产品实质是食品，不能说具有直接的治疗作用，因此如果一味按照药物要求进行注册会导致各种问题产生，致使国外某些已经有很长食用历史、并且临床使用效果良好的产品无法服务于我国消费者。我国现有的极少的 FSMP 的产品类型与患者的极大需求存在着巨大的不平衡矛盾，导致我国肠内肠外营养支持应用的比例失调。

目前世界上很多国家和地区都制定了特殊医学用途配方食品的标准和法规，如国际食品法典委员会（CAC）、欧盟、美国、澳大利亚、新西兰、日本等。

特殊医学用途配方食品企业良好生产规范 2013 年才开始实施，较药品 GMP 晚了近 20 年。而前者脱离了药品身份后，两种生产规范有何异同之处未见文献报道，故本章在解读 GB 29923—2013《食品安全国家标准　特殊医学用途配方食品良好生产规范》的基础上，对 FSMP 和药品两种 GMP 的起草、监管和检查部门、编写思路及内容等方面作一探讨，以便医务人员及相关从业人员能更好地了解二者异同点以及发展完善特殊医学用途配方食品相关法规及标准的必要性。

一、 适用范围

（一）解读

FSMP GMP 的编写思路为一般国标编写思路，比如前面规定了标准的适用范围、术语和定义，对一些专业名词给予了解释。该标准主要适用于指导特殊医学用途配方食品企业的生产，同时也包括特殊医学用途婴儿配方食品企业的生产，对其中的食品生产过程中原料采购、加工、贮存和运输等环节的场所、设备、设施、清洁以及人员的基本要求和管理准则，做出了各项条款的强制性要求。

（二）与药品 GMP 的比较

药品 GMP 的编写思路与国家标准不同，对适用范围、一些专业术语也并未像前者一样开篇给出解释，而是出现在规范的最后一章《附则》里。该规范为一般药品生产质量管理的基本要求。对无菌药品、原料药、生物制品、血液制品等药品或生产质量管理活动的特殊要求，由原国家食品药品监督管理局以附录方式另行制定。

二、术语和定义

FSMPGMP 中有 6 条术语和定义，分别是“特殊医学用途配方食品”“清洁作业区”“准清洁作业区”“一般作业区”“商业无菌”“无菌灌装”。

“特殊医学用途配方食品”的定义主要参考了国际食品法典标准 CODEX STAN 181—1991 和欧盟关于特殊医学用途配方食品的指令（COMMISSION DIRECTIVE 1999/21/EC）中对于该类产品的定义。

根据空气洁净度等级符合洁净厂房设计规范（如 GB 50073—2013《洁净厂房设计规范》、GB 50457—2017《医药工业洁净厂房设计规范》）规定为特征，设置“清洁作业区”，它是指对区（车间）内的洁净度有特殊要求，对空气中的尘粒、温度、湿度、压力等进行控制的封闭车间（或作业区域），目的是为了保证最终产品不被污染。

“准清洁作业区”主要是指原辅料预处理车间，也包括必要时为控制进入清洁作业区的物料达到一定清洁要求而需要设置的区域。它的清洁度要求低于清洁作业区。

而对于“一般作业区”，虽然没有空气中的菌落检测的标准和要求，但要求其环境应符合最起码的食品企业的卫生要求。

本规范中的“商业无菌”主要针对的是液态产品，其定义是引用源于罐头食品商业无菌的概念，其检验方法应按 GB 4789.26—2013《食品安全国家标准　食品微生物学检验 商业无菌检验》的规定执行。

“无菌灌装”，顾名思义整个操作必须是在无菌条件下完成，也就是说所有涉及的物料、包装容器（含盖）、接触食品的设备或灌装区域等在灌装前应均处于商业无菌的状态。

此外，GB 14881—2013《食品安全国家标准　食品生产通用卫生规范》中的 9 条术语和定义也适用于 FSMP GMP。药品 GMP 的附则中有 42 条术语和定义，比前者多，且更难于理解。这里不再一一阐述和解释，可见附录原文。

三、选址及厂区环境

（一）解读

1. FSMP 生产企业的选址应符合 GB 14881—2013《食品安全国家标准　食品生产通用卫生规范》的规定

（1）厂区不应选择对食品有显著污染的区域。如某地对食品安全和食品宜食用性存在明显的不利影响，且无法通过采取措施加以改善，应避免在该地址建厂。

（2）厂区不应选择有害废弃物以及粉尘、有害气体、放射性物质和其他扩散性污染源不能有效清除的地址。

（3）厂区不应选择易发生洪涝灾害的地区，难以避开时应设计必要的防范措施。

（4）厂区周围不宜有虫害大量滋生的潜在场所，难以避开时应设计必要的防范措施。

2. FSMP 生产企业的厂区环境亦应符合 GB 14881—2013《食品安全国家标准　食品生产通用卫生规范》的规定

（1）应考虑环境给食品生产带来的潜在污染风险，并采取适当的措施将其降至最低水平。

（2）厂区应合理布局，各功能区域划分明显，并有适当的分离或分隔措施，防止交叉污染。

（3）厂区内的道路应铺设混凝土、沥青或者其他硬质材料；空地应采取必要措施，如铺设水泥、地砖或铺设草坪等方式，保持环境清洁，防治正常天气下扬尘和积水现象的发生。

（4）厂区绿化应与生产车间保持适当距离，植被应定期维护，以防止虫害的滋生。

（5）厂区应有适当的排水系统。

（6）宿舍、食堂、职工娱乐设施等生活区应与生产区保持适当距离或分隔。

（二）与药品 GMP 的比较

在厂房的选址和厂区环境上，特殊医学用途配方食品和药品 GMP 均提到要避免对食品或药品产生污染风险，药品的要求程度相对更高点，数次提到“最大限度”地避免污染或降低污染风险。两者区别详见表 4-1。

表 4-1 特殊医学用途配方食品 GMP 与药品 GMP 在选址和厂区环境方面的比较

	特殊医学用途配方食品 GMP	药品 GMP
选址	应该避免的区域或地址：对食品有显著污染；有害废弃物以及粉尘、有害气体、放射性物质和其他扩散性污染源不能有效清除；易发生洪涝灾害；周围有虫害大量滋生	符合药品生产要求，应当能够最大限度地避免污染、交叉污染、混淆和差错，便于清洁、操作和维护
厂区环境	应考虑环境给食品生产带来的潜在污染风险，并采取适当措施将其降至最低水平。对道路、绿化和其他生活区的设置也有规定	厂房所处的环境应当能最大限度地降低物料或产品遭受污染的风险。对道路、绿化、生产、行政、辅助区以及人流和物流走向等设置有相应规定

四、厂房和车间

（一）设计和布局

1. 解读

在特殊医学用途配方食品 GMP 中，此项内容首先须满足 GB 14881—2013《食品安全国家标准 食品生产通用卫生规范》的规定：厂房的设计应充分考虑生产效率，减少原料及成品的运输距离，人流、物流通道分开且保持畅通，并按照卫生要求设计，不会由于原料的运送及操作人员的流动而污染清洁作业区的环境。

此外，还要求做到以下几点：

第一，合理设计，应以预防污染为原则，且应方便清洁、消毒和养护，注意防止微生物滋生及污染，特别是沙门菌。适用于婴幼儿的产品还应特别防止阪崎肠杆菌污染。不同洁净级别的作业区域之间应设置有效的物理隔离，潮湿区域和干燥区域应隔离分开。在干燥区域，应设置适当的设施或采用干式清洁措施。

第二，划分作业区洁净级别，如一般作业区、准清洁作业区和清洁作业区，对固态产品清洁作业区、准清洁作业区及液态产品清洁作业区的空气洁净度规定了详细的项目、要求及检测方法。

第三，清洁作业区的人员和物料的进出、管道输送物料、供水系统设计等应有合理限制和控制措施，目的是避免或减少微生物感染。为防止交叉污染，各个不同洁净级别的作业区应严格分开，生产区域内人员的流动、水和气体的流动应该从高清洁区到低清洁区。

第四，清洁作业区要保持干燥，应尽量减少供水设施及系统对其影响，因为潮湿易导致微生物滋生。如无法避免，应在供水管道外面采取防结露措施，且易于清洁。

最后还须有防虫防鼠设施，昆虫和鼠害是食品安全卫生质量的主要威胁，因此应当严格控制其接近或进入车间。

2. 与药品 GMP 的比较

药品 GMP 总的设计和布局原则是要最大限度地避免污染、交叉污染、混淆和差错，便于清洁、操作和维护；能够有效防止昆虫或其他动物进入；防止未经批准人员的进入；此外还应当保存厂房、公用设施、固定管道建造或改造后的竣工图纸。在此原则下，该规范对生产区、仓储区、质量控制区及辅助区分别有相应规定。比如规定了不同功能区域里须考虑的配套设施，根据生产的药品的不同设备和设施的要求也是不同的。对于无菌产品而言，洁净区更是分为 ABCD 四个等级，提出了洁净等级“动态”和“静态”的概念。

FSMP GMP 的制定是参考了药品 GMP 的，比如对固态和液态产品清洁作业区尘埃粒子和微生物要求分别参考了药品 GMP 中 300000 级和 100000 级洁净度要求。

可以看到，两种产品的 GMP 在厂房设计和布局上出发点仍是降低和避免污染风险，特殊医学用途配方食品重点强调了防止微生物和虫害等生物污染，而药品 GMP 强调的是任何形式的污染，如化学污染、药品相互交叉污染等等。从这里也可以看出，特殊医学用途配方食品的企业良好生产规范尽管要求高于普通食品，但毕竟没有药品严格，这有利于该类产品的快速发展。

（二）建筑内部结构与材料

1. 解读

特殊医学用途配方食品 GMP 中对厂房的内部结构、顶棚、墙壁、门窗、地面等的建筑材料及建筑要求有相应规定。

厂房的顶棚除符合 GB 14881—2013《食品安全国家标准　食品生产通用卫生规范》的相关规定外，还要注意清洁作业区、准清洁作业区和其他食品暴露场所（收奶间除外）屋顶若为易藏污纳垢的结构，应加设平滑易于清扫的天花板，若为钢筋混凝土构筑，其室内屋顶应平坦无缝隙。厂房的各项建筑物应符合坚固耐用、易于维修、便于清洁的要求，并有防止食品、食品接触面及内包装材料遭受污染的结构。

厂房的墙壁应符合 GB 14881—2013《食品安全国家标准 食品生产通用卫生规范》的规定，应该选用不易脱落的浅色材料，一般选用瓷砖贴墙或选用彩钢板，如果使用涂料，应无毒、无味、平滑、不透水、无吸附性、易清洗。墙壁、隔断和地面交界处应结构合理、易于清洁，能有效避免污垢积存，如设置漫弯形交界面等。

准清洁作业区和清洁作业区对外出入口应装设能自动关闭（如安装自动感应器或闭门器）的门或空气幕，防止一般作业区对前两者的污染。门的表面应平滑、防吸附、不渗透，并易于清洁消毒。窗户玻璃应使用不易碎的材料，此外还应装配严密无缝隙，易于擦洗、防止灰尘；如果是可开启的窗，应装设易于拆卸清洗且具有防护食品污染功能（包括防蚊蝇）的窗纱。还需注意的是清洁作业区不应设置可对外开启的窗户。生产车间和贮存场所的门、窗应配备防治动物及其他虫害的措施。

生产车间地面应采用非吸收性、无毒、无味、不透水、不易吸附污垢及易于清洗消毒的材料建造，以防潮湿或酸碱的腐蚀，且须平坦防滑，不得有侵蚀、裂缝，须易于清洁消毒、防积水。同时为使排水顺畅应有一定坡度和配套的排水能力。

2. 与药品 GMP 的比较

药品 GMP 未列明上述细节，只是提到洁净区内表面设计应当平整光滑、无裂缝、接口严密、无颗粒物脱落，避免积尘，便于有效清洁，必要时应当进行消毒。

3. 设施相关内容的解读及与药品 GMP 的比较

两种产品的 GMP 对于生产、仓储等各环节设施都进行了详细的规定和阐述，包括设计要点，体现了产品质量源于设计的理念。除了下面内容中提到的设施之外，药品 GMP 里还提到了质量控制实验室等设施要求，这是特殊医学用途配方食品 GMP 里未提到的。

（1）供水设施 供水设施包括经储存、处理、输送等方式来保证正常供水的设备及管线。企业的供水能力要与生存能力相适应，保证正常生产用水量。在特殊医学用途配方食品 GMP 中，规定供水设施除符合 GB 14881—2013《食品安全国家标准 食品生产通用卫生规范》的基本要求（如水质水压、食品用水与其他用水分管道输送）外，还强调出入口应增设安全卫生措施，防止动物及其他物质进入导致食品污染。除供水和设备维护人员外，其他人不得进入供水站。使用二次供水的，应符合 GB 17051—1997《二次供水设施卫生规范》中相应的设施卫生要求：设施与饮水接触表面必须保证外观良好，光滑平整，不影响水质；设施周围应保持环境整洁，应有很好的排水条件，供水设施运转正常；通过设施所供的饮水感官性状不应对人产生不良影响，不应含有危害人体健康的有毒有害物质，微生物符合要求，不引起肠道传染病发生或流行。

药品 GMP 对此项的规定简要内容如下：专门章节说明，强调制药用水至少采用饮用水。应当对制药用水及原水的水质进行定期监测，并有相应的记录。水处理设备及其输送系统的设计、安装、运行和维护应当确保制药用水达到设定的质量标准。水处理设备的运行不得超出其设计能力。纯化水、注射用水储罐和输送管道所用材料应当无毒、耐腐蚀；储罐的通气口应当安装不脱落纤维的疏水性除菌滤器；管道的设计和安装应当避免死角、盲管。应当按照操作规程对纯化水、注射用水管道进行清洗消毒，并有相关记录。发现制药用水微生物污染达到警戒限度、纠偏限度时应当按照操作规程处理。

（2）排水设施　特殊医学用途配方食品生产企业的生产车间应具有完善的排水系统。排水系统的设计和建造应能保证排水畅通、便于清洁维护。如果各种废水不能够及时快速的流出车间，或者在地面积存，则会形成微生物生长繁殖的条件。所以特殊医学用途配方食品 GMP 要求企业排水设施便于清洁维护，入口装带水封的地漏，出口应有设施降低虫害风险，防倒灌；排水沟的侧面和底面接合处应有一定弧度。排水系统内及其下方不应有生产用水的供水管路。厂区排污系统应畅通、无淤积，并设有污水处理系统，污水排放前应经过适当方式处理，以符合环保要求。生产区域污水的流向应是从高清洁区到低清洁区，且应有防止逆流的设计，排放的污水不能造成污染。

药品 GMP 对此项内容的规定简要内容如下：排水设施应当大小适宜，并安装防止倒灌的装置。应当尽可能避免明沟排水；不可避免时，明沟宜浅，以方便清洁和消毒。但实际上对于污水的排放，针对不同药品剂型，在符合 GMP 的同时，还需符合其他相应的规范，如相关法律规定有 GB 16297—1996《大气污染物综合排放标准》、GB 21908—2008《混装制剂类制药工业水污染排放标准》、GB 21903—2008《发酵类制药工业水污染物排放标准》、GB 21904—2008《化学合成类制药工业水污染物排放标准》、GB 21905—2008《提取类制药工业水污染物排放标准》、GB 21906—2008《中药类制药工业水污染物排放标准》、GB 21907—2008《生物工程类制药工业水污染物排放标准》等。

（3）清洁消毒措施　特殊医学用途配方食品生产企业的清洁消毒措施应符合 GB 14881—2013 的相关规定，比如应配备足够的食品、工器具和设备的专用清洁设施，还应采取措施避免清洁、消毒工器具带来的交叉污染。食品、器具和设备清洁处理应有固定的场所或区域，应分别设置清洁度要求不同的清洁设施。生产场所内使用的废弃物存放设施必须保证不透水、易清洗消毒、可密闭盖封，且尽可能远离食品暴露区域，每日清理，清理后要立即进行清洗和消毒。

在药品 GMP 中，未具体描述清洁和消毒设施，但提到设备的设计及结构须易清洁消毒。2010 版药品 GMP 趋于与欧盟 GMP 接轨，显著提高了无菌药品生产的相关法规要求，提出了洁净区 A、B、C、D 分级以及相应更为严格的环境悬浮粒子与微生物的控制要求。车间的清洁和消毒是药品生产的重中之重，医药生产企业必须按照 GMP 净化车间的要求，采用不同的消毒杀菌方式。不同级别的净化等级对 GMP 车间消毒的标准也有不同的规定。在众多的 GMP 车间消毒方法中，通常采用臭氧消毒净化。

（4）个人卫生设施　按场所来分，个人卫生设施包括生产场所或生产车间入口处的设施以及清洁作业区入口的设施。前者要求设置更衣室及换鞋设施；根据需要设置卫生间及洗手设施，卫生间不得与食品生产、包装或贮存等区域直接连通。后者要求设置洗手、干手和消毒设施；水龙头开关应为非手动式，数量应与同班次食品加工人员数量相匹配，必要时应设置冷热水混合器。洗手池应易于清洁消毒，标示简明易懂的洗手方法。必要时应可设置风淋室、淋浴室等设施。

药品 GMP 中提到药品生产企业的工作服的选材、式样及穿戴方式应当与所从事的工作和空气洁净度级别要求相适应。

（5）通风设施　在生产环境中，无论是人体还是原辅料等都可能成为尘埃的发生源，造成食品污染的重要原因之一就是空气中的尘埃、浮游菌和沉降菌。所以应具有适宜的自然通风或人工通风措施；必要时应通过自然通风或机械设施有效地控制生产环境的温度和湿度。并且通风设施要注意避免空气从清洁度要求低的作业区域流向清洁度要求高的作业区域。车间内送风机和排风机设计不合理的话，可能造成室内负压，那样会大大影响空气的质量。因此制造、包装及贮存等场所应保持通风良好，清洁作业区应安装空气调节设施；必要时安装除尘设施；进气口应远离污染源和排气口，并设有空气过滤设备；用于食品输送或包装、清洁食品接触面或设备的压缩空气或其他惰性气体应进行过滤净化处理，如除油、灰尘、微生物、昆虫和其他异物。通风排气设施要易于清洁、维修或更换。

关于此项内容，药品 GMP 的规定简要内容如下：产尘量大的操作区域应当保持相对负压；视具体情况配置空气净化系统；保证生产区有效通风；控制温、湿度，过滤净化空气；不同洁净级别的区域，压差≥10Pa，同一洁净区不同功能区有压差梯度；排至室外的废气应当经过净化处理并符合要求。总之，规范要求应当根据药品品种、生产操作要求及外部环境状况等配置空气净化系统。不同剂型要求不同，对于无菌药品的空调净化系统要求是最高的，要求应设置送风机组故障的报警系统，应当在压差十分重要的相邻级别区之间安装压差表，以监控过程中出现的偏差。

（6）照明设施　关于照明设施，特殊医学用途配方食品 GMP 要求厂房内应有充足的自然采光或人工照明，光泽和亮度应能满足生产和操作需要，如果作业环境照明不够，作业人员将容易感觉疲劳、影响工作，最终形成食品安全隐患；光源应使食品呈现真实的颜色，很多食品的变质经常会反应在颜色、状态的变化上。如果需要在暴露食品和原料的正上方安装照明设施，应使用安全型照明设施或采取适当的防护措施。此外，规范还对照明设施的安装和作业环境的光亮度提出了具体要求：车间采光系数不应低于标准Ⅳ级。质量监控场所工作面的混合照度不宜低于540lx，加工场所工作面不宜低于220lx，其他场所不宜低于110lx，对光敏感测试区域除外。

关于此项内容，药品GMP的简要内容如下：厂房应有适当的照明，目视操作区的照明应当满足操作要求，主要工作室的照度宜为300lx；在辅助工作室、走廊、气闸室、人员净化和物料净化用室可低于300lx，但不宜低于150lx；对照度无特殊要求的生产部位可设置局部照明，厂房应有应急照明设施。照明设施的设计和安装应当避免出现不易清洁的部位，应当尽可能在生产区外部对其进行维护。

（7）仓储设施　特殊医学用途配方食品工程仓库的数量和容量应满足生产产品品种和数量的要求。仓库应以无毒、坚固的材料建成；仓库地面应平整，便于通风换气，能防风、防雨、防潮湿，其空间大小足以保证作业顺畅。仓库的设计应易于维护和清洁，防止虫害藏匿，并应有防止虫害侵入的装置。性质不同的物品应分设贮存场所或分区域码放，并设置明确标识；清洁剂和消毒剂等化学物品应隔离存放，防止交叉污染。

库内应配备足够的货架或隔板，使储存物与地面、墙壁保持适当的距离，通常离地离墙距离不低于15cm。必要时可建造立体库。

需要依据原料、半成品、成品和包装材料等的贮藏条件进行贮存，如设立冷藏或冷冻设施等储存对温度有特殊要求的物料或产品。冷藏库或冷冻库应装设温度计等监控温度的设施，并注意做好记录，确保所储存的物料存储条件的稳定；还应装设可与监控部门连接的警报器开关，以备作业人员因库门事故或误锁时向外界联络求助之用。在统一仓库储存不同性质的物料，为了避免交叉污染或误操作，需要做到有效隔离或隔断，并有明确标识。

仓储措施方面，药品GMP规定仓储区应当有足够的空间，能确保良好的仓储条件，并有通风和照明设施，还要注意设置防虫鼠、防潮及防爆设施；能够满足物料或产品的贮存条件（如温湿度、避光），并进行检查和监控；特殊物料安全存放；接收、发放和发运区域应当能够避免受外界天气的影响；待验区、隔离区等标识醒目；取样区的空气洁净度级别应当与生产要求一致。

药品和特殊医学用途配方食品生产企业除了硬件上的要求，还需建立和健全仓储管理的各项规章制度，并对其进行科学化规范化的管理，如建立药品原辅料仓库、危险品库、成品库、包装材料库、进货验收、效期物品管理、物品发放管理等管理制度。

五、设备

不论是食品还是药品，设备都是生产的重要资源之一，均须根据相应的产品特点选择和使用合理的生产设备，配备必要的工艺控制及设备的清洁消毒等功能。设备的材质和清洁是防止污染和交叉污染的重要手段，所以两份 GMP 对于这两点都有详细规定和强调。有关设备方面，特殊医学用途配方食品 GMP 分为生产设备、监控设备、设备的保养和维修三部分内容。

（一）生产设备

1. 一般要求

生产设备能力配备应该满足生产特殊医学用途配方食品和生产量的控制要求，并按工艺流程有序排列，避免引起交叉污染。设备与设备之间或设备与墙壁之间，应有适当的通道或空间，其宽度应足以容许工作人员完成工作，且不致因接触或清洗消毒、维修而污染食品及食品接触面或内包装材料。上下工序衔接要紧凑。所有机械设备的设计、构造和安装应有利于保证食品卫生，防止产生危害，且易于清洗消毒，并容易检查。使用时要避免润滑油、污水或其他可能引起污染的物质混入食品，也不能产生碎屑杂质而引起物理危害。特殊医学用途配方食品生产的管道、容器为了避免污染一般采用原位清洗方法（CIP）清洗，故应配备专用的酸碱储罐、泵等设备。此外，应制定生产过程中使用的特种设备（如压力容器、压力管道等）的操作规程。

2. 材质

直接或间接接触原料、半成品和成品的工器具、容器和管道等设备的材质对食品安全有直接的影响，所以材质应安全、无毒无味、抗腐蚀、不易脱落且易于清洗和消毒，所以设备的材质一般采用不锈钢材料。其他材料有可能与食品、清洁剂或消毒剂等发生反应，例如，铜离子的作用会使食品变色、变味、油脂酸败等。

3. 设计

设备和器具等硬件要素的合理设置和运行是保障特殊医学用途配方食品质量安全的前提。所有设备均应能避免零件、金属碎屑、润滑油或其他污染因素混入食品。通过保证这些硬件设施的构造优良、设计合理及严格实施，才能保证配备合理、生产连贯协调、产品质量合格。设备表面应平滑、无凹陷裂缝等，因为如果设备表面的光洁度低，或有凹坑、缝隙、被腐蚀残缺，会导致清洗消毒的效果减弱，增加微生物污染风险。生产设备应有明显的状态和标识，并定期维修、保养和验证。设备备件应有专门储存区域，保证处于完好状态，能及时用于维修使用。与食品产生直接或间接接触的压缩空气或其他惰性气体应进行过滤净化处理，以防间接污染。

（二）监控设备

生产现场用于监测、控制、记录的设备，其量程和精度应满足生产控制要求，如均质机上的压力表、杀菌机上的温度计等。监控设备包括品质管理设备等（如温度计、压力表、电子秤等）以及在线监控设备。应设专人管理，包括登记、日常校准、保养维修等工作。生产中所用监控设备应定期校准、并做记录。当采用计算机系统及其网络技术进行关键控制点监测数据的采集和对各项记录的管理时，生产企业的计算机系统应能满足《中华人民共和国食品安全法》及其相关法律法规与标准对食品安全的监管要求，应定期对计算机系统和网络进行维护并及时备份相关记录。

（三）设备的保养和维修

应建立设备保养和维修制度，加强设备的日常维护和保养。每次生产前应检查设备是否处于正常状态，防止影响产品卫生质量的情形发生；出现故障应及时排除并记录故障发生时间、原因及可能受影响的产品批次。

（四）与药品 GMP 的比较

药品 GMP 则是从原则、设计和安装、维护和维修、使用和清洁、校准及制药用水几方面进行了阐述。特殊医学用途配方食品 GMP 对设备的材质、设计、安放、监控等细节规定得比较详细，而药品 GMP 则强调了应当建立各个环节的操作规程，并有相应记录，体现的是一个过程控制。

对于药品而言，剂型往往多于特殊医学用途配方食品，因此药品 GMP 中对生产设备的要求只提到了普遍适用的或者说通用的规定。不同剂型的生产设备要求是不同的，以口服固体制剂为例，这类产品及其中间体的生产、包装和处理过程中可能会产生大量粉尘，如不妥善处理将会导致交叉污染和粉尘暴露的问题。因此这类产品的生产设备的设计建议采用密闭操作形式，在粉尘控制上采用合理有效的方式，以最大限度避免污染、交叉污染、混淆和差错。生产企业可根据所生产品种的工艺针对性地制定用户需求标准（URS）。一般要考虑到如下几个方面：设备产能、是否易于操作、是否能保持密闭生产状态、控制参数的精度、材质、润滑剂是否会对药品造成污染、是否易于清洗维护等等。这与特殊医学用途安全配方食品的生产设备要求类似。而如果是注射剂、生物制品或者膏剂、气雾剂等等设备会有较大不同。这里不再一一举例说明。

药品 GMP 未专门提到监控设备，但是体现了对整个生产过程需监控的点，比如监控物料和产品的贮存条件，监控影响产品质量的因素，根据产品的标准和特性对非无菌制剂生产的暴露工序区域及其直接接触药品的包装材料最终处理的暴露工序区域采取适当的微生物监控措施。

药品 GMP 在设备的维修和维护、使用清洁等方面的规定与特殊医学用途配方食品是类似的。

六、卫生管理

卫生管理是特殊医学用途配方食品 GMP 的重要内容，从卫生管理制度、厂房及设施卫生管理、清洁和消毒、人员健康与卫生要求、虫害控制、废弃物处理、有毒有害物管理、污水管理和工作服管理九个方面进行了阐述和规范。

（一）卫生管理制度

卫生管理制度方面，应符合 GB 14881—2013《食品安全国家标准　食品生产通用卫生规范》的规定，如制定食品加工人员和食品生产卫生管理制度以及相应的考核标准，明确岗位职责，实行岗位责任制；根据食品的特点以及生产、贮存过程的卫生要求，建立对保证食品安全具有显著意义的关键控制环节的监控制度，良好实施并定期检查，定期纠偏；应制定对生产环境、食品加工人员、设备及设施的卫生监控制度，确立内部监控的范围、对象和频率，并定期记录、检查和整改；此外还应建立清洁消毒制度和清洁消毒用具管理制度。清洁消毒前后的设备和工具器具应分开放置并妥善保管，避免交叉污染。

（二）厂房及设施卫生管理

应制定基础设施维护保养计划，并按规定对厂房设施保养。厂房内各项设施应保持清洁，出现问题及时维修或更新，厂房地面、屋顶、天花板及墙壁有破损时应及时修补，紧急情况（如暴雨等）要及时处理屋顶、地面，确保无积水。生产、包装、贮存等设备及工器具、裸露食品接触的表面、生产用管道等应定期清洁消毒。已清洗和消毒过的可移动设备和用具，注意要隔离存放，如长期存放，使用前应再次对设备和用具进行清洗和消毒。

（三）清洁和消毒

应制定有效的计划和程序，对场所、设备和设施等进行清洁，以防止食品污染。对场所、设备、清洗剂、消毒剂、人员和产品防护都要有详细的规定，并对使用人员经培训，使其掌握清洗剂、消毒剂的性质，并按照使用说明规范操作。使用的清洗剂和消毒剂必须经卫生行政部门批准，还须规定统一的名称、使用量、清洗消毒的时间和频次。可根据产品和工艺特点选择清洁和消毒的方法。再有就是要制定有效的监督流程，确保关键流程（如人工清洁、就地清洗操作以及设备维护等）符合相关规定。

相关工具和设施要放置于指定位置，用完归位。用于不同清洁区内的清洁工具应有明确标识，不得混用。

（四）人员健康与卫生要求

特殊医学用途配方食品加工人员须建立健康管理制度，每年进行健康检查，不得患有有碍食品安全的疾病，上岗前接受卫生培训并记录存档等。没有取得卫生监督机构颁发的健康证明，一律不得从事食品生产工作。食品加工人员如患有痢疾、伤寒、甲型病毒性肝炎、戊型病毒性肝炎等消化道传染病，以及患有活动性肺结核、化脓性或者渗出型皮肤病等有碍食品安全的疾病，或有明显皮肤损伤未愈合的，应调到其他不影响食品安全的工作岗位。

对于食品加工人员而言，进入食品生产场所前应整理个人卫生，防止污染食品。要规范穿着洁净工作服，按照程序洗手消毒，不携带或存放与食品生产无关的个人用品，如饰物、手表等。还应注意不得化妆、喷洒香水等。本规范还特别强调进入清洁作业区时应进行二次更衣和手的清洁和消毒。按照清洁度风险的发生分为高、中、低清洁风险区域，建议从低、中清洁风险区域进入高清洁风险区域应该更衣换鞋及手部清洁。清洁作业区和准清洁作业区使用的工作服和工作鞋不能在指定区域以外的地方穿着。

对于来访者而言，一般不允许进入食品生产场所，特殊情况需要进入则要遵守上述对食品加工人员同样的要求。

（五）虫害控制

卫生管理还须注意防虫害。苍蝇、蟑螂等昆虫及鸟类、啮齿动物等所携带和（或）传播的病原微生物对食品卫生安全是很大的潜在危害，因此有必要制定和执行虫害控制措施，并定期检查。生产车间及仓库应采取有效措施，如采用风幕、纱网、灭蝇灯、粘鼠胶、防鼠板、鼠笼等，防止鼠类、昆虫等进入。注意不能使用灭鼠药。制定灭鼠分布图，在所有的灭鼠位置标记特殊符号，并将摆放鼠夹或粘鼠板的位置在厂区及车间平面图上予以标示，以便及时有效地检查灭鼠效果和及时清除鼠体。厂区应定期进行除虫灭害工作，当发现有虫鼠害痕迹时，应追查来源，清除隐患。

采用物理、化学或生物制剂进行处理时，注意不能影响食品安全和食品应有的品质，不应污染食品接触表面、设备、工器具及包装材料。例如在厂区可使用杀虫剂等，生产车间内宜采用物理除虫方式。杀虫剂选用国家卫生防疫部门认可的、允许在食品生产中使用的杀虫剂，严格制定和执行有毒、有害化学品处理的各项操作程序和标准要求。各项除虫灭害工作应有相应记录。

（六）废弃物处理

特殊医学用途配方食品企业要制定废弃物的存放和清除制度，有特殊要求的废弃物其处理方式应符合有关规定。废弃物应定期清除；易腐败的废弃物应尽快清除。生产场所内的废弃物应日清日毕，对厂区内的不可回收的废弃物应每日清除出厂，可回收的废弃物应清理干净后定点存放，定期处理，以防止不良气味或有毒、有害气体发生，防止虫害的滋生。

在适当地点设置废弃物临时存放设施，适当远离生产场所，不得位于生产场所的上风口，并且不污染水源，不得直接弃于地面，存放的容器应有特别标识。

（七）有毒有害物质的管理

应符合 GB 14881—2013《食品安全国家标准　食品生产通用卫生规范》的规定：建立清洁剂、消毒剂等化学品的制度。除清洁消毒必需和工艺需要，不应在生产场所使用和存放可能污染食品的化学制剂；清洁剂、消毒剂、杀虫剂、润滑剂和燃料等物质应分别安全包装，明确标识，并应与原料、半成品、成品、包装材料等分隔放置。

（八）污水管理

污水排放须符合 GB 8978—2002《污水综合排放标准》，该标准对污染物的分类管理、采样、监测及检测等方法都有详细规定。这就要求企业在排放污水前根据污水的性质应用适当方式处理，处理方式一般有物理处理法、化学处理法、生物处理法。一般来说，单一的一种方法处理污水都有一定的缺点，组合处理法对污水处理可以进一步提效节能。

（九）工作服管理

进入作业区应穿着工作服，应根据食品的特点及生产工艺的要求配备专用工作服，如衣、裤、鞋靴、帽和发网等，必要时还可配备口罩、围裙、套袖、手套等。应制定工作服的清洗保洁制度，有专人负责定期清洗。必要时应及时更换，生产中应注意保持工作服干净完好。工作服的设计选材和制作应适应不同作业区的要求，降低交叉污染食品的风险。

（十）与药品 GMP 的比较

药品 GMP 只单独列出了人员卫生这一章节，其他方面的要求贯穿于其他章节中，但说得比较笼统，不若前者详细。药品生产的卫生管理大致可分为人员卫生、环境卫生和工艺卫生。在人员的卫生管理要求方面，两份 GMP 是相似的。比如，对于食品或药品加工人员，均要求接受健康检查，建立健康档案（或健康管理制度），接受卫生培训；不得患有影响食品或药品安全的疾病。对于来访者，一般均不允许进入食品或药品的生产场所，特殊情况需进入的应当事先对个人卫生、更衣等事项进行指导。对于药品而言，80%的污染都来源于人员，所以对人员的健康及卫生管理尤为重要。企业应当建立各项相应的操作规程来规范卫生管理，如非洁净区和洁净区的环境卫生、个人卫生、工艺卫生管理规程、工作服管理规程、洁具管理规程、废弃物管理规程等。并对相应员工进行培训，养成良好的卫生自我约束行为习惯。

对于环境卫生，药品 GMP 规定：药品生产企业有整洁的生产环境、厂区的地面、路面及运输等不应对药品的生产造成污染；生产、行政、生活和辅助区的总体布局应合理，不得相互妨碍。环境卫生包括厂区环境卫生、厂房环境卫生和仓储区环境卫生等。这里虽然说得比较笼统，但也包括了厂房设施卫生、废弃物管理、施工等各方面都有相应的卫生要求和规定。在该 GMP 的“生产区”“仓储区”“质量控制区”“设备”等章节都提到了相应的卫生管理的要求，与特殊医学用途配方食品的卫生管理要求也是类似的。不论是食品还是药品，各项卫生管理措施的核心都是防止污染和交叉污染。

七、原料和包装材料

首先，特殊医学用途配方食品的原料和包装要求须符合 GB 14881—2013《食品安全国家标准　食品生产通用卫生规范》的一般要求：应建立食品原料、食品添加剂和食品相关产品的采购、验收、运输和贮存管理制度，确保所使用的食品原料、食品添加剂和食品相关产品符合国家有关要求。不得将任何危害人体健康和生命安全的物质添加到食品中。

（一）采购和验收

1. 解读

在这方面，要求企业建立的供应商管理制度中涵盖供应商选择、审核和评估的流程，确保企业在合格供应商的名单中采购食品原料和包装材料。供应商的审核可以包括：供应商的资质证明文件，产品的质量标准、检验报告，现场审查。供应商的选择，审核和评估时确保原料的安全性控制，来源安全可靠的有效方式。供应商的确定以及变更往往需要进行质量安全评估，并需经质量安全管理机构批准。

采购的食品包装材料、容器、洗涤剂、消毒剂等食品相关产品应当查验产品的合格证明文件，实行许可管理的食品相关产品还应查验供货者的许可证，食品包装材料等食品相关产品必须经验收合格后方可使用。如发现原料和包装材料存在食品安全问题时应向本企业所在辖区的食品安全监管部门报告。此外还要注意，特殊医学用途配方食品的不同的产品类型对食品原料还有一定要求，比如特殊用途婴儿配方食品不应使用氢化油脂、严禁辐照处理或使用辐照处理的原料等。

对直接进入干混合工序的原料，应充分检查外包装的完整性，避免因破包受污染的物料投入使用，而引起对产品的污染和生产环境的污染。原料包装若发现有虫害或其他污染的痕迹，应立刻进行有效隔离，并调查其受影响的范围和虫害的来源，必要时还需要评估原料的微生物污染的情况，确保种产品微生物指标符合标准要求。对大豆原料应确保脲酶阴性作为指标。上述具体指标在原料供应商产品质量标准和工厂原料的验收标准中要有体现。

企业对原料和包装材料供应商生产过程中所采用的流程和安全措施进行定期评估，确认其合规并受控；还可以直接定期进行现场评审或对流程进行监控，能进一步保证原料和包装来源的安全。

2. 与药品 GMP 的比较

特殊医学用途配方食品和药品的管理也有相似之处，如建立供应商管理制度。这就都包括了供应商的选择、审核和评估，确保企业在合格供应商的名单中采购原料及包装材料。供应商的确定以及变更往往需要进行质量安全评估，并须经质量安全管理机构批准。这是从源头保证食品或药品的质量安全。

略有不同的是，特殊医学用途配方食品 GMP 还强调了进入干混合工序的原料需确保包装完整性、无虫害及微生物污染等。药品 GMP 在此方面的规定还包括要求建立物料和产品的操作规程，确保物料和产品的正确接收，防止污染、交叉污染、混淆和差错。且对于物料的接收、储存等的信息记录有更为详细的规定；尤其强调了麻醉药品、精神药品、医疗用毒性药品（包括药材）、放射性药品、药品类易制毒化学品及易燃、易爆和其他危险品的验收等应当执行国家有关的规定。

（二）运输和贮存

1. 解读

为了确保原料和包装材料在运输和贮存过程中的质量安全，需要严格按照其自身的储运要求进行操作，避免引入质量安全隐患。

需要根据原料和包装材料的类型、特性、运输季节、距离和保藏的特殊要求选择不同的运输工具。避免阳光直射、风雨、高温、高湿和外界环境如物理撞击对原料和包装材料带来的质量损害。不应与有毒有害品或其他化学物品混装、混运，还要注意避免和有气味的物品一同运输导致串味。装产品前需要清洁运输工具，必要时灭菌消毒或熏蒸，装运所用的工具的清洁卫生也要注意。

贮存方面需要根据原料和包装材料的保持贮藏的要求来进行。要考虑仓储区的温度、湿度、避光和通风要求，并定期监控和记录温、湿度。贮存时物料应与墙壁、地面保持适当距离，以利于空气流通及物品搬运。应定期对仓储设施定期清洁和实施有效的虫害控制，以避免原料和包装材料受到污染及破坏。

贮存期间需要按照原料和包装材料的特点和性质不同，分设贮存场所，或分区码放，并且要有明确标识，标明相关信息和质量状态，这样做可以有效防止交叉污染。库存原料和包装材料须定期检查，对品质可能发生变化的原料及包装材料应定期抽样检查确认品质，及时清理变质或超过保质期的原料和包装材料。合格物料的使用应遵照“先进先出”或“效期先出”的原则。对食品添加剂及食品营养强化剂实施专人负责操作和管理，设置专库或专区存放，确保和其他物料进行有效区分和分隔，避免转运过程中的差错和其他混淆风险。使用专用登记册或仓库管理软件记录添加剂及营养强化剂的名称、进货时间、进货量和使用量和有效期限。需要确保相应记录的有效、完整和可追溯，有关记录的保存时间应考虑具体产品的有效期，一般需要保存两年以上。对于操作仓库管理软件的人员要设置权限，并定期对数据进行备份。

对贮存期间质量容易发生变化的维生素和矿物质等营养强化剂应进行原料合格验证，必要时进行检验，以确保其符合原料规定的要求如食品安全国家标准、地方标准和企业标准规定的内容。可建立相应的进货验证制度，注意保存相关记录、报告以及接受或拒收的处理意见和审批手续等。

含有过敏原的原材料需要确保以有效的措施和其他物料分区摆放，做好标识标记；条件允许可设置专库或专区存放，避免转运过程中的差错和其他混淆风险。

2. 与药品 GMP 的比较

对于运输环节，相比于药品 GMP 而言，特殊医学用途配方食品 GMP 对原料和包装材料的运输规定更侧重细节，如要求根据其特性来选择不同的运输工具，运输时须避免恶劣环境因素对物料带来的可能损害，运输工具也需要注意清洁及防虫害。在贮存的要求方面，二者类似。贮存时，除了根据物料特性选择合适仓储条件（如温湿度控制、光线和通风要求等）外，还须标注状态标识以及定期检查等。而药品 GMP 未过多提及，比较笼统规定了物料和产品的运输应当能够满足其保证质量的要求，对运输有特殊要求的，其运输条件应当予以确认。

此外，两份 GMP 都还强调了特殊食品或药品的储存规定，比如特殊医学用途配方食品 GMP 规定食品添加剂及营养强化剂须专人负责操作管理，确保能与其他物料进行有效区分和分隔，避免转运过程中的差错和其他混淆风险。药品 GMP 提到对麻醉药品、精神药品、医疗用毒性药品（包括药材）、放射性药品、药品类易制毒化学品及易燃、易爆和其他危险品的贮存和管理应当执行国家有关规定。

八、生产过程的食品/药品安全控制

在质量控制和质量管理方面，特殊医学用途配方食品 GMP 是从产品污染风险、微生物污染、化学污染、物理污染、食品添加剂和食品营养强化剂、包装、特定处理步骤（热处理、中间储存等）等因素来规定控制措施的。比如在产品污染风险的控制方面，鼓励采用危害分析与关键控制点体系（HACCP）对生产过程进行食品安全控制；微生物污染控制方面，根据产品的特点，规定用于杀灭微生物或抑制微生物生长繁殖的方法，对从原料和包装材料进厂到成品出厂的全过程采取必要的措施，防止微生物的污染，且对整个加工过程进行微生物的监控；化学污染控制方面，除了应该遵守 GB 14881—2013 对化学污染的控制外，还应有专人对化学物质进行保管，领用时应准确计量、做好使用记录。此外，对于厂区周围环境、加工场所等可能存在的污染源及污染途径也须进行分析及建立相关控制措施。

（一）产品污染风险控制

应通过危害分析方法明确生产过程中的食品安全关键环节，并设立食品安全关键环节的控制措施。在关键环节所在区域，应配备相关的文件以落实控制措施，如配料表、岗位操作规程等，鼓励采用 HACCP 体系对生产过程进行食品安全控制。

（二）微生物污染的控制

温度和时间方面，应针对产品的特点，规定用于杀灭微生物或抑制微生物生长繁殖的方法；根据微生物污染的关键控制点的温度和时间建立完善的控制措施和纠偏措施，并进行定期验证，保证控制措施的有效性；建立实时监控措施，对重要的工艺环节保持监控记录，以确保加工全过程的控制措施有效。

湿度的控制对微生物的抑制非常重要，因为通常干燥环境中微生物不易繁殖。企业应设立湿度控制的限值，严加控制，以确保抑制有害微生物的滋生。若产品工艺需要，应对空气湿度进行实时反馈控制和实时监控，定期对记录结果进行验证，确保在关键湿度限值内，并进行相应记录。

加工的整个过程中要注意对微生物的滋生进行控制，使其贯穿从原料和包装材料的进厂到成品出厂的全过程。和原料、半成品、成品直接接触的输送、装载或贮存的管路、设备、容器及用具在使用前要确保其良好的清洁度，并且要注意其操作需要尽量避免直接开口或裸露在环境中，减少对工艺过程或贮存中的食品造成微生物污染的可能。

对于一般工艺过程中微生物的监控可参照 GB 14881—2013《食品安全国家标准　食品生产通用卫生规范》规定的方法：

（1）根据产品特点确定关键控制环节进行微生物监控；必要时应建立食品加工过程的微生物监控程序，包括生产环境的微生物监控和过程产品的微生物监控。

（2）食品加工过程的微生物监控程序应包括：微生物监控指标、取样点、监控频率、取样和检测方法、评判原则和整改措施等，具体可参照附录 A 的要求，结合生产工艺及产品特点制定。

（3）微生物监控应包括致病菌监控和指示菌监控，食品加工过程的微生物监控结果应能反映食品加工过程中对微生物污染的控制水平。

对于粉状和液态特殊医学用途配方食品的清洁作业区中微生物监控，应分别参考 GB 29923—2013《食品安全国家标准　特殊医学用途配方食品企业良好生产规范》的附录 B 和附录 C 的要求。

（三）化学污染的控制

化学污染主要包括生产中的消毒剂、杀虫剂、润滑油、洗涤剂、环境的污染物，源于生产和包装物的污染物等。应建立防止化学污染的管理制度，分析可能的污染源和污染途径，制定适当的控制计划和控制程序；建立食品添加剂和食品工业用加工助剂的使用制度，须符合 GB 2760—2014《食品安全国家标准　食品添加剂使用标准》的规定，严禁违法添加；不得在食品加工中添加食品添加剂以外的非食用化学物质和其他可能危害人体健康的物质；生产设备上可能直接或间接接触食品的活动部件若需润滑，应当使用食用油脂或能保证食品安全要求的其他油脂；建立清洁剂、消毒剂等化学品的使用制度，除清洁消毒必需和工艺需要，不应在生产场所使用和存放可能污染食品的化学制剂；食品添加剂、清洁剂、消毒剂等均应妥善保存，明确标识及分类贮存，领用时准确计量、做好记录；关注食品在加工过程中可能产生有害物质的情况，鼓励采取有效措施减少其风险。对于厂区周围环境、加工场所可能存在的污染源、食品加工过程中可能产生有害物质的情况等进行分析，并建立相关控制措施。应正确选用包装容器，防止不合格包装容器中的某些化学成分对产品可能造成的污染等。

（四）物理污染的控制

特殊医学用途配方食品生产过程中的物理危害可能来源于：被污染的包装材料或原材料，加工过程操作不规范，个人不卫生行为，设计或维护不合理的设备设施等。造成物理污染的常见物质有：草根、毛发、玻璃、线头、钢丝绒、筛网、铁丝、碎石、塑料等。

要控制上述物理危害，需要企业建立防止异物污染的管理制度，分析可能的污染源和污染途径，然后做出相应控制计划和措施；针对玻璃、金属、塑胶等异物污染风险，应采取设备维护、卫生管理、现场管理、外来人员管理及加工过程监督等措施；为了降低金属或其他异物污染风险，应设置筛网、补集器、磁铁、金属检查器等；当进行现场维修、维护及施工等工作时，应采取适当措施避免异物、异味、碎屑等污染食品，生产过程中不能进行电焊、切割、打磨等工作。

（五）食品添加剂和营养强化剂

对于特殊医学用途配方食品而言，食品添加剂和食品营养强化剂的使用和含量均是重要的安全指标，应严格控制，使用的品种、范围、用量应按照 GB 2760—2014《食品安全国家标准　食品添加剂使用标准》、GB 14880—2012《食品安全国家标准　食品营养强化剂使用标准》和卫生与计划生育委员会公告的规定执行。使用时要有专人负责管理，投料过程准确称量并做好记录，还应有复核程序，确保投料种类、顺序和数量正确。对食品添加剂和食品营养强化剂贮存期间和加工中的有效性和产品中的均匀性也应加以考虑，例如脂溶性维生素过量可能会对婴幼儿等人群健康产生不利的影响，因此要予以重视和进行监控确认。

（六）包装

食品包装是采用适当的包装材料、容器和包装技术，把食品包裹起来，应能在正常的贮存、运输和销售条件下最大限度地保护食品的安全性和食品品质。使用包装材料时应核对标识，避免误用，应如实记录包装材料的使用情况。特殊医学用途配方食品生产企业必须使用符合食品卫生要求的包装材料，验收标准符合国家相关规定。包装材料投入使用前应根据生产工艺和食品安全要求对其进行清洁，必要时进行消毒，重复使用的包装材料在使用前必须进行清洗和消毒。内包装材料或包装中使用的气体应清洁、无污染、对人体无毒无害，还应符合国家相关规定及食品安全标准的要求。

（七）特定处理步骤

特定处理步骤还包括如下内容：特殊医学用途配方食品的生产工艺中各处理工序应分别符合相应的工艺特定处理步骤的要求，如热处理工序应作为确保特殊医学用途配方食品安全的关键控制点；对液态半成品中间贮存应采取相应的措施防止微生物的生长；液态特殊医学用途配方食品商业无菌操作有相应的操作指南规定等。

1. 热处理

热处理可将微生物数量降低到不会对人体健康构成危害的程度，是特殊医学用途配方食品确保安全的一个关键步骤。热处理时需考虑到产品的属性，再优化选择适当的时间/温度组合。不同的产品属性如脂肪含量、总固形物含量、黏度等可能对目标微生物的耐热性有影响。因此应制定相关流程检查温度和时间是否偏离，并采取恰当的纠正措施。各项关键工艺参数还要注意有详细的归档记录。这里特别提到豆基配方食品要注意，如果购进的大豆原料没有经过加热灭酶处理（或灭酶不彻底），此类豆基产品应通过热处理同时达到杀灭致病菌和彻底灭酶的效果（脲酶必须为阴性），并作为关键控制点进行监控。

2. 中间贮存

对液态半成品中间贮存应高度重视，应采取相应的措施抑制微生物的生长，如采用低温处理的方式，如冷冻或冷藏密闭保存，尽量减少贮存时间；对于粉状特殊医学用途配方食品，应在清洁作业区保存干法生产中裸露的原料粉和湿法生产中裸露的粉状半成品。对贮存区的温度和湿度要注意控制在规范要求的限值内。

3. 液态特殊医学用途配方食品商业无菌操作

参照 GB 29923—2013《食品安全国家标准　特殊医学用途配方食品良好生产规范》附录 C 的操作指南进行。

4. 粉状特殊医学用途配方食品从热处理到干燥的工艺步骤

这个过程要求该步骤的输送管道和设备保持密闭，并定期进行彻底的清洁、消毒，清洗消毒通常采用 CIP 的方式进行，并有相应的记录。

5. 冷却

干燥后的裸露粉状半成品应在清洁作业区内冷却，以防止冷却时空气中的微生物对产品的污染。

6. 干法工艺和干湿法复合工艺中干混合的关键因素控制

干混合工序如果控制不严，则极易造成食品污染风险。因此要求与空气环境接触的裸粉工序须在清洁作业区内进行。清洁作业区的温度和相对湿度应与粉状特殊医学用途配方食品的生产工艺相适应。无特殊要求时，温度应不高于 25℃，相对湿度应在 65%以下。配料要计量准确，与混合均匀性有关的关键工艺参数（如混合时间）应予以验证；正压输送物料的压缩空气需经过除油、除水、洁净过滤及除菌处理后方可使用；此外，原料、包装材料及人员的卫生要严格控制，原料要经必要的保洁程序和物料用到进入作业区，人员进出也应有专用通道，并注意更衣消毒。

7. 粉状特殊医学用途配方食品内包装工序的关键因素控制

GB 29923—2013《食品安全国家标准　特殊医学用途配方食品良好生产规范》要求内包装工序应在清洁作业区内进行，只允许相关工作人员进入包装室，原料和包装材料、人员的要求参考本规范 8.7.7.5 和 6.4.2 的规定；使用前应检查外包装是否完好，确保未被污染；还应采取有效的异物控制措施，如设置筛网、强磁铁、金属探测器等预防和检查金属或其他异物，此外对这些措施还要进行过程监控或有效性验证；不同品种的产品在同一条生产线上生产时，应有效清洁并保存清场记录，确保产品切换不会带来交叉污染。

8. 生产用水的控制

生产过程中与食品直接接触的生产用水、设备清洗用水、冰和蒸汽等均应该符合 GB 5749—2006《生活饮用水卫生标准》的相关规定；对于食品加工中蒸发回收水、循环使用的水本着节约原则可再次使用，但前提是要确保其对食品安全和产品特性不造成危害，如果有必要应进行水处理并有效监控；为确保满足产品质量和工艺的要求，液体产品生产中与其直接接触的水一般是纯净水或软化水，可以用离子交换法、反渗透法或其他适当方法获得。

（八）与药品 GMP 的比较

药品 GMP 在质量控制相关的内容涉及的章节相对更多，比如第二章《质量管理》中宏观概括介绍了质量管理体系的内容包括质量保证系统、质量控制以及质量风险管理。第九章《生产管理》从生产管理的角度强调了生产操作及生产过程中为保证药品质量安全应该采取或注意的措施，如生产过程以及包装应当尽可能采取措施，防止污染和交叉污染、混淆或差错风险，生产操作前后注意检查及记录等。第十章《质量控制与质量保证》对这两方面的内容在第二章基础上进行了展开介绍，对质量控制实验室的管理、物料和产品放行、持续稳定性考察、变更控制、偏差处理、纠正措施和预防措施、供应商的评估和批准、产品质量回顾分析、投诉与不良反应报告等方面都有详细的规定。

药品的质量风险往往来源于管理漏洞、控制技术水平落后、药物自身的特殊性等。实施 GMP 是药品生产企业治理管理的基础，也是让药品生产企业树立药品治理风险意识。这里需要指出的是，有的企业往往只注重文件的制订，而轻实施、轻检查，甚至没有按照文件的要求开展工作，机械地照搬标准的做法，不加分析照搬别人的做法。这极为容易导致药品危害事件的发生。

要做好药品生产过程质量安全的控制，首先应该建立和完善药品生产过程质量风险管理体系，如推行质量授权人制度、建立切实可行的生产过程质量风险控制体系、全面提高企业员工的质量风险意识；其次应切实加强过程分析技术的应用，包括美国 FDA 在内的官方机构正在积极地推动过程分析技术在制药工业中的应用，以期改变目前药品生产中离线和生产终端检验的现状，力图从过程、工艺上保证药品的质量；最后应该充分发挥药政管理部门的导向作用，如建立全面的药品安全监管体系，并在法律法规等方面进行立法等。

药品 GMP 中对药品质量安全的控制还体现在对持续稳定性考察、变更控制、偏差处理、产品质量回顾分析等的规定。

持续稳定性考察的目的是在有效期内监控已上市药品的质量，以发现药品与生产相关的稳定性问题（如杂质含量或溶出度特性的变化），并确定药品能够在标示的贮存条件下，符合质量标准的各项要求。

药品生产企业应当建立变更控制系统，对所有影响产品质量的变更进行评估和管理。需要经药品监督管理部门批准的变更应当在得到批准后方可实施，且须制定专人负责变更控制。

药品生产企业应当建立偏差处理的操作规程，规定偏差的报告、记录、调查、处理以及所采取的纠正措施，并有相应的记录。任何偏差都应当评估其对产品质量的潜在影响。企业可以根据偏差的性质、范围、对产品质量潜在影响的程度将偏差分类（如重大、次要偏差），对重大偏差的评估还应当考虑是否需要对产品进行额外的检验以及对产品有效期的影响，必要时，应当对涉及重大偏差的产品进行稳定性考察。

企业至少应当对下列情形建立回顾分析的操作规程：

（1）产品所用原辅料的所有变更，尤其是来自新供应商的原辅。

（2）关键中间控制点及成品的检验结果。

（3）所有不符合质量标准的批次及其调查。

（4）所有重大偏差及相关的调查、所采取的整改措施和预防措施的有效性。

（5）生产工艺或检验方法等的所有变更。

（6）已批准或备案的药品注册所有变更。

（7）稳定性考察的结果及任何不良趋势。

（8）所有因质量原因造成的退货、投诉、召回及调查。

（9）与产品工艺或设备相关的纠正措施的执行情况和效果。

（10）新获批准和有变更的药品，按照注册要求上市后应当完成的工作情况。

（11）相关设备和设施，如空调净化系统、水系统、压缩空气等的确认状态。

（12）委托生产或检验的技术合同履行情况。

可见，特殊医学用途配方食品更侧重于具体的污染和风险来源分析，而药品除了强调风险控制之外，还强调了整体质量体系的系统性和流程性，强调了验证是质量保证系统的基础。

九、验证

（一）解读

对于特殊医学用途配方食品而言，其良好生产规范规定要提出生产过程工艺的验证须包括厂房、设施及设备安装确认、运行确认、性能确认和产品的工艺验证，以确保整个工艺的再现性及产品质量的可控性。每个验证对象应对应相应的验证项目，制定并实施验证方案；产品的生产工艺及关键设备设施需要验证，生产一定周期后应进行再验证，当影响产品质量的主要因素如工艺、质量控制方法、主要原辅料和主要生产设备等发生改变时也需要验证；每一个验证项目应出具相应验证报告，整个过程的资料以文件形式归档保存，验证文件应包括验证方案、验证报告、评价和建议、批准人等。

（二）与药品 GMP 的比较

特殊医学用途配方食品 GMP 和药品 GMP 在验证方面的规定有相似之处，均须对生产过程进行验证以确保整个工艺的重现性及产品质量的可控性，确保厂房、设施、设备、检验仪器、生产工艺、操作规程和检验方法等能够保持持续稳定，还包括应该要有相应的文件记录。

不同的是，后者对验证的要求显然更高，强调验证是质量保证系统的基础，将对验证的要求贯穿了各个章节。除了上述二者共同提到的验证方面，药品 GMP 对于清洁方法、清洁剂及残留等还有相应的验证要求。

十、检验

（一）解读

特殊医学用途配方食品的检验首先要符合 GB 14881—2013《食品安全国家标准　食品生产通用卫生规范》的规定：应通过自行检验或委托具备相应资质的食品检验机构对原料和产品进行检验，建立食品出厂检验记录制度；自检应具备相应的设备设施和能力，检验室还应有完善的管理制度，对各项检验的原始记录和检验报告要妥善保存；综合考虑产品特性、工艺特点、原料控制情况等因素合理确定检验项目和检验频次以有效验证生产过程中的控制措施，净含量、感官要求以及其他容易受生产过程影响而变化的检验项目的检验频次应大于其他检验项目；同一品种不同包装的产品，不受包装规格和包装形式影响的检验项目可以一并检验。

此外，企业还应逐批抽取代表性成品样品，按国家相关法规和标准的规定进行检验，并建立产品留样制度。应加强实验室质量管理，完善管理制度，确保检验结果的准确性和真实性，对检验合格的产品应当标识检验合格证号，检验不合格的不得出厂。

（二）与药品 GMP 的比较

关于检验的规定，两份 GMP 的相同点在于特殊医学用途配方食品和药品均可自行检验或委托检验（具备相应资质），还应建立产品留样制度以及检验记录及报告的保存制度，确保检验结果的准确性和真实性。

不同之处在于，药品要求有相应的检验操作规程，对检验记录的内容条目有详细规定，比如记录物料名称、规格、质量标准、仪器和试剂相关信息、检验日期、过程、结果及检验人等。

十一、产品的贮存和运输

（一）解读

特殊医学用途配方食品 GMP 规定产品的贮存和运输应符合产品标签所标识的储存

条件（根据产品的种类和性质确定），必要时配备保温、冷藏、保鲜等设施，不得与有毒、有害或有异味的物品一同贮存运输；应建立和执行适当的仓储制度，仓库中产品应定期检查、定期整理，如有异常（如包装破损、涨包、品质劣化、超期等）应及时处理，必要时应有温、湿度记录；经检验后的产品应标识其质量状态，不合格产品应隔离存放；贮存、运输和装卸食品的容器、工器具和设备应当安全无害，保持清洁，并且贮存和运输过程中要注意避免日光直射、雨淋、显著的温湿度变化和剧烈撞击等，防止食品受到不良影响。

为查验出厂食品的检验合格证和安全状况，生产企业应当建立产品贮存和出货记录，并如实记录产品的名称、规格、数量、生产日期、生产批号、检验合格证号、购货者名称及联系方式、销售日期等内容，以便出现问题时可追溯并迅速召回。

（二）与药品 GMP 的比较

与药品 GMP 的规定类似，特殊医学用途配方食品 GMP 主要强调了产品的储存应符合药品注册的要求，有相应记录及状态标识等，对于药品运输条件未过多提及。

十二、产品追溯和召回

（一）解读

在产品的追溯和召回方面，特殊医学用途配方食品 GMP 要求建立追溯制度和召回制度，确保产品从原料采购到产品销售所有环节全程可追溯，对于召回的产品采取无害化处理或销毁等措施。这是特殊医学用途配方食品生产企业食品安全控制、尽可能避免意外产生的不安全产品的危害，保护消费者的身体健康和合法权益的重要手段，是保证对问题产品实施有效监控的基础条件，所建立的追溯系统和召回制度应严密、完善、具有可操作性，一旦发现问题，能够根据追溯源进行有效的控制和召回，从源头上确保消费者的合法权益。

在我国正在建立的食品安全监测体系中，很重要的一环就是对食品供应链进行全程监控，逐步建立我国食品的可追溯系统，它包括两个方面：跟踪是指从供应链的上游至下游，跟随一个特定的单元或一批产品运行路径的能力。追溯是指从供应链下游至上游识别一个特定的单元或一批产品来源的能力，即通过记录标识的方法回溯某个实体来历、用途、位置的能力。

食品召回，是指食品生产者按照规定程序，对由其生产原因造成的某一批次或类别的不安全食品，通过换货、退货、补充或修正消费说明等方式，及时消除或减少食品安全危害的活动。我国《食品召回管理办法》中规定：根据食品安全风险的严重和紧急程度，食品召回分为三级：

（1）一级召回　食用后已经或者可能导致严重健康损害甚至死亡的，食品生产者应当在知悉食品安全风险后24h内启动召回，并向县级以上地方食品药品监督管理部门报告召回计划。

（2）二级召回　食用后已经或者可能导致一般健康损害，食品生产者应当在知悉食品安全风险后48h内启动召回，并向县级以上地方食品药品监督管理部门报告召回计划。

（3）三级召回　标签、标识存在虚假标注的食品，食品生产者应当在知悉食品安全风险后72h内启动召回，并向县级以上地方食品药品监督管理部门报告召回计划。标签、标识存在瑕疵，但食用后不会造成健康损害的食品，食品生产者应当改正，可以自愿召回。

此外，还需要建立客户投诉处理机制。对客户提出的书面或口头意见、投诉，企业相关管理部门应做记录并查找原因，妥善处理。

（二）与药品GMP的比较

药品GMP在这方面规定的目的和原则与前者是一致的，均是产品质量控制的重要一环，但药品更强调追溯和召回的时效性和有效性。这就要求企业指定专人负责组织协调召回工作，并配备足够数量的人员。产品召回负责人应当独立于销售和市场部门；如产品召回负责人不是质量受权人，则应当向质量受权人通报召回处理情况。产品召回负责人应当能够迅速查阅到药品发运记录。发运记录内容应当包括：产品名称、规格、批号、数量、收货单位和地址、联系方式、发货日期、运输方式等。

十三、培训

（一）解读

在人员培训的要求上，两份规定有类似之处，如建立培训制度、制定培训计划、定期评估培训效果还有做好培训记录等。

对于食品加工人员而言，应接受食品安全知识和相关专业知识的培训，自觉遵守相关的法律法规，并提高相应的知识水平，确保能够胜任相应的工作岗位。当食品安全相关的法律法规标准更新时，要及时开展培训，并贯彻落实。企业应定期审核和修订培训计划，评估培训效果，保证培训的有效性。特殊工种还应持证上岗，如化验员、电工、锅炉操作工和叉车工等。

（二）与药品 GMP 的比较

对于药品加工人员而言，除进行本规范理论和实践的培训外，还应当有相关法规、相应岗位的职责、技能的培训，并定期评估培训的实际效果。药品生产企业应当指定部门或专人负责培训管理工作，应当有经生产管理负责人或质量管理负责人审核或批准的培训方案或计划，培训记录应当予以保存。高风险操作区（如：高活性、高毒性、传染性、高致敏性物料的生产区）的工作人员应当接受专门的培训。

十四、管理制度和人员

（一）解读

这里的管理制度主要指的是与产品质量安全相关的规章制度，人员也主要指与产品质量有关的关键人员。

在人员的任职资格和职责方面，特殊医学用途配方食品 GMP 在这方面虽未明确指出，但通常也要求企业负责人、质量安全管理人员、质量安全授权人应有食品及相关专业本科以上学历，经专业理论和实践培训合格，应掌握特殊医学用途配方食品有关的质量安全知识，了解应承担的责任义务，如企业法定代表人是特殊医学用途配方食品质量安全的责任人，负责或授权企业食品质量安全管理人员全权负责质量安全，并以文件形式授权其对特殊医学用途配方产品质量安全负责，质量安全授权人主要承担食品安全管理和产品放行的责任，确保每批已放行产品的生产、检验均符合国家相关法规和食品安全标准。

特殊医学用途配方食品生产的现场人员，应例行健康检查，具有卫生计生部门颁发的健康证明，方可从事生产；还应建立食品安全管理机构，负责企业的食品安全管理，应采用 HACCP 体系等国家标准，严格产品控制。为确保与治理、安全相关的管理职责落实到位，机构中的各部门应有明确的管理职责，且应有效分工，避免职责交叉、重复或缺位。对厂区内外环境、厂房设施和设备的维护和管理、卫生管理、生产过程质量安全管理、品质追踪等制定相应管理制度，并明确管理负责人与职责。

食品安全管理机构中各部门应配备经专业培训的食品安全管理人员，定期进行特殊医学用途配方食品质量安全、加工技术、法律法规和职业道德的培训，并制定技术人员、操作人员、实验室人员等上岗培训、考核办法。此外，还需要注意宣传贯彻食品安全法规及有关规章制度，督查执行的情况并做好相关记录。

（二）与药品 GMP 的比较

药品 GMP 则规定更为详细，对人员任职资格（学历水平）和职责作了详细规定。其他的相关制度规定二者也是类似的，比如特殊医学用途配方食品 GMP 的规定如下：建立食品安全管理机构，建立健全企业的食品安全管理制度；食品安全管理机构负责人应是企业法人代表或企业法人授权的负责人；配备经专业培训的食品安全管理人员。药品 GMP 规定如下：应当建立与药品生产相适应的管理机构，并有组织机构图；应当设立独立的质量管理部门；应当配备足够数量并具有适当资质（含学历、培训和实践经验）的管理和操作人员；关键人员应当为企业的全职人员，至少应当包括企业负责人、生产管理负责人、质量管理负责人和质量受权人。并用专门章节详细阐述了关键人员的类型、任职资质和职责。

可以看出，在与食品安全有重大关系的规定上，特殊医学用途配方食品 GMP 是与药品 GMP 相近的，非常关注人员的作用。

十五、记录和文件管理

文件和记录是 GMP 的重要组成部分，特殊医学用途配方食品企业或药品生产企业要良好运行，不仅仅依靠先进设备、设施等硬件支撑，也靠管理软件来运转。这个管理软件指的就是一套行之有效的文件系统。文件管理也是质量保证体系的一个重要环节。

两者在记录和文件管理方面的相同点在于：记录应保证产品所有环节能够有效追溯。这也是二者记录之共同目的。不同之处在于特殊医学用途配方食品 GMP 在记录和文件管理上不像药品要求严格，比如药品 GMP 对操作规程的具体项目内容都有规定。二者的不同点见表 4-2。关于数据的完整记录方面，两份 GMP 虽未提及，但是《药品数据管理规范》已经颁发征求意见稿，对这方面的内容将有更加翔实的规定。数据管理是药品质量管理体系的一部分，应当贯穿整个数据生命周期。数据管理应当遵守归属至人、清晰可溯、同步记录、原始一致、准确真实的基本要求，确保数据可靠性。

表 4-2 特殊医学用途配方食品 GMP 与药品 GMP 在文件和记录要求方面的比较

	特殊医学用途配方食品 GMP	药品 GMP
记录管理	各项记录均应由执行人员和有关督导人员复核签名或签章，记录内容如有修改，应保证可以清楚辨认原文内容，并由修改人在修改文字附近签名或签章。所有生产和品质管理记录应由相关部门审核，以确定所有处理均符合规定，如发现异常现象，应立即处理。 建立客户投诉机制，记录投诉内容并查找原因妥善处理	每批产品均应当有相应的批生产记录（及批包装记录），可追溯该批产品的生产历史以及与质量有关的情况。 以下活动也应当有相应的操作规程，其过程和结果应当有记录：确认和验证；设备的装配和校准；厂房和设备的维护、清洁和消毒；培训、更衣及卫生等与人员相关的事宜；环境监测；虫害控制；变更控制；偏差处理；投诉；药品召回；退货。操作规程的内容要点也有相应规定
文件管理	应按 GB 14881—2013 的相关要求建立文件的管理制度，建立完整的质量管理档案，文件应分类归档、保存。分发、使用的文件应为批准的现行文本。已废除或失效的文件除留档备查外，不应在工作现场出现。鼓励采用先进的技术手段（如电子计算机信息系统），进行记录和文件管理	企业应建立文件管理的操作规程，系统地设计、制定、审核、批准和发放文件。与本规范有关的文件应当经质量管理部门的审核。用电子方法保存的批记录，应当采用磁带、缩微胶卷、纸质副本或其他方法进行备份，以确保记录的安全，且数据资料在保存期内便于查阅

十六、附录

（一）解读

特殊医学用途配方食品 GMP 还有 3 份附录。

1. 附录 A

附录 A《特殊医学用途配方食品生产企业计算机系统应用指南》参考了 GB 12693—2010《食品安全国家标准 乳制品良好生产规范》中附录 A 的相关内容，该标准起草组委托中国科学院计算机网络技术中心研究了食品企业应用计算的相关要求，以指导企业更好地应用计算机系统。该指南属于资料性附录，推荐和鼓励企业采用。该计算机系统包括但不限于以下几个方面的功能：原料采购验收、原料贮存与使用、生产加工关键控制环节监控、产品出厂检验、运输销售等与食品安全相关的数据采集和记录保管；对本企业相关原料、加工工艺及产品的食品安全风险进行评估和预警；完善的权限管理机制及安全策略；对机密信息采用特殊安全策略，明确保权信息拥有者所有权读、写及删除操作；如果需要，应确保系统能准确采集自动化检测仪器所产生的数据；系统和数据库日志管理功能；系统使用和管理制度；记录偏差；数据能被复制等。

上述要求的提出也参照了国际上发达国家食品生产企业的成功经验，比如美国联邦法规第21卷规定FDA应对食品生产企业的计算机系统实施相应管理；加拿大食品卫生法典规范一般原则中明确规定计算机系统的应用于时间、温度和压力监测与记录时，应保证其功能和传统设备相一致；欧盟食品卫生规范中规定可以使用包括自动化装置在内的仪器对关键参数进行检测和记录；国际食品法典委员会《食品卫生总则》规定可以通过计算机系统对生产过程的关键控制点中的各种参数进行监控。

总之，采用计算机技术有利于指导和帮助特殊医学用途配方食品与婴幼儿配方食品生产企业更好地按照食安法关于生产过程的食品安全质量控制以及生产记录及其档案的保管、问题原料及产品的溯源与追踪。

2. 附录B

附录B《粉状特殊医学用途配方食品清洁作业区沙门氏菌、阪崎肠杆菌和其他肠杆菌的环境监控指南》对粉状特殊医学用途配方食品生产过程中主要微生物的控制具有非常重要的作用。

企业应制定清洁作业区环境监控计划，监控生产环境中的肠杆菌，这可作为一种食品安全管理工具，用来对清洁作业区卫生状况实施评估，并作为HACCP的基础程序，出现偏差时应及时采取纠正措施；在制定目标微生物时，应根据产品特点和标准、消费者年龄、健康状况来确定取样方案的需求和范围。

特殊医学用途配方食品GMP中将沙门氏菌规定为致病菌，并未将阪崎肠杆菌规定为致病菌，因此可根据实际情况选择目标微生物，制订监测计划。肠杆菌散布广泛，是干燥环境的常见菌群，且容易检测，所以可作为生产过程及环境卫生状况的主要指标；监控的重点应放在微生物容易藏匿或进入而导致污染的地方，取样计划应全面而具有代表性，取样点可以考虑设备表面、设备与地面间的缝隙处、容易积存粉尘的角落、设备移动处、地表或筛网中结块的粉团等。生产企业应根据多次试验和测定结果，以及积累的经验和计划的科学性，最终确定取样计划和方法。取样计划应该是动态的，并且取样点不宜限定在某个区域的特定位置，需要定期回顾环境监控的结果。监控计划应使工程中需要监控的区域按照一定的周期得到监控，每个区域的监控周期可以不同，但应保证在一定时间内监控到所有区域。当环境发生变化时，比如出现新建或改建项目、设备安装或维修等情况时，应适当增加监控频率或取样数量。

注：沙门氏菌应按GB 4789.4—2010《食品安全国家标准　食品微生物学检验 沙门氏菌检验》、阪崎肠杆菌按GB 4789.40—2010《食品安全国家标准　食品微生物学检验 阪崎肠杆菌检验》规定的方法检验。肠杆菌建议参考国际标准化组织专门发布的用于定

性和定量测定肠杆菌的 ISO 21528-1：2004 和 ISO 21528-2：2004。

3. 附录 C

附录 C《液态特殊医学用途配方食品商业无菌操作指南》对商业无菌产品在生产工艺、包装容器、加工设备、灌装及热处理过程等各要素分别做出了相应规定。商业无菌产品要求经适当的杀菌后，不含有致病性微生物，也不含有在常温下能在其中繁殖的非致病性微生物。“商业无菌”的食品可含有极少量的细菌孢子，但这种孢子在食品中并不繁殖。然而，如果把这种孢子从食品中离析出来，并赋予特殊的环境条件，它们仍可显示出生命力。在特殊医学用途配方产品生产的每个阶段都应采取有效措施，最大限度地降低生产过程中各种污染及交叉污染的风险。

（1）生产工艺　对于商业无菌产品而言，必要的洁净级别控制、良好的空气调节系统设计、适当的压差梯度、合理的气流方向、密闭的输送管道和设备等将在很大程度上降低污染风险，因为这些生产环境对产品的主要污染风险在于环境中的微生物和微粒。对于直接接触产品的材料，须弄清楚材料的物理化学特性，保证其不与产品发生反应、不释放或析出异物，防止有害物质进入产品中。生产过程中还须根据实际情况识别各环节可能产生异物的来源，并制定相应的预防控制措施。与空气环境接触的工序（如称量、配料）、灌装间等应符合清洁作业区的要求。产品的所有输送管道和设备宜保持连续性和保持密闭。液体产品生产过程若需要过滤处理，应注意选用无纤维脱落且符合卫生要求的滤材，禁止使用石棉，因为研究已经证实石棉对人体具有致癌毒性。

（2）物料　物料亦是保证产品质量的基本要素之一，应确保使用的食品容器、包装材料、洗涤剂、消毒剂物料是经卫生行政部门批准许可使用的并符合相应的食品使用标准，严禁引入有食品安全危害的物质及非食用物质。建议在选用前对供应商资质及物料安全进行质量确认，必要时进行现场审核。对物料的购入、储存和发放还应建立相应的管理规程。应按照要求进行清洗所有接触产品的包装材料、容器、用具、滤器和管道等，清洗后传递过程注意防止二次污染。无菌灌装所用容器应无菌，有必要在设计阶段对所用容器在刚购入或刚生产出时进行微生物污染状况调查，并根据调查结果选择适当的洗涤方法及灭菌方法。

（3）包装容器的洗涤、灭菌和保洁　确保使用的食品容器、包装材料、洗涤剂和消毒剂符合食品安全国家标准和卫生行政部门许可，建议选用前进行供应商资质及物料安全质量的确认，并进行现场审核；各项接触产品的包装容器或材料在最终清洗后，要注意避免再次污染；无菌容器的无菌贮存期限应经过验证，若超过此期限时应重新灭菌。

（4）无菌灌装工艺的产品加工设备的洗涤、灭菌和保洁　各项设备（包括无菌生产设备）应满足生产工艺技术要求，使用过程中不污染产品和环境，有利于清洗、消毒或灭菌；应考虑设计在线清洗（尽可能采用CIP清洗方式）、在线灭菌设施或者能够便于拆卸后清洗和消毒的设施。在无菌灌装生产中，因为产品在最终容器中密封后不再进行灭菌处理，所以必须在更为严格的生产环境中进行产品灌装和密封，应确保所有与产品直接接触的表面达到无菌灌装的要求，并保持该状态直到生产结束。相对于最终灭菌工艺，无菌操作工艺存在更多的可变因素，在产品灭菌后与产品接触的设备、管道、部件、容器等均应首先以适当的方式分别清洁及灭菌，当灭菌失败时应重新灭菌，灭菌的时间、温度、消毒剂浓度等关键指标要做好监控和记录。

（5）产品的灌装　无菌产品灌装过程中采用自动机械装置可防止由于人员手工操作带来的微生物污染。灌封到灭菌的时间应尽可能短，因为等待杀菌的期间微生物会繁殖增长，如果等待时间过长则易引起产品腐败变质。另外，还要注意对灭菌前微生物状况进行监控是对产品作无菌评价的先决条件，控制灭菌前微生物污染水平也是控制产品内毒素污染的重要手段之一。因为食品杀菌的强度（杀菌温度和时间）不仅与产品性质相关，也与生产过程中产品污染的程度相关。应根据所用灭菌方法的效果确定灭菌前产品微生物污染水平的监控标准，并定期监控。

（6）产品的热处理　灭菌程序的验证是无菌保证的重要内容。要想使一个灭菌设备在受控的状态下运行，必须充分了解微生物学和工程学方面的基本原理。此外，每种灭菌都会产生负面影响，产品会发生变化并因此影响其成分和感官特性。食品加热杀菌的理想效应应该是：将加热杀菌物料的损伤及对其品质的影响控制在最小限度内，迅速有效地杀死存在于其中的有害微生物，然后选择在食品生产中最适合于食品特性的热交换方式及装置，并进行严格操作，以确实达到杀菌的目的。灭菌条件的确定需要考虑如下因素：食品的物理性质如黏度、颗粒大小、固液比例；容器的几何尺寸、壁厚；污染食品的微生物种类、数量及习性；食品的传热特性。

灭菌程序的开发及性能确认完成以后，需要对灭菌工艺加以监控，以保证灭菌程序处于受控的状态。在产品放行中，还需对每批产品的灭菌程序的关键运行参数进行评估。应把灭菌记录作为该批产品放行的依据之一。

无菌灌装超高温灭菌是通过短暂高强度的加热，杀死了所有可以生长的微生物，使产品达到商业无菌程度，即达到不含致病微生物、不含在正常的储存和配送条件下有繁殖能力的微生物的程度，对此要准确确认产品类型、每种产品的流动速率、管线长度、高温保留灭菌部位的尺寸及设计，这些均为影响灭菌效果的主要因素，需在设计时进行验证。

如果使用蒸汽注入或者蒸汽灌输方式，还需要考虑由蒸汽冷凝带入的水引起的产品体积增加。

（二）药品 GMP 的附录

而根据《药品生产质量管理规范（2010 年修订）》第三百一十条规定，CFDA 又发布了无菌药品、原料药、生物制品、血液制品及中药制剂等 5 个附录，作为其配套文件。对比正文中的内容，这几类药物制品的生产规范要求的更细致更严格，如对厂房设施、洁净程度、人员、生产管理和质量管理等有了相应的不同的程度的具体规定，要求比普通药物制剂更高。

特殊医学用途配方食品在食品生产的基础上，对硬件和软件都提出了更高的要求，药品更是如此。

十七、起草部门、监管部门和检查部门的比较

两份 GMP 的起草、监管、检查等部门的比较如表 4-3 所示。除了起草部门不同外，特殊医学用途配方食品生产企业不需要取得 GMP 证书就能生产产品，但药品需要。

表 4-3 特殊医学用途配方食品和药品 GMP 的起草、监管和检查部门的比较

	特殊医学用途配方食品 GMP	药品 GMP
起草部门	中国乳制品工业协会、中国食品发酵工业研究院等单位、国家食品安全风险评估中心	原国家药品监督管理局
是否需要取得证书	不需要取得 GMP 证书，但需要符合 GB 29923—2013 规定	需经过认证取得相应证书
监管和检查部门	省、自治区、直辖市食品药品监督管理局	注射剂、放射性药品、生物制品的认证、监管和检查由前国家食品药品监督管理总局负责；除上述制品以外的药品由省、自治区、直辖市食品药品监督管理局负责认证、监管和检查

药品 GMP 认证现场检查是对药品生产企业全面实施药品 GMP 进行考核的核心环节，而检察员又是把握这一环节的具体执行者。因此为保证检察员队伍的技术水平、整体素质和工作作风，原国家药品监督管理局先后多次举办药品 GMP 检察员培训班。后来还建立了检察员选拔、培训、再培训和监督考核的管理制度。随着我国对外开放的深入发展，一些药品检察员还参加了 WTO、FDA、EU 及加拿大药品管理局组织的国内外专业培训和现场检查，与国际接轨的同时，为国际药品 GMP 检查互认打下一定基础。

特殊医学用途配方食品企业虽暂时不需要像药品一样取得 GMP 证书，但是省、市、

自治区的食品药品监督管理局对其进行监管监察时势必也要有一批专业的、合格的检察员，以从生产源头把控食品安全和质量。

十八、非 GMP 风险的考虑

这方面主要要求的是药品。与特殊医学用途配方食品相比，药品的生产更具各种危险性，这里对健康、安全和环境以及受控物质等进行概括说明，总结了药品生产应考虑的各种非 GMP 风险。

健康、安全和环境的风险主要有以下几种类型：因职业性质而产生的与化学药品或物理因子的接触；由于工艺危害导致的人身伤害；由于火灾、爆炸、设备超压而产生的人身伤害和商业活动中断；向环境中释放有害物质；公众反应和应急预案等。

考虑到这些因素，我国也有相关法律规定，如《中华人民共和国环境保护法》、《中华人民共和国安全生产法》、GBZ 2.1—2007《工作场所有害因素职业接触限值》。

十九、总结

国际经验显示，经济越发达的地方，特殊医学用途配方食品的应用意识就越强。中国与欧美市场相比，特殊医学用途配方食品消费量远远落后，但近几年增长迅猛。新发布的“2 项产品标准+1 项生产规范标准”的标准体系让消费者对特殊医学用途配方食品的认识发生了重大改变，但实际上，很多企业贯彻实行并不到位，这说明标准的贯彻实施还需要很多政策执行上的努力。此外，药品及特殊医学用途配方食品的流通渠道主要是在医院，受人们思维定式影响，“食”字号的产品一时间难以被医生接受，这也会直接影响患者的治疗观念，忽略营养支持和特殊医学用途配方食品在疾病治疗和康复中的作用。

也是基于上述原因，我们期望通过比较和研究这二者的生产质量管理规范，能够有利于医务工作者和消费者更好区分这两类产品；这两类产品目前主要的研发生产企业是制药相关企业，比较和研究二者 GMP 也有利于研发人员按照要求研究开发，确保产品的质量符合标准。特殊医学用途配方食品 GMP 的思路与 GB 14881—2013《食品卫生国家标准　食品生产通用卫生规范》的思路一致，但在此基础上拔高了要求。通过上面的比较分析也可以看到，在生产规范上，特殊医学用途配方食品的管理在向药品靠拢。这有利于该类产品的生产企业的食品安全质量保证，有利于企业的健康、持续发展。当然，特殊医学用途配方食品在某些方面的要求不及药品严格，比如在人才、软件和管理方面不及药品 GMP 强调及侧重，但这有利于该类食品的研发生产简化流程，缩短时间并降低成本，有利于广大食品企业参与进来，促进该类食品的迅速发展，满足临床要求。这也是将特殊医学用途配方食品从药品类别脱离开来的重要意义，让其回归食品的本质。

目前我国特殊医学用途配方食品刚刚起步，其生产规范既参照了食品，也参照了药品。但与国际发达国家相比，特殊医学用途配方食品的配套法规还有待继续完善，还有很长道路要走。

参考文献

[1] Weenen TC, Commandeur H, Claassen E. A critical look at medical nutrition terminology and definitions. Trends Food Sci Tech, 2014, 38 (1): 34-36.

[2] 韩军花 主编. 特殊医学用途配方食品系列标准实施指南. 北京: 中国质检出版社, 2015: 1-15.

[3] Schutz T, Herbst B, Koller M. Methodology for the development of the ESPEN guidelines on enteral nutrition. Clin Nutr, 2006, 25 (2): 203-209.

[4] The Codex Alimentarius Commission. Codex standard for the labelling of and claims for foods for special medical purposes. Codex stan 180-1991. 1991.

[5] European Parliament, Council of European Union No. 609/2013. Regulation on food intended for infants and young children, food for special medical purposes, and total diet replacement for weight control.

[6] FDA. Orphan drug act amendments. 1988.

[7] FSANZ. Standard 2. 9. 5 Food for special medical purposes. 2012.

[8] 国家卫生和计划生育委员会. GB 29922—2013 食品安全国家标准 特殊医学用途配方食品通则. 北京: 中国标准出版社, 2013.

[9] 国家卫生和计划生育委员会. GB 29923—2013 食品安全国家标准 特殊医学用途配方食品企业良好生产规范. 北京: 中国标准出版社, 2013.

[10] 中华人民共和国卫生部. GB 25596—2010 食品安全国家标准 特殊医学用途婴儿配方食品通则. 北京: 中国标准出版社, 2010.

[11] 国家卫生和计划生育委员会. GB 13432—2013 食品安全国家标准 预包装特殊膳食用食品标签. 北京: 中国标准出版社, 2013.

[12] 韩军花. 中国特殊膳食用食品标准体系建设. 中国食品卫生杂志, 2016, 28 (1): 1-5.

[13] 中华人民共和国卫生部 (79 号令). 药品生产质量管理规范. 2010 年修订.

[14] 蔡太梅. 我国现行 GMP 与 2008 版欧盟 GMP 的异同. 中国药房, 2009, 20 (22): 1681-1684.

[15] 国家卫生和计划生育委员会. GB 14881—2013 食品安全国家标准 食品生产通用卫生规范. 北京: 中国标准出版社, 2013.

[16] 陈勇．新版 GMP 附录 1 的解读及装备．机电信息，2012，5：29-32.
[17] 张硕，浦佩佩．GMP 的解读及药品生产中 GMP 管理措施的探讨．中国医疗器械信息，2015，21（1）：3.
[18] 张春红，黄建，李乘风，等．特殊医学用途配方食品现状及前景展望．中国食品添加剂，2016（12）：210-214.

第五章
特殊医学用途配方食品质量评价

ISO 9000：2000《质量管理体系基础和术语》中将质量定义为一组固有特性满足要求的程度，而要求是指明示的、通常隐含的必须履行的需求或期望。质量要求包括食品的可食用性、营养性、安全性、享受性和经济性。对某食品的质量要求包含标准中的感官指标、卫生指标、理化指标及其检测方法等。特殊医学用途配方食品的产品质量评价主要从感官要求、营养指标要求、污染物限量、真菌毒素限量、微生物限量，同时依据产品特性需要增订的其他指标限量如 pH、黏度、水分含量、渗透压、相对密度、总固体、沉降体积比、溶出度、冲调性、均匀度以及净含量和规格等物性指标要求，最终根据产品的分类对该产品的质量进行评价。

第一节
产品质量指标评价

一、感官指标评价

感官质量指标主要是对食品的外观质量特性，如色泽、滋味、气味、组织状态等方面的要求，是理化、卫生质量的综合反映和直观表现。其中，感官指标首先体现了人类对于食品享受性和可食用性的要求，其次通过科学合理的手段获取的食品感官指标又可以反映特定食品的特征品质和质量要求，这对食品品质的界定有直接的影响，并可以对食品质量与安全进行合理控制。通常理化分析的内容涉及产品的质量、安全等问题，感官分析除了分析传统意义上的感官指标外，更多的还在于该产品在人的感受中的细微差别和好恶程度；感官指标具有否决性，即若某一产品感官指标不合格，则不必再做理化分析，直接判定该产品不合格，但感官分析不能单纯代替理化分析的检测。

对于特殊医学用途配方食品，色泽、滋味、气味、组织状态、冲调性是描述和判断其产品质量最直观、最重要的感官指标。根据 GB 29922—2013《食品安全国家标准　特殊医学用途配方食品通则》，特殊医学用途配方的各种食用产品具备符合自身产品的相应特性，包括色泽、气味、滋味、冲调性和组织状态，同时，可视外来异物不应存在。

（一）色泽

色泽是与波长的变化相应的颜色特性。食品的色泽与味觉、嗅觉等其他感觉关系密切，对拥有正常色泽的食品进行食品鉴评，才会得到该种食品相对正常的味觉和嗅觉评价，而对于不正常色泽的食品进行食品鉴评时，相应感觉的灵敏度会下降，甚至得到错误的判断。

色泽评价有助于增加食品吸引力和判断食品的质量。色泽对分析评价食品具有如下作用：有助于增加食品吸引力和判断食品的质量；食品的色泽比另外一些因素诸如形状、质构等对食品的接受性和食品质量影响更大、更直接；食品的色泽和接触食品时环境的颜色能显著增加或降低食欲。

（二）滋味

味觉是一种反应迅速的感觉，它是由分布在舌尖、舌根、舌边缘的味蕾以及末梢神经系统组成的味觉感受器，在受到可溶性呈味物质的刺激后而产生的一种感觉。

味有多种分类，世界各国依据本国的饮食习惯对味的分类各不相同。如日本的味有五种，分别为甜、苦、酸、咸、辣；欧美的味有六种，分别为甜、苦、酸、咸、辣、金属味；在我国，味通常分为七种，分别为甜、苦、酸、咸、辣、鲜、涩。

味觉在食品感官鉴定中占有重要的地位。味觉的敏感程度与许多因素有关，如食物的构成、温度、质地、味蕾所在部位，甚至人体血液的化学成分、人体的生理状况等。因此，味觉往往是多种刺激作用后的综合结果。通过味觉，我们可以快速分辨不同食物的味道，摄取营养物质，并保持调节体内环境的稳定。

（三）气味

嗅觉是人类的基本感觉之一，当挥发性物质刺激鼻腔嗅觉神经时，即可在中枢神经中引起嗅觉产生。

据统计自然界中的嗅感物质约有 40 万种，人仅能分辨出 5000 余种，而且嗅感的描述和鉴定相当困难，因此将这些气味进行准确的分类也并非易事，一些研究者尝试采用气味在一定温度下的蒸气压大小、气味描述、气味分子外形和电荷大小以及嗅盲等方法进行分类，但所有这些方法都有一定局限性。

气味对身体的内分泌、消化、循环系统都有不同程度的影响，例如，良好的气味有利于健康，消除疲劳和烦恼，甚至有些气味还被用来治疗疾病。

其检验方法是取适量试样置于 50mL 或 50g 干烧杯或白色瓷盘中，在自然光下观察其色泽和状态。嗅其气味，用温开水漱口，品其滋味。

（四）组织状态

组织状态是指产品的组织结构状态，与产品的力学结构、几何属性、表面属性、内在属性相关。比如，对于粉剂产品来说，其组织状态应柔软无结块；对于固态产品来说，则要求质地均匀稳定，具有其产品应有的弹性、胶着性等组织状态。对于液体来说，根据产品自身特点应保持均匀或者澄清等。

（五）冲调性

冲调性是粉剂产品的溶解性、湿润性与分散性、沉降性的综合表征量。以粉剂为例，冲调性表示粉剂溶解速度，又称速溶性，粉剂的颗粒大而疏松，润湿性好，分散度高，相应冲调性会更好。通常情况下，改变粉末颗粒的粒径大小、适当添加分散介质、改善冲调方法等都可改变冲调性。

二、营养成分指标评价

特殊医学用途配方食品通则中规定了营养成分包括蛋白质、脂肪、碳水化合物、维生素、矿物质和胆碱、牛磺酸等可选择性成分含量、卫生指标、污染物和毒素限量、非法添加物等。

（一）全营养配方食品必需添加的营养成分检测

全营养配方食品必需添加的营养成分检测项目如表5-1和表5-2所示。

表5-1 特殊医学用途婴儿配方食品检验项目

序号	检验项目	依据法律法规或标准	检测方法	主要分析仪器
1	蛋白质	GB 25596	GB 5009.5	凯氏定氮仪
2	脂肪	GB 25596	GB 5009.6	索氏抽提器
3	亚油酸	GB 25596	GB 5009.168	气相色谱仪
4	α-亚麻酸	GB 25596	GB 5009.168	气相色谱仪
5	亚油酸与α-亚麻酸比值	GB 25596	—	—
6	终产品脂肪中月桂酸和肉豆蔻酸（十四烷酸）总量与总脂肪酸的比值	GB 25596	GB 5009.168	气相色谱仪
7	芥酸与总脂肪酸比值	GB 25596	GB 5009.168	气相色谱仪
8	反式脂肪酸最高含量与总脂肪酸比值	GB 25596	GB 5009.168 GB 5413.36	气相色谱仪
9	碳水化合物	GB 25596	GB 25596	—
10	维生素A	GB 25596	GB 5009.82	高效液相色谱仪

续表

序号	检验项目	依据法律法规或标准	检测方法	主要分析仪器
11	维生素 D	GB 25596	GB 5009.82	高效液相色谱仪
12	维生素 E	GB 25596	GB 5009.82	高效液相色谱仪
13	维生素 K_1	GB 25596	GB 5009.158	高效液相色谱仪
14	维生素 B_1	GB 25596	GB 5009.84	高效液相色谱仪
15	维生素 B_2	GB 25596	GB 5009.85	高效液相色谱仪
16	维生素 B_6	GB 25596	GB 5009.154	高效液相色谱仪
17	维生素 B_{12}	GB 25596	GB 5413.14	分光光度计
18	烟酸（烟酰胺）	GB 25596	GB 5009.89	分光光度计
19	叶酸	GB 25596	GB 5413.16	分光光度计
20	泛酸	GB 25596	GB 5413.17	分光光度计
21	维生素 C	GB 25596	GB 5413.18	荧光分光光度计
22	生物素	GB 25596	GB 5009.259	分光光度计
23	钠	GB 25596	GB 5009.91	原子吸收光谱仪/电感耦合等离子体质谱仪/电感耦合等离子体发射光谱仪
24	钾	GB 25596	GB 5009.91	原子吸收光谱仪/电感耦合等离子体质谱仪/电感耦合等离子体发射光谱仪
25	铜	GB 25596	GB 5009.13	原子吸收光谱仪/电感耦合等离子体质谱仪/电感耦合等离子体发射光谱仪
26	镁	GB 25596	GB 5009.241	原子吸收光谱仪/电感耦合等离子体质谱仪/电感耦合等离子体发射光谱仪
27	铁	GB 25596	GB 5009.90	原子吸收光谱仪/电感耦合等离子体质谱仪/电感耦合等离子体发射光谱仪
28	锌	GB 25596	GB 5009.14	原子吸收光谱仪/电感耦合等离子体质谱仪/电感耦合等离子体发射光谱仪
29	锰	GB 25596	GB 5009.242	原子吸收光谱仪/电感耦合等离子体质谱仪/电感耦合等离子体发射光谱仪

续表

序号	检验项目	依据法律法规或标准	检测方法	主要分析仪器
30	钙	GB 25596	GB 5009.92	原子吸收光谱仪/电感耦合等离子体质谱仪/电感耦合等离子体发射光谱仪
31	磷	GB 25596	GB 5009.87	分光光度计/电感耦合等离子体发射光谱仪（ICP-OES）
32	钙磷比值	GB 25596	—	—
33	碘	GB 25596	GB 5009.267	分光光度计/气相色谱仪
34	氯	GB 25596	GB 5009.44	电位滴定仪
35	硒	GB 25596	GB 5009.93	原子荧光光谱仪/荧光分光光度计/电感耦合等离子体质谱仪（ICP-MS）
36	铬[①]	GB 25596	GB 5009.123	原子吸收光谱仪/电感耦合等离子体质谱仪（ICP-MS）
37	胆碱[①]	GB 25596	GB 5413.20	分光光度计
38	肌醇[①]	GB 25596	GB 5009.270	分光光度计/气相色谱仪
39	牛磺酸[①]	GB 25596	GB 5009.169	高效液相色谱仪
40	左旋肉碱[①]	GB 25596	GB 29989	分光光度计
41	二十二碳六烯酸[①]	产品明示标准及质量要求	GB 5009.168	气相色谱仪
42	二十二碳六烯酸与总脂肪酸比[①]	GB 25596	GB 5009.168	—
43	二十碳四烯酸[①]	产品明示标准及质量要求	GB 5009.168	气相色谱仪
44	二十碳四烯酸与总脂肪酸比[①]	GB 25596	GB 5009.168	—
45	二十二碳六烯酸（22：6 n-3）与二十碳四烯酸（20：4 n-6）的比[①]	GB 25596	GB 5009.168	—
46	长链不饱和脂肪酸中二十碳五烯酸（20：5 n-3）的量与二十二碳六烯酸的量的比[①]	GB 25596	GB 5009.168	—

续表

序号	检验项目	依据法律法规或标准	检测方法	主要分析仪器
47	水分②	GB 25596	GB 5009. 3	电热恒温干燥箱
48	灰分	GB 25596	GB 5009. 4	高温炉
49	杂质度	GB 25596	GB 5413. 30	杂质度过滤机/抽滤瓶
50	铅（以 Pb 计）	GB 2762	GB 5009. 12	原子吸收光谱仪/感耦合等离子体质谱仪
51	硝酸盐（以 $NaNO_3$ 计）	GB 2762	GB 5009. 33	离子色谱仪/离心机/分光光度计
52	亚硝酸盐（以 $NaNO_2$ 计）	GB 2762	GB 5009. 33	离子色谱仪/离心机/分光光度计
53	黄曲霉毒素 M_1	GB 2761	GB 5009. 24	高效液相色谱-串联质谱仪
54	黄曲霉毒素 B_1	GB 2761	GB 5009. 22	高效液相色谱-串联质谱仪
55	菌落总数②③	GB 25596	GB 4789. 2	菌落计数器
56	大肠菌群②	GB 25596	GB 4789. 3 平板计数法	菌落计数器等
57	金黄色葡萄球菌②	GB 25596	GB 4789. 10 平板计数法	菌落计数器等
58	沙门氏菌②	GB 25596	GB 4789. 4	微生物生化鉴定系统
59	阪崎肠杆菌②	GB 25596	GB 4789. 40 第一法	微生物生化鉴定系统
60	商业无菌④	GB 25596	GB 4789. 26	恒温培养箱/pH 计
61	脲酶活性定性测定⑤	GB 25596	GB 5413. 31	分光光度计
62	核苷酸①	产品明示标准及质量要求	GB 5413. 40	高效液相色谱仪
63	叶黄素①	产品明示标准及质量要求	GB 5009. 248	高效液相色谱仪/紫外可见分光光度计
64	三聚氰胺	卫生部、工业和信息化部、农业部、工商总局、质检总局公告 2011 年第 10 号	GB/T 22388	高效液相色谱仪（HPLC）/液相色谱-质谱/质谱仪（LC-MS/MS）/气相色谱-质谱仪（GC-MS）/气相色谱-质谱/质谱仪（GC-MS/MS）/氮吹仪/固相萃取装置

注：①在产品中选择添加或标签中标示含有一种或多种成分含量时，应检测该项目。

②仅限于粉状特殊医学用途婴儿配方食品。

③不适用于添加活性菌种（好氧或兼性厌氧益生菌）的产品。

④仅限于液态特殊医学用途婴儿配方食品。

⑤适用于含有大豆成分的产品。

表 5-2　　特殊医学用途配方食品检验项目

序号	检验项目	依据法律法规或标准	检测方法	主要设备/仪器
1	蛋白质	GB 29922	GB 5009.5	自动凯氏定氮仪/分光光度计/蛋白质分析仪
2	亚油酸供能比	GB 29922	GB 5009.168	—
3	α-亚麻酸供能比	GB 29922	GB 5009.168	—
4	维生素 A	GB 29922	GB 5009.82	高效液相色谱仪（HPLC）/紫外分光光度计/旋转蒸发仪/氮吹仪
5	维生素 D	GB 29922	GB 5009.82	高效液相色谱仪（HPLC）/紫外分光光度计/旋转蒸发仪/氮吹仪
6	维生素 E	GB 29922	GB 5009.82	高效液相色谱仪（HPLC）/紫外分光光度计/旋转蒸发仪/氮吹仪/索氏脂肪抽提仪或加速溶剂萃取仪
7	维生素 K_1	GB 29922	GB 5009.158	高效液相色谱仪（HPLC）/旋转蒸发仪/氮吹仪
8	维生素 B_1	GB 29922	GB 5009.84	高效液相色谱仪（HPLC）
9	维生素 B_2	GB 29922	GB 5009.85	高效液相色谱仪（HPLC）/分光光度计
10	维生素 B_6	GB 29922	GB 5009.154	高效液相色谱仪（HPLC）/分光光度计/恒温培养箱
11	维生素 B_{12}	GB 29922	GB 5413.14	分光光度计/恒温培养箱/超净工作台
12	烟酸（烟酰胺）	GB 29922	GB 5009.89	分光光度计/恒温培养箱/超净工作台
13	叶酸	GB 29922	GB 5413.16 GB 5009.211	分光光度计/生化培养箱/pH 计
14	泛酸	GB 29922	GB 5413.17 GB 5009.210	分光光度计/生化培养箱/pH 计
15	维生素 C	GB 29922	GB 5413.18	荧光分光光度计
16	生物素	GB 29922	GB 5009.259	分光光度计/恒温培养箱/超净工作台
17	钠	GB 29922	GB 5009.91	火焰光度计或原子吸收光谱仪/微波消解仪/恒温干燥箱/电感耦合等离子体质谱仪（ICP-MS）/电感耦合等离子体发射光谱仪（ICP-OES）

续表

序号	检验项目	依据法律法规或标准	检测方法	主要设备/仪器
18	钾	GB 29922	GB 5009.91	火焰光度计或原子吸收光谱仪/微波消解仪/恒温干燥箱/电感耦合等离子体质谱仪（ICP-MS）/电感耦合等离子体发射光谱仪（ICP-OES）
19	铜	GB 29922	GB 5009.13	原子吸收光谱仪/压力消解罐/恒温干燥箱/电感耦合等离子体质谱仪（ICP-MS）/电感耦合等离子体发射光谱仪（ICP-OES）
20	镁	GB 29922	GB 5009.241	原子吸收光谱仪/压力消解罐/恒温干燥箱/电感耦合等离子体质谱仪（ICP-MS）/电感耦合等离子体发射光谱仪（ICP-OES）
21	铁	GB 29922	GB 5009.90	原子吸收光谱仪/压力消解罐/恒温干燥箱/电感耦合等离子体质谱仪（ICP-MS）/电感耦合等离子体发射光谱仪（ICP-OES）
22	锌	GB 29922	GB 5009.14	原子吸收光谱仪/压力消解罐/恒温干燥箱/分光光度计/电感耦合等离子体质谱仪（ICP-MS）/电感耦合等离子体发射光谱仪（ICP-OES）
23	锰	GB 29922	GB 5009.242	原子吸收光谱仪/微波消解仪/恒温干燥箱/压力消解罐/电感耦合等离子体质谱仪（ICP-MS）/电感耦合等离子体发射光谱仪（ICP-OES）
24	钙	GB 29922	GB 5009.92	原子吸收光谱仪/微波消解仪/恒温干燥箱/压力消解罐/电感耦合等离子体质谱仪（ICP-MS）/电感耦合等离子体发射光谱仪（ICP-OES）
25	磷	GB 29922	GB 5009.87	分光光度计/电感耦合等离子体发射光谱仪（ICP-OES）
26	碘	GB 29922	GB 5009.267	电热恒温干燥箱/分光光度计/气相色谱仪

续表

序号	检验项目	依据法律法规或标准	检测方法	主要设备/仪器
27	氯	GB 29922	GB 5009.44	电位滴定仪
28	硒	GB 29922	GB 5009.93	原子荧光光谱仪/荧光分光光度计/电感耦合等离子体质谱仪（ICP-MS）
29	铬[①]	GB 29922	GB 5009.123	原子吸收光谱仪/微波消解仪/恒温干燥箱/压力消解罐/电感耦合等离子体质谱仪（ICP-MS）
30	氟[①]	GB 29922	GB/T 5009.18	分光光度计/恒温培养箱/pH 计
31	胆碱[①]	GB 29922	GB 5413.20	分光光度计
32	肌醇[①]	GB 29922	GB 5009.270	分光光度计/恒温培养箱/气相色谱仪/旋转蒸发仪
33	牛磺酸[①]	GB 29922	GB 5009.169	高效液相色谱仪（HPLC）
34	左旋肉碱[①]	GB 29922	GB 29989	分光光度计
35	二十二碳六烯酸[①]	产品明示标准及质量要求	GB 5009.168	气相色谱仪/旋转蒸发仪
36	二十二碳六烯酸与总脂肪酸比[①②]	GB 29922	GB 5009.168	—
37	二十碳四烯酸[①]	产品明示标准及质量要求	GB 5009.168	气相色谱仪/旋转蒸发仪
38	二十碳四烯酸与总脂肪酸比[①②]	GB 29922	GB 5009.168	—
39	核苷酸[①]	GB 29922	GB 5413.40	高效液相色谱仪（HPLC）
40	铅（以 Pb 计）[⑨]	GB 2762	GB 5009.12	原子吸收光谱仪/微波消解仪/恒温干燥箱/压力消解罐
41	硝酸盐（以 $NaNO_3$ 计）[③⑨]	GB 2762	GB 5009.33	离子色谱仪/离心机/分光光度计/恒温干燥箱/pH 计
42	亚硝酸盐（以 $NaNO_2$ 计）[④⑨]	GB 2762	GB 5009.33	离子色谱仪/离心机/分光光度计/恒温干燥箱/pH 计
43	黄曲霉毒素 M_1 或黄曲霉毒素 B_1[⑤⑨]	GB 2761	GB 5009.24 或 GB 5009.22	旋转蒸发仪/固相萃取装置（带真空泵）/氮吹仪/液相色谱-串联质谱仪（LC-MS）
44	菌落总数[⑥⑦]	GB 29922	GB 4789.2	恒温培养箱/pH 计/菌落计数器等

续表

序号	检验项目	依据法律法规或标准	检测方法	主要设备/仪器
45	大肠菌群⑦	GB 29922	GB 4789.3 平板计数法	恒温培养箱/pH 计/菌落计数器等
46	沙门菌⑦	GB 29922	GB 4789.4	全自动微生物生化鉴定系统/恒温培养箱/pH 计
47	金黄色葡萄球菌⑦	GB 29922	GB 4789.10 平板计数法	恒温培养箱/pH 计/菌落计数器等
48	商业无菌⑧	GB 29922	GB 4789.26	恒温培养箱/pH 计
49	叶黄素①	产品明示标准 及质量要求	GB 5009.248	液相色谱仪/紫外可见分光光度计/减压浓缩装置/固相萃取装置
50	三聚氰胺	卫生部、工业和 信息化部、农业部、 工商总局、质检总 局公告 2011 年第 10 号	GB/T 22388	高效液相色谱仪（HPLC）/液相色谱-质谱/质谱仪（LC-MS/MS）/气相色谱-质谱仪（GC-MS）/气相色谱-质谱/质谱仪（GC-MS/MS）/氮吹仪/固相萃取装置

注：①在产品中选择添加或标签中标示含有一种或多种成分含量时，应检测该项目。
②仅限于 1~10 岁人群的产品。
③不适用于添加蔬菜和水果的产品。
④仅适用于乳基产品（不含豆类成分）。
⑤黄曲霉毒素 M_1 仅适用于以乳类及乳蛋白制品为主要原料的产品，黄曲霉毒素 B_1 仅适用于以豆类及大豆蛋白制品为主要原料的产品。
⑥不适用于添加活性菌种（好氧和兼性厌氧益生菌）的产品，仅适用于 1~10 岁人群的产品。
⑦仅限于固态特殊医学用途配方食品。
⑧仅限于液态特殊医学用途配方食品。
⑨ 以固态产品计。

1. 脂溶性维生素检测过程中存在的问题及解决措施

脂溶性维生素 A、维生素 D、维生素 E 的检测方法根据 GB 5413.9—2010 进行。检测过程中由于维生素 A、维生素 E 十分不稳定，见光易分解，因此整个过程需要避光操作，而且维生素 A、维生素 D、维生素 E 的标准储备液均须-10℃以下避光储存，用前要进行校正，以保证确定的浓度。另外，在维生素 A 的检测中，存在的问题主要是维生素 A 各种异构体的检测，其检测方法还很不成熟。首先缺乏各种异构体的标准样，其次样品中各种异构体含量很低而且相互转化很快，很难准确测定含量。因此现实中测定样品中总的维生素含量，但会忽略了各种异构体的生物活性，这是需要提升的关键技术。

以 GB 5413.10—2010 为依据检测维生素 K_1。检测过程中由于食品中含有淀粉和脂肪等其他干扰成分，会影响检测结果，因此样品需要在检测前进行酶水解处理，用脂肪酶降解试样中的脂肪和不饱和脂肪酸，淀粉酶降解样品中的淀粉，以得到准确的检测结果。检测过程中存在的最大问题和维生素 A、维生素 E 类似，整个过程需避光操作，而且标准溶液配制后需要对其进行校正。

2. 水溶性维生素检测过程中存在的问题及解决措施

水溶性维生素的特点是易溶于水，在生物体中一般是辅酶或辅基的组成部分，这类维生素主要包括维生素 B_1、维生素 B_2、维生素 B_6、维生素 B_{12}、烟酸、叶酸、泛酸、生物素、胆碱和维生素 C。

以 GB 5009. 84—2016 为依据检测维生素 B_1。检测方法有两种，第一法是高效液相色谱法。检测过程中需注意，试液提取和衍生化时要避免强光直射，衍生物要在稳定时间内及时检测，避免结果的偏差；对于一些个别样品，提取液直接衍生后测定时，维生素 B_1的回收率偏低，可以采用人造沸石净化提取液再衍生的方法，使得维生素 B_1的回收率满足要求。第二法是荧光分光光度法。检测过程中有些样品中含杂质过多，可经过离子交换剂处理，使硫胺素与杂质分离，然后以所得溶液用于测定。以 GB 5009. 85—2016 为依据检测维生素 B_2。第一法为高效液相色谱法。第二法为荧光分光光度法，检测过程需注意避光。以 GB 5009. 154—2016 为依据检测维生素 B_6，第一法为高效液相色谱法，适用于添加了维生素 B_6的食品测定，检测过程中由于维生素 B_6 不稳定，需要避免强光直射，标准储备液在使用前需要进行浓度的校正。第二法为微生物法，适用于各类食品中维生素 B_6的测定，此检测方法需要避光，且检测周期较长。以 GB 5413. 14—2010 标准为依据检测维生素 B_{12}。利用莱士曼乳酸杆菌对维生素 B_{12}的特异性和灵敏性，定量测定出试样中维生素 B_{12}的含量。

以 GB 5009. 89—2016 标准为依据检测烟酸（烟酰胺）。本标准第一法为微生物法，适用于各类食品包括以天然食品为基质的强化食品中烟酸和烟酰胺总量的测定，烟酸是植物乳杆菌（ATCC 8014）生长所必需的营养素，在一定控制条件下，利用植物乳杆菌对烟酸和烟酰胺的特异性对含量进行测定。第二法为高效液相色谱法，适用于强化食品中烟酸和烟酰胺的测定，操作过程中必要时，试样测定液需用水进行适当的稀释，使试样测定液中烟酸和烟酰胺浓度在 1～20μg/mL 范围内。标准储备液配制完以后，需要进行浓度校正。

以 GB 5413. 18—2010 为依据检测总维生素 C 含量。对于含有淀粉干扰性成分的样品要先进行适当的酶解处理。维生素 C 易被氧化，且见光易分解，操作过程以避光为佳。

水溶性维生素检测过程中若采用微生物方法检测时，会存在污染菌干扰检测结果。

因此需要对检测器皿等进行严格的清洗和灭菌，需要在无菌环境下操作，来保证结果的可靠性。各项培养基 pH 是否合格会影响菌种的生长，进而影响检测结果，对于这种情况，可以使用一些商品化合成培养基，效果良好且稳定。由于前处理需要对菌种进行培养，无法避免的会导致其检测周期较长。高效液相色谱法检测时，需要注意一些维生素本身易氧化，见光易分解的特性，从而避光操作减少实验误差，并且针对标准储备液要经常进行浓度校正。

3. 矿物质检测过程中存在的问题及解决措施

钾、钠是容易污染的元素，前处理过程、实验试剂及容器是其在实验中主要的污染来源。故在测定过程中，需要对其进行有效的质控措施，可使用塑料制品或聚四氟乙烯器皿，如果用玻璃制品，必须泡酸后用超纯水反复冲洗干净；尽量使用高纯度的酸，必要时可用酸蒸馏器纯化酸；标准品使用基准试剂或有证标准物质，低浓度标准应现用现配，样品稀释液储存时间不宜过长；测定样品特别是钾钠含量高的样品时，最好用稀酸和超纯水分两步喷洗进样针后再进下一个样液；干法消解时使用石英坩埚，消解过程尽量保持在封闭状态等，以确保分析结果的准确可靠。因此，当样品中钠、钾含量较低（<0. 1g/kg）时，可采用灵敏度较高的火焰原子吸收光谱法，既能提高测定的稳定性，也能避免因稀释倍数过大而造成干扰；当样品中钠、钾含量较高（>0. 1g/kg）时，则可以选择电感耦合等离子体发射光谱法，可降低上机溶液的稀释倍数，以减少稀释过程带来的影响。

由于锌元素的特性决定，在测量前要对环境、水、试剂进行空白试验，选择合适的条件，在测量时，要考虑多种情况，根据锌的含量和样品成分决定测量的方法，才可以保证测量结果的准确。二硫腙比色法干扰元素太多，分离效果不甚令人满意，在二硫腙比色法中还要使用氰化物，因此也不常用。

在食品中磷的检测中，需要注意以下几点：当样品中砷含量>2mg/L 时，会对磷的检测造成干扰，此时可用硫代硫酸钠去除。硫化物含量>2mg/L 有干扰，在酸性条件下通氮气可去除。六价镉>50mg/L 有干扰，用亚硫酸钠去除。亚硝酸盐>1mg/L 时有干扰，用氧化消解或加氨磺酸均可以去除。当铁的浓度达到 20mg/L 时，会使检测结果偏低 5%；当铜的浓度小于 10mg/L 不干扰；氟化物小于 70mg/L 是允许的。

气相色谱法测定碘的前处理对结果影响较大，沉淀过程中所采用的试剂质量基本上不影响沉淀效果，但是不同的样品会由于样品本身的特性，在采用的不同沉淀剂浓度时导致过滤时间不同，而这些并不影响测定结果。衍生过程丁酮和硫酸的加入量与衍生时间对测定结果影响显著，影响差别分别是丁酮、衍生时间和硫酸。硫酸在测定中起到将样品中的碘离子化的作用，因此，它的重要性比衍生时间更重要。双氧水的加入量对测定结果有影响，但无统计学意义。相比于不加双氧水，添加双氧水可以使测定结果的平行性较好。当硫酸的加入量较高时，对测定结果无影响，但硫酸加入量较高时导致后面水洗较为困难，因此加入量不宜过高。

硒含量的测定容易受到特医食品中同时存在的铁、钙、镁、钠、钾等其他离子的干扰。为避免这些共存离子的干扰，可以通过增加三价铁离子含量的方法与这些离子进行氧化还原反应，但是需要根据国家标准规定进行添加，以免起到反作用。

（二）全营养配方食品中可选择性成分的检测

在特殊医学用途配方食品中，对于1~10岁人群，可选择性成分指标有11项（见表5-3）；对于10岁以上人群，少二十二碳六烯酸和二十碳四烯酸两项指标，共9项指标。

表5-3　　可选择性成分指标

	检验项目	依据法律法规或标准	检测方法	主要分析仪器
1	铬/μg	GB 25596—2010	GB/T 5009. 123	电感耦合等离子发射质谱仪
2	钼/μg	GB 25596—2010	—	电感耦合等离子发射质谱仪
3	氟/mg	GB 29922—2013	GB/T 5009. 18	酸度计
4	胆碱/mg	GB 29922—2013	GB/T 5413. 20	高效液相色谱仪
5	肌醇/mg	GB 29922—2013	GB 5413. 25	气相色谱仪
6	牛磺酸/mg	GB 29922—2013	GB 5413. 26 或 GB/T 5009. 169	高效液相色谱
7	左旋肉碱/mg	GB 29922—2013	—	高效液相色谱质谱联用仪
8	二十二碳六烯酸/% 总脂肪酸*	GB 29922—2013	GB 5413. 27 或 GB/T 5009. 168	气相色谱仪
9	二十碳四烯酸/% 总脂肪酸*	GB 29922—2013	GB 5413. 27	气相色谱仪
10	核苷酸/mg	GB 29922—2013	—	高效液相色谱仪
11	膳食纤维/g	GB 29922—2013	GB 5413. 6 或 GB/T 5009. 88	膳食纤维仪

注：* 总脂肪酸指 C_4 ~ C_{24} 脂肪酸的总和。

三、安全性指标的评价

在污染物指标方面，为保障适宜人群的健康，我国以国外经验与法规标准为参考，并参照我国婴幼儿配方食品中污染物指标的技术要求，制定了特殊医学用途配方食品中污染物的限量要求。特殊医学用途配方食品的安全性指标还包括毒素限量、微生物指标和非法添加物的规定。

1. 铅

特殊医学用途配方食品对于铅的规定，要求特殊医学用途婴儿配方食品及适用于1~10岁人群的产品中铅的含量≤0.15mg/kg，适用于10岁以上人群的产品，参考GB 2760—2012中乳粉的铅的限量要求需≤0.5mg/kg，并需在标准中明确“以固态产品计”。铅的含量应依据GB 5009.12—2017《食品安全国家标准 食品中铅的测定》进行检测。

2. 硝酸盐与亚硝酸盐

特殊医学用途配方食品对于硝酸盐与亚硝酸盐的规定，要求特殊医学用途婴儿配方食品（以粉状产品计）中硝酸盐（以$NaNO_3$计）与亚硝酸盐（以$NaNO_2$计）的含量分别≤100mg/kg与≤2mg/kg；对于特殊医学用途配方食品（包括1~10岁及10岁以上人群），若其产品未添加蔬菜和水果，硝酸盐（以$NaNO_3$计）的含量应≤100mg/kg；标准中对亚硝酸盐（以$NaNO_2$计）的限量，只规定了乳剂产品（不含豆类成分）中其含量应≤2mg/kg。硝酸盐与亚硝酸盐的含量应依据GB 5009.33—2016《食品安全国家标准 食品中亚硝酸盐与硝酸盐的测定》进行测定。

3. 真菌毒素

GB 2761—2017《食品安全国家标准 食品中真菌毒素限量》对黄曲霉毒素制定了严格的限量标准。规定特殊医学用途婴儿配方食品中黄曲霉毒素B_1的限量标准为0.5μg/kg（以粉末计），特殊医学用途食品（特殊医学用途婴儿配方食品涉及的品种除外）中黄曲霉毒素B_1的限量标准为0.5μg/kg（以固态产品计）；特殊医学用途婴儿配方食品中黄曲霉毒素M_1的限量标准为0.5μg/kg（以粉末计），特殊医学用途食品（特殊医学用途婴儿配方食品涉及的品种除外）中黄曲霉毒素M_1的限量标准为0.5μg/kg（以固态产品计）。

样品提取溶液中除黄曲霉毒素外，常含有一些被共同萃取出的杂质，这些杂质会为之后的检测带来干扰和基质效应。由于特殊医学用途食品的基质相对比较复杂，因此需要对样品中的黄曲霉毒素进行提取后，常对提取液作进一步净化，以减少杂质含量，以排除基质对分离和检测干扰，常用的方法包括：固相萃取法、超临界流体萃取法、加压流体萃取法、免疫亲和层析等。

4. 微生物指标

根据特殊医学用途配方食品剂型的不同，我国国家标准对微生物指标的限量要求也不同，固态产品的微生物限量应符合国标规定，液态产品的微生物指标应符合商业无菌的要求，按照 GB 4789.26—2013《食品安全国家标准　食品微生物学检验商业无菌检验》中规定的方法检验。通常检测如下指标：菌落总数、大肠菌群、沙门氏菌和金黄色葡萄球菌。

5. 非法添加物

不得检出三聚氰胺。

四、产品其他特性指标测定

根据产品自身特性不同和食用人群不同，需要对产品某些特性指标进行测定，如 pH、黏度、渗透压、净含量、均匀度、崩解时限、溶出度、脆碎度、粒度，产品特性检测有国家标准方法的参照国标进行检测；如果没有国标，可参照 2015 版《中国药典》的提供方法。

第二节
产品稳定性评价

一、稳定性试验的必要性和目的

食品药品监督管理部门针对食品稳定性研究的要求还处于探索阶段，特殊医学用途配方食品的营养成分较多，储备产品上市后具有较大的不确定性，上市前所做的前期准备越充分，未来上市后可能面临的问题将越少，企业应当结合法规要求和产品特点进行有针对性的稳定性研究，并在申请材料中完整呈现。2017 年 9 月，原国家食品药品监督管理总局修订并发布了《特殊医学用途配方食品稳定性研究要求（试行）》，其中详细规定了特殊医学用途配方食品稳定性研究的要求、试验方法、结果评价等内容，要求中规定特殊医学用途配方食品应当进行影响因素试验、加速试验和长期试验，依据产品特性、包装和使用情况，选择性的设计其他类型试验，如特殊医学用途婴儿配方食品通过奶嘴试验考察冲调后的产品稳定性、管饲产品通过模拟管饲试验考察稳定性和相容性等。

特殊医学用途配方食品的稳定性研究是质量控制研究的重要组成部分，其目的是通过设计试验获得产品质量特性在各种环境因素影响下随时间变化的规律，并据此为产品配方设计、生产工艺、配制使用、包装规格和包装材料选择、产品贮存条件和保质期的确定等提供支持性信息。

稳定性研究应根据不同的研究目的，结合食品原料、食品添加剂的理化性质、产品形态、产品配方及工艺条件合理设置。产品应当进行影响因素试验、加速试验和长期试验，依据产品特性、包装和使用情况，选择性的设计其他类型试验，如开启后使用的稳定性试验等。稳定性试验报告与稳定性研究材料在产品注册申请时一并提交。每一种包装规格产品均应进行稳定性研究。

二、对产品进行稳定性试验的原因

对特医食品的稳定性进行检验的主要原因有以下几个方面：

（1）特医食品从生产出工厂经流通渠道最终到达消费者手中短则需2~3个月，长则要半年以上。如果其内在质量达不到在一个相对较长的时间内保持恒定不变的要求，则可能会发生质量变劣。消费者食用了变质的食品，不仅达不到保健目的，而且还可能对身体健康造成危害。

（2）一些功效成分在一定条件下也会发生分解或转化，从而影响功能性食品的效果。

（3）不适当的储存也易于造成功能性食品物理性能的改变，如潮解、粘连、硬化、香味逸散、液体食品浑浊、沉淀、颜色改变等。

三、稳定性试验检测指标的选定原则

稳定性试验选定什么样的检验指标来进行是试验的关键，具体的原则如下：

（1）功能性食品的功效成分应作为稳定性试验的必检指标。

（2）选择有卫生学意义的指标。

（3）与产品质量相关的指标。

四、稳定性研究的基本要求

（一）试验用样品

稳定性研究用样品应具有代表性，应在满足《特殊医学用途配方食品良好生产规范》要求及商业化生产条件下生产，产品配方、生产工艺、质量要求应与商业化生产的产品一致，包装材料和产品包装规格应与拟上市产品一致。影响因素试验、开启后使用的稳定性试验等只需采用一个批次的样品进行，如果试验结果不明确，则应加试两个批次样品；加速试验和长期试验通常采用三批样品进行。

（二）考察时间点和考察时间

稳定性研究目的是考察产品质量在确定的温度、湿度等条件下随时间变化的规律，因此研究中一般需要设置多个时间点考察产品的质量变化。考察时间点应基于对产品性质的认识、稳定性趋势评价的要求而设置。加速试验考察时间为产品保质期的四分之一，且不得少于 3 个月。长期试验总体考察时间应涵盖所预期的保质期，中间取样点的设置应当考虑产品的稳定性特点和产品形态特点。对某些环境因素敏感的产品，应适当增加考察时间点。

（三）考察项目

稳定性试验考察项目应能够反映产品质量的变化情况，即在放置过程中易发生变化的、可能影响产品质量、安全和/或有效性的指标，可分为物理、化学、生物学包括微生物学等方面。根据产品特点和质量控制要求，选取能灵敏反映产品稳定性的考察项目，如产品质量要求中规定的全部考察项目或在产品保质期内易于变化、可能影响产品质量、安全性、营养充足性和特殊医学用途临床效果的项目；以及依据产品形态、使用方式及贮存过程中存在的主要风险等增加的考察项目，以便客观、全面地反映产品的稳定性。同时，应该考虑高温或高湿/低湿等条件下，增加吸湿增重或者失水等项目。

另外，产品与容器相容性或包装材料研究的迁移试验和吸附试验，通常是通过在加速和/或长期稳定性试验（注意产品应与包装材料充分接触）增加相应潜在目标浸出物、功能性辅料的含量等检测指标，获得产品中含有的浸出物及包装材料对有效成分的吸附数据；所以，稳定性试验应考虑与包装材料或容器的相容性试验一同设计。

（四）检测频率及检验方法

敏感性的考察项目应在每个规定的考察时间点进行检测，其他考察项目的检测频率依据被考察项目的稳定性确定，但需提供具体的检测频率及检测频率确定的试验依据或文献依据。0 月和试验结束时应对产品标准要求中规定的全部项目进行检测。稳定性试验考察项目原则上应当采用 GB 29922—2013《食品安全国家标准　特殊医学用途配方食品通则》、GB 25596—2010《食品安全国家标准　特殊医学用途婴儿配方食品通则》规定的检验方法。国家标准中规定了检验方法而未采用的，或者国家标准中未规定检验方法而由申请人自行提供检验方法的，应当提供检验方法来源和（或）方法学验证资料。检验方法应当具有专属性并符合准确度和精密度等相关要求。

五、稳定性研究的试验方法

（一）加速试验

加速试验是在高于长期贮存温度和湿度条件下，考察产品的稳定性，为配方和工艺设计、偏离实际贮存条件产品是否依旧能保持质量稳定提供依据，并初步预测产品在规定的贮存条件下的长期稳定性。加速试验条件由申请人根据产品特性、包装材料等因素确定。

如考察时间为6个月的加速试验，应对放置0，1，2，3，6个月的样品进行考察，0月数据可以使用同批次样品的质量分析结果。

固态样品试验条件一般可选择温度37℃±2℃、相对湿度75%±5%。如在6个月内样品经检测不符合产品标准要求或发生显著变化，应当选择温度30℃±2℃、相对湿度65%±5%的试验条件同法进行6个月试验。液态样品试验条件一般可选择温度30℃±2℃、相对湿度60%±5%，其他要求与上述相同。在冰箱（4~8℃）内贮存使用的样品，试验条件一般可选择温度25℃±2℃、相对湿度60%±10%，其他要求与上述相同。加速试验条件、考察时间等与上述规定不完全一致的，应当提供加速试验条件设置依据，考察时间确定依据及相关试验数据和科学文献依据。

（二）长期试验

长期试验是在拟定贮存条件下考察产品在运输、保存、使用过程中的稳定性，为确认贮存条件及保质期等提供依据。长期试验条件由申请人根据产品特性、包装材料等因素确定。

长期试验考察时间应与产品保质期一致，取样时间点为第一年每3个月末一次，第二年每6个月末一次，第3年每年一次。如保质期为24个月的产品，则应对0，3，6，9，12，18，24个月样品进行检测。0月数据可以使用同批次样品质量分析结果。试验条件一般应选择温度25℃±2℃、相对湿度60%±10%；对温度敏感样品试验条件一般应选择温度6℃±2℃、相对湿度60%±10%。

长期稳定性试验与加速试验应同时开始，申请人可在加速试验结束后提出注册申请，并承诺按规定继续完成长期稳定性试验。长期试验条件、考察时间等与上述规定不完全一致的，应当提供长期试验条件设置依据、考察时间确定依据及相关试验数据和科学文献依据。

（三）影响因素试验

试验条件由申请人根据产品特性、包装材料、贮存条件及不同的气候条件等因素综合确定。

1. 高温试验

样品置密封洁净容器中，一般可在温度60℃条件下放置10d，分别于第5天和第10天取样，检测有关项目。如样品发生显著变化，则在温度40℃下同法进行试验。

2. 高湿试验

样品置恒湿密闭容器中，一般可在温度25℃、相对湿度90%±5%条件下放置10d，分别于第5天和第10天取样，检测有关项目，应包括吸湿增重项。若吸湿增重5%以上，则应在温度25℃、相对湿度75%±5%条件下同法进行试验。液体制剂可不进行此项试验。

3. 光照试验

样品置光照箱或其他适宜的光照容器内，一般可在照度4500lx±500lx条件下放置10d，分别于第5天和第10天取样，检测有关项目。

试验条件、考察时间等与上述规定不完全一致的，应当提供试验条件设置依据、考察时间确定依据及相关试验数据和科学文献依据。

根据稳定性试验研究的结果，对产品稳定性研究信息进行系统的分析，结合特殊医学用途配方食品在生产、流通过程中可能遇到的情况，确定产品的贮存条件、包装材料/容器和保质期等。

以保质期为24个月、生产工艺为干法生产的全营养配方食品（粉剂）举例说明稳定性试验具体方案见表5-4。

表5-4 以保质期为24个月的全营养配方食品（粉剂）

<table>
<tr><th colspan="3">试验内容</th><th colspan="2">试验方法</th><th>备注</th></tr>
<tr><td rowspan="3">稳定性试验</td><td rowspan="3">影响因素试验</td><td>高温试验</td><td>60℃（或40℃）下放置10d，第5天和第10天检测相关指标</td><td rowspan="3">采用一批样品进行</td><td>如样品发生显著变化，则在温度40℃下同法进行试验</td></tr>
<tr><td>高湿试验</td><td>25℃，相对湿度90%（或75%）±5%放置10d，第5天和第10天检测相关指标</td><td>若吸湿增重5%以上，则应在温度25℃、相对湿度75%±5%条件下同法进行试验。液体制剂可不进行此项试验</td></tr>
<tr><td>光照试验</td><td>照度4500lx±500lx放置10d，第5天和第10天检测相关指标</td><td></td></tr>
</table>

续表

试验内容		试验方法	备注
稳定性试验	加速试验	对0、1、2、3、6月检测 固态样品——温度37℃±2℃，相对湿度75%±5%；液态样品——温度30℃±2℃、相对湿度60%±5%；冰箱（4~8℃）内贮存使用的样品——温度25℃±2℃、相对湿度60%±10%	采用三批样品进行 0月数据可以使用同批次样品的质量分析结果
	长期试验	时间应与保质期一致 以保质期24个月为例，对0、3、6、9、12、18、24月检测一般样品——温度25℃±2℃，相对湿度60%±10%下；对温度敏感样品——温度6℃±2℃、相对湿度60%±10%	采用三批样品进行 与加速试验同时开始 0月数据可以使用同批次样品的质量分析结果
	使用中的稳定性试验	开启包装后使用的稳定性试验、模拟管饲试验、产品运输试验等	开启后使用的稳定性试验采用一批样品进行
	项目选取	影响因素试验可在第5天，第10天时对全项目指标检测，选取发生显著变化的指标；加速试验和长期试验可依据此进行项目选取	

注：0月和试验结束时对产品标准中规定的全部项目进行检测。

六、稳定性实验的具体方法

稳定性试验的方法有两种：一种是根据产品要求的保存条件，存放1.5~2年，进行保存前后的检验，或与近期以相同技术方法、相同配方生产的产品进行检验比较分析，制订该产品的保质期。其优点是客观、真实地反映了产品的质量变化情况，适用于成分比较稳定的保健食品。另一种方法是在人工模拟条件下进行试验，即把产品保存在温度37~38℃、相对湿度70%~80%的条件下，分别在开始及保存后的30，60，90d对产品进行检验分析，制定保质期。完全通过90d试验的产品的保质期可定为2年。其特点是：试验周期短，全部试验可在3个月完成。但这种方法由于条件单一，不能完全反映产品的质量变化情况。

稳定性试验的主要内容：①检测批次与特征指标稳定性。②功效成分的稳定性。③包装材料的稳定性。④检验机构产品稳定性。

七、稳定性试验结果评价

通过对试验结果进行系统分析和判断来评价特殊医学用途配方食品稳定性试验结果，稳定性试验检测结果应符合产品质量标准规定。

通过稳定性试验研究结果，一般可以确定以下几点：第一，通过对结果的分析，同时结合产品在生产、流通过程中可能遇到的情况，参考同类已上市产品的贮存条件，进行综合分析，确定适宜的产品贮存条件；第二，根据产品具体情况，结合稳定性研究结果，确定适宜的直接接触产品的包装材料、容器等包装材料；第三，根据产品具体情况和稳定性考察结果综合确定特医食品保质期。采用短期试验或长期试验考察产品质量稳定性的产品，总体考察时间应涵盖所预期的保质期，应以与0月数据相比无明显改变的最长时间点为参考，根据试验结果及产品具体情况，综合确定产品保质期；同时进行了加速试验和长期试验的产品，其保质期一般主要参考长期试验结果确定。采用加速试验考察产品质量稳定性的产品，根据加速试验结果，产品保质期一般可定为2年。

第三节 实验室质量控制

一、实验室管理

建立或者管理实验室主要涉及人、机、料、法、环、测六大因素，这六个因素构成了实验室质量体系的核心要素。科学合理设置检验岗位，实现每个检验环节都有相关人员，从而可以无缝衔接，使检验的数据具有公正、科学以及准确性。按照实验室认可相关的准则和规定，对检验的岗位都有详细的要求，如最高管理者、质量负责人、质量监督员、检验人员和审核人员等。只有完善相关的岗位，才能保障食品检验的质量。同时需要配备适合所有项目开展需要的仪器设备以及耗材，采用适宜的检测方法，才能确保检测结果有效、数据可靠。

实验室的发展需顺应时代的发展，建立实验室管理体系是必然。但即使建立了实验室管理体系，有效实施和运行更是关键，这需要我们不断学习、不断实践。改进是无止境的，只有通过不断积累丰富的管理经验，善于理论联系实际，善于深入工作一线，善于有效沟通，才能推动组织业务运作的规范化，使实验室的技术水平、管理水平和服务质量不断得到提升。

二、检测方法的建立与验证

分析方法验证指通过适当的实验数据和分析的文件化记录来阐明某一分析方法性能参数符合分析应用目的要求的过程。

（一）分析方法的分类

检测方法共分为标准方法、非标准方法、允许偏离的标准方法，标准方法分为国际标准：如 ISO、WHO、UNFAO、CAC 等；国家（或区域性）标准：如 GB 、EN、ANSI、BS、DIN、JIS、AFNOR、TOCT、药典等；行业标准、地方标准、标准化主管部门备案的企业标准。非标准方法分为技术组织发布的方法：AOAC、FCC 等；科学文献或期刊公布的方法；仪器生产厂家提供的指导方法；实验室制定的内部方法。允许偏离的标准方法包括超出标准规定范围使用的标准方法和经过扩充或更改的标准方法。GB 29922—2013《食品安全国家标准　特殊医学用途配方通则》中规定特殊医学用途配方食品大部分检测项目依据国家标准，其他国家法规中并没有特别要求，但无论是国内还是国外，实验室在建立方法时都需要按照标准中的前处理方法和分离条件，同时对方法进行验证，以证实该方法满足自身产品。

（二）分析方法的验证

USP 规定实验室应采用试验方式进行方法验证：“应通过实验室的研究制定出一定的分析方法验证程序，证明方法的性能参数符合预期的分析应用要求。”不同国家和国际委员会的工作组都对方法验证所要求的实验室试验做出了规定，这些在文献中都有阐述。一些定义在不同的组织间差异很大，因此，实验室应根据他们对术语定义的理解制定一个术语表。为了达到标准化的目的，ICH 来自美国、欧洲和日本的行业和监管机构代表定义了分析方法验证的参数、要求和方法。分析方法验证成功的前提条件包括仪器已经确认、校准并在校准有效期内，经过培训的人员实施，可靠稳定的对照品，可靠稳定的实验试剂，确认受试样品的稳定性、代表性（均一性），在规定时间内无降解，合理设计的验证方案。杂质限度检测验证参数：准确度、专属性、检出限、范围、耐用性和精密度；杂质定量检测验证参数：准确度、精密度、专属性、定量限、线性、范围、耐用性；含量/溶出度验证参数标准：准确度、精密度、专属性、线性、范围、耐用性。

三、实验室的分区与规划

（一）理化实验室

特医食品理化实验室是特医食品生产企业和研究单位用于检测原料和产品理化指标不可或缺的部门，是生产检测、科学研究的前沿阵地。实验室基本规划建设是一项复杂的综合系统工程，涉及土建、配电、给排水、通风、照明、安全措施、“三废”处理以及室内实验设施配套安装等。按照相关规范及标准，全面考虑，整体规划，最终确定方案。

理化实验室设计的基本要求如下：

（1）位置要求　理化实验室应布置在环境安静、振动及电磁辐射影响小的位置，以减小检测数据的误差，提高检测结果的准确性；布置在远离粉尘且全年风向最小频率的下风向地段。因此，理化实验室一般为独立的建筑物，与办公楼合建时，要设置独立的出入口。理化实验室中，分析设备多属精密仪器，对环境要求苛刻，化学实验室排放的有毒有害气体需经楼顶通风系统及时排走。

（2）理化检测功能区域的基本要求　办公区应在每个楼层集中设置，便于学习和探讨工作中出现的问题，民用配电即可。报告编制区用于检测结果的输入、检测报告的编制及审核，满足办公用电需求即可。收样及样品储存区该区域必须干燥、通风、防尘。样品分为待检、在检、已检 3 类，各存储柜应标明收样及检测日期。

（3）样品处理区和化学湿法分析区　样品处理区域在实验过程中会产生大量的有毒有害、有刺激气味的气体，故必须有独立排风设施通风柜；一般为单独的房间，地面应有地漏；墙面、地板、实验台和试剂柜等要绝缘、耐热、耐酸碱和耐有机溶剂腐蚀；放置中央实验台的实验室应预设供实验台用的上下水装置和足够的电源插座。鉴于化学分析需要用到大量的强腐蚀性药品，建议通风柜内部特殊定制耐 500℃ 高温且耐酸碱的陶瓷内衬及耐氢氟酸腐蚀的聚丙烯内衬。

（4）仪器分析区　该区域主要设备一般有等离子体质谱、发射光谱、原子吸收、气相液相色谱、液质联用仪、气质联用仪、原子荧光、电感耦合等离子体质谱、电感耦合等离子体发射光谱仪等设备及配套稳压电源和水循环系统。各类仪器设备具有精度高、运行条件苛刻、耗材昂贵、部件损坏维修难度大、维修费用高等特点，决定了该区域应为单独房间且空间不宜过小，尽量铺设防静电地板，互有干扰的仪器不能放在同一房间。该区域要求一定的洁净度（可设置缓冲间）、温湿度（温度 18～25℃，相对湿度 60%～80%）、防震防辐射、独立用电、独立接地（电阻不大于 1Ω）等。设备放置距离墙体 60~80cm，以便维修检查。色谱仪器室和光谱仪器室应该分开，光谱仪器室应该根据设备的不同安装要求，考虑预留设备的排风管道，并应避免直射阳光。

（5）称量区　称量区应为独立的房间，用于放置精密分析天平，应距离楼道墙面较远，并有双层玻璃或窗帘，防尘防震，在土建方面也应考虑防潮及保温措施，宜设恒温恒湿系统。建议为化学分析实验室配置台面厚度为 40cm 的大理石天平台，以达到三级减震的效果，天平台须离开墙壁至少 1cm 放置。

（6）高温及微波消解区　单独的房间，主要用来摆放干燥箱、高温炉，应有足够的电功率。有些高温炉如化学实验室的大型干燥箱体积超高或超宽，需注意预留排风罩的尺寸和高度。可在该区域预留两个排风口，用于安装通风柜，并放置需排风的微波消解仪、酸提纯器等小型仪器。

（7）试剂储藏区　可根据实际情况安排药品柜，应预留排风口以放置带抽风试剂柜（保存挥发性药品）；对于有一定危险性的药品应设置单独的危险品存储柜。

（8）实验用水制备区　该区工作台面应坚固耐热，配备能满足制水设备功率要求的电源线路；供水水龙头应有隔渣网。制水环境应尽可能避免污染，制备超纯水应该达到一定的洁净度。

（9）气体存放区　该区楼板承重应大于 300kg/m^2，预留排风口，用于接驳可燃性或危险气体气瓶柜。

（10）预留实验区　该区域为实验室发展预留的空间，应在保持清洁的基础上，将上下水和电源容量留足并在地面预定位置留有地漏即可。

理化实验室在建设、装修过程中，设计要有一定的前瞻性，应对不同检测内容实验室建筑要求深入了解，包括一般要求及特殊要求，合理布局和设计，充分考虑供电、供水、供气、通风、空气净化、安防、环保等基础条件，从而保证建设后的理化实验室安全、有效地长期运行。

（二）微生物实验室

1. 微生物实验室的设计要求

（1）细菌检验操作室（常规操作）　细菌检验操作室是细菌培养与检验主要操作室，主要设施是实验台。对实验台的要求：实验台面积一般不小于 2.4×1.3m^2。实验台位置应在实验室中心位置，要有充足光线；也可以做边台。实验台两侧安装小盆与水龙头。实验台中间设置试剂架，架上装有日光灯与插座。实验台材料要以耐热、耐酸碱为宜。

（2）无菌室　无菌室通过空气的净化和空间的消毒为微生物实验提供一个相对无菌的工作环境，无菌室是处理样品和接种培养的主要工作间，应与细菌检验操作室紧密相连。为满足无菌室无菌要求，无菌间应满足以下布局：

入口避开走廊，设在细菌检验操作室内。与操作室用两道缓冲间隔开。无菌室与缓冲间均装有紫外灯，要求每 $3m^2$ 安装 30W 紫外灯一盏。无菌室内设有实验台（实验台与边台皆可），紫外灯距实验台面要小于 1.5m。无菌室与操作室之间设有双层窗构成小通道。

（3）培养基制作室　培养基室是制作、配制微生物培养所需培养基及检验用试剂的场所，其主要设备应为边台与药品柜。边台上要放置电炉，以满足熔化煮沸培养基时用。边台材料要耐高热、耐酸碱。药品柜分门别类存放一些一般药品及试剂。危险、易腐易燃有毒有害药品单独设保险柜存放。边台上要放天平，以称取药品用。

（4）生物安全实验室　实验室生物安全防护的基本要求，首先是实验室在建设前就要委托具有生物安全实验室设计资质的设计单位，进行科学合理的设计，并组织专业人员对设计方案进行安全性、科学性、实用性、选址布局的合理性及可行性等方面论证。其次，实验室的建设应由具有生物安全实验室建设经验的单位承建；再者，在建设过程中的施工质量及用材等方面进行监督与质量控制，最后应对建成的实验室进行工程质量的验收。生物安全实验室在平面布局上可通过分区物理隔离措施，将实验污染区和其他清洁区进行隔离，还有就是通过气流组织的方式，使实验室形成单向气流（负压梯度），即空气气流由清洁区向污染区方向流动，达到抑制感染性因子外泄的目的。

2. 微生物实验室安全要求

微生物实验室应遵循以下要求：

（1）安全原则　毒性强、感染性高的专业实验室应与办公区域隔离，成独立或相对独立区域，病原微生物实验室等尽量设在人员流动少的区域（新建最好独立设置）。

（2）实验室流向　由安全低毒实验室向高毒高感染性实验室过渡，高毒高感染性实验室应远离人员活动频繁区域，设在建筑物末端。

（3）人流、物流通道尽量分开　人员进出通道和物品通道分开，洁净物品与污染物品通道分开。

第四节 临床评价

特殊医学用途配方食品分为全营养配方食品、特定全营养配方食品和非全营养配方食品。特定全营养配方食品，是指可以作为单一营养来源满足目标人群在特定疾病或者医学状况下营养需求的特殊医学用途配方食品。常见特定全营养配方食品有：糖尿病全营养配方食品，呼吸系统疾病全营养配方食品，肾病全营养配方食品，肿瘤全营养配方食品，肝病全营养配方食品，肌肉衰减综合征全营养配方食品，创伤、感染、手术及其他应激状态全营养配方食品，炎性肠病全营养配方食品，食物蛋白过敏全营养配方食品，难治性癫痫全营养配方食品，胃肠道吸收障碍、胰腺炎全营养配方食品，脂肪酸代谢异常全营养配方食品，肥胖、减脂手术全营养配方食品。2016 年 3 月，原国家食品药品监督管理总局颁布的《特殊医学用途配方食品注册管理办法》规定：申请特定全营养配方食品注册，需要进行临床试验，提交临床试验报告。临床试验应当按照 2016 年 10 月颁布的《特殊医学用途配方食品临床试验质量管理规范（试行）》开展。13 种常见特定全营养配方食品临床试验指导原则目前正在制定阶段。

特殊医学用途配方食品的临床试验机构应当为药物临床试验机构，具有营养科室和经过认定的与所研究的特殊医学用途配方食品相关的专业科室，具备开展特殊医学用途配方食品临床试验研究的条件。开展特殊医学用途配方食品的临床试验无须食品药品监管部门批准，申请人、临床试验单位、研究者等相关主体按照《特殊医学用途配方食品临床试验质量管理规范（试行）》要求即可开展临床试验。食品药品监管总局相关核查机构可对临床试验的真实性、完整性、准确性等情况进行现场核查。

试验样品由申请人提供，并符合以下要求：①产品质量要求应当符合相应食品安全国家标准和（或）相关规定；②按照与申请注册产品相同配方、相同生产工艺生产，生产条件应当满足《特殊医学用途配方食品良好生产规范》相关要求；③应当经具有法定资质的食品检验机构检验合格。临床试验用对照样品应当是已获批准的相同类别的特定全营养配方食品。如无该类产品，可选择已获批准的全营养配方食品或相应类别的肠内营养制剂。

与临床试验相关的主要主体包括申请人、临床试验机构、伦理委员会、监查员等。申请人负责发起临床试验，并对试验的启动、管理、财务和监查负责。申请人同时对临床试验用产品的质量及临床试验安全负责。临床试验机构应当具备相应的资质及条件，负责临床试验的实施，并在临床试验完成后形成临床试验总结报告。伦理委员会负责对临床试验项目的科学性、伦理合理性进行审查，批准后方可进行临床试验；并负责在临床试验进行过程中对批准的临床试验进行跟踪审查。监查员负责在临床试验期间，定期到试验单位监查并向申请人报告试验进行情况；保证受试者选择、试验用产品使用和保存、数据记录和管理、不良事件记录等按照临床试验方案和标准操作规程进行。

特殊医学用途配方食品临床试验应当遵循随机、对照和重复的原则。如采用其他试验设计的，需提供无法实施随机对照试验的原因、该试验设计的科学程度和研究控制条件等依据。对保障受试者权益的主要规定有：申请人应当制定临床试验质量控制和质量保证措施并有效执行；临床试验方案的科学性、伦理性必须经伦理委员会审查批准后方可进行临床试验；所有参与试验人员必须具备相应资质并经过培训合格；受试者对临床试验知情同意；试验期间出现的所有不良事件均能得到及时适当的治疗和处置；受试者自愿参加试验，无须任何理由有权在试验的任何阶段退出试验，且其医疗待遇与权益不受影响；发生与试验相关的损害时将获得治疗和（或）相应的补偿；受试者参加试验及在试验中的个人资料均应保密等。

为保证有足够的研究例数对试验用产品进行安全性评估，试验组不少于 100 例。同时，受试者入选时，应充分考虑试验组和对照组受试期间临床治疗用药在品种、用法和用量等方面应具有可比性。依据研究目的和拟考察的主要实验室检测指标的生物学特性合理设置观察时间，原则上不少于 7d，且营养充足性和特殊医学用途临床效果观察指标应有临床意义并能满足统计学要求。

特殊医学用途配方食品临床试验观察指标包括安全性（耐受性）指标及营养充足性和特殊医学用途临床效果观察指标。安全性（耐受性）指标：如胃肠道反应等指标、生命体征指标、血常规、尿常规、血生化指标等。营养充足性和特殊医学用途临床效果观察指标：保证适用人群维持基本生理功能的营养需求、维持或改善适用人群营养状况，控制或缓解适用人群特殊疾病状态的指标。

特殊医学用途配方食品可进行多中心临床试验。进行多中心临床试验的，统一培训内容，临床试验开始之前对所有参与临床试验研究人员进行培训。统一临床试验方案、资料收集和评价方法，集中管理与分析数据资料。主要观察指标由中心实验室统一检测或各个实验室检测前进行校正。临床试验病例分布应科学合理，防止偏倚。

参与临床试验的研究者及试验单位保证受试者在试验期间出现不良事件时得到及时适当的治疗和处置；发生严重不良事件采取必要的紧急措施，以确保受试者安全，并在确认后 24h 内由研究者向负责及参加临床试验单位的伦理委员会、申请人报告，同时向涉及同一临床试验的其他研究者通报。所有不良事件的名称、例次、严重程度、治疗措施、受试者转归及不良事件与试验用产品的关联性等应详细记录并分析。严重不良事件应单独进行总结和分析并撰写病例报告。

第五节
总结

特殊医学用途配方食品具有营养成分复杂、不利于管理控制的特点，在产品质量评价过程中不能生搬硬套其他产品的方法，但可以参考其先进的研发理念，促进研发水平的快速提升。制药领域中，质量源于设计的理念不断受到重视，ICH Q 中详细介绍了如何在药物研发中贯彻实施质量源于设计理念，指出质量不是通过检验注入产品中，而是通过设计赋予的。从产品概念到工业化均精心设计，是对产品属性、生产工艺与产品性能之间关系的透彻理解，通过前期深入透彻的研究工作，更加科学的保证产品质量、降低监管风险。质量源于设计体系还需通过理论研究和实践进行完善，但其原则和方法可以引入特殊医学用途配方食品的研究开发过程中，采用对产品质量的预防性措施代替解决产品问题的应急性措施，为我国特殊医学用途配方食品的全面快速发展提供参考，例如企业在食品原料和食品添加剂选择方面应当充分考虑其特性及相容性，选择合适的原材料；生产工艺研发方面，确定影响终产品质量的关键工艺参数，并对其进行监控；包装系统方面，应当证明所选包装在贮存和运输过程中的适宜性等。在此基础上，加强临床试验研究，这样才能更加有效的保证产品质量。

参考文献

[1] 赵镭，刘文，汪厚银．食品感官评价指标体系建立的一般原则与方法．中国食品学报，2008，8（3）：121-124.

[2] 全科医生小词典——特殊医学用途配方食品．中国全科医学，2014（8）：937-937.

[3] 李冰，洪旗德，戴志勇，等．牛乳低聚肽在益生菌酸奶中的应用．中国乳制品工业协会第十二次年会，2006.

[4] 李敏，易蓉，黄华军，等．GB 28050—2011 的几点践行困难和解决办法．“食品工业新技术与新进展”学术研讨会暨 2014 年广东省食品学会年会论文集，2014.

[5] 姜花云．浅谈蛋白质与人体健康．考试周刊，2012，（7）：141-141.

[6] 杨丽，马小春．人体需要的营养元素——蛋白质．消费导刊，2011（7）：107-107.

[7] 刘振春．多不饱和脂肪酸的营养保健与开发．食品科技，2003（s1）：79-82.

[8] 韩军花，杨玮．特殊医学用途配方食品．中国标准导报，2015（8）：22-24.

[9] 陈文波，李淑娟，刘海军．维生素类药物滥用的危害及合理使用．临床合理用药杂志，2013，6（10）：72-73.

[10] 宋来，谭虹．脂溶性维生素与冰上运动．冰雪运动，2011，33（2）：42-45.

[11] 张雅稚．维生素 A 的生理功能与应用方法．中国食物与营养，2007（12）：55-56.

[12] 王荣华．维生素的缺乏与服用忌口．现代养生，2015（10）：23-24.

[13] 胡柏藩．中国维生素工业现状及发展趋势．中国动物营养与保健品市场及技术国际研讨会暨动物用化学品行业委员会第一届一次会议，2009.

[14] 张琳．维生素 E 与运动能力的关系．宿州教育学院学报，2010，13（4）：89-91.

[15] 张睦清．维生素 K_2 对高磷诱导的大鼠血管平滑肌细胞钙化的影响和机制：河北医科大学，2015.

[16] 郭诚．高效液相色谱同时测定婴幼儿配方乳粉中的维生素 A、维生素 E 和 β-胡萝卜素．苏州大学，2013.

[17] 王桂芹，李子平，牛小天，等．饲料中蛋白质与维生素 B_6 水平及其互作对乌鳢蛋白质代谢的影响．中国饲料，2010（1）：33-36.

[18] 邓学兵，马兴旺，马光友，等．一种水溶性复合维生素制剂及其制备方法．CN；2013.

[19] 柳高．不同种类 B 族维生素和复方丹参滴丸对高尿酸血症小鼠血尿酸水平的影响．解放军总医院，2012.

[20] 宋晓明，柳鹏，任霞，等．铁强化物中铁在人体吸收及维生素 A、C 中的作用．国外医学，地理分册，2004，25（1）：22-25.

[21] 曾翔云．维生素 C 的生理功能与膳食保障．中国食物与营养，2005（4）：52-54.

[22] 宋霞林，谌官和．HPLC 测定盐酸异丙嗪糖浆中盐酸异丙嗪含量．中国现代应用药学，2008，25（3）：230-231.

[23] 刘奕博．婴幼儿配方奶粉中维生素 C 稳定性研究．中南林业科技大学，2013.

[24] 张晓雷．婴儿配方乳粉中维生素 E 稳定性研究．中南林业科技大学，2012.

[25] 彭启华．婴幼儿配方奶粉中维生素 B_1 稳定性研究．中南林业科技大学，2015.

[26] 王超，赵晶，余宁江．婴幼儿食品添加剂维生素 B_2 的稳定性研究．食品安全质量检测学报，2015（1）：284-288.

[27] 吕光，商博东．高压消解-火焰原子吸收法同时测定婴幼儿奶粉中钾钠及空白控制．中国卫生检验杂志，2013（2）：515-516.

[28] 杨纯，刘丽华．微量元素锌在临床中的应用．中华实用医药杂志，2006，6（6）．

[29] 张娜娜，曹洪战，芦春莲．微量元素铬在仔猪生产上应用的研究．饲料广角，2015，（16）：45-47.

[30] 何振华，黄树模，倪正新．极谱催化波法测定全血中的痕量铬．南通大学学报（医学版），1983，（4）．

[31] 翟庆洲，焦德志．DBC-偶氮胂与铬（Ⅲ）显色反应研究．兵工学报，2008，29（9）：1137-1140.

[32] 吴茂江．钼与人体健康．微量元素与健康研究，2006，23（5）：66-67.

[33] 颜晋钧．国内外含氟聚合物的应用及市场现状．精细与专用化学品，2006，14（17）：34-37.

[34] 张素洁，张忠诚，徐祗云．微量元素氟与人体健康．微量元素与健康研究，2007，24（2）：69-70.

[35] 刘敏，齐继红，汪之顼．胆碱营养研究进展．环境卫生学杂志，2007，34（4）：254-256.

[36] 余保宁．杀菌型低聚木糖牛磺酸乳酸菌乳饮料的研制．中国奶牛，2011（24）：56-59.

[37] 王文翔，王澍，佘隽，等．淀粉对高山被孢霉产花生四烯酸的影响．武汉轻工大学学报，2014（2）：1-4.

[38] 应国清，石陆娥，唐振兴．核苷酸类物质的应用研究进展．现代食品科技，2004，20（2）：126-128.

[39] 肖慧娟．老年糖尿病患者便秘如何改善．糖尿病天地，2014（12）：52-54.

[40] 葛兆强，李发财，杨海军．膳食纤维在特殊医学用途配方食品中的应用．精细与专用化学品，2013，21（8）：52-53.

[41] 路晓霞．亚硝酸钠预处理对小鼠急性酒精性肝损伤的保护作用．河南大学，2012.

[42] 陈丽星．真菌毒素研究进展．河北工业科技，2006，23（2）：124-126.

[43] 蔡潼玲，林长虹，董超先．食品中的黄曲霉毒素 B1、B2、G1、G2 的超高效液相色谱—串联质谱检测．

广东化工，2016，43（7）：192-194.

[44] 安靖国，王丽飞．硫酸镁作稀释液检验食品中细菌总数的试验．粮油仓储科技通讯，2006（6）：49.

[45] 王华，塔莉，耿建暖，等．从微生物指标中看我国肉类食品安全状况．中国环境管理干部学院学报，2008，18（1）：80-82.

[46] 韦宏珍．浅谈食品微生物检验质量的提高．大家健康旬刊，2014（10）：405-405.

[47] 刘萍．三聚氰胺对孕鼠胎盘和仔鼠毒性作用的探讨．山西医科大学，2010.

[48] 谭建华．2000年版《中国药典》附录检测方法的特点分析．中国药师，2000，3（5）：313-314.

[49] 韩丽，晁金光，魏凤，等．关于布面pH值的控制．染整技术，2006（4）：23-27.

[50] 王林波，陈祝康，刘蔚，等．黏度测定方法的介绍及药典中3个药用辅料黏度测定方法的讨论．中国药品标准，2009，10（6）：433-436.

[51] 廖亚玲，刘佳霖，高鸿慈．高分子化合物的摩尔质量与特性黏度．数理医药学杂志，2010，23（5）：595-597.

[52] 陆明，王林波，韩鹏，等．聚甲丙烯酸铵酯Ⅱ黏度测定方法．医药导报，2012，31（6）：786-788.

[53] 修宏宇，祁欣．渗透压摩尔浓度标准物质的不确定度评定．计量技术，2013（3）：15-18.

[54] 马宇春，刘安康，陈登星，等．基于乙二胺四乙酸的正渗透驱动液的研究．南京工业大学学报（自科版），2012，34（3）：79-83.

[55] 朱晓丹．中药降压避风片粉末直接压片制剂技术的研究．天津大学，2009.

[56] 谢沐风，王林波，胡宏庭．关于中国药典重（装）量差异检查法和含量均匀度检查法测定中存在问题的探讨．中国药品标准，2007，8（1）：17-19.

[57] 魏亚锋．盐酸曲马多口腔崩解片的工艺、质量及生物利用度的研究．天津大学，2009.

[58] 刘亚杰，郭云德，李通．对升降式崩解仪校准方法的探讨．中国技术监督，2015（11）：62-63.

[59] 白慧东，徐建国，蒋玉凤，等．三种纯化新疆膨润土作为片剂崩解剂性能的考察．新疆医学，2006，36（5）：260-262.

[60] 史大永．多糖铁力蜚能片剂药学研究．青岛科技大学，2002.

[61] 付莉娜．难溶性药物体外溶出评价及溶出度方法的建立．浙江工业大学，2014.

[62] 毛爱丽，高丽雅，段秀君．布洛芬颗粒的溶出度测定及评价．北方药学，2015（3）：2-4.

[63] 全从娟．超细化对川芎药性的影响．武汉理工大学，2004.

[64] 高永荣，张志叶，张鹤明．预胶化淀粉和速崩王在去痛片中的应用．神经药理学报，2005，22（6）：66-67.

[65] 李淑娟．浅议粒度测试方法及测试结果差别的对策．中国计量，2010（2）：86-87.

[66] 吕毅．目安眼膏的基质筛选与成型工艺研究．湖南中医药大学，2007.

[67] 伯小霞．依诺肝素钠原料药稳定性研究．山东大学，2013.

[68] 张建环，黄晓冰，陈诗敏．舒筋外洗颗粒质量稳定性研究．中国中医药现代远程教育，2014，12（13）：158-159.

[69] 李明奇．阿魏酸钠氯化钠注射液稳定性的研究．哈尔滨医药，2008，28（4）：4-5.

[70] 屈耀辉，时现，樊士德．内部审计岗位设置及其专业胜任能力研究．中国内部审计．2012（11）：32-35.

[71] 毛卫林. KS质检所质量管理体系研究. 南京理工大学, 2013.
[72] 刘滨璐, 李建军, 陆东, 等. 浅谈CNAS-CL09: 2013《实验室认可准则在微生物领域的应用说明》2014.
[73] 陶炜. 南阳市检测中心质量管理体系的改进方案研究. 山东大学, 2012.
[74] 刘庆, 张毅, 周李华, 等. 关于对实验室“授权签字人”的要求和建议. 现代测量与实验室管理, 2007, 15 (3): 44+46.
[75] 常锋, 陈硕瓶. 食品企业如何建立实验室. 品牌与标准化, 2010 (2): 54-54.
[76] 马翠琴, 吴慧琴. 在质量控制工作中如何做好检验样品管理的探讨. 现代预防医学, 2008, 35 (4): 722-722.
[77] 陈巧梅. 浅谈检测机构中样品管理的过程控制. 福建建设科技. 2015 (5): 95-96.
[78] 梁旭霞, 朱炳辉, 罗建波. 理化实验室的内部质量控制. 华南预防医学, 2008, 34 (4): 70-72.
[79] 徐喆. 普瑞巴林标准和检验方法的建立及验证. 复旦大学, 2013.
[80] 吴志强, 吴敌. 兽用中药、天然药物质量标准分析方法验证的几项内容. 养殖技术顾问, 2010 (8): 63-63.
[81] 刘静, 梁毅, editors. 欧美药物进口注册文件中的分析方法验证. 中国药学会药事管理专业委员会年会, 2007.
[82] 戴镜炜. 化学实验室空调定风量变风量系统的设计. 化工与医药工程, 2007, 28 (5): 56-59.
[83] 高治平, 李波平, 何小珍, 等. 高校实验室质量管理体系的建立与应用. 西北医学教育, 2007, 15 (2): 256-258.
[84] 冯光明. 基于ISO9000族标准的本科教育质量管理体系文件及其运行. 职业圈, 2007 (18): 165-166.
[85] 邱德仁, 鄢国强. 实验室的认可和质量管理体系的建立与运行. 理化检验: 化学分册, 2004, 40 (7): 430-434.
[86] 任乃林, 李红, 衷明华. 分析化学实验室质量管理体系的建立. 广东化工, 2009, 36 (3): 162-164.
[87] 王爱萍. 开放实验室质量管理体系运行的必要条件和程序初探. 中国公共卫生管理, 2006, 22 (5): 449-450.
[88] 质量标准大观. 农业质量标准, 2009 (05): 46-49.
[89] 谌瑜. 论食品实验室管理标准化. 现代食品科技, 2007, 23 (12): 71-74.
[90] 杨元, 高玲, 谯斌宗. 实验室质量管理的关键控制点. 中国卫生检验杂志, 2005, 15 (6): 744-745.
[91] 马千里, 张新荣. 论医疗单位计量管理制度. 中国医疗器械信息, 2012 (10): 64-65.
[92] 裴文杰, 廖启雯. 医疗机构医疗器械体系化管理的点滴体会. 实用医技杂志, 2008, 15 (7): 889-890.
[93] 江筱玲. 实验室认可与计量认证的“二合一”评审. 硬质合金, 2006, 23 (1): 34-37.
[94] 宋瑞连, 王春华. 试谈国家级种子检验员资格考试中的注意事项. 种子世界, 2011 (3): 5-6.
[95] 朱广友. 科学证据的基本特征——兼谈法医学鉴定意见的审查. 中国司法鉴定, 2007 (5): 10-13.
[96] 沈才忠, 刘志敏, 王力敏. 不确定度评定在实验室校准方法制定中的应用. 中国测试, 2008, 34 (5): 36-38.
[97] 戴木香. 粮油实验室的管理和质量控制. 粮食储藏技术创新与仓储精细化管理研讨会, 2009.
[98] 李依健. 食品理化实验室质量控制的探讨. 中国医学装备, 2014 (b12): 43-44.

[99] 范媛媛，王树祥．食品微生物实验室内部质量控制．中国卫生检验杂志，2007，17（12）：2322-2323.

[100] 孙炜．微生物实验室菌种的保管与保存．医学理论与实践，2002，15（10）：1231-1232.

[101] 薄志坚，邹梅，李晓柠．微生物实验室质量体系中技术要求与质量控制．中国公共卫生管理，2006，22（2）：164-165.

[102] 谷金林．卫生微生物检验质量管理探讨．求医问药：学术版，2013（4）：338-338.

附录

一、GB 25596—2010
《食品安全国家标准　特殊医学用途婴儿配方食品通则》

1　范围

本标准适用于特殊医学用途婴儿配方食品。

2　规范性引用文件

本标准中引用的文件对于本标准的应用是必不可少的。凡是注日期的引用文件，仅所注日期的版 本适用于本标准。凡是不注日期的引用文件，其最新版本（包括所有的修改单）适用于本标准。

3　术语和定义

3.1　婴儿

指0月龄~12月龄的人。

3.2　特殊医学用途婴儿配方食品

指针对患有特殊紊乱、疾病或医疗状况等特殊医学状况婴儿的营养需求而设计制成的粉状或液态配方食品。在医生或临床营养师的指导下，单独食用或与其它食物配合食用时，其能量和营养成分能够满足0月龄~6月龄特殊医学状况婴儿的生长发育需求。

4　技术要求

4.1　一般要求

特殊医学用途婴儿配方食品的配方应以医学和营养学的研究结果为依据，其安全性、营养充足性以及临床效果均需要经过科学证实，单独或与其它食物配合使用时可满足0月龄~6月龄特殊医学状况婴儿的生长发育需求。

常见特殊医学用途婴儿配方食品的类别及主要技术要求应符合本标准附录A的

规定。

特殊医学用途婴儿配方食品的加工工艺应符合国家有关规定。

4.2 原料要求

特殊医学用途婴儿配方食品中所使用的原料应符合相应的食品安全国家标准和（或）相关规定，禁止使用危害婴儿营养与健康的物质。

所使用的原料和食品添加剂不应含有谷蛋白。

不应使用氢化油脂。

不应使用经辐照处理过的原料。

4.3 感官要求：应符合表1的规定。

表1 感官要求

项 目	要 求
色泽	符合相应产品的特性。
滋味、气味	符合相应产品的特性。
组织状态	符合相应产品的特性，产品不应有正常视力可见的外来异物。
冲调性	符合相应产品的特性。

4.4 必需成分

4.4.1 特殊医学用途婴儿配方食品的能量、营养成分及含量应以本标准规定的必需成分为基础，但可以根据患有特殊紊乱、疾病或医疗状况婴儿的特殊营养需求，按照附录A列出的产品类别及主要技术要求进行适当调整，以满足上述特殊医学状况婴儿的营养需求。

4.4.2 产品在即食状态下每100mL所含有的能量应在250 kJ（60kcal）～295kJ（70kcal），但针对某些婴儿的特殊医学状况和营养需求，其能量可进行相应调整。能量的计算按每100mL产品中蛋白质、脂肪、碳水化合物的含量，分别乘以能量系数17kJ/g、37kJ/g、17kJ/g（膳食纤维的能量系数，按照碳水化合物能量系数的50%计算），所得之和为千焦/100毫升（kJ/100mL）值，再除以4.184为千卡/100毫升（kcal/100mL）值。

4.4.3 通常情况下，特殊医学用途婴儿配方食品每100kJ（100kcal）所含蛋白质、脂肪、碳水化合物的量应符合表2的规定。

4.4.4 对于特殊医学用途婴儿配方食品，除特殊需求（如乳糖不耐受）外，首选碳水化合物应为乳糖和（或）葡萄糖聚合物。只有经过预糊化后的淀粉才可以加入到特殊医学用途婴儿配方食品中。不得使用果糖。

表2　　蛋白质、脂肪和碳水化合物指标

营养素	每100kJ		每100kcal		检验方法
	最小值	最大值	最小值	最大值	
蛋白质[a]	0.45	0.70	1.88	2.93	GB 5009.5
脂肪[b]/g	1.05	1.40	4.39	5.86	GB 5413.3
其中：亚麻酸/g	0.07	0.33	0.29	1.38	GB 5413.27
α-亚麻酸/mg	12	N.S.[c]	50	N.S.[c]	
亚油酸与α-亚麻酸比值	5∶1	15∶1	5∶1	15∶1	—
碳水化合物[d]/g	2.2	3.3	9.2	13.8	—

[a]蛋白质含量应以氮（N）×6.25计算。

[b]终产品脂肪中月桂酸和肉豆蔻酸（十四烷酸）总量<总脂肪酸的20%；反式脂肪酸最高含量<总脂肪酸的3%；芥酸含量<总脂肪酸的1%；总脂肪酸指$C_4 \sim C_{24}$脂肪酸的总和。

[c] N.S.为没有特别说明。

[d] 碳水化合物的含量A_1，按式（1）计算：

$$A_1 = 100 - (A_2 + A_3 + A_4 + A_5 + A_6) \quad (1)$$

式中：

A_1——碳水化合物的含量，g/100g；

A_2——蛋白质的含量，g/100g；

A_3——脂肪的含量，g/100g；

A_4——水分的含量，g/100g；

A_5——灰分的含量，g/100g；

A_6——膳食纤维的含量，g/100g。

4.4.5　维生素：应符合表3的规定。

表3　　维生素指标

营养素	每100kJ		每100kal		检验方法
	最小值	最大值	最小值	最大值	
维生素A/μg RE[a]	14	43	59	180	GB 5413.9
维生素D/μg[b]	0.25	0.60	1.05	2.51	
维生素E/mg α-TE[c]	0.12	1.20	0.50	5.02	
维生素K_1/μg	1.0	6.5	4.2	27.2	GB 5413.10
维生素B_1/μg	14	72	59	301	GB 5413.11
维生素B_2/μg	19	119	80	498	GB 5413.12
维生素B_6/μg	8.5	45.0	35.6	188.3	GB 5413.13

续表

营养素	每 100kJ		每 100kal		检验方法
	最小值	最大值	最小值	最大值	
维生素 B_{12}/μg	0.025	0.360	0.105	1.506	GB 5413.14
烟酸（烟酰胺）/μg[d]	70	360	293	1506	GB 5413.15
叶酸/μg	2.5	12.0	10.5	50.2	GB 5413.16
泛酸/μg	96	478	402	2000	GB 5413.17
维生素 C/mg	2.5	17.0	10.5	71.1	GB 5413.18
生物素/μg	0.4	2.4	1.5	10.0	GB 5413.19

[a] RE 为视黄醇当量。1μg RE =1μg 全反式视黄醇（维生素 A）= 3.33 IU 维生素 A。维生素 A 只包括预先形成的视黄醇，在计算和声称维生素 A 活性时不包括任何的类胡萝卜素组分。

[b] 钙化醇，1μg 维生素 D=40 IU 维生素 D。

[c] 1 mg α-TE（α-生育酚当量）= 1 mg d-α-生育酚。每克多不饱和脂肪酸中至少应含有 0.5mg α-TE，维生素 E 含量的最小值应根据配方食品中多不饱和脂肪酸的双键数量进行调整：0.5mg α-TE/g 亚油酸（18：2 n-6）；0.75mg α-TE/g α-亚麻酸（18：3 n-3）；1.0mg α-TE/g 花生四烯酸（20：4 n-6）；1.25mg α-TE/g 二十碳五烯酸（20：5 n-3）；1.5mg α-TE/g 二十二碳六烯酸（22：6 n-3）。

[d] 烟酸不包括前体形式。

4.4.6 矿物质：应符合表 4 的规定。

表 4 矿物质指标

营养素	每 100kJ		每 100kal		检验方法
	最小值	最大值	最小值	最大值	
钠/mg	5	14	21	59	GB 5413.21
钾/mg	14	43	59	180	
铜/μg	8.5	29.0	35.6	121.3	
镁/mg	1.2	3.6	5.0	15.1	
铁/mg	0.10	0.36	0.42	1.51	
锌/mg	0.12	0.36	0.50	1.51	
锰/mg	1.2	24.0	5.0	100.4	
钙/mg	12	35	50	146	
磷/mg	6	24	25	100	GB 5413.22
钙磷比值	1：1	2：1	1：1	2：1	—
碘/μg	2.5	14.0	10.5	58.6	GB 5413.23
氯/mg	12	38	50	159	GB 5413.24
硒/μg	0.48	1.90	2.01	7.95	GB 5009.93

4.5 可选择性成分

4.5.1 除了4.4中的必需成分外，如果在产品中选择添加或标签中标示含有表5中一种或多种成分，其含量应符合表5的规定。

4.5.2 根据患有特殊紊乱、疾病或医疗状况婴儿的特殊营养需求，可选择性地添加GB 14880或本标准附录B中列出的L型单体氨基酸及其盐类，所使用的L型单体氨基酸质量规格应符合附录B的规定。

4.5.3 如果在产品中添加表5和附录B之外的其他物质，应符合国家相关规定。

表5 可选择性成分指标

可选择性成分	每100kJ		每100kcal		检验方法
	最小值	最大值	最小值	最大值	
铬/μg	0.4	2.4	1.5	10	—
钼/μg	0.4	2.4	1.5	10	—
胆碱/mg	1.7	12.0	7.1	50.2	GB/T 5413.20
肌醇/mg	1.0	9.5	4.2	39.7	GB 5413.25
牛磺酸/mg	N.S.[a]	3	N.S.[a]	13	GB 5413.26
左旋肉碱/mg	0.3	N.S.[a]	1.3	N.S.[a]	—
二十二碳六烯酸/%总脂肪酸[b,c]	N.S.[a]	0.5	N.S.[a]	0.5	GB 5413.27
二十碳四烯酸/%总脂肪酸[b,c]	N.S.[a]	1	N.S.[a]	1	GB 5413.27

[a] N.S.为没有特别说明。

[b] 如果特殊医学用途婴儿配方食品中添加了二十二碳六烯酸（22：6 *n*-3），至少要添加相同量的二十碳四烯酸（20：4 *n*-6）。长链不饱和脂肪酸中二十碳五烯酸（20：5 *n*-3）的量不应超过二十二碳六烯酸的量。

[c] 总脂肪酸指C_4~C_{24}脂肪酸的总和。

4.6 其他指标：应符合表6的规定。

表6 其他指标

项　目		指　标	检验方法
水分/%[a]	≤	5.0	GB 5009.3
灰分			GB 5009.4
粉状产品/%	≤	5.0	
液态产品（按总干物质计）/%	≤	5.3	

续表

项　目		指　　标	检验方法
杂质度			
粉状产品/（mg/kg）	≤	12	GB 5413.30
液态产品/（mg/kg）	≤	2	

[a]仅限于粉状特殊医学用途婴儿配方食品。

4.7 污染物限量：应符合表7的规定。

表8　　污染物限量（以粉状产品计）

项　目		指　　标	检验方法
铅/（mg/kg）	≤	0.15	GB 5009.12
硝酸盐（以 $NaNO_3$ 计）/（mg/kg）	≤	100	GB 5009.33
亚硝酸盐（以 $NaNO_2$ 计）/（mg/kg）	≤	2	

4.8 真菌毒素限量：应符合表8的规定。

表8　　真菌毒素限量（以粉状产品计）

项　目		指　　标	检验方法
黄曲霉毒素 M_1（μg/kg）	≤	0.5	GB 5009.24
黄曲霉毒素 B_1（μg/kg）	≤	0.5	

4.9 微生物限量：粉状特殊医学用途婴儿配方食品的微生物指标应符合表9的规定，液态特殊医学用途婴儿配方食品的微生物指标应符合商业无菌的要求，按 GB/T 4789.26 规定的方法检验。

表9　　微生物限量

项　目	采样方案[a]及限量（若非指定，均以 CFU/g 或 CFU/mL 表示）				检验方法
	n	c	m	M	
菌落总数[b]	5	2	1000	10000	GB 4789.2
大肠菌群	5	2	10	100	GB 4789.3 平板计数法
金黄色葡萄球菌	5	2	10	100	GB 4789.10 平板计数法
阪崎肠杆菌	3	0	0/100g	—	GB 4789.40
沙门氏菌	5	0	0/25g	—	GB 4789.4

[a]样品的分析及处理按 GB 4789.1 和 GB 4789.18 执行。

[b]不适用于添加活性菌种（好氧和兼性厌氧益生菌）的产品［产品中活性益生菌的活菌数应 ≥ 10^6 CFU/g（mL）］。

4.10 食品添加剂和营养强化剂

4.10.1 食品添加剂和营养强化剂质量应符合相应的安全标准和有关规定。

4.10.2 食品添加剂和营养强化剂的使用应符合 GB 2760 和 GB 14880 的规定。

4.11 脲酶活性：含有大豆成分的产品中脲酶活性应符合表 10 的规定。

表 10 脲酶活性指标

项 目	指 标	检验方法
脲酶活性定性测定	阴性	GB/T 5413.31[a]

[a]液态特殊医学用途婴儿配方食品的取样量应根据干物质含量进行折算。

5 其他

5.1 标签

5.1.1 产品标签应符合 GB 13432 的规定，营养素和可选择成分应增加“每 100 千焦（100kJ）”含量的标示。

5.1.2 标签中应明确注明特殊医学用途婴儿配方食品的类别（如：无乳糖配方）和适用的特殊医学状况。

早产/低出生体重儿配方食品，还应标示产品的渗透压。可供 6 月龄以上婴儿食用的特殊医学用途配方食品，应标明“6 月龄以上特殊医学状况婴儿食用本品时，应配合添加辅助食品”。

5.1.3 标签上应明确标识“请在医生或临床营养师指导下使用”。

5.1.4 标签上不能有婴儿和妇女的形象，不能使用“人乳化”、“母乳化”或近似术语表述。

5.2 使用说明

5.2.1 有关产品使用、配制指导说明及图解、贮存条件应在标签上明确说明。当包装最大表面积小于 $100cm^2$ 或产品质量小于 100g 时，可以不标示图解。

5.2.2 指导说明应该对不当配制和使用不当可能引起的健康危害给予警示说明。

5.3 包装

可以使用食品级或纯度≥99.9%的二氧化碳和（或）氮气作为包装介质。

附录 A

(规范性附录)

常见特殊医学用途婴儿配方食品

表 A.1 常见特殊医学用途婴儿配方食品

产品类别	适用的特殊医学状况	配方主要技术要求
无乳糖配方或低乳糖配方	乳糖不耐受婴儿	1. 配方中以其他碳水化合物完全或部分代替乳糖; 2. 配方中蛋白质由乳蛋白提供。
乳蛋白部分水解配方	乳蛋白过敏高风险婴儿	1. 乳蛋白经加工分解成小分子乳蛋白、肽段和氨基酸; 2. 配方中可用其他碳水化合物完全或部分代替乳糖。
乳蛋白深度水解配方或氨基酸配方	食物蛋白过敏婴儿	1. 配方中不含食物蛋白; 2. 所使用的氨基酸来源应符合 GB 14880 或本标准附录 B 的规定; 3. 可适当调整某些矿物质和维生素的含量。
早产/低出生体重婴儿配方	早产/低出生体重儿	1. 能量、蛋白质及某些矿物质和维生素的含量应高于 4.4 的规定; 2. 早产/低体重婴儿配方应采用容易消化吸收的中链脂肪作为脂肪的部分来源,但中链脂肪不应超过总脂肪的 40%。
母乳营养补充剂	早产/低出生体重儿	可选择性地添加 4.4 及 4.5 中的必需成分和可选择性成分,其含量可依据早产/低出生体重儿的营养需求及公认的母乳数据进行适当调整,与母乳配合使用可满足早产/低出生体重儿的生长发育需求。
氨基酸代谢障碍配方	氨基酸代谢障碍婴儿	1. 不含或仅含有少量与代谢障碍有关的氨基酸,其他的氨基酸组成和含量可根据氨基酸代谢障碍做适当调整; 2. 所使用的氨基酸来源应符合 GB 14880 或本标准附录 B 的规定; 3. 可适当调整某些矿物质和维生素的含量。

附录 B

（规范性附录）

可用于特殊医学用途婴儿配方食品的单体氨基酸

表 B. 1 可用于特殊医学用途婴儿配方食品的单体氨基酸[a]

序号	氨基酸	化合物来源	化学名称	分子式	相对分子质量	比旋光度 $[\alpha]_D$,20℃	pH	纯度/% ≥	水分/% ≤	灰分/% ≤	铅/(mg/kg) ≤	砷/(mg/kg) ≤
1	天冬氨酸	L-天冬氨酸	L-氨基丁二酸	$C_4H_7NO_4$	133.1	+24.5~+26.0	2.5~3.5	98.5	0.2	0.1	0.3	0.2
		L-天冬氨酸镁	L-氨基丁二酸镁	$2(C_4H_6NO_4)\cdot Mg$	288.49	+20.5~+23.0	—	98.5	0.2	0.1	0.3	0.2
2	苏氨酸	L-苏氨酸	L-2-氨基-3-羟基丁酸	$C_4H_9NO_3$	119.12	-26.5~-29.0	5.0~6.5	98.5	0.2	0.1	0.3	0.2
3	丝氨酸	L-丝氨酸	L-2-氨基-3-羟基丙酸	$C_3H_7NO_3$	105.09	+13.6~+16.0	5.5~6.5	98.5	0.2	0.1	0.3	0.2
4	谷氨酸	L-谷氨酸	α-氨基戊二酸	$C_5H_9NO_4$	147.13	+31.5~+32.5	3.2	98.5	0.2	0.1	0.3	0.2
		L-谷氨酸钾	α-氨基戊二酸钾	$C_5H_8KNO_4\cdot H_2O$	203.24	+22.5~+24.0	—	98.5	0.2	0.1	0.3	0.2
5	谷氨酰胺	L-谷氨酰胺	2-氨基-4-酰胺基丁酸	$C_5H_{10}N_2O_3$	146.15	+6.3~+7.3	—	98.5	0.2	0.1	0.3	0.2
6	脯氨酸	L-脯氨酸	吡咯烷-2-羧酸	$C_5H_9NO_2$	115.13	-84.0~-86.3	5.9~6.9	98.5	0.2	0.1	0.3	0.2
7	甘氨酸	甘氨酸	氨基乙酸	$C_2H_5NO_2$	75.07	—	5.6~6.6	98.5	0.2	0.1	0.3	0.2
8	丙氨酸	L-丙氨酸	L-2-氨基丙酸	$C_3H_7NO_2$	89.09	+13.5~+15.5	5.5~7.0	98.5	0.2	0.1	0.3	0.2
9	胱氨酸	L-胱氨酸	L-3,3′-二硫双(2-氨基丙酸)	$C_6H_{12}N_2O_4S_2$	240.3	-215~-225	5.0~6.5	98.5	0.2	0.1	0.3	0.2
		L-半胱氨酸	L-α-氨基-β-巯基丙酸	$C_3H_7NO_2S$	121.16	+8.3~+9.5	4.5~5.5	98.5	0.2	0.1	0.3	0.2
		L-盐酸半胱氨酸	L-2-氨基-3-巯基丙酸盐酸盐	$C_3H_7NO_2S\cdot HCl\cdot H_2O$	175.63	+5.0~+8.0	—	98.5	0.2	0.1	0.3	0.2
10	缬氨酸	L-缬氨酸	L-2-氨基-3-甲基丁酸	$C_5H_{11}NO_2$	117.15	+26.7~+29.0	5.5~7.0	98.5	0.2	0.1	0.3	0.2

续表

序号	氨基酸	化合物来源	化学名称	分子式	相对分子质量	比旋光度 [α]$_D$,20℃	pH	纯度/% ≥	水分/% ≤	灰分/% ≤	铅/(mg/kg) ≤	砷/(mg/kg) ≤
11	甲硫氨酸	L-甲硫氨酸	2-氨基-4-甲巯基丁酸	$C_5H_{11}NO_2S$	149.21	+21.0~+25.0	5.6~6.1	98.5	0.2	0.1	0.3	0.2
		N-乙酰基-L-甲硫氨	N-乙酰-2-氨基-4-甲巯基丁酸	$C_7H_{13}NO_3S$	191.25	-18.0~-22.0	—	98.5	0.2	0.1	0.3	0.2
12	亮氨酸	L-亮氨酸	L-2-氨基-4-甲基戊酸	$C_6H_{13}NO_2$	131.17	+14.5~+16.5	5.5~6.5	98.5	0.2	0.1	0.3	0.2
13	异亮氨酸	L-异亮氨酸	L-2-氨基-3-甲基戊酸	$C_6H_{13}NO_2$	131.17	+38.6~+41.5	5.5~7.0	98.5	0.2	0.1	0.3	0.2
14	酪氨酸	L-酪氨酸	S-氨基-3(4-羟基苯基)-丙酸	$C_9H_{11}NO_3$	181.19	-11.0~-12.3	—	98.5	0.2	0.1	0.3	0.2
15	苯丙氨酸	L-苯丙氨酸	L-2-氨基-3-苯丙酸	$C_9H_{11}NO_2$	165.19	-33.2~-35.2	5.4~6.0	98.5	0.2	0.1	0.3	0.2
16	赖氨酸	L-盐酸赖氨酸	L-2,6-二氨基己酸盐酸盐	$C_6H_{14}N_2O_2 \cdot HCl$	182.65	+20.3~+21.5	5.0~6.0	98.5	0.2	0.1	0.3	0.2
		L-赖氨酸醋酸盐	L-2,6-二氨基己酸醋酸盐	$C_6H_{14}N_2O_2 \cdot C_2H_4O_2$	206.24	+8.5~+10.0	6.5~7.5	98.5	0.2	0.1	0.3	0.2
17	精氨酸	L-精氨酸	L-2-氨基-5-胍基戊酸	$C_6H_{14}N_4O_2$	174.2	+26.0~+27.9	10.5~12.0	98.5	0.2	0.1	0.3	0.2
		L-盐酸精氨酸	L-2-氨基-5-胍基戊酸盐酸盐	$C_6H_{14}N_4O_2 \cdot HCl$	210.66	+21.3~+23.5	—	98.5	0.2	0.1	0.3	0.2
18	组氨酸	L-组氨酸	α-氨基β-咪唑基丙酸	$C_6H_9N_3O_2$	155.15	+11.5~+13.5	7.0~8.5	98.5	0.2	0.1	0.3	0.2
		L-盐酸组氨酸	L-2-氨基-3-咪唑基丙酸盐酸盐	$C_6H_9N_3O_2 \cdot HCl \cdot H_2O$	209.63	+8.5~+10.5	—	98.5	0.2	0.1	0.3	0.2
19	色氨酸	L-色氨酸	L-2-氨基-3-吲哚基-1-丙酸	$C_{11}H_{12}N_2O_2$	204.23	-30.0~-33.0	5.5~7.0	98.5	0.2	0.1	0.3	0.2

[a]不得使用非食用的动植物原料作为单体氨基酸的来源。

二、GB 29922—2013《食品安全国家标准 特殊医学用途配方食品通则》

1 范围

本标准适用于 1 岁以上人群的特殊医学用途配方食品。

2 术语和定义

2.1 特殊医学用途配方食品

为了满足进食受限、消化吸收障碍、代谢紊乱或特定疾病状态人群对营养素或膳食的特殊需要，专门加工配制而成的配方食品。该类产品必须在医生或临床营养师指导下，单独食用或与其他食品配合食用。

2.1.1 全营养配方食品

可作为单一营养来源满足目标人群营养需求的特殊医学用途配方食品。

2.1.2 特定全营养配方食品

可作为单一营养来源能够满足目标人群在特定疾病或医学状况下营养需求的特殊医学用途配方食品。

2.1.3 非全营养配方食品

可满足目标人群部分营养需求的特殊医学用途配方食品，不适用于作为单一营养来源。

3 技术要求

3.1 基本要求

特殊医学用途配方食品的配方应以医学和（或）营养学的研究结果为依据，其安全性及临床应用（效果）均需要经过科学证实。

特殊医学用途配方食品的生产条件应符合国家有关规定。

3.2 原料要求

特殊医学用途配方食品中所使用的原料应符合相应的标准和（或）相关规定，禁止

使用危害食用 者健康的物质。

3.3 感官要求

特殊医学用途配方食品的色泽、滋味、气味、组织状态、冲调性应符合相应产品的特性，不应有正常视力可见的外来异物。

3.4 营养成分

3.4.1 适用于1~10岁人群的全营养配方食品

3.4.1.1 适用于1~10岁人群的全营养配方食品每100mL（液态产品或可冲调为液体的产品在即食状态下）或每100g（直接食用的非液态产品）所含有的能量应不低于250kJ（60kcal）。能量的计算按 每100mL或每100g产品中蛋白质、脂肪、碳水化合物的含量乘以各自相应的能量系数17kJ/g、37kJ/g、17kJ/g（膳食纤维的能量系数，按照碳水化合物能量系数的50%计算），所得之和为kJ/100mL或kJ/100g值，再除以4.184为kcal/100mL或kcal/100g值。

3.4.1.2 适用于1~10岁人群的全营养配方食品中蛋白质的含量应不低于0.5g/100kJ（2g/100kcal），其中优质蛋白质所占比例不少于50%。蛋白质的检验方法参照GB 5009.5。

3.4.1.3 适用于1~10岁人群的全营养配方食品中亚油酸供能比应不低于2.5%；α-亚麻酸供能比应 不低于0.4%。脂肪酸的检验方法参照GB 5413.27。

3.4.1.4 适用于1~10岁人群的全营养配方食品中维生素和矿物质的含量应符合表1的规定。

3.4.1.5 除表1中规定的成分外，如果在产品中选择添加或标签标示含有表2中一种或多种成分，其含量应符合表2的规定。

表1 维生素和矿物质指标（1~10岁人群）

营养素	每100kJ		每100kcal		检验方法
	最小值	最大值	最小值	最大值	
维生素A/μg RE[a]	17.9	53.8	75.0	225.0	GB 5413.9或GB/T 5009.82
维生素D/μg[b]	0.25	0.75	1.05	3.14	GB 5413.9
维生素E/mg α-TE[c]	0.15	N.S.e	0.63	N.S.	GB 5413.9或GB/T 5009.82
维生素K_1/μg	1	N.S.	4	N.S.	GB 5413.10或GB/T 5009.158
维生素B_1/mg	0.01	N.S.	0.05	N.S.	GB 5413.11或GB/T 5009.84

续表

营养素	每 100kJ		每 100kcal		检验方法
	最小值	最大值	最小值	最大值	
维生素 B_2/mg	0.01	N. S.	0.05	N. S.	GB 5413.12
维生素 B_6/mg	0.01	N. S.	0.05	N. S.	GB 5413.13 或 GB/T 5009.154
维生素 B_{12}/μg	0.04	N. S.	0.17	N. S.	GB 5413.14
烟酸（烟酰胺）/mg[d]	0.11	N. S.	0.46	N. S.	GB 5413.15 或 GB/T 5009.89
叶酸/μg	1.0	N. S.	4.0	N. S.	GB 5413.16 或 GB/T 5009.211
泛酸/mg	0.07	N. S.	0.29	N. S.	GB 5413.17 或 GB/T 5009.210
维生素 C/mg	1.8	N. S.	7.5	N. S.	GB 5413.18
生物素/μg	0.4	N. S.	1.7	N. S.	GB 5413.19
钠/mg	5	20	21	84	GB 5413.21 或 GB/T 5009.91
钾/mg	18	69	75	289	GB 5413.21 或 GB/T 5009.91
铜/μg	7	35	29	146	GB 5413.21 或 GB/T 5009.13
镁/mg	1.4	N. S.	5.9	N. S.	GB 5413.21 或 GB/T 5009.90
铁/mg	0.25	0.50	1.05	2.09	GB 5413.21 或 GB/T 5009.90
锌/mg	0.1	0.4	0.4	1.5	GB 5413.21 或 GB/T 5009.14
锰/μg	0.3	24.0	1.1	100.4	GB 5413.21 或 GB/T 5009.90
钙/mg	17	N. S.	71	N. S.	GB 5413.21 或 GB/T 5009.92
磷/mg	8.3	46.2	34.7	193.5	GB 5413.22 或 GB/T 5009.87
碘/μg	1.4	N. S.	5.9	N. S.	GB 5413.23
氯/mg	N. S.	52	N. S.	218	GB 5413.24
硒/μg	0.5	2.9	2.0	12.0	GB 5009.93

[a] RE 为视黄醇当量。1 mg RE =3.33 IU 维生素 A=1mg 全反式视黄醇（维生素 A）。维生素 A 只包括预先形成的视黄醇，在计算和声称维生素 A 活性时不包括任何的类胡萝卜素组分。

[b] 钙化醇，1mg 维生素 D=40 IU 维生素 D。

[c] 1 mg a-TE（a-生育酚当量）= 1 mg d-a-生育酚。

[d] 烟酸不包括前体形式。

[e] N. S. 为没有特别说明。

表 2　　可选择性成分指标（1~10 岁人群）

可选择性成分[a]	每 100kJ		每 100kcal		检验方法
	最小值	最大值	最小值	最大值	
铬/μg	0.4	5.7	1.8	24.0	GB/T 5009.123
钼/μg	1.2	5.7	5.0	24.0	—

续表

可选择性成分[a]	每 100kJ		每 100kcal		检验方法
	最小值	最大值	最小值	最大值	
氟/mg	N. S. b	0. 05	N. S.	0. 20	GB/T 5009. 18
胆碱/mg	1. 7	19. 1	7. 1	80. 0	GB/T 5413. 20
肌醇/mg	1. 0	9. 5	4. 2	39. 7	GB 5413. 25
牛磺酸/mg	N. S.	3. 1	N. S.	13. 0	GB 5413. 26 或 GB/T 5009. 169
左旋肉碱/mg	0. 3	N. S	1. 3	N. S.	—
二十二碳六烯酸（%总脂肪酸 c）	N. S.	0. 5	N. S.	0. 5	GB 5413. 27 或 GB/T 5009. 168
二十碳四烯酸/（%总脂肪酸[c]）	N. S.	1	N. S.	1	GB 5413. 27
核苷酸/mg	0. 5	N. S	2. 0	N. S.	—
膳食纤维/g	N. S.	0. 7	N. S.	2. 7	GB 5413. 6 或 GB/T 5009. 88

[a] 氟的化合物来源为氟化钠和氟化钾，核苷酸和膳食纤维来源参考 GB 14880 表 C. 2 中允许使用的来源，其他成分的化合物来源参考 GB 14880。

[b] N. S. 为没有特别说明。

[c] 总脂肪酸指 C_4 ~ C_{24}脂肪酸的总和。

3. 4. 2　适用于 10 岁以上人群的全营养配方食品

3. 4. 2. 1　适用于 10 岁以上人群的全营养配方食品每 100mL（液态产品或可冲调为液体的产品在即食状态下）或每 100 g（直接食用的非液态产品）所含有的能量应不低于 295kJ（70kcal）。能量的计算按 每 100mL 或每 100 g 产品中蛋白质、脂肪、碳水化合物的含量乘以各自相应的能量系数 17kJ/g、37kJ/g、17kJ/g（膳食纤维的能量系数，按照碳水化合物能量系数的 50%计算），所得之和为 kJ/100mL 或 kJ/100g 值，再除以 4. 184 为 kcal/100mL 或 kcal/100g 值。

3. 4. 2. 2　适用于 10 岁以上人群的全营养配方食品所含蛋白质的含量应不低于 0. 7g/100kJ（3g/100kcal），其中优质蛋白质所占比例不少于 50%。蛋白质的检验方法参照 GB 5009. 5。

3. 4. 2. 3　适用于 10 岁以上人群的全营养配方食品中亚油酸供能比应不低于 2. 0%；α-亚麻酸供能比应不低于 0. 5%。脂肪酸的检验方法参照 GB 5413. 27。

3. 4. 2. 4　适用于 10 岁以上人群的全营养配方食品所含的维生素和矿物质的含量应符合表 3 的规定。

3. 4. 2. 5　除表 3 中规定的成分外，如果在产品中选择添加或标签标示含有表 4 的一种或多种成分，其含量应符合表 4 的规定。

表 3　维生素和矿物质指标（10 岁以上人群）

营养素	每 100kJ		每 100kcal		检验方法
	最小值	最大值	最小值	最大值	
维生素 A/μg RE[a]	9.3	53.8	39.0	225.0	GB 5413.9 或 GB/T 5009.82
维生素 D/μg[b]	0.19	0.75	0.80	3.14	GB 5413.9
维生素 E/mg α-TE[c]	0.19	N.S.[e]	0.80	N.S.	GB 5413.9 或 GB/T 5009.82
维生素 K_1/μg	1.05	N.S.	4.40	N.S.	GB 5413.10 或 GB/T 5009.158
维生素 B_1/mg	0.02	N.S.	0.07	N.S.	GB 5413.11 或 GB/T 5009.84
维生素 B_2/mg	0.02	N.S.	0.07	N.S.	GB 5413.12
维生素 B_6/mg	0.02	N.S.	0.07	N.S.	GB 5413.13 或 GB/T 5009.154
维生素 B_{12}/μg	0.03	N.S.	0.13	N.S.	GB 5413.14
烟酸（烟酰胺）/mg[d]	0.05	N.S.	0.20	N.S.	GB 5413.15 或 GB/T 5009.89
叶酸/μg	5.3	N.S.	22.2	N.S.	GB 5413.16 或 GB/T 5009.211
泛酸/mg	0.07	N.S.	0.29	N.S.	GB 5413.17 或 GB/T 5009.210
维生素 C/mg	1.3	N.S.	5.6	N.S.	GB 5413.18
生物素/μg	0.5	N.S.	2.2	N.S.	GB 5413.19
钠/mg	20	N.S.	83	N.S.	GB 5413.21 或 GB/T 5009.91
钾/mg	27	N.S.	111	N.S.	GB 5413.21 或 GB/T 5009.91
铜/μg	11	120	44	500	GB 5413.21 或 GB/T 5009.13
镁/mg	4.4	N.S.	18.3	N.S.	GB 5413.21 或 GB/T 5009.90
铁/mg	0.20	0.55	0.83	2.30	GB 5413.21 或 GB/T 5009.90
锌/mg	0.1	0.5	0.4	2.2	GB 5413.21 或 GB/T 5009.14
锰/μg	6.0	146.0	25.0	611.0	GB 5413.21 或 GB/T 5009.90
钙/mg	13	N.S.	56	N.S.	GB 5413.21 或 GB/T 5009.92
磷/mg	9.6	N.S.	40.0	N.S.	GB 5413.22 或 GB/T 5009.87
碘/μg	1.6	N.S.	6.7	N.S.	GB 5413.23
氯/mg	N.S.	52	N.S.	218	GB 5413.24
硒/μg	0.8	5.3	3.3	22.2	GB 5009.93

[a] RE 为视黄醇当量。1mg RE=3.33IU 维生素 A=1mg 全反式视黄醇（维生素 A）。维生素 A 只包括预先形成的视黄醇，在计算和声称维生素 A 活性时不包括任何的类胡萝卜素组分。

[b] 钙化醇，1mg 维生素 D=40 IU 维生素 D。

[c] 1mg α-TE（α-生育酚当量）= 1mg d-α-生育酚。

[d] 烟酸不包括前体形式。

[e] N.S. 为没有特别说明。

表 4　　可选择性成分指标（10 岁以上人群）

可选择性成分[a]	每 100kJ		每 100kcal		检验方法
	最小值	最大值	最小值	最大值	
铬/μg	0. 4	13. 3	1. 8	55. 6	GB/T 5009. 123
钼/μg	1. 3	12. 0	5. 6	50. 0	—
氟/mg	N. Sb.	0. 05	N. S	0. 20	GB/T 5009. 18
胆碱/mg	5. 3	39. 8	22. 2	166. 7	GB/T5413. 20
肌醇/mg	1. 0	33. 5	4. 2	140. 0	GB 5413. 25
牛磺酸/mg	N. S.	4. 8	N. S.	20. 0	GB 5413. 26 或 GB/T 5009. 169
左旋肉碱/mg	0. 3	N. S.	1. 3	N. S.	—
核苷酸/mg	0. 5	N. S.	2. 0.	N. S.	—
膳食纤维/g	N. S.	0. 7	N. S.	2. 7	GB 5413. 6 或 GB/T 5009. 88

[a] 氟的化合物来源为氟化钠和氟化钾，核苷酸和膳食纤维来源参考 GB 14880 表 C. 2 中允许使用的来源，其他成分的化合物来源参考 GB 14880。

[b] N. S. 为没有特别说明。

3. 4. 3　特定全营养配方食品

特定全营养配方食品的能量和营养成分含量应以 3. 4. 1 或 3. 4. 2 全营养配方食品为基础，但可依据疾病或医学状况对营养素的特殊要求适当调整，以满足目标人群的营养需求。常见的特定全营养配方食品见附录 A。

3. 4. 4　非全营养配方食品

常见的非全营养配方食品主要包括营养素组件、电解质配方、增稠组件、流质配方和氨基酸代谢障碍配方等。各类产品的技术指标应符合表 5 的要求。由于该类产品不能作为单一营养来源满足目标人群的营养需求，需要与其他食品配合使用，故对营养素含量不作要求。非全营养特殊医学用途配方食品应在医生或临床营养师的指导下，按照患者个体的特殊状况或需求而使用。

表 5　　常见非全营养配方食品的主要技术要求

产品类别		配方主要技术要求
营养素组件	蛋白质（氨基酸）组件	1. 由蛋白质和（或）氨基酸构成； 2. 蛋白质来源可选择一种或多种氨基酸、蛋白质水解物、肽类或优质的整蛋白。

续表

产品类别		配方主要技术要求
营养素组件	脂肪（脂肪酸）组件	1. 由脂肪和（或）脂肪酸构成； 2. 可以选用长链甘油三酯（LCT）、中链甘油三酯（MCT）或其他法律法规批准的脂肪（酸）来源。
	碳水化合物组件	1. 由碳水化合物构成； 2. 碳水化合物来源可选用单糖、双糖、低聚糖或多糖、麦芽糊精、葡萄糖聚合物或其他法律法规批准的原料。
电解质配方		1. 以碳水化合物为基础； 2. 添加适量电解质。
增稠组件		1. 以碳水化合物为基础； 2. 添加一种或多种增稠剂； 3. 可添加膳食纤维。
流质配方		1. 以碳水化合物和蛋白质为基础； 2. 可添加多种维生素和矿物质； 3. 可添加膳食纤维。
氨基酸代谢障碍配方		1. 以氨基酸为主要原料，但不含或仅含少量与代谢障碍有关的氨基酸。常见的氨基酸代谢障碍配方食品中应限制的氨基酸种类及含量要求见表6； 2. 添加适量的脂肪、碳水化合物、维生素、矿物质和（或）其他成分； 3. 满足患者部分蛋白质（氨基酸）需求的同时，应满足患者对部分维生素及矿物质的需求。

表6　　常见的氨基酸代谢障碍配方食品中应限制的氨基酸种类及含量

常见的氨基酸代谢障碍	配方食品中应限制的氨基酸种类	配方食品中应限制的氨基酸含量/（mg/g 蛋白质等同物）
苯丙酮尿症	苯丙氨酸	≤1.5
枫糖尿症	亮氨酸、异亮氨酸、缬氨酸	≤1.5[a]
丙酸血症/甲基丙二酸血症	甲硫氨酸、苏氨酸、缬氨酸	≤1.5[a]
	异亮氨酸	≤5
酪氨酸血症	苯丙氨酸、酪氨酸	≤1.5[a]
高胱氨酸尿症	甲硫氨酸	≤1.5
戊二酸血症 I 型	赖氨酸	≤1.5
	色氨酸	≤8

续表

常见的氨基酸代谢障碍	配方食品中应限制的氨基酸种类	配方食品中应限制的氨基酸含量/（mg/g 蛋白质等同物）
异戊酸血症	亮氨酸	≤1.5
尿素循环障碍	非必需氨基酸（丙氨酸、精氨酸、天冬氨酸、天冬酰胺、谷氨酸、谷氨酰胺、甘氨酸、脯氨酸、丝氨酸）	≤1.5[a]

[a]指单一氨基酸含量。

3.5 污染物限量

污染物限量应符合表7的规定。

表7 污染物限量（以固态产品计）

项目		指标		检验方法
铅/（mg/kg）	≤	0.15	0.5[a]	GB 5009.12
硝酸盐（以 $NaNO_3$ 计）/（mg/kg）[b]	≤	100		GB 5009.33
亚硝酸盐（以 $NaNO_2$ 计）/（mg/kg）[c]	≤	2		

[a]仅适用于10岁以上人群的产品。
[b]不适用于添加蔬菜和水果的产品。
[c]仅适用于乳基产品（不含豆类成分）。

3.6 真菌毒素限量

真菌毒素限量应符合表8的规定。

表8 真菌毒素限量（以固态产品计）

项目		指标	检验方法
黄曲霉毒素 M_1/（μg/kg）[a]	≤	0.5	GB 5009.24
黄曲霉毒素 B_1（μg/kg）[b]	≤	0.5	

[a]仅适用于以乳类及乳蛋白制品为主要原料的产品。
[b]仅适用于以豆类及大豆蛋白制品为主要原料的产品。

3.7 微生物限量

固态特殊医学用途配方食品的微生物限量应符合表9的规定，液态特殊医学用途配方食品的微生物指标应符合商业无菌的要求，按 GB/T 4789.26 规定的方法检验。

表 9 微生物限量

项 目	采样方案[a] 及限量（若非指定，均以 CFU/g 表示）				检验方法
	n	*c*	*m*	*M*	
菌落总数[b,c]	5	2	1000	10000	GB 4789. 2
大肠菌群	5	2	10	100	GB 4789. 3 平板计数法
沙门氏菌	5	0	0/25g	—	GB 4789. 4
金黄色葡萄球菌	5	2	10	100	GB 4789. 10 平板计数法

[a]样品的分析及处理按 GB 4789. 1 执行。

[b] 不适用于添加活性菌种（好氧和兼性厌氧益生菌）的产品［产品中活性益生菌的活菌数应≥106CFU/g（mL）］。

[c] 仅适用于 1~10 岁人群的产品。

3. 8 食品添加剂和营养强化剂

3. 8. 1 适用于 1~10 岁人群的产品中食品添加剂的使用可参照 GB 2760 婴幼儿配方食品中允许的添加剂种类和使用量，适用于 10 岁以上人群的产品中食品添加剂的使用可参照 GB 2760 中相同或相近产品中允许使用的添加剂种类和使用量。

3. 8. 2 营养强化剂的使用应符合 GB 14880 的规定。

3. 8. 3 食品添加剂和营养强化剂的质量规格应符合相应的标准和有关规定。

3. 8. 4 根据所使用人群的特殊营养需求，可在特殊医学用途食品中选择添加一种或几种氨基酸，所使用的氨基酸来源应符合附录 B 和（或）GB 14880 的规定。

3. 8. 5 如果在特殊医学用途配方食品中添加其他物质，应符合国家相关规定。

4 其他

4. 1 标签

4. 1. 1 产品标签应符合 GB 13432 的规定。营养素和可选择成分含量标识应增加“每 100 千焦（/100kJ）”含量的标示。

4. 1. 2 标签中应对产品的配方特点或营养学特征进行描述，并应标示产品的类别和适用人群，同时还应标示“不适用于非目标人群使用”。

4. 1. 3 标签中应在醒目位置标示“请在医生或临床营养师指导下使用”。

4. 1. 4 标签中应标示“本品禁止用于肠外营养支持和静脉注射”。

4. 2 使用说明

4. 2. 1 有关产品使用、配制指导说明及图解、贮存条件应在标签上明确说明。当包装最大表面积小于100cm^2 或产品质量小于100g时，可不标示图解。

4.2.2 指导说明应对配制不当和使用不当可能引起的健康危害给予警示说明。

4.3 包装

可以使用食品级和（或）纯度≥99.9%的二氧化碳和（或）氮气作为包装介质。

附录A

常见特定全营养配方食品

A.1 糖尿病全营养配方食品。

A.2 呼吸系统疾病全营养配方食品。

A.3 肾病全营养配方食品。

A.4 肿瘤全营养配方食品。

A.5 肝病全营养配方食品。

A.6 肌肉衰减综合症全营养配方食品。

A.7 创伤、感染、手术及其他应激状态全营养配方食品。

A.8 炎性肠病全营养配方食品。

A.9 食物蛋白过敏全营养配方食品。

A.10 难治性癫痫全营养配方食品。

A.11 胃肠道吸收障碍、胰腺炎全营养配方食品。

A.12 脂肪酸代谢异常全营养配方食品。

A.13 肥胖、减脂手术全营养配方食品。

附录 B

可用于特殊医学用途配方食品的氨基酸

可用于特殊医学用途配方食品的氨基酸见表 B. 1。

表 B. 1 可用于特殊医学用途配方食品的氨基酸

序号	氨基酸[a,b]	化合物来源	化学名称	分子式	相对分子质量	比旋光度 [α]$_D$,20℃	pH	纯度/% ≥	水分/% ≤	灰分/% ≤	铅/(mg/kg) ≤	砷/(mg/kg) ≤
1	天冬氨酸	L-天冬氨酸	L-氨基丁二酸	$C_4H_7NO_4$	133. 1	+24. 5~+26. 0	2. 5~3. 5	98. 5	0. 2	0. 1	0. 3	0. 2
		L-天冬氨酸镁	L-氨基丁二酸镁	$2(C_4H_6NO_4)Mg$	288. 49	+20. 5~+23. 0	—	98. 5	0. 2	0. 1	0. 3	0. 2
2	苏氨酸	L-苏氨酸	L-2-氨基-3-羟基丁酸	C4H9NO3	119. 12	-26. 5~-29. 0	5. 0~6. 5	98. 5	0. 2	0. 1	0. 3	0. 2
3	丝氨酸	L-丝氨酸	L-2-氨基-3-羟基丙酸	C3H7NO3	105. 09	+13. 6~+16. 0	5. 5~6. 5	98. 5	0. 2	0. 1	0. 3	0. 2
4	谷氨酸	L-谷氨酸	α-氨基戊二酸	$C_5H_9NO_4$	147. 13	+31. 5~+32. 5	3. 2	98. 5	0. 2	0. 1	0. 3	0. 2
		L-谷氨酸钾	α-氨基戊二酸钾	$C_5H_8KNO_4 \cdot H_2O$	203. 24	+22. 5~+24. 0	—	98. 5	0. 2	0. 1	0. 3	0. 2
		L-谷氨酸钙	α-氨基戊二酸钙	$C_{10}H_{16}CaN_2O_8 \cdot 4H_2O$	404. 39	+27. 4~+29. 2	6. 6~7. 3	98. 5	0. 2	0. 1	0. 3	0. 2
5	谷氨酰胺	L-谷氨酰胺	2-氨基-4-酰胺基丁酸	$C_5H_{10}N_2O_3$	146. 15	+6. 3~+7. 3	—	98. 5	0. 2	0. 1	0. 3	0. 2
6	脯氨酸	L-脯氨酸	吡咯烷-2-羧酸	$C_5H_9NO_2$	115. 13	-84. 0~-86. 3	5. 9~6. 9	98. 5	0. 2	0. 1	0. 3	0. 2
7	甘氨酸	甘氨酸	氨基乙酸	$C_2H_5NO_2$	75. 07	—	5. 6~6. 6	98. 5	0. 2	0. 1	0. 3	0. 2
8	丙氨酸	L-丙氨酸	L-2-氨基丙酸	$C_3H_7NO_2$	89. 09	+13. 5~+15. 5	5. 5~7. 0	98. 5	0. 2	0. 1	0. 3	0. 2
9	胱氨酸	L-胱氨酸	L-3,3′-二硫双(2-氨基丙酸)	$C_6H_{12}N_2O_4S_2$	240. 3	-215~-225	5. 0~6. 5	98. 5	0. 2	0. 1	0. 3	0. 2
		L-半胱氨酸	L-α-氨基-β-巯基丙酸	$C_3H_7NO_2S$	121. 16	+8. 3~+9. 5	4. 5~5. 5	98. 5	0. 2	0. 1	0. 3	0. 2
		L-盐酸半胱氨酸	L-2-氨基-3-巯基丙酸盐酸盐	$C_3H_7NO_2S \cdot HCl \cdot H_2O$	175. 63	+5. 0~+8. 0	—	98. 5	0. 2[b]	0. 1	0. 3	0. 2
		N-乙酰基-L-半胱氨酸	*N*-乙酰基-L-α-氨基-β-巯基丙酸	$C_5H_9NO_3S$	163. 20	+21~+27	2. 0~2. 8	98. 0	0. 2	0. 1	—	—

续表

序号	氨基酸[a,b]	化合物来源	化学名称	分子式	相对分子质量	比旋光度 [α]$_D$,20℃	pH	纯度/% ≥	水分/% ≤	灰分/% ≤	铅/(mg/kg) ≤	砷/(mg/kg) ≤
10	缬氨酸	L-缬氨酸	L-2-氨基-3-甲基丁酸	$C_5H_{11}NO_2$	117.15	+26.7~+29.0	5.5~7.0	98.5	0.2	0.1	0.3	0.2
11	甲硫氨酸	L-甲硫氨酸	2-氨基-4-甲巯基丁酸	$C_5H_{11}NO_2S$	149.21	+21.0~+25.0	5.6~6.1	98.5	0.2	0.1	0.3	0.2
		N-乙酰基-L-甲硫氨酸	*N*-乙酰-2-氨基-4-甲巯基丁酸	$C_7H_{13}NO_3S$	191.25	-18.0~-22.0	—	98.5	0.2	0.1	0.3	0.2
12	亮氨酸	L-亮氨酸	L-2-氨基-4-甲基戊酸	$C_6H_{13}NO_2$	131.17	+14.5~+16.5	5.5~6.5	98.5	0.2	0.1	0.3	0.2
13	异亮氨酸	L-异亮氨酸	L-2-氨基-3-甲基戊酸	$C_6H_{13}NO_2$	131.17	+38.6~+41.5	5.5~7.0	98.5	0.2	0.1	0.3	0.2
14	酪氨酸	L-酪氨酸	*S*-氨基-3(4-羟基苯基)-丙酸	$C_9H_{11}NO_3$	181.19	-11.0~-12.3	—	98.5	0.2	0.1	0.3	0.2
15	苯丙氨酸	L-苯丙氨酸	L-2-氨基-3-苯丙酸	$C_9H_{11}NO_2$	165.19	-33.2~-35.2	5.4~6.0	98.5	0.2	0.1	0.3	0.2
16	赖氨酸	L-盐酸赖氨酸	L-2,6-二氨基己酸盐酸盐	$C_6H_{14}N_2O_2 \cdot HCl$	182.65	+20.3~+21.5	5.0~6.0	98.5	0.2	0.1	0.3	0.2
		L-赖氨酸醋酸盐	L-2,6-二氨基己酸醋酸盐	$C_6H_{14}N_2O_2 \cdot C_2H_4O_2$	206.24	+8.5~+10.0	6.5~7.5	98.5	0.2	0.1	0.3	0.2
		L-赖氨酸	L-2,6-二氨基己酸	$C_6H_{14}N_2O_2 \cdot H_2O$	164.2	+25.5~+27.0	9.0~10.5	98.5	0.2	0.1	0.3	0.2
		L-赖氨酸-L-谷氨酸	L-2,6-二氨基己酸 α-氨基戊二酸盐	$C_{11}H_{23}N_3O_6 \cdot 2H_2O$	329.35	+27.5~+29.5	6.0~7.5	98.0	0.2	0.1	0.3	0.2
		L-赖氨酸-天冬氨酸	L-2,6-二氨基己酸 L-氨基丁二酸盐	$C_{10}H_{21}N_3O_6$	279.30	+24.0~+26.5	5.0~7.0	98.0	0.2	0.1	0.3	0.2

续表

序号	氨基酸[a,b]	化合物来源	化学名称	分子式	相对分子质量	比旋光度 [α]$_D$,20℃	pH	纯度/% ≥	水分/% ≤	灰分/% ≤	铅/(mg/kg) ≤	砷/(mg/kg) ≤
17	精氨酸	L-精氨酸	L-2-氨基-5-胍基戊酸	$C_6H_{14}N_4O_2$	174.2	+26.0~+27.9	10.5~12.0	98.5	0.2	0.1	0.3	0.2
		L-盐酸精氨酸	L-2-氨基-5-胍基戊酸盐酸盐	$C_6H_{14}N_4O_2 \cdot HCl$	210.66	+21.3~+23.5	—	98.5	0.2	0.1	0.3	0.2
		L-精氨酸-天冬氨酸	L-2-氨基-5-胍基戊酸-L-氨基丁二酸	$C_{10}H_{21}N_5O_6$	307.31	+25.0~+27.0	6.0~7.0	98.5	0.2	0.1	0.3	0.2
18	组氨酸	L-组氨酸	α-氨基 β-咪唑基丙酸	$C_6H_9N_3O_2$	155.15	+11.5~+13.5	7.0~8.5	98.5	0.2	0.1	0.3	0.2
		L-盐酸组氨酸	L-2-氨基-3-咪唑基丙酸盐酸盐	$C_6H_9N_3O_2 \cdot HCl \cdot H_2O$	209.63	+8.5~+10.5	—	98.5	0.2	0.1	0.3	0.2
19	色氨酸	L-色氨酸	L-2-氨基-3-吲哚基-1-丙酸	$C_{11}H_{12}N_2O_2$	204.23	-30.0~-33.0	5.5~7.0	98.5	0.2	0.1	0.3	0.2
20	瓜氨酸	L-瓜氨酸	L-2-氨基-5-脲戊酸	$C_6H_{13}N_3O_3$	175.19	+24.5~+26.5	5.7~6.7	98.5	0.2	0.1	0.3	0.2
21	鸟氨酸	L-盐酸鸟氨酸	2,5-二氨基戊酸单盐酸盐	$C_5H_{12}N_2O_2 \cdot HCl$	168.62	+23.0~+25.0	5.0~6.0	98.5	0.2	0.1	0.3	0.2

[a] 不得使用非食用的动植物水解原料作为单体氨基酸的来源。

[b] 只要适用,无论是氨基酸的游离状态、含水或不含水状态,以及氨基酸的盐酸化合物、钠盐和钾盐均可使用。

三、GB 29923—2013
《食品安全国家标准　特殊医学用途配方食品良好生产规范》

1　范围

本标准规定了特殊医学用途配方食品生产过程中原料采购、加工、包装、贮存和运输等环节的场所、设施、人员的基本要求和管理准则。

本标准适用于特殊医学用途配方食品（包括特殊医学用途婴儿配方食品）的生产企业。

2　术语和定义

GB 14881《食品安全国家标准　食品生产通用卫生规范》规定的以及下列术语和定义适用于本标准。

2.1　特殊医学用途配方食品

为了满足进食受限、消化吸收障碍、代谢紊乱或特定疾病状态人群对营养素或膳食的特殊需要，专门加工配制而成的配方食品。该类产品应在医生或临床营养师指导下，单独食用或与其他食品配合食用。特殊医学用途配方食品的配方应以医学和（或）营养学的研究结果为依据，其安全性及临床应用（效果）均应经过科学证实。

2.2　清洁作业区

清洁度要求高的作业区域，如液态产品的与空气环境接触的工序（如称量、配料）、灌装间等，粉状产品的裸露待包装的半成品贮存、充填及内包装车间等。

2.3　准清洁作业区

清洁度要求低于清洁作业区的作业区域，如原辅料预处理车间等。

2.4　一般作业区

清洁度要求低于准清洁作业区的作业区域，如收乳间、原料仓库、包装材料仓库、外包装车间及成品仓库等。

2.5 商业无菌

产品经过适度的杀菌后，不含有致病性微生物，也不含有在常温下能在其中繁殖的非致病性微生物的状态。

2.6 无菌灌装

在无菌环境中将经过杀菌达到商业无菌的食品装入预杀菌的容器（含盖）后封口的过程。

3 选址及厂区环境

应符合 GB 14881 的相关规定。

4 厂房和车间

4.1 设计和布局

4.1.1 应符合 GB 14881 的相关规定。

4.1.2 厂房和车间应合理设计，建造和规划与生产相适应的相关设施和设备，以防止微生物孳生及污染，特别是应防止沙门氏菌的污染，对于适用于婴幼儿的产品，还应特别防止阪崎肠杆菌（*Cronobacter* 属）的污染，同时避免或尽量减少这些细菌在藏匿地的存在或繁殖，设计中应考虑：

a）湿区域和干燥区域应分隔，应有效控制人员、设备和物料流动造成的交叉污染；

b）加工材料应合理堆放，避免因不当堆积产生不利于清洁的场所；

c）应做好穿越建筑物楼板、天花板和墙面的各类管道、电缆与穿孔间隙间的围封和密封；

d）湿式清洁流程应设计合理，在干燥区域应防止不当的湿式清洁流程致使微生物的产生与传播；

e）应设置适当的设施或采用适当措施保持干燥，避免产生和及时清除水残余物，以防止相关微生物的增长和扩散。

4.1.3 应按照生产工艺和卫生、质量要求，划分作业区洁净级别，原则上分为一般作业区、准清洁作业区和清洁作业区。

4.1.4 对于无后续灭菌操作的干加工区域的操作，应在清洁作业区进行，如从干燥（或干燥后）工序至充填和密封包装的操作。

4.1.5 不同洁净级别的作业区域之间应设置有效的分隔。清洁作业区应安装具有过滤装置的独立的空气净化系统，并保持正压，防止未净化的空气进入清洁作业区而造成交叉污染。

4.1.6 对于出入清洁作业区应有合理的限制和控制措施，以避免或减少微生物污染。进出清洁作业区的人员、原料、包装材料、废物、设备等，应有防止交叉污染的措施，如设置人员更衣室更换工作服、工作鞋或鞋套，专用物流通道以及废物通道等。对于通过管道输送的粉状原料或产品进入清洁作业区，需要设计和安装适当的空气过滤系统。

4.1.7 各作业区净化级别应满足特殊医学用途食品加工对空气净化的需要。固态产品和液态产品清洁作业区和准清洁作业区的空气洁净度应分别符合表1、表2的要求，并应定期进行检测。

表1 固态产品清洁作业区和准清洁作业区的空气洁净度控制要求

项目		要求		检验方法
		准清洁作业区	清洁作业区	
尘埃数/m^3	≥0.5μm	—	≤7000000	按GB/T 16292测定，测定状态为静态
	≥5μm	—	≤60000	
换气次数[a]（每小时）		—	10~15	—
细菌总数（CFU/皿）		≤30	≤15	按GB/T 18204.1中自然沉降法测定

[a]换气次数适用于层高小于4.0m的清洁作业区。

表2 液态产品清洁作业区的空气洁净度控制要求

项目		要求	检验方法
		清洁作业区	
尘埃数/m^3	≥0.5μm	≤3500000	按GB/T 16292测定，测定状态为静态
	≥5μm	≤20000	
换气次数[a]（每小时）		10~15	—
细菌总数（CFU/皿）		≤10	按GB/T 18204.1中自然沉降法测定

[a]换气次数适用于层高小于4.0m的清洁作业区。

4.1.8 清洁作业区需保持干燥，应尽量减少供水设施及系统；如无法避免，则应有防护措施，且不应穿越主要生产作业面的上部空间，防止二次污染的发生。

4.1.9 厂房、车间、仓库应有防止昆虫和老鼠等动物进入的设施。

4.2 建筑内部结构与材料

4.2.1 顶棚

4.2.1.1 应符合 GB 14881 的相关规定。

4.2.1.2 车间等场所的室内顶棚和顶角应易于清扫，防止灰尘积聚、避免结露、长霉或脱落等情形发生。清洁作业区、准清洁作业区及其他食品暴露场所顶棚若为易于藏污纳垢的结构，宜加设平滑易清扫的天花板；若为钢筋混凝土结构，其室内顶棚应平坦无缝隙。

4.2.1.3 车间内平顶式顶棚或天花板应使用无毒、无异味的白色或浅色防水材料建造，若喷涂涂料，应使用防霉、不易脱落且易于清洁的涂料。

4.2.2 墙壁

应符合 GB 14881 的相关规定。

4.2.3 门窗

应符合 GB 14881 的相关规定。清洁作业区、准清洁作业区的对外出入口应装设能自动关闭（如安装自动感应器或闭门器等）的门和（或）空气幕。

4.2.4 地面

应符合 GB 14881 的相关规定。作业中有排水或废水流经的地面，以及作业环境经常潮湿或以水洗方式清洗作业等区域的地面宜耐酸耐碱，并应有一定的排水坡度。

4.3 设施

4.3.1 供水设施

4.3.1.1 应符合 GB 14881 的相关规定。

4.3.1.2 供水设备及用具应符合国家相关管理规定。

4.3.1.3 供水设施出入口应增设安全卫生设施，防止动物及其他物质进入导致食品污染。

4.3.1.4 使用二次供水的，应符合 GB 17051《二次供水设施卫生规范》的规定。

4.3.2 排水设施

4.3.2.1 应符合 GB 14881 的相关规定。

4.3.2.2 排水系统应有坡度、保持通畅、便于清洁维护，排水沟的侧面和底面接合处应有一定弧度。

4.3.2.3 排水系统内及其下方不应有生产用水的供水管路。

4.3.3 清洁消毒设施

应符合 GB 14881 的相关规定。

4.3.4 个人卫生设施

4.3.4.1 应符合 GB 14881 的规定。

4.3.4.2 清洁作业区的入口应设置二次更衣室，进入清洁作业区前设置手消毒设施。

4.3.5 通风设施

4.3.5.1 应符合 GB 14881 的相关规定。粉状产品生产时清洁作业区还应控制环境温度，必要时控制空气湿度。

4.3.5.2 清洁作业区应安装空气调节设施，以防止蒸汽凝结并保持室内空气新鲜；在有臭味及气体（蒸汽及有毒有害气体）或粉尘产生而有可能污染食品的区域，应有适当的排除、收集或控制装置。

4.3.5.3 进气口应距地面或屋面 2m 以上，远离污染源和排气口，并设有空气过滤设备。

4.3.5.4 用于食品输送或包装、清洁食品接触面或设备的压缩空气或其他惰性气体应进行过滤净化处理。

4.3.6 照明设施

应符合 GB 14881 的相关规定。车间采光系数不应低于标准Ⅳ级。质量监控场所工作面的混合照度不宜低于 540lx，加工场所工作面不宜低于 220lx，其他场所不宜低于 110lx，对光敏感测试区域除外。

4.3.7 仓储设施

4.3.7.1 应符合 GB 14881 的相关规定。

4.3.7.2 应依据原料、半成品、成品、包装材料等性质的不同分设贮存场所，必要时应设有冷藏（冻）库。同一仓库贮存性质不同物品时，应适当分离或分隔（如分类、分架、分区存放等），并有明显的标识。

4.3.7.3 冷藏（冻）库，应装设可正确指示库内温度的温度计、温度测定器或温度自动记录仪等监测温度的设施，对温度进行适时监控，并记录。

5 设备

5.1 生产设备

5.1.1 一般要求

5.1.1.1 应符合 GB 14881 的相关规定。

5.1.1.2 应制定生产过程中使用的特种设备（如压力容器、压力管道等）的操作规程。

5.1.2 材质

生产设备材质应符合 GB 14881 的相关规定。

5.1.3 设计

5.1.3.1 应符合 GB 14881 的相关规定。

5.1.3.2 食品接触面应平滑、无凹陷或裂缝，以减少食品碎屑、污垢及有机物的聚积。

5.1.3.3 与物料接触的设备内壁应光滑、平整、无死角，易于清洗、耐腐蚀，且其内表层应采用不与物料反应、不释放出微粒及不吸附物料的材料。

5.1.3.4 贮存、运输及加工系统（包括重力、气动、密闭及自动系统等）的设计与制造应易于维持其良好的卫生状况。

5.1.3.5 应有专门的区域贮存设备备件，以便设备维修时能及时获得必要的备件；应保持备件贮存区域清洁干燥。

5.1.3.6 生产设备应有明显的运行状态标识，并定期维护、保养和验证。设备安装、维修、保养的操作不应影响产品的质量。设备应进行验证或确认，确保各项性能满足工艺要求。不合格的设备应搬出生产区，未搬出前应有明显标志。

5.1.3.7 用于生产的计量器具和关键仪表应定期进行校验。用于干混合的设备应能保证产品混合均匀。

5.2 监控设备

5.2.1 应符合 GB 14881 的相关规定。

5.2.2 当采用计算机系统及其网络技术进行关键控制点监测数据的采集和对各项记录的管理时，计算机系统及其网络技术的有关功能可参考附录 A 的规定。

5.3 设备的保养和维修

5.3.1 应符合 GB 14881 的相关规定。

5.3.2 每次生产前应检查设备是否处于正常状态，防止影响产品卫生质量的情形发生；出现故障应及时排除并记录故障发生时间、原因及可能受影响的产品批次。

6 卫生管理

6.1 卫生管理制度

应符合 GB 14881 的相关规定。

6.2 厂房及设施卫生管理

6.2.1 应符合 GB 14881 的相关规定。

6.2.2 已清洁和消毒过的可移动设备和用具，应放在能防止其食品接触面再受污染的适当场所，并保持适用状态。

6.3 清洁和消毒

6.3.1 应制定有效的清洁和消毒计划和程序，以保证食品加工场所、设备和设施等的清洁卫生，防止食品污染。

6.3.2 在需干式作业的清洁作业区（如干混、粉状产品充填等），对生产设备和加工环境实施有效的干式清洁流程是防止微生物繁殖的最有效方法，应尽量避免湿式清洁。湿式清洁应仅限于可以搬运到专门房间的设备零件或者无法采用干式清洁措施的情况。如果无法采用干式清洁措施，应在受控条件下采用湿式清洁，但应确保能够及时彻底的恢复设备和环境的干燥，使该区域不被污染。

6.3.3 应制定有效的监督流程，以确保关键流程［如人工清洁、就地清洗操作（CIP）以及设备维护等］符合相关规定和标准要求，尤其要确保清洁和消毒方案的适用性，清洁剂和消毒剂的浓度适当，CIP 系统符合相关温度和时间要求，且设备在必要时应进行合理的冲洗。

6.3.4 所有生产车间应制定清洁和消毒的周期表，保证所有区域均被清洁，对重要区域、设备和器具应进行特殊的清洁。设备清洁周期和有效性应经验证或合理理由确定。

6.3.5 应保证清洁人员的数量并根据需要明确每个人的责任；所有的清洁人员均应接受良好的培训，清楚污染的危害性和防止污染的重要性；应对清洁和消毒做好记录。

6.3.6 用于不同清洁区内的清洁工具应有明确标识，不得混用。

6.4 人员健康与卫生要求

6.4.1 一般要求

食品加工人员健康管理应符合 GB 14881 的相关规定。

6.4.2 食品加工人员卫生要求

6.4.2.1 应符合 GB 14881 的相关规定。

6.4.2.2 准清洁作业区及一般作业区的员工应穿着符合相应区域卫生要求的工作服，并配备帽子和工作鞋。清洁作业区的员工应穿着符合该区域卫生要求的工作服（或一次性工作服），并配备帽子（或头罩）、口罩和工作鞋（或鞋罩）。

6.4.2.3 作业人员应经二次更衣和手的清洁与消毒等处理程序方可进入清洁作业区，确保相关人员手的卫生，穿工作服，戴上头罩或帽子，换鞋或穿上鞋罩。清洁作业区及准清洁作业区使用的工作服和工作鞋不能在指定区域以外的地方穿着。

6.4.3 来访者

应符合 GB 14881 的相关规定。

6.5 虫害控制

应符合 GB 14881 的相关规定。

6.6 废弃物处理

6.6.1 应符合 GB 14881 的相关规定。

6.6.2 盛装废弃物、加工副产品以及不可食用物或危险物质的容器应有特别标识且构造合理、不透水，必要时容器应封闭，以防止污染食品。

6.6.3 应在适当地点设置废弃物临时存放设施，并依废弃物特性分类存放，易腐败的废弃物应及时清除。

6.7 有毒有害物管理

清洗剂、消毒剂、杀虫剂以及其他有毒有害物品的管理应符合 GB 14881 的相关规定。

6.8 污水管理

污水在排放前应经适当方式处理，以符合国家污水排放的相关规定。

6.9 工作服管理

应符合 GB 14881 的相关规定。

7 原料和包装材料的要求

7.1 一般要求

应符合 GB 14881 的相关规定。

7.2 原料和包装材料的采购和验收要求

7.2.1 原料和包装材料的采购按照 GB 14881 的相关规定执行。

7.2.2 企业应建立供应商管理制度，规定供应商的选择、审核、评估程序。

7.2.3 如发现原料和包装材料存在食品安全问题时应向本企业所在辖区的食品安全监管部门报告。

7.2.4 对直接进入干混合工序的原料，应保证外包装的完整性及无虫害及其他污染的痕迹。

7.2.5 对直接进入干混合工序的原料，企业应采取措施确保微生物指标达到终产品标准的要求。对大豆原料应确保脲酶活性为阴性。

7.2.6 应对供应商采用的流程和安全措施进行评估，必要时应进行定期现场评审或对流程进行监控。

7.3 原料和包装材料的运输和贮存要求

7.3.1 企业应按照保证质量安全的要求运输和贮存原料和包装材料。

7.3.2 原料和包装材料在运输和贮存过程应避免太阳直射、雨淋、强烈的温度、湿度变化与撞击等；不应与有毒、有害物品混装、混运。

7.3.3 在运输和贮存过程中，应避免原料和包装材料受到污染及损坏，并将品质的劣化降到最低程度；对有温度、湿度及其他特殊要求的原料和包装材料应按规定条件运输和贮存。

7.3.4 在贮存期间应按照不同原料和包装材料的特点分区存放，并建立标识，标明相关信息和质量状态。

7.3.5 应定期检查库存原料和包装材料，对贮存时间较长，品质有可能发生变化的原料和包装材料，应定期抽样确认品质；及时清理变质或者超过保质期的原料和包装材料。

7.3.6 合格原料和包装材料使用时应遵照“先进先出”或“效期先出”的原则，合理安排使用。

7.3.7 食品添加剂及食品营养强化剂应由专人负责管理，设置专库或专区存放，并使用专用登记册（或仓库管理软件）记录添加剂及营养强化剂的名称、进货时间、进货量和使用量等，还应注意其有效期限。

7.3.8 对贮存期间质量容易发生变化的维生素和矿物质等营养强化剂应进行原料合格验证，必要时进行检验，以确保其符合原料规定的要求。

7.3.9 对于含有过敏原的原材料应分区摆放，并做好标识标记，以避免交叉污染。

7.4 其他

应保存原料和包装材料采购、验收、贮存和运输的相关记录。

8 生产过程的食品安全控制

8.1 产品污染风险控制

应符合 GB 14881 的相关规定。

8.2 微生物污染的控制

8.2.1 温度和时间

8.2.1.1 应根据产品的特点，规定用于杀灭微生物或抑制微生物生长繁殖的方法，如热处理，冷冻或冷藏保存等，并实施有效的监控。

8.2.1.2 应建立温度、时间控制措施和纠偏措施，并进行定期验证。

8.2.1.3 对严格控制温度和时间的加工环节，应建立实时监控措施，并保持监控记录。

8.2.2 湿度

8.2.2.1 应根据产品和工艺特点，对需要进行湿度控制区域的空气湿度进行控制，以减少有害微生物的繁殖；制定空气湿度关键限值，并有效实施。

8.2.2.2 建立实时空气湿度控制和监控措施，定期进行验证，并进行记录。

8.2.3 防止微生物污染

8.2.3.1 应对从原料和包装材料进厂到成品出厂的全过程采取必要的措施，防止微生物的污染。

8.2.3.2 用于输送、装载或贮存原料、半成品、成品的设备、容器及用具，其操作、使用与维护应避免对加工或贮存中的食品造成污染。

8.2.4 加工过程的微生物监控

8.2.4.1 应符合 GB 14881 的相关规定。

8.2.4.2 应参照 GB 14881—2013 附录 A，结合生产工艺及《食品安全国家标准 特殊医学用途配方食品通则》和 GB 25596《食品安全国家标准 特殊医学用途婴儿配方食品通则》等相关产品标准的要求，对生产过程制订微生物监控计划，并实施有效监控，以细菌总数及大肠菌群作为卫生水平的指示微生物，当监控结果表明有偏离时，应对控制措施采取适当的纠正措施。

8.2.4.3 粉状特殊医学用途配方食品应采用附录 B，对清洁作业区环境中沙门氏菌、阪崎肠杆菌和其他肠杆菌制定环境监控计划，并实施有效监控，当监控结果表明有偏离时，应对控制措施采取适当的纠偏措施。

8.3 化学污染的控制

8.3.1 应符合 GB 14881 的相关规定。

8.3.2 化学物质应与食品分开贮存，明确标识，并应有专人对其保管。

8.4 物理污染的控制

8.4.1 应符合 GB 14881 的相关规定。

8.4.2 不应在生产过程中进行电焊、切割、打磨等工作，以免产生异味、碎屑。

8.5 食品添加剂和食品营养强化剂

8.5.1 应依照食品安全国家标准规定的品种、范围、用量合理使用食品添加剂和食品营养强化剂。

8.5.2 在使用时对食品添加剂和食品营养强化剂准确称量，并做好记录。

8.6 包装

8.6.1 应符合 GB 14881 的相关规定。

8.6.2 包装材料应清洁、无毒且符合国家相关规定。

8.6.3 包装材料或包装用气体应无毒，并且在特定贮存和使用条件下不影响食品的安全和产品特性。

8.6.4 可重复使用的包装材料如玻璃瓶、不锈钢容器等在使用前应彻底清洗，并进行必要的消毒。

8.7 特定处理步骤

8.7.1 一般要求

特殊医学用途配方食品的生产工艺中各处理工序应分别符合相应的工艺特定处理步骤的要求，并应符合 8.7.2~8.7.9 的规定：

8.7.2　热处理

热处理工序应作为确保特殊医学用途配方食品安全的关键控制点。热处理温度和时间应考虑产品属性等因素（如脂肪含量、总固形物含量等）对杀菌目标微生物耐热性的影响。因此应制定相关流程检查温度和时间是否偏离，并采取恰当的纠正措施。

如购进的大豆原料没有经过加热灭酶处理（或灭酶不彻底），此类豆基产品应通过热处理同时达到杀灭致病菌和彻底灭酶的效果（脲酶为阴性），并作为关键控制点进行监控。

热处理中时间、温度、灭酶时间等关键工艺参数应有记录。

8.7.3　中间贮存

在特殊医学用途配方食品的生产过程中，对液态半成品中间贮存应采取相应的措施防止微生物的生长。粉状特殊医学用途配方食品干法生产中裸露的原料粉或湿法生产中裸露的粉状半成品应保存在清洁作业区。

8.7.4　液态特殊医学用途配方食品商业无菌操作

应采用附录 C 的操作指南进行。

8.7.5　粉状特殊医学用途配方食品从热处理到干燥的工艺步骤

生产粉状特殊医学用途配方食品过程中，从热处理到干燥前的输送管道和设备应保持密闭，并定期进行彻底的清洁、消毒。

8.7.6　冷却

干燥后的裸露粉状半成品应在清洁作业区内冷却。

8.7.7　粉状特殊医学用途食品干法工艺和干湿法复合工艺中干混合的关键因素控制

8.7.7.1　与空气环境接触的裸粉工序（如预混及分装、配料、投料）需在清洁作业区内进行。清洁作业区的温度和相对湿度应与粉状特殊医学用途食品的生产工艺相适应。无特殊要求时，温度应不高于 25℃，相对湿度应在 65%以下。

8.7.7.2　配料应计量准确，食品添加剂和食品营养强化剂计量应有复核过程。

8.7.7.3　与混合均匀性有关的关键工艺参数（如混合时间等）应予以验证；对混合的均匀性应进行确认。

8.7.7.4　正压输送物料所需的压缩空气，需经过除油、除水、洁净过滤及除菌处理后方可使用。

8.7.7.5　原料、包装材料、人员应制定严格的卫生控制要求。原料应经必要的保洁程序和物料通道进入作业区，应遵循去除外包装，或经过外包装消毒的处理程序。

8.7.8 粉状特殊医学用途配方食品内包装工序的关键因素控制

8.7.8.1 内包装工序应在清洁作业区内进行。

8.7.8.2 应只允许相关工作人员进入包装室，原料和包装材料、人员的要求参照8.7.7.5和6.4.2的规定。

8.7.8.3 使用前应检查包装材料的外包装是否完好，以确保包装材料未被污染。

8.7.8.4 生产企业应采用有效的异物控制措施，预防和检查异物，如设置筛网、强磁铁、金属探测器等，对这些措施应实施过程监控或有效性验证。

8.7.8.5 不同品种的产品在同一条生产线上生产时，应有效清洁并保存清场记录，确保产品切换不对下一批产品产生影响。

8.7.9 生产用水的控制

8.7.9.1 与食品直接接触的生产用水、设备清洗用水、冰和蒸汽等应符合GB 5749《生活饮用水卫生标准》的相关规定。

8.7.9.2 食品加工中蒸发或干燥工序中的回收水、循环使用的水可以再次使用，但应确保其对食品的安全和产品特性不造成危害，必要时应进行水处理，并应有效监控。

8.7.9.3 生产液体产品时，与产品直接接触的生产用水应根据产品的特点，采用去离子法或离子交换法、反渗透法或其他适当的加工方法制得，以确保满足产品质量和工艺的要求。

9 验证

9.1 需对生产过程进行验证以确保整个工艺的重现性及产品质量的可控性。生产验证应包括厂房、设施及设备安装确认、运行确认、性能确认和产品验证。

9.2 应根据验证对象提出验证项目、制定验证方案，并组织实施。

9.3 产品的生产工艺及关键设施、设备应按验证方案进行验证。当影响产品质量（包括营养成分）的主要因素，如工艺、质量控制方法、主要原辅料、主要生产设备等发生改变时，以及生产一定周期后，应进行再验证。

9.4 验证工作完成后应写出验证报告，由验证工作负责人审核、批准。验证过程中的数据和分析内容应以文件形式归档保存。验证文件应包括验证方案、验证报告、评价和建议、批准人等。

10 检验

10.1 应符合 GB 14881 的相关规定。

10.2 应逐批抽取代表性成品样品，按国家相关法规和标准的规定进行检验并保留样品。

10.3 应加强实验室质量管理，确保检验结果的准确性和真实性。

11 产品的贮存和运输

11.1 应符合 GB 14881 的相关规定。

11.2 产品的贮存和运输应符合产品标签所标识的贮存条件。

11.3 仓库中的产品应定期检查，必要时应有温度记录和（或）湿度记录，如有异常应及时处理。

11.4 经检验后的产品应标识其质量状态。

11.5 产品的贮存和运输应有相应的记录，产品出厂有出货记录，以便发现问题时，可迅速召回。

12 产品追溯和召回

12.1 应建立产品追溯制度，确保对产品从原料采购到产品销售的所有环节都可进行有效追溯。

12.2 应建立产品召回制度。当发现某一批次或类别的产品含有或可能含有对消费者健康造成危害的因素时，应按照国家相关规定启动产品召回程序，及时向相关部门通告，并做好相关记录。

12.3 应对召回的食品采取无害化处理、销毁等措施，并将食品召回和处理情况向相关部门报告。

12.4 应建立客户投诉处理机制。对客户提出的书面或口头意见、投诉，企业相关管理部门应做记录并查找原因，妥善处理。

13 培训

13.1 应符合 GB 14881 的相关规定。

13.2 应根据岗位的不同需求制定年度培训计划，进行相应培训，特殊工种应持证上岗。

14 管理制度和人员

14.1 应符合 GB 14881 的相关规定。

14.2 应建立健全企业的食品安全管理制度，采取相应管理措施，对特殊医学用途配方食品的生产实施从原料进厂到成品出厂全过程的安全质量控制，保证产品符合法律法规和相关标准的要求。

14.3 应建立食品安全管理机构，负责企业的食品安全管理。

14.4 食品安全管理机构负责人应是企业法人代表或企业法人授权的负责人。

14.5 机构中的各部门应有明确的管理职责，并确保与质量、安全相关的管理职责落实到位。各部门应有效分工，避免职责交叉、重复或缺位。对厂区内外环境、厂房设施和设备的维护和管理、生产过程质量安全管理、卫生管理、品质追踪等制定相应管理制度，并明确管理负责人与职责。

14.6 食品安全管理机构中各部门应配备经专业培训的食品安全管理人员，宣传贯彻食品安全法规及有关规章制度，负责督查执行的情况并做好有关记录。

15 记录和文件管理

15.1 记录管理

15.1.1 应符合 GB 14881 的相关规定。

15.1.2 各项记录均应由执行人员和有关督导人员复核签名或签章，记录内容如有修改，应保证可以清楚辨认原文内容，并由修改人在修改文字附近签名或签章。

15.1.3 所有生产和品质管理记录应由相关部门审核，以确定所有处理均符合规定，如发现异常现象，应立即处理。

15.2 文件管理

应按 GB 14881 的相关要求建立文件的管理制度，建立完整的质量管理档案，文件应分类归档、保存。分发、使用的文件应为批准的现行文本。已废除或失效的文件除留档备查外，不应在工作现场出现。

16 食品安全控制措施有效性的监控与评价

采用附录 C 的监控与评价措施，确保粉状特殊医学用途配方食品安全控制措施的有效性。

附录 A
特殊医学用途配方食品生产企业计算机系统应用指南

A.1 特殊医学用途配方食品生产企业的计算机系统应能满足《食品安全法》及其相关法律法规与标准对食品安全的监管要求，应形成从原料进厂到产品出厂在内各环节有助于食品安全问题溯源、追踪、定位的完整信息链，应能按照监管部门的要求提交或远程报送相关数据。该计算机系统应符合（但不限于）A.2～A.11 的要求。

A.2 系统应包括原料采购与验收、原料贮存与使用、生产加工关键控制环节监控、产品出厂检验、产品贮存与运输、销售等各环节与食品安全相关的数据采集和记录保管功能。

A.3 系统应能对本企业相关原料、加工工艺以及产品的食品安全风险进行评估和预警。

A.4 系统和与之配套的数据库应建立并使用完善的权限管理机制，保证工作人员账号/密码的强制使用，在安全架构上确保系统及数据库不存在允许非授权访问的漏洞。

A.5 在权限管理机制的基础上，系统应实现完善的安全策略，针对不同工作人员设定相应策略组，以确定特定角色用户仅拥有相应权限。系统所接触和产生的所有数据应保存在对应的数据库中，不应以文件形式存储，确定所有的数据访问都要受系统和数据库的权限管理控制。

A.6 对机密信息采用特殊安全策略确保仅信息拥有者有权进行读、写及删除操所。如机密信息确需脱离系统和数据库的安全控制范围进行存储和传输，应确保：

a）对机密信息进行加密存储，防止无权限者读取信息；

b）在机密信息传输前产生校验码，校验码与信息（加密后）分别传输，在接收端利用校验码确认信息未被篡改。

A.7 如果系统需要采集自动化检测仪器产生的数据，系统应提供安全、可靠的数据接口，确保接口部分的准确和高可用性，保证仪器产生的数据能够及时准确地被系统所采集。

A.8 应实现完善详尽的系统和数据库日志管理功能，包括：

a）系统日志记录系统和数据库每一次用户登录情况（用户、时间、登录计算机地址等）；

b）操作日志记录数据的每一次修改情况（包括修改用户、修改时间、修改内容、原内容等）；

c）系统日志和操作日志应有保存策略，在设定的时限内任何用户（不包括系统管理员）不能够删除或修改，以确保一定时效的溯源能力。

A.9 详尽制定系统的使用和管理制度，要求至少包含以下内容：

a）对工作流程中的原始数据、中间数据、产生数据以及处理流程的实时记录制度，确保整个工作过程能够再现；

b）详尽的备份管理制度，确保故障灾难发生后能够尽快完整恢复整个系统以及相应数据；

c）机房应配备智能不间断电源（UPS）并与工作系统连接，确保外电断电情况下UPS接替供电并通知工作系统做数据保存和日志操作（UPS应能提供保证系统紧急存盘操作时间的电力）；

d）健全的数据存取管理制度，保密数据严禁存放在共享设备上；部门内部的数据共享也应采用权限管理制度，实现授权访问；

e）配套的系统维护制度，包括定期的存储整理和系统检测，确保系统的长期稳定运行；

f）安全管理制度，需要定期更换系统各部分用户的密码，限定部分用户的登录地点，及时删除不再需要的账户；

g）规定外网登录的用户不应开启和使用外部计算机上操作系统提供的用户/密码记忆功能，防止信息被盗用。

A.10 当关键控制点实时监测数据与设定的标准值不符时，系统能记录发生偏差的日期、批次以及纠正偏差的具体方法、操作者姓名等。

A.11 系统内的数据和有关记录应能够被复制，以供监管部门进行检查分析。

附录 B
粉状特殊医学用途配方食品清洁作业区沙门氏菌、阪崎肠杆菌和其他肠杆菌的环境监控指南

B.1 监控目的

B.1.1 由于在卫生条件良好的生产环境中也有可能存在少量的肠杆菌（*Enterobacteriaece*，简称 EB），包括阪崎肠杆菌（*Cronobacter* 属），使经巴氏杀菌后的产品有可能被环境污染，导致终产品中存在微量的肠杆菌。因此应监控生产环境中的肠杆菌，以便确认卫生控制程序是否有效，出现偏差时生产企业应及时采取纠正措施。通过持续监控，获得卫生情况的基础数据，并跟踪趋势的变化。据有关工厂实践表明，降低环境中肠杆菌数量可以减少终产品中肠杆菌（包括阪崎肠杆菌和沙门氏菌）的数量。

为防止污染事件的发生，避免终产品中微生物抽样检测的局限性，应制定环境监控计划。监控计划可作为一种食品安全管理工具，用来对清洁作业区（干燥区域）卫生状况实施评估，并作为危害分析与关键控制点（HACCP）的基础程序。

B.1.2 在制订监控计划时应考虑以下沙门氏菌、阪崎肠杆菌及其他肠杆菌的生态学特征等因素，阪崎肠杆菌的监控仅适用于特殊医学用途婴幼儿配方产品。

沙门氏菌在干燥环境中极少发现，但还应制定监控计划来预防沙门氏菌的进入，评估生产环境中卫生控制措施的有效性，指导有关人员在检出沙门氏菌的情况下，防止其进一步扩散。阪崎肠杆菌比沙门氏菌更容易在干燥环境中发现。如果采用适当的取样和测试方法，阪崎肠杆菌更易被检出。应制定监控计划来评估阪崎肠杆菌数量是否增长，并采取有效措施防止其增长。肠杆菌散布广泛，是干燥环境的常见菌群，且容易检测。肠杆菌可作为生产过程及环境卫生状况的指标菌。

B.2 设计取样方案应考虑的因素

B.2.1 产品种类和工艺过程

应根据产品特点、消费者年龄和健康状况来确定取样方案的需求和范围。本标准中将沙门氏菌和阪崎肠杆菌规定为致病菌。监控的重点应放在微生物容易藏匿孳生的区域，如干燥环境的清洁作业区。应特别关注该区域与相邻较低卫生级别区域的交界处及靠近生产线和设备且容易发生污染的地方，如封闭设备上用于偶尔检查的开口。应优先监控已知或可能存在污染的区域。

B. 2. 2 监控计划的两种样本

B. 2. 2. 1 从不接触食品的表面采样，如设备外部、生产线周围的地面、管道和平台。在这些情况下，污染风险程度和污染物含量将取决于生产线和设备的位置和设计。

B. 2. 2. 2 从直接接触食品的表面采样，如从喷粉塔到包装前之间可能直接污染产品的设备，如筛尾的结团配方粉因吸收水分，微生物容易滋生。如果食品接触表面存在指标菌、阪崎肠杆菌或沙门氏菌，表明产品受污染的风险很高。

B. 2. 3 目标微生物

沙门氏菌和阪崎肠杆菌是主要的目标微生物，但可将肠杆菌作为卫生指标菌。肠杆菌的含量可显示沙门氏菌存在的可能性，以及沙门氏菌和阪崎肠杆菌生长的条件。

B. 2. 4 取样点和样本数量

样本数量应随着工艺和生产线的复杂程度而加以调整。

取样点应为微生物可能藏匿或进入而导致污染的地方。可以根据有关文献资料确定取样点，也可以根据经验和专业知识或者工厂污染调查中收集的历史数据确定取样点。应定期评估取样点，并根据特殊情况，如重大维护、施工活动、或者卫生状况变差时，在监控计划中增加必要的取样点。

取样计划应全面，且具有代表性，应考虑不同类型生产班次以及这些班次内的不同时间段进行科学合理取样。为验证清洁措施的效果，应在开机生产前取样。

B. 2. 5 取样频率

根据 B. 2. 1 的因素决定取样的频率，按照在监控计划中现有各区域微生物存在的数据来确定。如果没有此类数据，应充分收集资料，以确定合理的取样频率，包括长期收集沙门氏菌或阪崎肠杆菌的发生情况。

根据检测结果和污染风险严重程度来调整环境监控计划实施的频率。当终产品中检出致病菌或指标菌数量增加时，应加强环境取样和调查取样，以确定污染源。当污染风险增加时（比如进行维护、施工、或湿清洁之后），也应适当增加取样频率。

B. 2. 6 取样工具和方法

根据表面类型和取样地点来选择取样工具和方法，如刮取表面残留物或吸尘器里的粉尘直接作为样本，对于较大的表面，采用海绵（或棉签）进行擦拭取样。

B. 2. 7 分析方法

分析方法应能够有效检出目标微生物，具有可接受的灵敏度，并有相关记录。在确保灵敏度的前提下，可以将多个样品混在一起检测。如果检出阳性结果，应进一步确定阳性样本的位置。如果需要，可以用基因技术分析阪崎肠杆菌来源以及粉状特殊医学用途配方食品污染路径的有关信息。

B. 2. 8 数据管理

监控计划应包括数据记录和评估系统，如趋势分析。一定要对数据进行持续的评估，以便对监控计划进行适当修改和调整。对肠杆菌和阪崎肠杆菌数据实施有效管理，有可能发现被忽视的轻度或间断性污染。

B. 2. 9 阳性结果纠偏措施

监控计划的目的是发现环境中是否存在目标微生物。在制订监控计划前，应制定接受标准和应对措施。监控计划应规定具体的行动措施并阐明相应原因。相关措施包括：不需采取行动（没有污染风险）、加强清洁、污染源追踪（增加环境测试）、评估卫生措施、扣留和检测产品。

生产企业应制定检出肠杆菌和阪崎肠杆菌后的行动措施，以便在出现异常时准确应对。对卫生程序和控制措施应进行评估。当检出沙门氏菌时应立即采取纠偏行动，并且评估阪崎肠杆菌趋势和肠杆菌数量的变化，具体采取何种行动取决于产品被沙门氏菌和阪崎肠杆菌污染的可能性。

附录 C
液态特殊医学用途配方食品商业无菌操作指南

C. 1 总体要求

除了在本标准中适用于液态特殊医学用途配方食品的规定外，对于液态产品的商业无菌操作应符合 C. 2~C. 6 的规定。

C. 2 产品工艺

C. 2. 1 各项工艺操作应在符合工艺要求的良好状态下进行。

C. 2. 2 与空气环境接触的工序（如称量、配料）、灌装间以及有特殊清洁要求的辅助区域需满足液态产品清洁作业区的要求。

C. 2. 3 产品的所有输送管道和设备应保持密闭。

C. 2. 4 液体产品生产过程需要过滤的，应注意选用无纤维脱落且符合卫生要求的滤材，禁止使用石棉作滤材。

C. 2. 5 生产过程中应制定防止异物进入产品的控制措施。

C.3 包装容器的洗涤、灭菌和保洁

C.3.1 应使用符合食品安全国家标准和卫生行政部门许可使用的食品容器、包装材料、洗涤剂、消毒剂。

C.3.2 最终清洗后的包装材料、容器和设备的处理应避免被再次污染。

C.3.3 在无菌灌装系统中使用的包装材料应采取适当方法进行灭菌，需要时还应进行清洗及干燥。灭菌后应置于清洁作业区内冷却备用。贮存时间超过规定期限应重新灭菌。

C.4 无菌灌装工艺的产品加工设备的洗涤、灭菌和保洁

C.4.1 生产前应使用高温加压的水、过滤蒸汽、新鲜蒸馏水或其他适合的处理剂，用于产品高温保持灭菌部位或管路下游所有的管路、阀门、泵、缓冲罐、喂料斗以及其他产品接触表面的清洁消毒。应确保所有与产品直接接触的表面达到无菌灌装的要求，并保持该状态直到生产结束。

C.4.2 灌装及包装设备的无菌仓应清洁灭菌，并在产品开始灌装前达到无菌灌装的要求，且保持该状态直到生产结束。当灭菌失败时无菌仓应重新灭菌。在灭菌时，时间、温度、消毒剂浓度等关键指标需要进行监控和记录。

C.5 产品的灌装

C.5.1 产品的灌装应使用自动机械装置，不得使用手工操作。

C.5.2 凡需要灌装后灭菌的产品，从灌封到灭菌的时间应控制在工艺规程要求的时间限度内。

C.5.3 对于最终灭菌产品，应根据所用灭菌方法的效果确定灭菌前产品微生物污染水平的监控标准，并定期监控。

C.6 产品的热处理

C.6.1 需根据产品加热的特性以及特定目标微生物的致死动力学建立适合的热处理过程。产品加热至灭菌温度，并应在该温度保持一定时间以确保达到商业无菌。所有

的热处理工艺都应经过验证，以确保工艺的重现性及可靠性。

C. 6. 2　液态产品应尽可能采用热力灭菌法，热力灭菌通常分为湿热灭菌和干热灭菌。应通过验证确认灭菌设备腔室内待灭菌产品和物品的装载方式。每次灭菌均应记录灭菌过程的时间-温度曲线。应有明确区分已灭菌产品和待灭菌产品的方法。应把灭菌记录作为该批产品放行的依据之一。

C. 6. 3　采用无菌灌装工艺的持续流动产品，应在高温保持灭菌部位或管路流动的时间内保持灭菌温度以达到商业无菌。因而，要准确地确认产品类型，每种产品的流动速率、管线长度、高温保留灭菌部位的尺寸及设计。如果使用蒸汽注入或者蒸汽灌输方式，还需要考虑由蒸汽冷凝带入的水引起的产品体积增加。

四、《特殊医学用途配方食品生产许可审查细则》

第一章　总则

第一条　本细则适用于特殊医学用途配方食品的生产许可条件审查。细则中所称特殊医学用途配方食品，是指为满足进食受限、消化吸收障碍、代谢紊乱或者特定疾病状态人群对营养素或者膳食的特殊需要，专门加工配制而成的配方食品，包括适用于0月龄至12月龄的特殊医学用途婴儿配方食品和适用于1岁以上人群的特殊医学用途配方食品。

第二条　特殊医学用途配方食品申证类别名称分为：特殊医学用途配方食品（不含特殊医学用途婴儿配方食品），类别编号2801；特殊医学用途婴儿配方食品，类别编号2802。特殊医学用途配方食品生产许可食品类别、类别名称、品种明细等见表1。

表1　　特殊医学用途配方食品生产许可类别目录

食品类别	类别编号	类别名称	品种明细	备注
特殊医学用途配方食品	2801	特殊医学用途配方食品（不含特殊医学用途婴儿配方食品）	全营养配方食品	产品注册号
			特定全营养配方食品：包括糖尿病全营养配方食品，呼吸系统疾病全营养配方食品，肾病全营养配方食品，肿瘤全营养配方食品，肝病全营养配方食品，肌肉衰减综合症全营养配方食品，创伤、感染、手术及其他应激状态全营养配方食品，炎性肠病全营养配方食品，食物蛋白过敏全营养配方食品，难治性癫痫全营养配方食品，胃肠道吸收障碍、胰腺炎全营养配方食品，脂肪酸代谢异常全营养配方食品，肥胖、减脂手术全营养配方食品等	
			非全营养配方食品：包括营养素组件，电解质配方，增稠组件，流质配方，氨基酸代谢障碍配方等	
	2802	特殊医学用途婴儿配方食品	无乳糖配方	产品注册号
			低乳糖配方	
			乳蛋白部分水解配方	
			乳蛋白深度水解配方	
			氨基酸配方	
			早产/低出生体重婴儿配方	
			母乳营养补充剂	
			氨基酸代谢障碍配方	

第三条 特殊医学用途配方食品生产企业（以下简称“企业”）应当按照批准注册的产品配方、生产工艺等技术要求组织生产。仅有包装场地、工序、设备，没有完整生产工艺条件的，不予生产许可。

第四条 本细则中引用的文件、标准通过引用成为本细则的内容。凡是引用文件、标准，其最新版本（包括所有的修改单）适用于本细则。

第二章 生产场所

第五条 生产场所、周围环境以及厂区的布局、道路和绿化应当符合《食品生产许可审查通则》（以下简称《审查通则》）的相关要求。

第六条 厂房和车间的种类、布局应当与产品特性、生产工艺和生产能力相适应，符合《审查通则》的相关要求，避免交叉污染。生产车间通常包括原辅料预处理、称量配料、热处理、杀菌（灭菌）、干燥、混合（预混料）以及包装（灌装）等车间。企业可以根据产品批准注册的实际生产工艺需求适当调整车间的种类。

第七条 生产车间应当按照生产工艺和防止交叉污染的要求划分作业区的洁净级别，原则上分为一般作业区、准清洁作业区和清洁作业区。不同洁净级别的作业区域之间、湿区域与干燥区域之间应当设置有效的分隔。原则上生产车间及各洁净级别作业区的具体划分见表2。

表2 特殊医学用途配方食品生产车间及作业区划分表

序号	产品类型	清洁作业区	准清洁作业区	一般作业区
1	液态产品	与空气环境接触的工序所在的车间（如称量、配料、灌装等）；有特殊清洁要求的区域（如存放已清洁消毒的内包装材料的暂存间等）。	原料预处理、热处理、杀菌或灭菌，原料的内包装清洁、包装材料消毒、理罐（听）以及其他加工车间等。	原料外包装清洁、外包装、收乳（使用生鲜乳为原料的）等车间以及原料、包装材料和成品仓库等。
2	固态（含粉状）产品	固态（含粉状）产品的裸露待包装的半成品贮存、充填及内包装车间等；干法生产工艺的称量、配料、投料、预混、混料等车间。	原料预处理、湿法加工区域（如称量配料、浓缩干燥等）、原料内包装清洁或隧道杀菌、包装材料消毒、理罐（听）以及其他加工车间等。	原料外包装清洁、外包装、收乳（使用生鲜乳为原料的）等车间以及原料、包装材料和成品仓库等。

对于灌装、封盖后灭菌的液态产品，其灌装、封盖后的灭菌工序可在一般作业区进行。

其他类型产品的生产车间及作业区划分参照表 2 执行。

第八条 清洁作业区应当安装具有过滤装置的独立的空气净化系统和空气调节设施，保持正压，防止未净化的空气进入清洁作业区以及蒸汽凝结。生产粉状产品的清洁作业区应当控制环境温度和空气湿度，无特殊要求时，温度应不高于 25℃，相对湿度应在 65%以下。清洁作业区、准清洁作业区的空气洁净度应符合《食品安全国家标准 特殊医学用途配方食品良好生产规范》（GB 29923）中相应条款的控制要求，且清洁作业区与非清洁作业区之间的压差应大于等于 10Pa。

第九条 厂房和车间建筑物应保持完好，环境整洁，防止虫害的侵入及滋生。生产车间的墙壁、地面、顶棚、门窗等应当符合《审查通则》的相关要求。车间室内的顶棚、顶角还应易于清扫，避免灰尘积聚、结露、长霉或脱落等情形发生。清洁作业区、准清洁作业区及其他食品暴露场所的顶棚若为易于藏污纳垢的结构，宜加设平滑易清扫的天花板；若为钢筋混凝土结构，其室内顶棚应平坦无缝隙。地面应使用无毒、无味、不渗透、耐腐蚀的材料建造，其结构应易于排污和清洗。

第十条 产尘车间（如干燥物料或产品的取样、称量、混合、包装等）应当采取适当的除尘或粉尘收集措施，防止粉尘扩散，避免交叉污染。

第十一条 清洁作业区、准清洁作业区的对外出入口应装设能自动关闭（如安装自动感应器或闭门器等）的门和（或）空气幕。原料、包装材料、废弃物、设备等进出清洁作业区时，应有防止交叉污染的措施（如专用物流通道以及废弃物通道等）。

第十二条 清洁作业区需保持干燥，并尽量减少供排水设施和系统。如无法避免，应有防止污染的措施。

第十三条 原料、半成品、成品仓库应当符合《审查通则》的相关要求。接收区的布局和设施应能确保食品原料、食品添加剂和包装材料在进入仓储区前可对外包装进行必要的清洁。原料、半成品、成品、包装材料等应当依据性质的不同分设贮存场所，必要时应设有具备温度监控设施的冷藏（冻）库。同一仓库贮存性质不同物品时，应适当分离或分隔（如分类、分架、分区存放等），并有明显的标识。

第三章 设备设施

第十四条 企业应当配备与生产的产品品种、数量相适应的生产设备，设备的性能和精度应能满足生产加工的要求。用于混合的设备应能保证物料混合均匀；干燥设备的进风应当有空气过滤装置，排风应当有防止空气倒流装置，过滤装置应定期检查和维护；用于生产的计量器具和关键仪表应定期进行校准或检定。

第十五条 与食品直接接触的生产设备和工器具的内壁应采用不与物料反应、不吸附物料的材料，并应光滑、平整、无死角、耐腐蚀且易于清洗。

第十六条 供排水设施应当符合《审查通则》的相关要求。使用二次供水的，应符合《二次供水设施卫生规范》（GB 17051）的规定。排水系统内及其下方不应有生产用水的供水管路。

第十七条 企业应当配备与生产需求相适应的食品、工器具和设备的清洁设施，必要时配备相应的消毒设施。使用的洗涤剂、消毒剂应当符合相关规定以及《食品安全国家标准 洗涤剂》（GB 14930.1）、《食品安全国家标准 消毒剂》（GB 14930.2）的要求。

第十八条 废弃物存放设施应当符合《审查通则》的相关要求。盛装废弃物、加工副产品以及不可食用物或危险物质的容器应特别标识、构造合理且不透水，必要时容器应封闭，防止污染食品。应在适当地点设置废弃物临时存放设施，并依废弃物特性分类存放。易腐败的废弃物应及时清除。

第十九条 个人卫生设施应当符合《审查通则》的相关要求及下列要求：

（一）清洁作业区的入口应设置二次更衣室，二次更衣室内应设置阻拦式鞋柜、独立清洁作业区工作服存放柜及消毒设施，使用前后的工作服应分开存放。更衣室对应的不同洁净级别区域两边的门应防止同时被开启，更换清洁作业区工作服的房间的空气洁净度应达到清洁作业区的要求。

（二）准清洁作业区及一般作业区的工作服应符合相应区域的卫生要求，并配备帽子和工作鞋；清洁作业区的工作服应为连体式或一次性工作服，并配备帽子（或头罩）、口罩和工作鞋（或鞋罩）。

（三）人员进入生产作业区前的净化流程一般为：

1. 准清洁作业区：换鞋（穿戴鞋套或工作鞋靴消毒）→ 更外衣 → 洗手 → 更准清洁作业区工作服 → 手消毒。

2. 清洁作业区：换鞋（穿戴鞋套或工作鞋靴消毒）→ 更准清洁作业区工作服或外衣（人员不经过准清洁区的）→ 洗手（人员不经过准清洁作业区的或必要时）→ 手消毒 → 更清洁作业区工作服 → 手消毒。

如采取其他人员净化流程，应对净化效果进行验证，确保符合人员净化要求。

第二十条 通风设施应当符合《审查通则》的相关要求。在有异味及气体（蒸汽及有毒有害气体）或粉尘产生而有可能污染食品的区域，应有适当的排除、收集或控制装置。进气口应远离污染源和排气口，并设有空气过滤设备。

用于食品输送或包装、清洁食品接触面或设备的压缩空气或其他惰性气体应经过除油、除水、洁净过滤、除菌（必要时）等处理。

第二十一条 照明设施应当符合《审查通则》的相关要求。质量监控场所工作面的混合照度不宜低于540lx，加工场所工作面不宜低于220lx，其他场所不宜低于110lx，对光敏感的区域除外。

第二十二条 企业应当根据生产的需要，配备适宜的加热、冷却、冷冻以及用于监测温度和控制室温的设施。

第二十三条 企业应当具备与自行检验项目相适应的检验设备设施和试剂。检验室应当布局合理，检验设备的数量、性能、精度等应当满足相应的检验需求。相关食品安全国家标准和产品注册涉及的检验项目、检验方法修订或变更后，应及时配备相应的检验设备设施和试剂。

第四章　设备布局和工艺流程

第二十四条 生产设备应当按照工艺流程有序排列，合理布局，便于清洁、消毒和维护，避免交叉污染。

第二十五条 设备布局和工艺流程应当与批准注册的产品配方、生产工艺等技术要求保持一致。

第二十六条 企业应当按照产品批准注册的技术要求和GB 29923关于生产工艺特定处理步骤的要求，制定配料、称量、热处理、中间贮存、杀菌（商业无菌）、干燥（粉状产品）、冷却、混合、内包装（灌装）等生产工序的工艺文件，明确关键控制环节、技术参数及要求。

第五章　人员管理

第二十七条 企业应当配备与所生产特殊医学用途配方食品相适应的食品安全管理人员和食品安全专业技术人员（包括研发人员、检验人员等），并符合下列要求：

（一）应当设立独立的食品安全管理机构，明确食品安全管理职责，负责按照GB 29923的要求建立、实施和持续改进生产质量管理体系。

（二）企业负责人应当组织落实食品安全管理制度，对本企业的食品安全工作全面负责。食品安全管理机构负责人应具有食品、医药、营养学或相关专业本科以上学历，以及5年及以上从事食品或者药品生产的工作经历和管理经验，掌握特殊医学用途配方食品的质量安全知识，了解应承担的法律责任和义务，且经专业理论和实践培训合格，可独立行使食品安全管理职权，承担产品出厂放行责任，确保放行的每批产品符合食品安全国家标准和相关法律法规的要求。

（三）食品安全管理人员应具有食品、医药、营养学或相关专业本科以上学历，或专科以上学历并具有3年及以上从事食品或者药品生产的工作经历和生产管理经验。应经过培训并考核合格。经考核不具备食品安全管理能力的，不得上岗。

（四）食品安全技术人员应有食品、医药、营养学或相关专业本科以上学历，或专科以上学历并具有3年及以上相关工作经历。

从事检测的人员应具有食品、化学或相关专业专科以上的学历，或者具有3年及以上相关检测工作经历，经专业理论和实践培训，具备相应检测和仪器设备操作能力，考核合格后可授权开展检验工作。实验室负责人应具有食品、化学或相关专业本科以上学历，并具有3年及以上相关技术工作经历。每个检验项目应至少有2人具有独立检验的能力。

专职研发人员应有食品、医药、营养学或相关专业本科以上学历，掌握食品生产工艺、营养和质量安全等相关专业知识。

（五）生产管理部门负责人应具有食品、医药、营养学或相关专业本科以上学历，3年及以上从事食品或者药品生产的工作经历和生产管理经验；或专科以上学历，具有5年及以上从事食品或者药品生产的工作经历和生产管理经验。生产操作人员应当掌握生产工艺操作规程，可按照技术文件进行生产，可熟练操作生产设备设施。生产操作人员的数量应当与生产需求相适应。

第二十八条 人员培训应当符合《审查通则》的相关要求。应根据岗位的不同需求制订年度培训计划，开展培训工作并保存培训记录。当食品安全相关法律、法规、标准更新时，应及时开展培训。

第二十九条 企业应当建立从业人员健康管理制度，明确患有国务院卫生行政部门规定的有碍食品安全疾病的或有明显皮肤损伤未愈合的人员，不得从事接触直接入口食品的工作。从事接触直接入口食品工作的食品生产人员应当每年进行健康检查，取得健康证明后方可上岗工作。

第六章 管理制度

第三十条 进货查验记录制度应当符合《审查通则》的相关要求。采购进口食品原料、食品添加剂时，应当查验每批物料随附的合格证明材料以及海关（或出入境检验检疫机构）出具的准予入境的产品合格证明。进口的食品原料、食品添加剂应当附有符合我国法律法规和食品安全国家标准要求的中文标签和（或）说明书，并载明原产地以及境内代理商的名称、地址、联系方式等。

第三十一条 企业应当设立下列原料控制要求：

（一）建立原料供应商审核制度。食品原料、食品添加剂和食品相关产品供应商（生产企业、经销商或进口商）的确定及变更应进行质量安全评估，并经食品安全管理机构批准后方可采购。进口食品原料、食品添加剂的境外生产企业及其进口商应在海关（或出入境检验检疫部门）定期公布的备案名单中。对食品原料、食品添加剂和食品相关产品供应商的审核至少应包括：供应商的资质证明文件、质量标准、产品合格证明；采购进口食品原料、食品添加剂的，还应审核进口商（含国内经销商）的相关证明文件（如授权委托书等）；如进行现场质量体系审核的，还应包括现场质量体系审核报告。食品安全管理机构应定期组织对蛋白质（包括蛋白水解物、氨基酸、肽类等）、脂肪（脂肪酸）、碳水化合物以及维生素、矿物质等主要营养素供应商的质量管理体系进行现场审核。应与采购的主要食品原料、食品添加剂和食品相关产品供应商签订质量安全协议，明确双方所承担的质量安全责任。

（二）建立原料采购验收管理制度。采购的食品原料、食品添加剂和食品相关产品的品种、质量标准应当符合食品安全国家标准和产品注册时的技术要求，并经验收合格后方可使用。直接进入干混合工序（无后续灭菌/杀菌工艺的）的原料的微生物指标应当达到终产品标准的要求；大豆原料应彻底灭酶（或在生产过程中灭酶），保证脲酶活性为阴性。生产特殊医学用途婴儿配方食品所使用的食品原料和食品添加剂不应含有谷蛋白，加入的淀粉应经过预糊化处理；不得使用氢化油脂、果糖和经辐照处理过的原料；生产0—6个月龄的特殊医学用途婴儿配方食品，应使用灰分≤1.5%的乳清粉，或灰分≤5.5%的乳清蛋白粉。

（三）建立原料贮存管理制度。食品原料、食品添加剂和食品相关产品应当在规定的贮存条件下保存，避免太阳直射、雨淋以及强烈的温度、湿度变化与撞击等，并标明相关物料信息和质量状态。验收合格的食品原料、食品添加剂标识应具有唯一性，并与进货查验（或检验）信息相对应，确保其使用情况可进行有效追溯。应定期检查和及时清理变质或超过保质期的食品原料、食品添加剂和食品相关产品；验收不合格的食品原料、食品添加剂和食品相关产品应当在指定区域与合格品分开放置并明显标记。含有过敏原的食品原料、食品添加剂应分区域或分库贮存，明确标识，避免交叉污染与误用。食品添加剂（包括营养强化剂）应由专人管理，专库或专区存放，并使用专用登记册

（或仓库管理软件）记录其进货查验和使用情况。

（四）制定领料控制要求。应当建立食品原料、食品添加剂和食品相关产品领用记录，领用时应遵照“先进先出”或“效期先出”的原则。贮存时间较长、质量安全状况有可能发生变化的原料，应定期或在使用前抽样确认其质量安全状况。

（五）保存食品原料、食品添加剂和食品相关产品的采购、验收、贮存和运输记录。如采用计算机管理系统替代物理隔离对物料进行管控，则该方法应具有等同的安全（可控性）性，并参考 GB 29923 附录 A 的要求提供相应的评估报告。

（六）制定生产用水控制要求。与食品直接接触的生产用水、设备清洗用水、制冰和蒸汽用水等应符合《生活饮用水卫生标准》（GB 5749）的相关规定。生产液体产品时，与产品直接接触的生产用水应根据产品的特点制得（如去离子法、离子交换法、反渗透法或其他适当的加工方法），以确保满足产品质量和工艺的要求。

第三十二条 企业应当设立下列生产关键环节控制要求：

（一）控制生产加工的时间和温度。物料从投料至杀菌之间的时间应控制在工艺规定的安全范围内；应根据产品的特点制定有效杀灭微生物或抑制微生物生长繁殖的方法（如热处理，冷冻或冷藏保存等）；无菌灌装设备与 UHT 灭菌设备的连接、无菌灌装的环境应确保符合无菌灌装要求；需要灌装后灭菌的液态产品，从灌封到灭菌的时间应控制在工艺规程要求的时间限度内。

（二）控制空气的洁净度和湿度。应定期对清洁作业区、准清洁作业区的空气洁净度进行监测并保存监测记录，确保其空气洁净度符合本细则要求。应根据产品和工艺特点，控制相应生产区域的空气湿度，制定空气湿度关键限值，以减少有害微生物的繁殖。

（三）制订微生物监控计划。应参照《食品安全国家标准食品生产通用卫生规范》（GB 14881）附录 A 的要求，结合生产工艺及相关产品标准要求，制定生产过程的微生物监控计划。采用商业无菌操作进行最终灭菌的液态产品，应确定灭菌前产品微生物污染水平的监控标准，并定期监控。粉状特殊医学用途配方食品应根据 GB 29923 附录 B 的要求，对清洁作业区环境中沙门氏菌、阪崎肠杆菌和其他肠杆菌制定环境监控计划，并制定发现阳性监控结果时的评估及相关批次产品的处置措施，确保放行产品符合食品安全标准的要求。

（四）制定人员卫生控制要求。进入食品生产区的人员应整理个人卫生，进入清洁作业区的人员应定期或不定期进行体表微生物检查。进入生产区应规范穿着相应区域的工作服，并按要求洗手、消毒；头发应藏于工作帽内或使用发网约束。进入生产区不应配戴饰物、手表，不应化妆、染指甲、喷洒香水；不得携带或存放与食品生产无关的个人用品。使用卫生间、接触可能污染食品的物品、或从事与食品生产无关的其他活动后，再次从事接触食品、食品工器具、食品设备等与食品生产相关的活动前应洗手消毒。清洁作业区和准清洁作业区使用的工作服和工作鞋不能在指定区域以外的地方穿着。

（五）制定原料卫生控制要求。食品原料、食品添加剂和食品相关产品进入清洁作业区前应除去外包装或对外包装进行消毒，采取适当的物料净化措施（如经过缓冲间、隧道杀菌、风淋室或其他卫生控制措施）。直接用于干混合工序（无后续灭菌/杀菌工艺的）的原料的外包装应当完整且无虫害及其他污染的痕迹。拆包、投料过程中应检查直接接触物料的包装物有无破损，发现破损或其他异常情况，不得使用。

（六）制定称量配料控制要求。称量、配料过程应保证物料种类、数量与产品配方的要求一致，并由他人独立进行复核和记录。采用计算机信息系统实现称量、配料、混合、复核等自动化控制的，可以不采用人工复核，但计算机信息系统应有防错设计并定期校验。称量前应当采取适当方式检查称量设备，确定其性能和精度符合称量的需求。称量前应当检查并记录原料的名称、规格、生产日期（或批号）、保质期和供货者的名称等内容，称量结束后应对物料名称、规格、数量、生产日期、称量日期等进行标识。投料前应对物料名称、数量等信息进行核对，并按工艺文件规定的投料顺序进行投料。建立称量、配料相关记录，记录、核算每批产品的投料量、产量及物料平衡情况，确保物料平衡情况符合设定的限度以及生产相关信息的可追溯。发现物料平衡情况异常时应查明原因，采取措施，防范食品安全风险。

（七）制定生产工艺控制要求。生产过程中的生产工艺及工艺控制参数应符合产品注册时的技术要求，并有相关生产工艺控制记录。液态特殊医学用途配方食品采用商业无菌操作的，应参照 GB 29923 附录 C 的要求，制定相关生产工艺控制要求。

（八）制定产品防护管理要求。混合、溶解后的半成品应采用密闭暂存设备储存，不得裸露存放；冷却后的产品应采用密闭暂存设备储存。生产粉状产品过程中，从热处理到干燥前的输送管道和设备应保持密闭，并按规定进行清洁、消毒；无后续灭菌/杀菌工艺的粉状产品不得采用将半成品裸露在清洁作业区的作业方式（如人工筛粉、粉车晾粉等）。应制定设备故障、停电停水等特殊原因中断生产时的产品处置办法，保证对不符合标准的产品按不合格产品处置。当进行现场维修、维护及施工等工作时，应采取适当措施避免污染食品。

（九）制定产品包装控制要求。产品包装前应再次核对即将投入使用的包装材料的标识，确保包装材料正确使用，并做好记录。产品包装过程中应当检查有无金属或者异物混入、是否符合包装要求（如净含量、密封性等），确保包装后的产品合格。包装材料应清洁、无毒且符合国家相关规定。正常情况下包装材料不得重复使用，特殊情况下需重复使用的（如玻璃瓶、不锈钢容器等），应符合产品批准注册时的相关要求，并在使用前彻底清洗、消毒。

（十）制定产品共线生产与风险管控要求。不同品种的产品在同一条生产线上生产时，应经充分的食品安全风险分析（包括但不限于食物蛋白过敏风险），制定有效清洁措施且经有效验证，防止交叉污染，确保产品切换不对下一批产品产生影响，并应符合产品批准注册时的相应要求。

（十一）建立清场管理制度。应明确所生产产品的批次定义。不同批次、不同品种的产品在同一条生产线上生产时，各生产工序在生产结束后、更换品种或批次前，应对现场进行有效清洁并保存清场记录。清场负责人及复核人应在记录上签名。

（十二）建立清洁消毒制度。应根据原料、产品和工艺的特点，选择适合的清洁剂、消毒剂，并针对生产设备和环境制定有效的清洁消毒制度（包括清洁和消毒计划、操作规程及监督流程），并做好相关记录，保证生产场所、设备和设施等的清洁卫生。清洁剂、消毒剂的配制、使用方法应符合相关规定。

（十三）建立生产设备管理制度。设备使用前应进行验证或确认，生产前应检查设备是否处于正常状态，出现故障应及时排除，确保各项性能满足工艺要求。维修后的设备应进行再次验证或确认。制定设备使用、清洁、维护和维修的操作规程，并保存相应记录。设备台账、说明书、档案等应齐全、完整。

第三十三条 企业应当制定检验管理制度，规定原料检验、半成品检验、成品出厂检验的管理要求：

（一）建立原料检验管理制度。根据生产需求和保证质量安全的需要，制定原料检验（或验收）管理制度，规定食品原料、食品添加剂和食品相关产品的进货检验（或验收）标准、程序和判定准则。对无法提供合格证明文件的食品原料，应当按照食品安全标准通过自行检验或委托具备相应资质的食品检验机构进行检验。购入的含乳原料批批检验国家标准要求的项目及限制成分（如三聚氰胺）等项目。

（二）建立半成品检验管理制度。根据生产过程控制需求，设立监控半成品质量安全的检验管理制度，对半成品的质量安全情况进行监控。

（三）建立成品出厂检验管理制度。按照产品执行的食品安全国家标准和产品批准注册的技术要求，对出厂成品进行逐批全项目检验。成品出厂检验应当按照食品安全国家标准和（或）有关规定进行。

生产特殊医学用途婴儿配方食品的，成品出厂应当自行逐批全项目检验，且每年至少1次对全部出厂检验项目的检验能力进行验证。生产其他特殊医学用途配方食品的，可以委托有资质的第三方检验机构进行成品出厂检验，委托检验项目所需的检验设备设施，企业可以不再配备。

第三十四条 企业应当设立产品贮存和运输要求。产品的贮存和运输应符合产品标签所标识的贮存条件。应定期检查库存产品，必要时应有温度记录和（或）湿度记录。经检验后的产品应标识其质量状态。产品不得与有毒、有害或有异味的物品一同贮存运输。

第三十五条 企业应当建立出厂检验记录制度。食品出厂时，应当查验出厂食品的检验合格证和安全状况，记录食品的名称、规格、数量、生产日期或者生产批号、保质期、检验合格证号、销售日期以及购货者名称、地址、联系方式等信息，保存相关记录和凭证。

第三十六条 企业应当按照《审查通则》的相关要求建立不安全食品召回制度及不合格品管理制度：

（一）应当建立不安全食品召回制度，规定发现不安全食品时的停止生产、召回和处置不安全食品的相关要求。

（二）应当建立不合格品管理制度，对发现的食品原料、食品添加剂、食品相关产品以及半成品、成品中的不合格品进行标识、贮存、管理和处置。出厂检验不合格的成品不得作为原料生产食品。

第三十七条 企业应当按照《审查通则》的相关要求建立食品安全自查制度和食品安全事故处置方案，定期检查生产质量管理体系的运行情况，并向所在地县级市场监督管理部门提交自查报告。

第三十八条 企业应当根据食品安全法律、法规、规章、标准和有关规定建立生产质量管理体系，建立且不限于下列管理制度和要求：

（一）建立生产验证方案。应建立生产验证方案，对包括厂房和设备设施的安装、运行、性能以及生产工艺、质量控制方法等进行确认和产品验证。当影响产品质量（包括营养成分）的主要因素，如工艺、质量控制方法、主要原辅料、主要生产设备等发生改变时，以及生产一定周期后，应进行再验证，评估变化情况是否符合食品安全的要求。

（二）建立卫生监控制度。应制定针对生产环境、食品加工人员、设备及设施等的卫生监控制度，确立监控的范围、对象和频率，定期对卫生状况进行监控，记录并保存监控结果，发现问题及时整改。

（三）建立虫害控制制度。应准确绘制虫害控制平面图，标明捕鼠器、粘鼠板、灭蝇灯、室外诱饵投放点、生化信息素捕杀装置等放置的位置，定期检查虫害控制情况。

发现有虫害痕迹时，应追查来源，消除隐患。

（四）建立清洁剂、消毒剂等化学品的管理制度。除清洁消毒必需和工艺需要，不应在生产场所使用和存放可能污染食品的化学品。清洁剂、消毒剂等应采用适宜的容器妥善保存，并明显标示、分类贮存，领用时应准确计量，做好使用记录。

（五）建立清洁消毒用具管理制度。清洁消毒前后的设备和工器具应分开放置，妥善保管，避免交叉污染。用于不同洁净级别作业区的清洁工具应有明确标识，不得混用。

（六）建立产品留样制度。每批产品均应留样，留样数量应满足复检要求。贮存产品留样的场所应满足产品贮存条件要求。产品留样应保存至保质期满，并有记录。

（七）建立文件、记录管理制度。建立文件管理制度，规定文件的批准、分发和使用要求，确保各相关场所使用的文件均为有效版本。建立记录管理制度，对从原料采购、生产加工、出厂检验直至产品销售的所有环节应详细记录，记录保存期限不得少于产品保质期满后六个月。

（八）建立工作服清洗保洁制度。准清洁作业区、清洁作业区工作服应及时更换并清洗，必要时应消毒。生产中应注意保持工作服干净完好，如受到污染，应及时更换。

（九）建立产品追溯制度。应确定产品分批原则和批号编制方式，合理划分生产批次，采用产品批号等方式进行标识，建立从原料采购、生产加工、出厂检验直至产品销售的所有环节的记录系统，确保对产品进行有效追溯。

（十）建立客户投诉处理管理制度。对客户提出的书面或口头意见、投诉，企业相关管理部门应做记录并查找原因，妥善处理。

第七章　附则

第三十九条　特殊医学用途配方食品产品注册时已抽样检验合格，生产许可现场核查时不再重复核查试制产品检验合格报告。

第四十条　本细则应与《审查通则》结合使用。特殊医学用途配方食品生产许可现场核查时应当按照本细则要求以及产品批准注册的相关内容进行核查。特殊医学用途配方食品的产品类别、产品配方、生产工艺以及产品标签、说明书等应当与产品批准注册的相关内容保持一致。

第四十一条　本细则由国家市场监督管理总局负责解释。

第四十二条　本细则自发布之日起施行。

五、《特殊医学用途配方食品稳定性研究要求（试行）（2017 修订版）》

一、基本原则

特殊医学用途配方食品稳定性研究是质量控制研究的重要组成部分，其目的是通过设计试验获得产品质量特性在各种环境因素影响下随时间变化的规律，并据此为产品配方设计、生产工艺、配制使用、包装材料选择、产品贮存条件和保质期的确定等提供支持性信息。

二、适用范围

本研究要求适用于在中华人民共和国境内申请注册的特殊医学用途配方食品稳定性研究工作。

三、研究要求

稳定性研究应根据不同的研究目的，结合食品原料、食品辅料、营养强化剂、食品添加剂的理化性质、产品形态、产品配方及工艺条件合理设置。

产品应当进行影响因素试验、加速试验和长期试验，依据产品特性、包装和使用情况，选择性的设计其他类型试验，如开启后使用的稳定性试验等。稳定性试验报告与稳定性研究材料在产品注册申请时一并提交。

（一）试验用样品

稳定性研究用样品应在满足《特殊医学用途配方食品良好生产规范》要求及商业化生产条件下生产，产品配方、生产工艺、质量要求应与注册申请材料一致，包装材料应与拟上市产品一致。

影响因素试验、开启后使用的稳定性试验等采用一批样品进行；加速试验和长期试验分别采用三批样品进行。

（二）考察时间点和考察时间

稳定性研究目的是考察产品质量在确定的温度、湿度等条件下随时间变化的规律，因此研究中一般需要设置多个时间点考察产品的质量变化。考察时间点应基于对产品性质的认识、稳定性趋势评价的要求而设置。加速试验考察时间为产品保质期的四分之一，且不得少于3个月。长期试验总体考察时间应涵盖所预期的保质期，中间取样点的设置应当考虑产品的稳定性特点和产品形态特点。对某些环境因素敏感的产品，应适当增加考察时间点。

（三）考察项目、检测频率及检验方法

1. 考察项目：稳定性试验考察项目可分为物理、化学、生物学包括微生物学等方面。根据产品特点和质量控制要求，选取能灵敏反映产品稳定性的考察项目，如产品质量要求中规定的全部考察项目或在产品保质期内易于变化、可能影响产品质量、安全性、营养充足性和特殊医学用途临床效果的项目；以及依据产品形态、使用方式及贮存过程中存在的主要风险等增加的考察项目，以便客观、全面地反映产品的稳定性。

2. 检测频率：敏感性的考察项目应在每个规定的考察时间点进行检测，其他考察项目的检测频率依据被考察项目的稳定性确定，但需提供具体的检测频率及检测频率确定的试验依据或文献依据。

0月和试验结束时应对产品标准要求中规定的全部项目进行检测。

3. 检验方法：稳定性试验考察项目原则上应当采用《食品安全国家标准特殊医学用途配方食品通则》（GB 29922）、《食品安全国家标准特殊医学用途婴儿配方食品通则》（GB 25596）规定的检验方法。国家标准中规定了检验方法而未采用的，或者国家标准中未规定检验方法而由申请人自行提供检验方法的，应当提供检验方法来源和（或）方法学验证资料。

四、试验方法

（一）加速试验

加速试验是在高于长期贮存温度和湿度条件下，考察产品的稳定性，为配方和工艺设计、偏离实际贮存条件产品是否依旧能保持质量稳定提供依据，并初步预测产品在规定的贮存条件下的长期稳定性。加速试验条件由申请人根据产品特性、包装材料等因素

确定。

如考察时间为6个月的加速试验，应对放置0、1、2、3、6月的样品进行考察，0月数据可以使用同批次样品的质量分析结果。

固态样品试验条件一般可选择温度37℃±2℃、湿度RH 75%±5%。如在6个月内样品经检测不符合产品标准要求或发生显著变化，应当选择温度30℃±2℃、湿度RH65%±5%的试验条件同法进行6个月试验。

液态样品试验条件一般可选择温度30℃±2℃、湿度RH 60%±5%，其他要求与上述相同。

在冰箱（4—8℃）内贮存使用的样品，试验条件一般可选择温度25℃±2℃、湿度RH60%±10%，其他要求与上述相同。

加速试验条件、考察时间等与上述规定不完全一致的，应当提供加速试验条件设置依据，考察时间确定依据及相关试验数据和科学文献依据。

（二）长期试验

长期试验是在拟定贮存条件下考察产品在运输、保存、使用过程中的稳定性，为确认贮存条件及保质期等提供依据。长期试验条件由申请人根据产品特性、包装材料等因素确定。

长期试验考察时间应与产品保质期一致，取样时间点为第一年每3个月末一次，第二年每6个月末一次，第3年每年一次。

如保质期为24个月的产品，则应对0、3、6、9、12、18、24月样品进行检测。0月数据可以使用同批次样品质量分析结果。试验条件一般应选择温度25℃±2℃、湿度RH 60%±10%；对温度敏感样品试验条件一般应选择温度6℃±2℃、湿度RH 60%±10%。

长期稳定性试验与加速试验应同时开始，申请人可在加速试验结束后提出注册申请，并承诺按规定继续完成长期稳定性试验。

长期试验条件、考察时间等与上述规定不完全一致的，应当提供长期试验条件设置依据、考察时间确定依据及相关试验数据和科学文献依据。

（三）产品使用中的稳定性试验

目的是考察产品在贮存和使用过程中可能产生的变化情况，为产品配制使用、贮存条件和配制后使用期限等参数的确定提供依据。可进行开启包装后使用的稳定性试验（包括室温贮存稳定性和冰箱冷藏稳定性等）、模拟管饲试验、产品运输试验、奶嘴试验（婴儿产品）等。提供产品贮存条件、试验方法、取样点、考察项目、考察结果及评价方法等材料。

（四）影响因素试验

试验条件由申请人根据产品特性、包装材料、贮存条件及不同的气候条件等因素综合确定。

1. 高温试验：样品置密封洁净容器中，一般可在温度60℃条件下放置10天，分别于第5天和第10天取样，检测有关项目。如样品发生显著变化，则在温度40℃下同法进行试验。

2. 高湿试验：样品置恒湿密闭容器中，一般可在温度25℃、湿度RH 90%±5%条件下放置10天，分别于第5天和第10天取样，检测有关项目，应包括吸湿增重项。若吸湿增重5%以上，则应在温度25℃、湿度RH75%±5%条件下同法进行试验。液体制剂可不进行此项试验。

3. 光照试验：样品置光照箱或其他适宜的光照容器内，一般可在照度4500Lx±500Lx条件下放置10天，分别于第5天和第10天取样，检测有关项目。

试验条件、考察时间等与上述规定不完全一致的，应当提供试验条件设置依据、考察时间确定依据及相关试验数据和科学文献依据。

（五）稳定性承诺

1. 当申请注册的3个批次样品的长期稳定性数据已涵盖了建议的保质期，则无须进行稳定性承诺；如果提交的材料包含了至少3个批次样品的稳定性试验数据，但长期试验尚未至保质期，则应承诺继续进行研究直到建议的保质期。

2. 产品上市后的稳定性研究。在产品获准生产上市后，应采用实际生产规模的产品继续进行长期试验。根据继续进行的稳定性研究结果，对包装、贮存条件和保质期进行进一步的确认，与原注册申请材料相关内容不相符的，应当进行变更。

五、结果评价

对产品稳定性研究信息进行系统的分析，结合特殊医学用途配方食品在生产、流通过程中可能遇到的情况，确定产品的贮存条件、包装材料/容器和保质期等。

六、材料要求

产品注册申请时，申请人应当提交以下与稳定性研究有关的材料：

（一）试验样品的名称、规格、批次和批产量、生产日期和试验开始时间。

（二）不同种类稳定性试验条件，如温度、光照强度、相对湿度等。

（三）包装材料名称和质量要求。

（四）稳定性研究考察项目、分析方法和限度。

（五）以表格的形式提交研究获得的全部分析数据。

（六）各考察点检测结果，应以具体数值表示，其中营养成分检测结果应标示其与首次检测结果的百分比。计量单位符合我国法定计量单位的规定，不宜采用“符合要求”等表述。在某个考察点进行多次检测的，应提供所有的检测结果及其相对标准偏差（RSD）。

（七）产品在贮存期内存在的主要风险、产生风险的主要原因和表现，产品稳定性试验种类选择依据，不同种类稳定性试验条件设置、考察项目和考察频率确定依据，稳定性考察结果与产品贮存条件、保质期、包装材料及产品食用方法确定之间的关系，对试验结果进行分析并得出试验结论。

六、《特殊医学用途配方食品临床试验质量管理规范（试行）》

第一章　总　则

第一条　为规范特殊医学用途配方食品临床试验研究过程，保证临床研究结果的科学性、可靠性，保护受试者的权益并保障其安全，根据《中华人民共和国食品安全法》及其实施条例、《特殊医学用途配方食品注册管理办法》，制定本规范。

第二条　本规范是对特殊医学用途配方食品临床试验全过程的规定，包括临床试验计划制订、方案设计、组织实施、监查、记录、受试者权益和安全保障、质量控制、数据管理与统计分析、临床试验总结和报告。

第三条　特殊医学用途配方食品临床试验研究，应当依法并遵循公正、尊重人格、力求使受试者最大程度受益和尽可能避免伤害的原则。

第四条　特殊医学用途配方食品的临床试验机构应当为药物临床试验机构，具有营养科室和经过认定的与所研究的特殊医学用途配方食品相关的专业科室，具备开展特殊医学用途配方食品临床试验研究的条件。

第二章　临床试验实施条件

第五条　进行特殊医学用途配方食品临床试验必须周密考虑试验的目的及要解决的问题，整合试验用产品所有的安全性、营养充足性和特殊医学用途临床效果等相关信息，总体评估试验的获益与风险，对可能的风险制订有效的防范措施。

第六条　临床试验实施前，申请人向试验单位提供试验用产品配方组成、生产工艺、产品标准要求，以及表明产品安全性、营养充足性和特殊医学用途临床效果相关资料，提供具有法定资质的食品检验机构出具的试验用产品合格的检验报告。申请人对临床试验用产品的质量及临床试验安全负责。

第七条　临床试验配备主要研究者、研究人员、统计人员、数据管理人员及监查员。主要研究者应当具有高级专业技术职称；研究人员由与受试人群疾病相关专业的临床医师、营养医师、护士等人员组成。

第八条　申请人与主要研究者、统计人员共同商定临床试验方案、知情同意书、病例报告表等。临床试验单位制定特殊医学用途配方食品临床试验标准操作规程。

第九条　临床试验开始前，需向伦理委员会提交临床试验方案、知情同意书、病例报告表、研究者手册、招募受试者的相关材料、主要研究者履历、具有法定资质的食品检验机构出具的试验用产品合格的检验报告等资料，经审议同意并签署批准意见后方可进行临床试验。

第十条 申请人与临床试验单位管理人员就临床试验方案、试验进度、试验监查、受试者保险、与试验有关的受试者损伤的补偿或补偿原则、试验暂停和终止原则、责任归属、研究经费、知识产权界定及试验中的职责分工等达成书面协议。

第十一条 临床试验用产品由申请人提供，产品质量要求应当符合相应食品安全国家标准和（或）相关规定。

第十二条 试验用特殊医学用途配方食品由申请人按照与申请注册产品相同配方、相同生产工艺生产，生产条件应当满足《特殊医学用途配方食品良好生产规范》相关要求。用于临床试验用对照样品应当是已获批准的相同类别的特定全营养配方食品。如无该类产品，可用已获批准的全营养配方食品或相应类别的肠内营养制剂。根据产品货架期和研究周期，试验样品、对照样品可以不是同一批次产品。

第十三条 申请人与受试者、受试者家属有亲属关系或共同利益关系而有可能影响到临床试验结果的，应当遵从利益回避原则。

第三章 职责要求

第十四条 申请人选择临床试验单位和研究者进行临床试验，制定质量控制和质量保证措施，选定监查员对临床试验的全过程进行监查，保证临床试验按照已经批准的方案进行，与研究者对发生的不良事件采取有效措施以保证受试者的权益和安全。

第十五条 临床试验单位负责临床试验的实施。参加试验的所有人员必须接受并通过本规范相关培训且有培训记录。

第十六条 伦理委员会对临床试验项目的科学性、伦理合理性进行审查，重点审查试验方案的设计与实施、试验的风险与受益、受试者的招募、知情同意书告知的信息、知情同意过程、受试者的安全保护、隐私和保密、利益冲突等。

第十七条 研究者熟悉试验方案内容，保证严格按照方案实施临床试验。向参加临床试验的所有人员说明有关试验的资料、规定和职责；向受试者说明伦理委员会同意的审查意见、有关试验过程，并取得知情同意书。对试验期间出现不良事件及时作出相关的医疗决定，保证受试者得到适当的治疗。确保收集的数据真实、准确、完整、及时。临床试验完成后提交临床试验总结报告。

第十八条 临床试验期间，监查员定期到试验单位监查并向申请人报告试验进行情况；保证受试者选择、试验用产品使用和保存、数据记录和管理、不良事件记录等按照临床试验方案和标准操作规程进行。

第十九条 国家食品药品监督管理总局审评机构组织对临床试验现场进行核查、数据溯源，必要时进行数据复查。

第四章 受试者权益保障

第二十条 申请人制定临床试验质量控制和质量保证措施。临床试验开始前必须对临床试验实施过程中可能的风险因素进行科学的评估，并制订风险控制计划和预警方案，试验过程中应采取有效的风险控制措施。

第二十一条 伦理委员会对提交的资料进行审查，批准后方可进行临床试验。临床试验进行过程中对批准的临床试验进行跟踪审查。临床试验方案的修订、知情同意书的更新等在修订报告中写明，提交伦理委员会重新批准，重大修订需再次获得受试者知情同意。

第二十二条 临床试验过程中应保持与受试者的良好沟通，以提高受试者的依从性。参与临床试验的研究者及试验单位保证受试者在试验期间出现不良事件时得到及时适当的治疗和处置；发生严重不良事件采取必要的紧急措施，以确保受试者安全。所有不良事件的名称、例次、治疗措施、转归及与试验用产品的关联性等应详细记录并分析。

第二十三条 发生严重不良事件应在确认后24小时内由研究者向负责及参加临床试验单位的伦理委员会、申请人报告，同时向涉及同一临床试验的其他研究者通报。

第二十四条 研究者向受试者说明经伦理委员会批准的有关试验目的、试验用产品安全性、营养充足性和特殊医学用途临床效果有关情况、试验过程、预期可能的受益、风险和不便、受试者权益保障措施、造成健康损害时的处理或补偿等。

第二十五条 受试者经充分了解试验的相关情况后，在知情同意书上签字并注明日期、联系方式，执行知情同意过程的研究者也需在知情同意书上签署姓名和日期。对符合条件的无行为能力的受试者，应经其法定监护人同意并签名及注明日期、联系方式。

知情同意书一式两份，分别由受试者及试验机构保存。

第二十六条 受试者自愿参加试验，无须任何理由有权在试验的任何阶段退出试验，且其医疗待遇与权益不受影响。

第二十七条 受试者发生与试验相关的损害时（医疗事故除外），将获得治疗和（或）相应的补偿，费用由申请人承担。

第二十八条 受试者参加试验及在试验中的个人资料均应保密。食品药品监督管理部门、伦理委员会、研究者和申请人可按规定查阅试验的相关资料。

第五章 临床试验方案内容

第二十九条 临床试验方案包括以下内容：

（一）临床试验方案基本信息，包括试验用产品名称、申请人名称和地址，主要研究者、监查员、数据管理和统计人员、申办方联系人的姓名、地址、联系方式，参加临床试验单位及参加科室，数据管理和统计单位，临床试验组长单位。

（二）临床试验概述，包括试验用产品研发背景、研究依据及合理性、产品适用人群、预期的安全性、营养充足性和特殊医学用途临床效果、本试验研究目的等。

（三）临床试验设计。根据试验用产品特性，选择适宜的临床试验设计，提供与试验目的有关的试验设计和对照组设置的合理性依据。原则上应采用随机对照试验，如采用其他试验设计的，需提供无法实施随机对照试验的原因、该试验设计的科学程度和研究控制条件等依据。

随机对照试验可采用盲法或开放设计，提供采用不同设盲方法的理由及相应的控制偏倚措施。编盲、破盲和揭盲应明确时间点及具体操作方法，并有相应的记录文件。

（四）试验用产品描述，包括产品名称、类别、产品形态、包装剂量、配方、能量密度、能量分布、营养成分含量、使用说明、产品标准、保质期、生产厂商等信息。

（五）提供对照样品的选择依据。说明其与试验用特殊医学用途配方食品在安全性、营养充足性、特殊医学用途临床效果和适用人群等方面的可比性。试验组和对照组受试者的能量应当相同、氮量和主要营养成分摄入量应当具有可比性。

（六）试验用产品的接收与登记、递送、分发、回收及贮存条件。

（七）受试者选择。包括试验用产品适用人群、受试者的入选、排除和剔除标准、研究例数等。研究例数应当符合统计学要求。为保证有足够的研究例数对试验用产品进行安全性评估，试验组不少于 100 例。受试者入选时，应充分考虑试验组和对照组受试期间临床治疗用药在品种、用法和用量等方面应具有可比性。

（八）试验用产品给予时机、摄入途径、食用量和观察时间。依据研究目的和拟考察的主要实验室检测指标的生物学特性合理设置观察时间，原则上不少于 7 天，且营养充足性和特殊医学用途临床效果观察指标应有临床意义并能满足统计学要求。

（九）生物样本采集时间，临床试验观察指标、检测方法、判定标准及判定标准的出处或制定依据，预期结果判定等。

（十）临床试验观察指标包括安全性（耐受性）指标及营养充足性和特殊医学用途临床效果观察指标：

安全性（耐受性）指标：如胃肠道反应等指标、生命体征指标、血常规、尿常规、血生化指标等。

营养充足性和特殊医学用途临床效果观察指标：保证适用人群维持基本生理功能的营养需求，维持或改善适用人群营养状况，控制或缓解适用人群特殊疾病状态的指标。

（十一）不良事件控制措施和评价方法，暂停或终止临床试验的标准及规定。

（十二）临床试验管理。包括标准操作规程、人员培训、监查、质量控制与质量保证的措施、风险管理、受试者权益与保障、试验用产品管理、数据管理和统计学分析。

（十三）试验期间其他注意事项等。

（十四）缩略语。

（十五）参考文献。

第六章　试验用产品管理

第三十条　试验用产品应有专人管理，使用由研究者负责。接收、发放、使用、回收、销毁均应记录。

第三十一条　试验用产品的标签应标明“仅供临床试验使用”。临床试验用产品不得他用、销售或变相销售。

第七章　质量保证和风险管理

第三十二条　申请人及研究者履行各自职责，采用标准操作规程，严格遵循临床试验方案。

第三十三条　参加试验的研究人员应具有合格的资质。研究人员如有变动，所在试验机构及时调配具备相应资质人员，并将调整的人员情况报告申请人及试验主要研究者。

第三十四条　伦理委员会要求申请人或研究者提供试验用产品临床试验的不良事件、治疗措施及受试者转归等相关信息。为避免对受试者造成伤害，伦理委员会有权暂停或终止已经批准的临床试验。

第三十五条　进行多中心临床试验的，统一培训内容，临床试验开始之前对所有参与临床试验研究人员进行培训。统一临床试验方案、资料收集和评价方法，集中管理与分析数据资料。主要观察指标由中心实验室统一检测或各个实验室检测前进行校正。临床试验病例分布应科学合理，防止偏倚。

第三十六条 试验期间监查员定期进行核查，确保试验过程符合研究方案和标准操作规程要求。确认所有病例报告表填写正确完整，与原始资料一致。核实临床试验中所有观察结果，以保证数据完整、准确、真实、可靠。如有错误和遗漏，及时要求研究者改正，修改时需保持原有记录清晰可见，改正处需经研究者签名并注明日期。核查过程中发现问题及时解决。监查员不得参与临床试验。

第三十七条 组长单位定期了解参与试验单位试验进度，必要时召开临床协作会议，解决试验存在的问题。

第八章 数据管理与统计分析

第三十八条 数据管理过程包括病例报告表设计、填写和注释，数据库设计，数据接收、录入和核查，疑问表管理，数据更改存档，数据盲态审核，数据库锁定、转换和保存等。由申请人、研究者、监查员以及数据管理员等各司其职，共同对临床试验数据的可靠性、完整性和准确性负责。

第三十九条 数据的收集和传送可采用纸质病例报告表、电子数据采集系统以及用于临床试验数据管理的计算机系统等。资料的形式和内容必须与研究方案完全一致，且在临床试验前确定。

第四十条 数据管理执行标准操作规程，并在完整、可靠的临床试验数据质量管理体系下运行，对可能影响数据质量结果的各种因素和环节进行全面控制和管理，使临床研究数据始终保持在可控和可靠的水平。数据管理系统应经过基于风险考虑的系统验证，具备可靠性、数据可溯源性及完善的权限管理功能。

临床试验结束后，需将数据管理计划、数据管理报告、数据库作为注册申请材料之一提交给管理部门。

第四十一条 采用正确、规范的统计分析方法和统计图表表达统计分析和结果。临床试验方案中需制订统计分析计划，在数据锁定和揭盲之前产生专门的文件对统计分析计划予以完善和确认，内容应包括设计和比较的类型、随机化与盲法、主要观察指标的定义与检测方法、检验假设、数据分析集的定义、疗效及安全性评价和统计分析的详细内容，其内容应与方案相关内容一致。如果试验过程中研究方案有调整，则统计分析计划也应作相应的调整。

第四十二条 由专业人员对试验数据进行统计分析后形成统计分析报告，作为撰写临床研究报告的依据，并与统计分析计划一并作为产品注册申请材料提交。统计分析需采用国内外公认的统计软件和分析方法，主要观察指标的统计结果需采用点估计及可信区间方法进行评价，针对观察指标结果，给出统计学结论。

第九章 临床试验总结报告内容

第四十三条 临床试验总结报告包括基本信息、临床试验概述和报告正文，内容与临床试验方案一致。

第四十四条 基本信息补充试验报告撰写人员的姓名、单位、研究起止日期、报告日期、原始资料保存地点等。临床试验概述补充重要的研究数字、统计学结果以及研究结论等文字描述。

第四十五条 报告正文对临床试验方案实施结果进行总结。详细描述试验设计和试验过程，包括纳入的受试人群，脱落、剔除的病例和理由；临床试验单位增减或更换情况；试验用产品使用方法；数据管理过程；统计分析方法；对试验的统计分析和临床意义；对试验用产品的安全性、营养充足性和特殊医学用途临床效果进行充分的分析和说明，并做出临床试验结论。

第四十六条 简述试验过程中出现的不良事件。对所有不良事件均应进行分析，并以适当的图表方式直观表示。所列图表应显示不良事件的名称、例次、严重程度、治疗措施、受试者转归，以及不良事件与试验用产品之间在适用人群选择、给予时机、摄入途径、剂量和观察时间等方面的相关性。

第四十七条 严重不良事件应单独进行总结和分析并附病例报告。对与安全性有关的实验室检查，包括根据专业判断有临床意义的实验室检查异常应加以分析说明，最终对试验用特殊医学用途配方食品的总体安全性进行小结。

第四十八条 说明受试者基础治疗方法，临床试验方案在执行过程中所作的修订或调整。

第十章 其 他

第四十九条 临床试验总结报告首页由所有参与试验单位盖章，相关资料由申请人和临床试验单位盖章，或由申请人和主要研究者签署确认。

第五十条 为保护受试者隐私，病例报告表上不应出现受试者姓名，研究者应按受试者姓名的拼音字头及随机号确认其身份并记录。

第五十一条 产品注册申请时，申请人提交临床试验相关资料，包括国内/外临床试验资料综述、合格的试验用产品检验报告、临床试验方案、研究者手册、伦理委员会批准文件、知情同意书模板、数据管理计划及报告、统计分析计划及报告、锁定数据库光盘（一式两份）、临床试验总结报告。

第十一章 附 则

第五十二条 本规范下列用语的含义是：

临床试验（Clinical Trial），指任何在人体（病人或健康志愿者）进行特殊医学用途配方食品的系统性研究，以证实或揭示试验用特殊医学用途配方食品的安全性、营养充足性和特殊医学用途临床效果，目的是确定试验用特殊医学用途配方食品的营养作用与安全性。

试验方案（Research Protocol），叙述研究的依据及合理性、产品试验目的、适用人群、试验设计、受试者选择及排除标准、观察指标、试验期限、数据管理与统计分析、试验报告及试验用产品安全性、营养充足性和特殊医学用途临床效果。方案必须由参加试验的主要研究者、研究单位和申请人签章并注明日期。

研究者手册（Investigator's Brochure），是有关试验用特殊医学用途配方食品在进行人体研究时已有的临床与非临床研究资料综述。

知情同意（Informed Consent），指向受试者告知一项试验的各方面情况后，受试者自愿确认其同意参加该项临床试验的过程，须以签名和注明日期的知情同意书作为文件证明。

知情同意书（Informed Consent Form），是每位受试者表示自愿参加某一试验的文件证明。研究者需向受试者说明试验性质、试验目的、可能的受益和风险、可供选用的其他治疗方法以及符合《赫尔辛基宣言》规定的受试者的权利和义务等，使受试者充分了解后表达其同意。

伦理委员会（Ethics Committee），由医学专业人员、非医务人员、法律专家及试验机构外人员组成的独立组织，其职责为核查临床试验方案及附件是否合乎道德，并为之提供公众保证，确保受试者的安全、健康和权益受到保护。该委员会的组成和一切活动不应受临床试验组织和实施者的干扰或影响。

研究者（Investigator），实施临床试验并对临床试验的质量及受试者安全和权益的负责者。研究者必须经过资格审查，具有临床试验的专业特长、资格和能力。

申请人（Applicant），发起一项临床试验，并对该试验的启动、管理、财务和监查负责的公司、机构或组织。

监查员（Monitor），由申请人任命并对申请人负责的具备相关知识的人员。其任务是监查和报告试验的进行情况和核实数据。

病例报告表（Case Report Form，CRFs），指按研究方案所规定设计的一种文件，用以记录每一名受试者在试验过程中的数据。

试验用产品（Investigational Product），用于临床试验中的试验用特殊医学用途配方食品和试验用对照产品。

不良事件（Adverse Event），临床试验受试者接受试验用产品后出现的不良反应，但并不一定有因果关系。

严重不良事件（Serious Adverse Event），临床试验过程中发生需住院治疗、延长住院时间、伤残、影响工作能力、危及生命或死亡、导致先天畸形等事件。

标准操作规程（Standard Operating Procedure，SOP），为有效地实施和完成某一临床试验中每项工作所拟定的标准和详细的书面规程。

设盲（Blinding/Masking），临床试验中使一方或多方不知道受试者治疗分配的程序。单盲指受试者不知，双盲指受试者、研究者、监查员或数据分析者均不知治疗分配。

统计分析计划（Statistical Analysis Plan，SAP），是包括比方案中描述的主要分析特征更加技术性和更多详细细节的文件，并且包括了对主要和次要变量及其他数据进行统计分析的详细过程。统计分析计划由生物统计学专业人员起草，并与主要研究者商定。统计分析计划还应包括具体的表格，统计分析报告中的表格应与 SAP 中的表格一致。

第五十三条 本规范由国家食品药品监督管理总局负责解释。

第五十四条 本规范自发布之日起施行。

七、REGULATION (EU) No 609/2013 OF THE EUROPEAN PARLIAMENT AND OF THE COUNCIL of 12 June 2013

on food intended for infants and young children, food for special medical purposes, and total diet replacement for weight control and repealing Council Directive 92/52/EEC, Commission Directives 96/8/EC, 1999/21/EC, 2006/125/EC and 2006/141/EC, Directive 2009/39/EC of the European Parliament and of the Council and Commission Regulations (EC) No 41/2009 and (EC) No 953/2009

(Text with EEA relevance)

THE EUROPEAN PARLIAMENT AND THE COUNCIL OF THE EUROPEAN UNION,

Having regard to the Treaty on the Functioning of the European Union, and in particular Article 114 thereof,

Having regard to the proposal from the European Commission,

After transmission of the draft legislative act to the national parliaments,

Having regard to the opinion of the European Economic and Social Committee(1),

Acting in accordance with the ordinary legislative procedure(2),

Whereas:

(1) Article 114 of the Treaty on the Functioning of the European Union (TFEU) provides that, for measures having as their object the establishment and functioning of the internal market, and which concern, inter alia, health, safety and consumer protection, the Commission is to take as a base a high level of protection taking account in particular of any new development based on scientific facts.

---

(1) OJ C 24, 28. 1. 2012, p. 119.

(2) Position of the European Parliament of 14 June 2012 (not yet published in the Official Journal) and position of the Council at first reading of 22 April 2013 (not yet published in the Official Journal). Position of the European Parliament of 11 June 2013 (not yet published in the Official Journal).

(2) The free movement of safe and wholesome food is an essential aspect of the internal market and contributes significantly to the health and well-being of citizens, and to their social and economic interests.

(3) Union law applicable to food is intended, inter alia, to ensure that no food is placed on the market if it is unsafe. Therefore, any substances that are considered to be injurious to the health of the population groups concerned or unfit for human consumption should be excluded from the composition of the categories of food covered by this Regulation.

(4) Directive 2009/39/EC of the European Parliament and of the Council of 6 May 2009 on foodstuffs intended for particular nutritional uses(1) lays down general rules on the composition and preparation of foods that are specially designed to meet the particular nutritional requirements of the persons for whom they are intended. The majority of the provisions laid down in that Directive date back to 1977 and need to be reviewed.

(5) Directive 2009/39/EC establishes a common definition for 'foodstuffs for particular nutritional uses', and general labelling requirements, including that such foods should bear an indication of their suitability for the nutritional purposes being claimed.

(6) The general compositional and labelling requirements laid down in Directive 2009/39/EC are complemented by a number of non-legislative Union acts, which are applicable to specific categories of food. In that respect, harmonised rules are laid down in Commission Directives 96/8/EC of 26 February 1996 on foods intended for use in energy-restricted diets for weight reduction(2) and 1999/21/EC of 25 March 1999 on dietary foods for special medical purposes(3). Similarly, Commission Directive 2006/125/EC(4) lays down certain harmonised rules with respect to processed cereal-based foods and baby foods for infants and young children. Commission Directive 2006/141/EC(5) lays down harmonised rules with respect to infant formulae and follow-on formulae and Commission Regulation (EC) No 41/2009(6) lays down harmonised rules concerning the composition and labelling of foodstuffs suitable for people intolerant to gluten.

---

(1) OJ L 124, 20.5.2009, p.21.
(2) OJ L 55, 6.3.1996, p.22.
(3) OJ L 91, 7.4.1999, p.29.
(4) OJ L 339, 6.12.2006, p.16.
(5) OJ L 401, 30.12.2006, p.1.
(6) OJ L 16, 21.1.2009, p.3.

(7) In addition, harmonised rules are laid down in Council Directive 92/52/EEC of 18 June 1992 on infant formulae and follow-on formulae intended for export to third countries[1] and in Commission Regulation (EC) No 953/2009 of 13 October 2009 on substances that may be added for specific nutritional purposes in foods for particular nutritional uses[2].

(8) Directive 2009/39/EC requires a general notification procedure at national level for food presented by food business operators as coming within the definition of 'foodstuffs for particular nutritional uses' for which no specific provisions have been laid down in Union law, prior to its being placed on the Union market, in order to facilitate the efficient monitoring of such food by the Member States.

(9) A report from the Commission of 27 June 2008 to the European Parliament and to the Council on the implementation of that notification procedure showed that difficulties can arise from the definition of 'foodstuffs for particular nutritional uses' which appeared to be open to differing interpretations by the national authorities. It therefore concluded that a revision of Directive 2009/39/EC would be required to ensure a more effective and harmonised implementation of Union legal acts.

(10) A study report of 29 April 2009 by Agra CEAS Consulting, concerning the revision of Directive 2009/39/EC, confirmed the findings of the Commission report of 27 June 2008 on the implementation of the notification procedure and indicated that an increasing number of foodstuffs are currently marketed and labelled as foodstuffs suitable for particular nutritional uses, due to the broad definition laid down in that Directive. The study report also pointed out that food regulated under that Directive differs significantly between Member States; similar food could at the same time be marketed in different Member States as food for particular nutritional uses and/or as food for normal consumption, including food supplements, addressed to the population in general or to certain subgroups thereof such as pregnant women, postmenopausal women, older adults, growing children, adolescents, variably active individuals and others. This state of affairs undermines the functioning of the internal market, creates legal uncertainty for competent authorities, food business operators, in particular small and medium-sized enterprises (SMEs), and consumers, while the risks of marketing abuse and distortion of competition cannot be ruled out. There is therefore a need to eliminate differences in interpretation by simplifying the regulatory environment.

---

(1) OJ L 179, 1.7.1992, p. 129.

(2) OJ L 269, 14.10.2009, p. 9.

(11) It appears that other, recently adopted, Union legal acts are more adapted to an evolving and innovative food market than Directive 2009/39/EC. Of particular relevance and importance in that respect are: Directive 2002/46/EC of the European Parliament and of the Council of 10 June 2002 on the approximation of the laws of the Member States relating to food supplements[1], Regulation (EC) No 1924/2006 of the European Parliament and of the Council of 20 December 2006 on nutrition and health claims made on foods[2] and Regulation (EC) No 1925/2006 of the European Parliament and of the Council of 20 December 2006 on the addition of vitamins and minerals and of certain other substances to foods[3]. Furthermore, the provisions of those Union legal acts would adequately regulate a number of the categories of food covered by Directive 2009/39/EC with less of an administrative burden and more clarity as to scope and objectives.

(12) Moreover, experience shows that certain rules included in, or adopted under, Directive 2009/39/EC are no longer effective in ensuring the functioning of the internal market.

(13) Therefore, the concept of 'foodstuffs for particular nutritionaluses' should be abolished and Directive 2009/39/EC should be replaced by this act. To simplify the application of this act and to ensure consistency of application throughout the Member States, this act should take the form of a Regulation.

(14) Regulation (EC) No 178/2002 of the European Parliament and of the Council of 28 January 2002 laying down the general principles and requirements of food law, establishing the European Food Safety Authority and laying down procedures in matters of food safety[4] establishes common principles and definitions for Union food law. Certain definitions laid down in that Regulation should also apply in the context of this Regulation.

(15) A limited number of categories of food constitute a partial or the sole source of nourishment for certain population groups. Such categories of food are vital for the management of certain conditions and/or are essential to satisfy the nutritional requirements of certain clearly identified vulnerable population groups. Those categories of food include infant formula and follow-on formula, processed cereal-based food and baby food, and food for special medical purposes. Experience has shown that the provisions laid down in Directives 1999/21/EC, 2006/125/EC and 2006/141/EC ensure the free movement of those categories of food in a

---

(1) OJ L 183, 12. 7. 2002, p. 51.

(2) OJ L 404, 30. 12. 2006, p. 9.

(3) OJ L 404, 30. 12. 2006, p. 26.

(4) OJ L 31, 1. 2. 2002, p. 1.

satisfactory manner, while ensuring a high level of protection of public health. It is therefore appropriate that this Regulation focuses on the general compositional and information requirements for those categories of food, taking into account Directives 1999/21/EC, 2006/125/EC and 2006/141/EC.

(16) In addition, in view of the growing rates of people with problems related to being overweight or obese, an increasing number of foods are placed on the market as total diet replacement for weight control. Currently, for such foods present in the market a distinction can be made between products intended for low calorie diets, which contain between 3360 kJ (800kcal) and 5040 kJ (1200kcal), and products intended for very low calorie diets, which normally contain fewer than 3 360 kJ (800kcal). Given the nature of the foods in question it is appropriate to lay down certain specific provisions for them. Experience has shown that the relevant provisions laid down in Directive 96/8/EC ensure the free movement of foods presented as total diet replacement for weight control in a satisfactory manner while ensuring a high level of protection of public health. It is therefore appropriate that this Regulation focuses on the general compositional and information requirements for foods intended to replace the whole of the daily diet including foods of which the energy content is very low, taking into account the relevant provisions of Directive 96/8/EC.

(17) This Regulation should establish, inter alia, definitions of infant formula and follow-on formula, processed cereal-based food and baby food, food for special medical purposes, and total diet replacement for weight control, taking into account relevant provisions in Directives 96/8/EC, 1999/21/EC, 2006/125/EC and 2006/141/EC.

(18) Regulation (EC) No 178/2002 establishes the principles of risk analysis in relation to food and establishes the structures and mechanisms for the scientific and technical evaluations which are undertaken by the European Food Safety Authority ('the Authority'). For the purpose of this Regulation, the Authority should be consulted on all matters likely to affect public health.

(19) It is important that ingredients used in the manufacture of food covered by this Regulation are appropriate for satisfying the nutritional requirements of, and are suitable for, the persons for whom such food is intended and that their nutritional adequacy has been established by generally accepted scientific data. Such adequacy should be demonstrated through a systematic review of the available scientific data.

(20) Maximum residue levels of pesticides set out in relevant Union law, in particular Regulation (EC) No 396/2005 of the European Parliament and of the Council of 23 February 2005 on maximum residue levels of pesticides in or on food and feed of plant and animal origin[(1)], should apply without prejudice to specific provisions set out in this Regulation and delegated acts adopted pursuant to this Regulation.

(21) The use of pesticides can lead to pesticide residues in food that is covered by this Regulation. Such use should, therefore, be restricted as much as possible, taking into account the requirements of Regulation (EC) No 1107/2009 of the European Parliament and of the Council of 21 October 2009 concerning the placing of plant protection products on the market[(2)]. However, a restriction on, or a prohibition of, use would not necessarily guarantee that food covered by this Regulation, including food for infants and young children, is free from pesticides, since some pesticides contaminate the environment and their residues can be found in such food. Therefore, the maximum residue levels in such food should be set at the lowest achievable level to protect vulnerable population groups, taking into account good agricultural practices as well as other sources of exposure, such as environmental contamination.

(22) Restrictions on and prohibitions of certain pesticides equivalent to those currently established in the Annexes to Directives 2006/125/EC and 2006/141/EC should be taken into account in delegated acts adopted pursuant to this Regulation. Those restrictions and prohibitions should be updated regularly, with particular attention to be paid to pesticides containing active substances, safeners or synergists classified in accordance with Regulation (EC) No 1272/2008 of the European Parliament and of the Council of 16 December 2008 on classification, labelling and packaging of substances and mixtures[(3)] as mutagen category 1A or 1B, carcinogen category 1A or 1B, toxic for reproduction category 1A or 1B, or considered to have endocrine-disrupting properties that can cause adverse effects in humans.

(23) Substances falling within the scope of Regulation (EC) No 258/97 of the European Parliament and of the Council of 27 January 1997 concerning novel foods and novel food ingredients[(4)] should not be added to food covered by this Regulation unless such substances fulfil the conditions for being placed on the market under Regulation (EC) No 258/97 in

---

(1) OJ L 70, 16. 3. 2005, p. 1.

(2) OJ L 309, 24. 11. 2009, p. 1.

(3) OJ L 353, 31. 12. 2008, p. 1.

(4) OJ L 43, 14. 2. 1997, p. 1.

addition to the conditions set out in this Regulation and delegated acts adopted pursuant to this Regulation. When there is a significant change in the production method of a substance that has been used in accordance with this Regulation or a change in particle size of such a substance, for example through nanotechnology, that substance should be considered different from the one that has been used in accordance with this Regulation and should be re-evaluated under Regulation (EC) No 258/97 and subsequently under this Regulation.

(24) Regulation (EU) No 1169/2011 of the European Parliament and of the Council of 25 October 2011 on the provision of food information to consumers[1] lays down general labelling requirements. Those labelling requirements should, as a general rule, apply to the categories of food covered by this Regulation. However, this Regulation should also provide for additional requirements to, or derogations from, Regulation (EU) No 1169/2011, where necessary, in order to meet the specific objectives of this Regulation.

(25) The labelling, presentation or advertising of food covered by this Regulation should not attribute to such food the property of preventing, treating or curing a human disease nor should they imply such properties. Food for special medical purposes, however, is intended for the dietary management of patients with a limited, impaired or disturbed capacity, for example, to take ordinary food because of a specific disease, disorder or medical condition. Reference to the dietary management of diseases, disorders or medical conditions for which the food is intended should not be considered as attribution of the property of preventing, treating or curing a human disease.

(26) In the interest of protecting vulnerable consumers, labelling requirements should ensure accurate product identification for consumers. In the case of infant formula and follow-on formula, all written and pictorial information should enable a clear distinction to be made between different formulae. Difficulty in identifying the precise age of an infant pictured on labelling could confuse consumers and impede product identification. That risk should be avoided by appropriate restrictions on labelling. Furthermore, taking into account that infant formula constitutes food that satisfies by itself the nutritional requirements of infants from birth until introduction of appropriate complementary feeding, proper product identification is crucial for the protection of consumers. Appropriate restrictions should, therefore, be introduced concerning the presentation and advertising of infant formula.

---

(1) OJ L 304, 22.11.2011, p. 18.

(27) This Regulation should provide the criteria for the establishment of the specific compositional and information requirements for infant formula, follow-on formula, processed cereal-based food and baby food, food for special medical purposes, and total diet replacement for weight control, taking into account Directives 96/8/EC, 1999/21/EC, 2006/125/EC and 2006/141/EC.

(28) Regulation (EC) No 1924/2006 establishes the rules and conditions for the use of nutrition and health claims on food. Those rules should apply as a general rule to the categories of food covered by this Regulation, unless otherwise specified in this Regulation or delegated acts adopted pursuant to this Regulation.

(29) According to the recommendations of the World Health Organisation (WHO), low birth weight infants should be fed mother's milk. Nonetheless, low birth weight infants and pre-term infants may have special nutritional requirements which cannot be met by mother's milk or standard infant formula. In fact, the nutritional requirements of a low birth weight infant and a pre-term infant can depend on the medical condition of that infant, in particular on that infant's weight in comparison with that of an infant in good health, and on the number of weeks the infant is premature. It is to be decided on a case-by-case basis whether the infant's condition requires the consumption, under medical supervision, of a food for special medical purposes developed to satisfy the nutritional requirements of infants (formula) and adapted for the dietary management of that infant's specific condition.

(30) Directive 1999/21/EC requires that certain compositional requirements for infant formula and for follow-on formula as set out in Directive 2006/141/EC apply to food for special medical purposes intended for infants, depending on their age. However, certain provisions, including those relating to labelling, presentation, advertising, and promotional and commercial practices, set out in Directive 2006/141/EC currently do not apply to such food. Developments in the market accompanied by a significant increase of such food make it necessary to review requirements for formulae intended for infants such as requirements on the use of pesticides in products intended for production of such formulae, pesticide residues, labelling, presentation, advertising, and promotional and commercial practices that should also apply, as appropriate, to food for special medical purposes developed to satisfy the nutritional requirements of infants.

(31) There is an increasing number of milk-based drinks and similar products on the Union market which are promoted as being particularly suitable for young children. Such products,

which can be derived from protein of animal or vegetable origin such as cows' milk, goats' milk, soy or rice, are often marketed as 'growing up milks' or 'toddlers' milks' or with similar terminology. While these products are currently regulated by different legal acts of the Union, such as Regulations (EC) No 178/2002, (EC) No 1924/2006 and (EC) No 1925/2006, and Directive 2009/39/EC, they are not covered by the existing specific measures applying to food intended for infants and young children. Different views exist as to whether such products satisfy the specific nutritional requirements of the population group they target. The Commission should therefore, after consulting the Authority, present to the European Parliament and to the Council a report on the necessity, if any, of special provisions regarding the composition, labelling and other types of requirements, if appropriate, of those products. This report should consider, inter alia, the nutritional requirements of young children and the role of those products in their diet, taking into account the pattern of consumption, the nutritional intake and the levels of exposure of young children to contaminants and pesticides. The report should also consider the composition of such products and whether they have any nutritional benefits when compared to a normal diet for a child who is being weaned. The Commission could accompany this report with a legislative proposal.

(32) Directive 2009/39/EC provides that specific provisions can be adopted regarding the following two specific categories of food falling within the definition of food-stuffs for particular nutritional uses: 'food intended to meet the expenditure of intense muscular effort, especially for sportsmen' and 'food for persons suffering from carbohydrate metabolism disorders (diabetes)'. As regards special provisions for food for personssuffering from carbohydrate metabolism disorders (diabetes), a Commission report to the European Parliament and to the Council of 26 June 2008 on foods for persons suffering from carbohydrate metabolism disorders (diabetes) concluded that the scientific basis for setting specific compositional requirements is lacking. With regard to food intended to meet the expenditure of intense muscular effort, especially for sportsmen, no successful conclusion could be reached as regards the development of specific provisions due to widely diverging views among the Member States and stakeholders concerning the scope of specific legislation, the number of subcategories of food to be included, the criteria for establishing composi-tional requirements and the potential impact on innovation in product development. Therefore, specific provisions should not be developed at this stage. Mean-while, on the basis of requests submitted by food business operators, relevant claims have been considered for authorisation in accordance with Regulation (EC) No 1924/2006.

(33) However, different views exist as to whether additional rules are needed to ensure an ade-

quate protection of consumers of food intended for sportsmen, also called food intended to meet the expenditure of intense muscular effort. The Commission should, therefore, be invited, after consulting the Authority, to submit to the European Parliament and to the Council a report on the necessity, if any, of provisions concerning food intended for sportsmen. The consultation of the Authority should take into account the report of 28 February 2001 of the Scientific Committee on Food on composition and specification of food intended to meet the expenditure of intense muscular effort, especially for sportsmen. In its report, the Commission should, in particular, evaluate whether provisions are necessary to ensure the protection of consumers.

(34) The Commission should be able to adopt technical guidelines aimed at facilitating compliance by food business operators, in particular SMEs, with this Regulation.

(35) Taking into account the existing situation on the market and Directives 2006/125/EC and 2006/141/EC, and Regulation (EC) No 953/2009, it is appropriate to establish and include in the Annex to this Regulation a Union list of substances belonging to the following categories of substances: vitamins, minerals, amino acids, carnitine and taurine, nucleotides, choline and inositol. Among the substances belonging to those categories, it should only be permissible for those included in the Union list to be added to the categories of food covered by this Regulation. When substances are included in the Union list, it should be specified to which category of food covered by this Regulation such substances may be added.

(36) The inclusion of substances in the Union list should not mean that their addition to one or more categories of food covered by this Regulation is necessary or desirable. The Union list is intended only to reflect which substances belonging to certain categories of substances are authorised to be added to one or more categories of food covered by this Regulation, whereas the specific compositional requirements are intended to establish the composition of each category of food covered by this Regulation.

(37) A number of the substances that may be added to food covered by this Regulation could be added for technological purposes as food additives, colourings or flavourings, or for other such purposes, including authorised oenological practices and processes, provided for by relevant Union legal acts applicable to food. In this context specifications are adopted for those substances at Union level. It is appropriate that those specifications should be applicable to the substances whatever the purpose of their use in food unless otherwise provided for by this Regulation.

(38) For the substances included in the Union list for which purity criteria have not yet been adopted at Union level, and in order to ensure a high level of protection of public health, generally acceptable purity criteria recommended by international organizations or agencies including but not limited to the Joint FAO/WHO Expert Committee on Food Additives (JECFA) and European Pharmacopoeia should apply. Member States should be permitted to maintain national rules setting stricter purity criteria, without prejudice to the rules set out in the TFEU.

(39) In order to specify requirements for the categories of food covered by this Regulation, the power to adopt acts in accordance with Article 290 TFEU should be delegated to the Commission in respect of the laying down of specific compositional and information requirements with regard to the categories of food covered by this Regulation, including additional labelling requirements to, or derogations from, Regulation (EU) No 1169/2011 and with regard to the authorisation of nutrition and health claims. Furthermore, in order to enable consumers to benefit rapidly from technical and scientific progress, especially in relation to innovative products, and thus to stimulate innovation the power to adopt acts in accordance with Article 290 TFEU should also be delegated to the Commission in respect of the regular updating of those specific requirements, taking into account all relevant data, including data provided by interested parties. In addition, in order to take into account technical progress, scientific developments or consumers' health, the power to adopt acts in accordance with Article 290 TFEU should be delegated to the Commission in respect of the addition of categories of substances that have a nutritional or physiological effect to be covered by the Union list, or in respect of the removal of such categories from the categories of substances covered by the Union list. For the same purposes and subject to additional requirements laid down in this Regulation, the power to adopt delegated acts in accordance with Article 290 TFEU should also be delegated to the Commission in respect of amending the Union list by adding a new substance, removing a substance or adding, removing or amending the elements in the Union list related to a substance. It is of particular importance that the Commission carry out appropriate consultations during its preparatory work, including at expert level. The Commission, when preparing and drawing up delegated acts, should ensure a simultaneous, timely and appropriate transmission of relevant documents to the European Parliament and to the Council.

(40) In order to ensure uniform conditions for the implementation of this Regulation, implementing powers should be conferred on the Commission to decide whether a given food falls within the scope of this Regulation and to which category of food it belongs. Those

powers should be exercised in accordance with Regulation (EU) No 182/2011 of the European Parliament and of the Council of 16 February 2011 laying down the rules and general principles concerning mechanisms for control by Member States of the Commission's exercise of implementing powers[(1)].

(41) Currently, the rules on the use of the statements 'gluten-free' and 'very low gluten' are specified in Regulation (EC) No 41/2009. That Regulation harmonises the information that is provided to consumers on the absence or reduced presence of gluten in food and sets specific rules for food that is specially produced, prepared and/or processed in order to reduce the gluten content of one or more glutencontaining ingredients or to substitute such glutencontaining ingredients and other food that is made exclusively from ingredients that are naturally free of gluten. Regulation (EU) No 1169/2011 sets out rules on information to be provided for all food, including non-prepacked food, on the presence of ingredients, such as gluten-containing ingredients, with a scientifically proven allergenic or intolerance effect in order to enable consumers, particularly those suffering from a food allergy or intolerance such as gluten-intolerant people, to make informed choices which are safe for them. For the sake of clarity and consistency, the rules on the use of the statements 'gluten-free' and 'very low gluten' should also be regulated under Regulation (EU) No 1169/2011. The legal acts to be adopted pursuant to Regulation (EU) No 1169/2011, which are to transfer the rules on the use of the statements 'gluten-free' and 'very low gluten', as contained in Regulation (EC) No 41/2009, should ensure at least the same level of protection for people who are intolerant to gluten as currently provided for under Regulation (EC) No 41/2009. That transfer of rules should be completed before this Regulation applies. Furthermore, the Commission should consider how to ensure that people who are intolerant to gluten are adequately informed of the difference between a food that is specially produced, prepared and/or processed in order to reduce the gluten content of one or more gluten-containing ingredients and other food that is made exclusively from ingredients naturally free of gluten.

(42) Labelling and compositional rules indicating the absence or reduced presence of lactose in food are currently not harmonised at Union level. Those indications are, however, important for people who are intolerant to lactose. Regulation (EU) No 1169/2011 sets out rules on information to be provided concerning substances with a scientifically proven allergenic or intolerant effect, to enable consumers, such as lactose-intolerant people, to make informed choices which are safe for them. For the sake of clarity and consistency, the es-

(1) OJ L 55, 28.2.2011, p. 13.

tablishment of rules on the use of statements indicating the absence or reduced presence of lactose in food should be regulated under Regulation (EU) No 1169/2011, taking into account the Scientific Opinion of the Authority of 10 September 2010 on lactose thresholds in lactose intolerance and galactosaemia.

(43) 'Meal replacement for weight control' intended to replace part of the daily diet is considered as food for particular nutritional uses and is currently governed by specific rules under Directive 96/8/EC. However, more and more foods intended for the general population have appeared on the market carrying similar statements which are presented as health claims for weight control. In order to eliminate any potential confusion within this group of foods marketed for weight control and in the interests of legal certainty and coherence of Union legal acts, such statements should be regulated solely under Regulation (EC) No 1924/2006 and comply with requirements set out in that Regulation. It is necessary that technical adaptations made pursuant to Regulation (EC) No 1924/2006, relating to health claims referring to control of body weight and made in respect of food presented as 'meal replacement for weight control', and to the conditions of use of such claims, as regulated by Directive 96/8/EC, be completed prior to the application of this Regulation.

(44) This Regulation does not affect the obligation to respect fundamental rights and fundamental legal principles, including the freedom of expression, as enshrined in Article 11, in conjunction with Article 52, of the Charter of Fundamental Rights of the European Union, and in other relevant provisions.

(45) Since the objectives of this Regulation, namely, the establishment of compositional and information requirements for certain categories of food, the establishment of a Union list of substances that may be added to certain categories of food and the establishment of the rules for the update of the Union list, cannot be sufficiently achieved by the Member States and can therefore, by reason of the scale of the proposed action, be better achieved at Union level, the Union may adopt measures, in accordance with the principle of subsidiarity as set out in Article 5 of the Treaty on European Union. In accordance with the principle of proportionality, as set out in that Article, this Regulation does not go beyond what is necessary in order to achieve those objectives.

(46) Directive 92/52/EEC provides that infant formulae and follow-on formulae exported or re-exported from the Union are to comply with Union law unless otherwise requested or stipulated by provisions established by the importing country. That principle has already

been established for food in Regulation (EC) No 178/2002. For the sake of simplification and legal certainty, Directive 92/52/EEC should therefore be repealed.

(47) Directives 96/8/EC, 1999/21/EC, 2006/125/EC, 2006/141/EC, 2009/39/EC and Regulations (EC) No 41/2009 and (EC) No 953/2009 should also be repealed.

(48) Adequate transitional measures are necessary to enable food business operators to adapt to the requirements of this Regulation,

HAVE ADOPTED THIS REGULATION:

CHAPTER I

GENERAL PROVISIONS

Article 1

Subject matter

1. This Regulation establishes compositional and information requirements for the following categories of food:

(a) infant formula and follow-on formula;

(b) processed cereal-based food and baby food;

(c) food for special medical purposes;

(d) total diet replacement for weight control.

2. This Regulation establishes a Union list of substances that may be added to one or more of the categories of food referred to in paragraph 1 and lays down the rules applicable to the updating of that list.

Article 2

Definitions

1. For the purposes of this Regulation, the following definitions shall apply:

(a) the definitions of 'food', 'food business operator', 'retail' and 'placing on the market' set out respectively in Article 2 and points (3), (7) and (8) of Article 3 of Regulation

(EC) No 178/2002;

(b) the definitions of 'prepacked food', 'labelling' and 'engineered nanomaterial' set out respectively in points (e), (j) and (t) of Article 2 (2) of Regulation (EU) No 1169/2011;

(c) the definitions of 'nutrition claim' and 'health claim' set out respectively in points (4) and (5) of Article 2 (2) of Regulation (EC) No 1924/2006.

2. The following definitions shall also apply:

(a) 'infant' means a child under the age of 12 months;

(b) 'young child' means a child aged between one and three years;

(c) 'infant formula' means food intended for use by infants during the first months of life and satisfying by itself the nutritional requirements of such infants until the introduction of appropriate complementary feeding;

(d) 'follow-on formula' means food intended for use by infants when appropriate complementary feeding is introduced and which constitutes the principal liquid element in a progressively diversified diet of such infants;

(e) 'processed cereal-based food' means food:

(i) intended to fulfil the particular requirements of infants in good health while they are being weaned, and of young children in good health as a supplement to their diet and/or for their progressive adaptation, to ordinary food; and

(ii) pertaining to one of the following categories:

— simple cereals which are or have to be reconstituted with milk or other appropriate nutritious liquids,

— cereals with an added high protein food which are or have to be reconstituted with water or other protein-free liquid,

— pastas which are to be used after cooking in boiling water or other appropriate liquids,

— rusks and biscuits which are to be used either directly or, after pulverisation, with the addition of water, milk or other suitable liquids;

(f) 'baby food' means food intended to fulfil the particular requirements of infants in good health while they are being weaned, and of young children in good health as a supplement to their diet and/or for their progressive adaptation to ordinary food, excluding:

(i) processed cereal-based food; and

(ii) milk-based drinks and similar products intended for young children;

(g) 'food for special medical purposes' means food specially processed or formulated and intended for the dietary management of patients, including infants, to be used under medical supervision; it is intended for the exclusive or partial feeding of patients with a limited, impaired or disturbed capacity to take, digest, absorb, metabolise or excrete ordinary food or certain nutrients contained therein, or metabolites, or with other medically-determined nutrient requirements, whose dietary management cannot be achieved by modification of the normal diet alone;

(h) 'total diet replacement for weight control' means food specially formulated for use in energy restricted diets for weight reduction which, when used as instructed by the food business operator, replaces the whole daily diet.

Article 3

Interpretation decisions

In order to ensure the uniform implementation of this Regulation, the Commission may decide, by means of implementing acts:

(a) whether a given food falls within the scope of this Regulation;

(b) to which specific category of food referred to in Article 1 (1) a given food belongs.

Those implementing acts shall be adopted in accordance with the examination procedure referred to in Article 17 (2).

Article 4

Placing on the market

1. Food referred to in Article 1 (1) may only be placed on the market if it complies with this Regulation.

2. Food referred to in Article 1 (1) shall only be allowed on the retail market in the form of pre-packed food.

3. Member States may not restrict or forbid the placing on the market of food which complies with this Regulation, for reasons related to its composition, manufacture, presentation or labelling.

Article 5

Precautionary principle

In order to ensure a high level of health protection in relation to the persons for whom the food referred to in Article 1 (1) of this Regulation is intended, the precautionary principle as set out in Article 7 of Regulation (EC) No 178/2002 shall apply.

CHAPTER II

COMPOSITIONAL AND INFORMATION REQUIREMENTS

SECTION 1

General requirements

Article 6

General provisions

1. Food referred to in Article 1 (1) shall comply with any requirement of Union law applicable to food.

2. The requirements laid down in this Regulation shall prevail over any conflicting requirement of Union law applicable to food.

Article 7

Opinions of the Authority

The Authority shall provide scientific opinions in accordance with Articles 22 and 23 of Regulation (EC) No 178/2002 for the purpose of the application of this Regulation. Those opinions shall serve as the scientific basis for any Union measure adopted pursuant to this Regulation which is likely to have an effect on public health.

Article 8

Access to documents

The Commission shall apply Regulation (EC) No 1049/2001 of the European Parliament and of the Council of 30 May 2001 regarding public access to European Parliament, Council and Commission documents[(1)] to applications for access to any document covered by this Regulation.

Article 9

General compositional and information requirements

1. The composition of food referred to in Article 1 (1) shall be such that it is appropriate for satisfying the nutritional requirements of, and is suitable for, the persons for whom it is intended, in accordance with generally accepted scientific data.

2. Food referred to in Article 1 (1) shall not contain any substance in such quantity as to endanger the health of the persons for whom it is intended. For substances which are engineered nanomaterials, compliance with the requirement referred to in the first subparagraph shall be demonstrated on the basis of adequate test methods, where appropriate.

3. On the basis of generally accepted scientific data, substances added to food referred to in Article 1 (1) for the purposes of the requirements under paragraph 1 of this Article shall be bio-available for use by the human body, have a nutritional or physiological effect and be suitable for the persons for whom the food is intended.

4. Without prejudice to Article 4 (1) of this Regulation, food referred to in Article 1 (1) of this Regulation may contain substances covered by Article 1 of Regulation (EC) No 258/97, provided that those substances fulfil the conditions under that Regulation for being placed on the market.

5. The labelling, presentation and advertising of food referred to in Article 1 (1) shall provide information for the appropriate use of such food, and shall not mislead, or attribute to such food the property of preventing, treating or curing a human disease, or imply such properties.

6. Paragraph 5 shall not prevent the dissemination of any useful information or recommendations exclusively intended for persons having qualifications in medicine, nutrition, pharmacy, or for other healthcare professionals responsible for maternal care and childcare.

---

(1) OJ L 145, 31.5.2001, p. 43.

Article 10

Additional requirements for infant formula and follow–on formula

1. The labelling, presentation and advertising of infant formula and follow–on formula shall be designed so as not to discourage breast–feeding.

2. The labelling, presentation and advertising of infant formula, and the labelling of follow–on formula shall not include pictures of infants, or other pictures or text which may idealise the use of such formulae.

Without prejudice to the first subparagraph, graphic representations for easy identification of infant formula and follow–on formula and for illustrating methods of preparation shall be permitted.

SECTION 2

Specific requirements

Article 11

Specific compositional and information requirements

1. Subject to the general requirements set out in Articles 6 and 9, to the additional requirements of Article 10, and taking into account relevant technical and scientific progress, the Commission shall be empowered to adopt delegated acts in accordance with Article 18, with respect to the following:

(a) the specific compositional requirements applicable to food referred to in Article 1 (1), with the exception of requirements as set out in the Annex;

(b) the specific requirements on the use of pesticides in products intended for the production of food referred to in Article 1 (1) and on pesticide residues in such food. The specific requirements for the categories of food referred to in points (a) and (b) of Article 1 (1) and food for special medical purposes developed to satisfy the nutritional requirements of infants and young children shall be updated regularly and include, inter alia, provisions to restrict the use of pesticides as much as possible;

(c) the specific requirements on labelling, presentation and advertising of food referred to in Article 1 (1), including the authorisation of nutrition and health claims in relation thereto;

(d) the notification requirements for the placing on the market of food referred to in Article 1

(1), in order to facilitate the efficient official monitoring of such food, and on the basis of which food business operators shall notify the competent authorities of Member States where that food is being marketed;

(e) the requirements concerning promotional and commercial practices relating to infant formula;

(f) the requirements concerning information to be provided in relation to infant and young child feeding in order to ensure adequate information on appropriate feeding practices;

(g) the specific requirements for food for special medical purposes developed to satisfy the nutritional requirements of infants, including compositional requirements and requirements on the use of pesticides in products intended for the production of such food, pesticide residues, labelling, presentation, advertising, and promotional and commercial practices, as appropriate.

These delegated acts shall be adopted by 20 July 2015.

2. Subject to the general requirements set out in Articles 6 and 9, to the additional requirements of Article 10, and taking into account relevant technical and scientific progress, including data provided by interested parties in relation to innovative products, the Commission shall be empowered to adopt delegated acts in accordance with Article 18 in order to update the acts referred to in paragraph 1 of this Article.

Where in the case of emerging health risks, imperative grounds of urgency so require, the procedure provided for in Article 19 shall apply to delegated acts adopted pursuant to this paragraph.

Article 12

Milk-based drinks and similar products intended for young children

By 20 July 2015, the Commission shall, after consulting the Authority, present to the European Parliament and to the Council a report on the necessity, if any, of special provisions for milk-based drinks and similar products intended for young children regarding compositional and labelling requirements and, if appropriate, other types of requirements. The Commission shall consider in the report, inter alia, the nutritional requirements of young children, the role of those products in the diet of young children and whether those products have any nutritional benefits when compared to a normal diet for a child who is being weaned. Such a report may, if necessary, be accompanied by an appropriate legislative proposal.

Article 13

Food intended for sportspeople

By 20 July 2015, the Commission shall, after consulting the Authority, present to the European Parliament and to the Council a report on the necessity, if any, of provisions for food intended for sportspeople. Such a report may, if necessary, be accompanied by an appropriate legislative proposal.

Article 14

Technical guidelines

The Commission may adopt technical guidelines to facilitate compliance by food business operators, in particular SMEs, with this Chapter and Chapter III.

CHAPTER III

UNION LIST

Article 15

Union list

1. Substances belonging to the following categories of substances may be added to one or more of the categories of food referred to in Article 1 (1), provided that these substances are included in the Union list set out in the Annex and comply with the elements contained in the Union list in accordance with paragraph 3 of this Article:

(a) vitamins;
(b) minerals;

(c) amino acids;

(d) carnitine and taurine;

(e) nucleotides;

(f) choline and inositol.

2. Substances that are included in the Union list shall meet the general requirements set out in Articles 6 and 9 and, where applicable, the specific requirements established in accordance with Article 11.

3. The Union list shall contain the following elements:

(a) the category of food referred to in Article 1 (1) to which substances belonging to the categories of substances listed in paragraph 1 of this Article may be added;

(b) the name, the description of the substance and, where appropriate, the specification of its form;

(c) where appropriate, the conditions of use of the substance;

(d) where appropriate, the purity criteria applicable to the substance.

4. Purity criteria established by Union law applicable to food, which apply to the substances included in the Union list when they are used in the manufacture of food for purposes other than those covered by this Regulation, shall also apply to those substances when they are used for purposes covered by this Regulation unless otherwise specified in this Regulation.

5. For substances included in the Union list for which purity criteria are not established by Union law applicable to food, generally acceptable purity criteria recommended by international bodies shall apply until the establishment of such criteria.

Member States may maintain national rules setting stricter purity criteria.

6. In order to take into account technical progress, scientific developments or the protection of consumers' health, the Commission shall be empowered to adopt, in relation to the categories of substances listed in paragraph 1 of this Article, delegated acts in accordance with Article 18 with respect to the following:

(a) the removal of a category of substances;
(b) the addition of a category of substances that have a nutritional or physiological effect.

7. Substances belonging to categories not listed in paragraph 1 of this Article may be added to food referred to in Article 1 (1), provided that they satisfy the general requirements set out in Articles 6 and 9 and, where applicable, the specific requirements established in accordance with Article 11.

Article 16

Updating the Union list

1. Subject to the general requirements set out in Articles 6 and 9 and, where applicable, the specific requirements established in accordance with Article 11, and in order to take into account technical progress, scientific developments or the protection of consumers' health, the Commission shall be empowered to adopt delegated acts in accordance with Article 18, to amend the Annex, with respect to the following:

(a) the addition of a substance to the Union list;

(b) the removal of a substance from the Union list;
(c) the addition, removal or amendment of the elements referred to in Article 15 (3).

2. Where, in the case of emerging health risks, imperative grounds of urgency so require, the procedure provided for in Article 19 shall apply to delegated acts adopted pursuant to this Article.

CHAPTER IV

PROCEDURAL PROVISIONS

Article 17

Committee procedure

1. The Commission shall be assisted by the Standing Committee on the Food Chain and Animal Health established by Regulation (EC) No 178/2002. That committee shall be a committee within the meaning of Regulation (EU) No 182/2011.

2. Where reference is made to this paragraph, Article 5 of Regulation (EU) No 182/2011 shall apply.

Where the opinion of the committee is to be obtained by written procedure, that procedure shall be terminated without result when, within the time-limit for delivery of the opinion, the chair of the committee so decides or a simple majority of committee members so request.

Article 18

Exercise of the delegation

1. The power to adopt delegated acts is conferred on the Commission subject to the conditions laid down in this Article.

2. The power to adopt delegated acts referred to in Article 11, Article 15 (6) and Article 16 (1) shall be conferred on the Commission for a period of five years from 19 July 2013. The Commission shall draw up a report in respect of the delegation of power not later than nine months before the end of the five-year period. The delegation of power shall be tacitly extended for periods of an identical duration, unless the European Parliament or the Council opposes such extension not later than three months before the end of each period.

3. The delegation of power referred to in Article 11, Article 15 (6) and Article 16 (1) may be revoked at any time by the European Parliament or by the Council. A decision to revoke shall put an end to the delegation of the power specified in that decision. It shall take effect the day following the publication of the decision in the *Official Journal of the European Union* or at a later date specified therein. It shall not affect the validity of any delegated acts already in force.

4. As soon as it adopts a delegated act, the Commission shall notify it simultaneously to the European Parliament and to the Council.

5. A delegated act adopted pursuant to Article 11, Article 15 (6) and Article 16 (1) shall enter into force only if no objection has been expressed either by the European Parliament or the Council within a period of two months of notification of that act to the European Parliament and the Council or if, before the expiry of that period, the European Parliament and the Council have both informed the Commission that they will not object. That period shall be extended by two months at the initiative of the European Parliament or of the Council.

Article 19

Urgency procedure

1. Delegated acts adopted under this Article shall enter into force without delay and shall apply as long as no objection is expressed in accordance with paragraph 2. The notification of a delegated act to the European Parliament and to the Council shall state the reasons for the use of the urgency procedure.

2. Either the European Parliament or the Council may object to a delegated act in accordance with the procedure referred to in Article 18 (5). In such a case, the Commission shall repeal the act without delay following the notification of the decision to object by the European Parliament or by the Council.

CHAPTER V
FINAL PROVISIONS

Article 20

Repeal

1. Directive 2009/39/EC is repealed with effect from 20 July 2016. References to the repealed act shall be construed as references to this Regulation.

2. Directive 92/52/EEC and Regulation (EC) No 41/2009 are repealed with effect from 20 July 2016.

3. Without prejudice to the first subparagraph of paragraph 4, Directive 96/8/EC shall not apply from 20 July 2016 to foods presented as a replacement for one or more meals of the daily diet.

4. Regulation (EC) No 953/2009 and Directives 96/8/EC, 1999/21/EC, 2006/125/EC and 2006/141/EC are repealed from the date of application of the delegated acts referred to in Article 11 (1).

In the case of conflict between Regulation (EC) No 953/2009, Directives 96/8/EC, 1999/21/EC, 2006/125/EC, 2006/141/EC and this Regulation, this Regulation shall prevail.

Article 21

Transitional measures

1. Food referred to in Article 1 (1) of this Regulation which does not comply with this Regulation but complies with Directive 2009/39/EC, and, as applicable, with Regulation (EC) No 953/2009 and Directives 96/8/EC, 1999/21/EC, 2006/125/EC and 2006/141/EC, and which is placed on the market or labelled before 20 July 2016 may continue to be marketed after that date until stocks of such food are exhausted.

Where the date of application of the delegated acts referred to in Article 11 (1) of this Regulation is after 20 July 2016, food referred to in Article 1 (1) which complies with this Regulation and, as applicable, with Regulation (EC) No 953/2009 and Directives 96/8/EC, 1999/21/EC, 2006/125/EC and 2006/141/EC but does not comply with those delegated acts, and which is placed on the market or labelled before the date of application of those delegated acts, may continue to be marketed after that date until stocks of such food are exhausted.

2. Food which is not referred to in Article 1 (1) of this Regulation but which is placed on the market or labelled in accordance with Directive 2009/39/EC and Regulation (EC) No 953/

2009, and, as applicable, with Directive 96/8/EC and Regulation (EC) No 41/2009 before 20 July 2016 may continue to be marketed after that date until stocks of such food are exhausted.

Article 22

Entry into force

This Regulation shall enter into force on the twentieth day following that of its publication in the *Official Journal of the European Union.*

It shall apply from 20 July 2016, with the exception of the following:

— Articles 11, 16, 18 and 19 which shall apply from 19 July 2013.

— Article 15 and the Annex to this Regulation which shall apply from the date of application of the delegated acts referred to in Article 11 (1) .

This Regulation shall be binding in its entirety and directly applicable in all Member States.

Done at Strasbourg, 12 June 2013.

For the European Parliament
The President
M. SCHULZ

For the Council
The President
L. CREIGHTON

ANNEX

Union list as referred to in Article 15 (1)

Substance			Category of food			
			Infant formula and follow on formula	Processed cereal-based food and baby food	Food for special medical purposes	Total diet replacement for weight control
Vitamins						
	Vitamin A					
		retinol	X	X	X	X
		retinyl acetate	X	X	X	X
		retinyl palmitate	X	X	X	X
		beta-carotene		X	X	X
	Vitamin D					
		ergocalciferol	X	X	X	X
		cholecalciferol	X	X	X	X
	Vitamin E					
		D-alpha tocop-herol	X	X	X	X
		DL-alpha tocop-herol	X	X	X	X
		D-alpha tocopheryl acetate	X	X	X	X
		DL-alpha tocopheryl acetate	X	X	X	X
		D-alpha-tocopheryl acid succinate			X	X
		D-alpha-tocopheryl poly-ethylene glycol-1000 succinate (TPGS)			X	
	Vitamin K					
		phylloquinone (phytomena-dione)	X	X	X	X
		Menaquinone[1]			X	X
	Vitamin C					
		L-ascorbic acid	X	X	X	X
		sodium-L-ascorbate	X	X	X	X
		calcium-L- ascorbate	X	X	X	X

续表

Substance			Category of food			
			Infant formula and follow on formula	Processed cereal-based food and baby food	Food for special medical purposes	Total diet replacement for weight control
		potassium-L- ascorbate	X	X	X	X
		L-ascorbyl 6- palmitate	X	X	X	X
	Thiamin					
		thiamin hydro-chloride	X	X	X	X
		thiamin mononi-trate	X	X	X	X
	Riboflavin					
		riboflavin	X	X	X	X
		riboflavin 5′ -phosphate, sodium	X	X	X	X
	Niacin					
		nicotinic acid	X	X	X	X
		nicotinamide	X	X	X	X
	Vitamin B_6					
		pyridoxine hydrochloride	X	X	X	X
		pyridoxine 5′-phosphate	X	X	X	X
		pyridoxine dipalmitate		X	X	X
	Folate					
		folic acid (pte-roylmono-glutamic acid)	X	X	X	X
		calcium-L-methyl-folate			X	X
	Vitamin B_{12}					
		cyanocobalamin	X	X	X	X
		hydroxoco-balamin	X	X	X	X
	Biotin					
		D-biotin	X	X	X	X
	Pantothenic Acid					
		D-pantothenate, calcium	X	X	X	X
		D-pantothenate, sodium	X	X	X	X
		dexpanthenol	X	X	X	X
Minerals						
	Potassium					
		potassium bicar-bonate	X		X	X

续表

Substance			Category of food			
			Infant formula and follow on formula	Processed cereal-based food and baby food	Food for special medical purposes	Total diet replacement for weight control
		potassium carbonate	X		X	X
		potassium chloride	X	X	X	X
		potassium citrate	X	X	X	X
		potassium gluconate	X	X	X	X
		potassium glyce-rophos-phate		X	X	X
		potassium lactate	X	X	X	X
		potassium hydroxide	X		X	X
		potassium salts of ortho-phosphoric acid	X		X	X
		magnesium potassium citrate			X	X
	Calcium					
		calcium carbonate	X	X	X	X
		calcium chloride	X	X	X	X
		calcium salts of citric acid	X	X	X	X
		calcium gluconate	X	X	X	X
		calcium glycerop - hos-phate	X	X	X	X
		calcium lactate	X	X	X	X
		calcium salts of ortho-phosphoric acid	X	X	X	X
		calcium hydroxide	X	X	X	X
		calcium oxide		X	X	X
		calcium sulphate			X	X
		calcium bisglycinate			X	X
		calcium citrate malate			X	X
		calcium malate			X	X
		calcium L-pidolate			X	X

续表

Substance			Category of food			
			Infant formula and follow on formula	Processed cereal-based food and baby food	Food for special medical purposes	Total diet replacement for weight control
	Magnesium					
		magnesium acetate			X	X
		magnesium carbonate	X	X	X	X
		magnesium chloride	X	X	X	X
		magnesium salts of citric acid	X	X	X	X
		magnesium gluconate	X	X	X	X
		magnesium glycerophos-phate		X	X	X
		magnesium salts of or-thophos-phoric acid	X	X	X	X
		magnesium lactate		X	X	X
		magnesium hydroxide	X	X	X	X
		magnesium oxide	X	X	X	X
		magnesium sulphate	X	X	X	X
		magnesium L- aspartate			X	
		magnesium bisglycinate			X	X
		magnesium L-pidolate			X	X
		magnesium potassium citrate			X	X
	Iron					
		ferrous carbonate		X	X	X
		ferrous citrate	X	X	X	X
		ferric ammonium citrate	X	X	X	X
		ferrous gluconate	X	X	X	X
		ferrous fumarate	X	X	X	X
		ferric sodium diphosphate		X	X	X
		ferrous lactate	X	X	X	X
		ferrous sulphate	X	X	X	X
		ferrous ammonium phos-phate			X	X

续表

Substance			Category of food			
			Infant formula and follow on formula	Processed cereal-based food and baby food	Food for special medical purposes	Total diet replacement for weight control
		ferric sodium EDTA			X	X
		ferric diphosphate (ferric pyrophosphate)	X	X	X	X
		ferric saccharate		X	X	X
		elementaliron (carbonyl + electrolytic + hydrogen reduced)		X	X	X
		ferrous bisglycinate	X		X	X
		ferrous L-pidolate			X	X
	Zinc					
		zinc acetate	X	X	X	X
		zinc chloride	X	X	X	X
		zinc citrate	X	X	X	X
		zinc gluconate	X	X	X	X
		zinc lactate	X	X	X	X
		zinc oxide	X	X	X	X
		zinc carbonate			X	X
		zinc sulphate	X	X	X	X
		zinc bisglycinate			X	X
	Copper					
		cupric carbonate	X	X	X	X
		cupric citrate	X	X	X	X
		cupric gluconate	X	X	X	X
		cupric sulphate	X	X	X	X
		copper lysine complex	X	X	X	X
	Manganese					
		manganese carbonate	X	X	X	X
		manganese chloride	X	X	X	X
		manganese citrate	X	X	X	X
		manganese gluconate	X	X	X	X

续表

Substance		Category of food			
		Infant formula and follow on formula	Processed cereal-based food and baby food	Food for special medical purposes	Total diet replacement for weight control
	manganese glycerophosphate		X	X	X
	manganese sulphate	X	X	X	X
Fluoride					
	potassium fluoride			X	X
	sodium fluoride			X	X
Selenium					
	sodium selenate	X		X	X
	sodium hydrogen selenite			X	X
	sodium selenite	X		X	X
	selenium enriched yeast[2]			X	X
Chromium					
	chromium (Ⅲ) chloride and its hexahydrate			X	X
	chromium (Ⅲ) sulphate and its hexahydrate			X	X
	chromium picolinate			X	X
Molybdenum					
	ammonium molybdate			X	X
	sodium molybdate			X	X
Iodine					
	potassium iodide	X	X	X	X
	potassium iodate	X	X	X	X
	sodium iodide	X	X	X	X
	sodium iodate		X	X	X
Sodium					
	sodium bicarbonate	X		X	X
	sodium carbonate	X		X	X
	sodium chloride	X		X	X

续表

Substance			Category of food			
			Infant formula and follow on formula	Processed cereal-based food and baby food	Food for special medical purposes	Total diet replacement for weight control
		sodium citrate	X		X	X
		sodium gluconate	X		X	X
		sodium lactate	X		X	X
		sodium hydroxide	X		X	X
		sodium salts of ortho-phosphoric acid	X		X	X
	Boron	sodium borate			X	X
		boric acid			X	X
Amino acids[3]		L-alanine		—	X	X
		L-arginine	X and its hydro-chloride	X and its hydro-chloride	X	X
		L-aspartic acid			X	
		L-citrulline			X	
		L-cysteine	X and its hydro-chloride	X and its hydro-chloride	X	X
		Cystine[4]	X and its hydro-chloride	X and its hydro-chloride	X	X
		L-histidine	X and its hydro-chloride	X and its hydro-chloride	X	X
		L-glutamic acid			X	X
		L-glutamine			X	X
		glycine			X	
		L-isoleucine	X and its hydro-chloride	X and its hydro-chloride	X	X

续表

Substance			Category of food			
			Infant formula and follow on formula	Processed cereal-based food and baby food	Food for special medical purposes	Total diet replacement for weight control
		L-leucine	X and its hydro-chloride	X and its hydro-chloride	X	X
		L-lysine	X and its hydro-chloride	X and its hydro-chloride	X	X
		L-lysine acetate			X	X
		L-methionine	X	X	X	X
		L-ornithine			X	X
		L-phenylalanine	X	X	X	X
		L-proline			X	
		L-threonine	X	X	X	X
		L-tryptophan	X	X	X	X
		L-tyrosine	X	X	X	X
		L-valine	X	X	X	X
		L-serine			X	
		L-arginine-L-aspartate			X	
		L-lysine-L-aspartate			X	
		L-lysine-L-glutamate			X	
		N-acetyl-L-cysteine			X	
		N-acetyl-L-methionine			X (in products intended for persons over 1 year of age)	
Carnitine and taurine		L-carnitine	X	X	X	X
		L-carnitine hydrochloride	X	X	X	X
		taurine	X		X	X
		L-carnitine-L-tartrate	X		X	X

续表

Substance			Category of food			
			Infant formula and follow on formula	Processed cereal-based food and baby food	Food for special medical purposes	Total diet replacement for weight control
Nucleotides						
		adenosine 5′-phosphoric acid (AMP)	X		X	X
		sodium salts of AMP	X		X	X
		cytidine 5′-mono-phos-phoric acid (CMP)	X		X	X
		sodium salts of CMP	X		X	X
		guanosine 5′-phosphoric acid (GMP)	X		X	X
		sodium salts of GMP	X		X	X
		inosine 5′-phos-phoric acid (IMP)	X		X	X
		sodium salts of IMP	X		X	X
		uridine 5′-phos-phoric acid (UMP)	X		X	X
		sodium salts of UMP	X		X	X
Choline and inositol						
		choline	X	X	X	X
		choline chloride	X	X	X	X
		choline bitartrate	X	X	X	X
		choline citrate	X	X	X	X
		inositol	X	X	X	X

(1) Menaquinone occurring principally as menaquinone-7 and, to a minor extent, menaquinone-6.

(2) Selenium-enriched yeasts produced by culture in the presence of sodium selenite as selenium source and containing, in the dried form as marketed, not more than 2, 5 mg Se/g. The predominant organic selenium species present in the yeast is selenomethionine (between 60 and 85% of total extracted selenium in the product). The content of other organic selenium compounds including selenocysteine must not exceed 10% of total extracted selenium. Levels of inorganic selenium normally must not exceed 1% of total extracted selenium.

(3) For amino acids used in infant formula, follow-on formula, processed cereal-based food and baby food only the hydrochloride specifically mentioned may be used. For amino acids used in food for special medical purposes and in total diet replacement for weight control, as far as applicable, also the sodium, potassium, calcium and magnesium salts as well as their hydrochlorides may be used.

(4) In the case of use in infant formula, follow-on formula, processed cereal-based food and baby food, only the form L-cystine may be used.

八、Standard 2. 9. 5 Food for special medical purposes

Note 1 This instrument is a standard under the *Food Standards Australia New Zealand Act 1991* (Cth). The standards together make up the *Australia New Zealand Food Standards Code*. See also section 1. 1. 1−3.

Note 2 The provisions of the Code that apply in New Zealand are incorporated in, or adopted under, the *Food Act 2014* (NZ). See also section 1. 1. 1−3.

Division 1 Preliminary

2. 9. 5−1 Name

This Standard is *Australia New Zealand Food Standards Code*−Standard 2. 9. 5−Food for special medical purposes.

Note Commencement: This Standard commences on 1 March 2016, being the date specified as the commencement date in notices in the *Gazette* and the New Zealand Gazette under section 92 of the *Food Standards Australia New Zealand Act 1991* (Cth). See also section 93 of that Act.

2. 9. 5−2 Definitions

Note 1 Section 1. 1. 2−5 (Definition of *food for special medical purposes*) provides as follows:

(1) In this Code:

food for special medical purposes means a food that is:

(a) specially formulated for the dietary management of individuals:

(i) by way of exclusive or partial feeding, who have special medically determined nutrient requirements or whose capacity is limited or impaired to take, digest, absorb, metabolise or excrete ordinary food or certain nutrients in ordinary food; and

(ii) whose dietary management cannot be completely achieved without the use of the food; and

(b) intended to be used under medical supervision; and

(c) represented as being:

(i) a food for special medical purposes; or

(ii) for the dietary management of a disease, disorder or medical condition.

(2) Despite subsection (1), a food is not ***food for special medical purposes*** if

it is:

(a) formulated and represented as being for the dietary management of obesity or overweight; or

(b) an infant formula product.

Note 2 In this Code (see section 1.1.2-2):

inner package, in relation to a food for special medical purposes, means an individual package of the food that:

(a) is contained and sold within another package that is labeled in accordance with section 2.9.5-9; and

(b) is not designed for individual sale, other than a sale by a responsible institution to a patient or resident of the responsible institution.

Example An example of an inner package is an individual sachet (or sachets) of a powdered food contained within a box that is fully labelled, being a box available for retail sale.

responsible institution means a hospital, hospice, aged care facility, disability facility, prison, boarding school or similar institution that is responsible for the welfare of its patients or residents and provides food to them.

Note 3 In this Standard (see section 1.1.2-2), a reference to a *package* does not include a reference to a plate, cup, tray or other food container in which food for special medical purposes is served by a responsible institution to a patient or resident of the responsible institution.

2.9.5-3 Application of other standards

The following provisions do not apply to food for special medical purposes:

(a) paragraphs 1.1.1-10 (6) (b) (foods used as nutritive substances) and 1.1.1-10 (6) (f) (novel foods); and Authorised Version F2017C00337 registered 18/04/2017 As at 13 April 2017 2 Standard 2.9.5

(b) unless the contrary intention appears, Part 1.2 of Chapter 1 (labelling and other information requirements); and

(c) Standard 2.9.2, Standard 2.9.3 or Standard 2.9.4 (food for infants, formulated meal replacements and formulated supplementary foods, formulated supplementary sports foods) .

2.9.5-4 Claims must not be therapeutic in nature

A claim in relation to food for special medical purposes must not:

(a) refer to the prevention, diagnosis, cure or alleviation of a disease, disorder or condition; or

(b) compare the food with a good that is:

(i) represented in any way to be for therapeutic use; or

(ii) likely to be taken to be for therapeutic use, whether because of the way in which the good is presented or for any other reason.

Division 2 Sale of food for special medical purposes

2.9.5-5 Restriction on the persons by whom, and the premises at which, food for special medical purposes may be sold

(1) A food for special medical purposes must not be sold to a consumer, other than from or by:

(a) a medical practitioner or dietitian; or

(b) a medical practice, pharmacy or responsible institution; or

(c) a majority seller of that food for special medical purposes.

(2) In this section:

medical practitioner means a person registered or licensed as a medical practitioner under legislation in Australia or New Zealand, as the case requires, for the registration or licensing of medical practitioners.

majority seller: a person is a ***majority seller*** of a food for special medical purposes during any 24 month period if:

(a) during the period, the person sold that food for special medical purposes to medical practitioners, dietitians, medical practices, pharmacies or responsible institutions; and

(b) the sales mentioned in paragraph (a) represent more than one half of the total amount of that food for special medical purposes sold by the person during the period.

Division 3 Composition

2.9.5-6 Permitted forms of particular substances

(1) The following substances may be added to food for special medical purposes:

(a) a substance that is listed in Column 1 of the table to section

(b) S29-20 and that is in a corresponding form listed in Column 2 of that table;

(c) a substance that is listed in Column 1 of the table to section S29-7 and that is in a corresponding form listed in Column 2 of that table;

(d) any other substance, regardless of its form, that is permitted under this Code to be added to a food, if that substance is added in accordance with any applicable requirement of this Code.

(2) If a provision of this Code limits the amount of a substance referred to in paragraph (1) (a) or (b) that may be added to a food, that limit does not apply in relation to food for special medical purposes. Authorised Version F2017C00337 registered 18/04/2017

2. 9. 5-7 Compositional requirements for food represented as being suitable for use as sole source of nutrition

(1) If food for special medical purposes is represented as being suitable for use as a sole source of nutrition, the food must contain:

(a) not less than the minimum amount, as specified in column 2 of the table to section S29-21, of each vitamin, mineral and electrolyte listed in Column 1 of that table; and

(b) if applicable, not more than the maximum amount, as specified in Column 3 of that table, of each vitamin and mineral listed in Column 1.

(2) However, the food is not required to comply with subsection (1) to the extent that:

(a) a variation from a maximum or minimum amount is required for a particular medical purpose; and

(b) the labelling complies with subparagraph 2. 9. 5-10 (1) (g) (ii) .

Division 4 Labelling

2. 9. 5-8 Labelling and related requirements

(1) If a food for sale consisting of food for special medical purposes is not in a package:

(a) the food for sale must either * bear a label, or have labelling that is displayed in connection with its sale, with the information relating to irradiated foods (see section 1. 5. 3-9); and

(b) there is no other labelling requirement under this Code.

(2) If the food for sale is in a package, it is required to * bear a label that complies with section 2. 9. 5-9.

(3) If the food for sale is in an * inner package:

(a) the inner package is required to * bear a label that complies with section 2. 9. 5-16; and

(b) there is no labelling requirement under this Code for any other packaging associated with the food for sale.

(4) If the food for sale is in a * transportation outer:

(a) the transportation outer or package containing the food for sale is required to * bear a label that complies with section 2. 9. 5-17; and

(b) there is no labelling requirement under this Code for any other packaging associated with the food for sale.

2. 9. 5-9 Mandatory labelling information

(1) Subject to this section, the label that is required for food for special medical purposes must state the following information in accordance with the provision indicated:

(a) a name or description sufficient to indicate the true nature of the food (see section 1. 2. 2-2);

(b) lot identification (see section 1. 2. 2-3);

(c) if the sale of the food for sale is one to which Division 2 or Division 3 of Standard 1. 2. 1 applies-information relating to irradiated food (see section 1. 5. 3-9);

(d) any required advisory statements, * warning statements and other statements (see section 2. 9. 5-10);

(e) information relating to ingredients (see section 2. 9. 5-11);

(f) date marking information (see section 2. 9. 5 - 12); Authorised Version F2017C00337 registered 18/04/2017

(g) directions for the use or the storage of the food, if the food is of such a nature to require such directions for health or safety reasons;

(h) nutrition information (see section 2. 9. 5-13);

(i) if appropriate, the information required by subsection 2. 9. 5-14 (4) or 2. 9. 5-15 (5) .

(2) The label must comply with Division 6 of Standard 1. 2. 1.

2. 9. 5-10 Advisory and warning statements—food for special medical purposes

(1) For paragraph 2. 9. 5-9 (1) (d), the following statements are required:

(a) a statement to the effect that the food must be used under medical supervision;

(b) a statement indicating, if applicable, any precautions and contraindications associated with consumption of the food;

(c) a statement indicating the medical purpose of the food, which may include a disease, disorder or medical condition for which the food has been formulated;

(d) a statement describing the properties or characteristics which make the food appropriate for the medical purpose indicated in paragraph (c);

(e) if the food has been formulated for a specific age group—a statement to the effect that the food is intended for persons within the specified age group;

(f) a statement indicating whether or not the food is suitable for use as a sole source of nutrition;

(g) if the food is represented as being suitable for use as a sole source of nutrition:

(i) a statement to the effect that the food is not for parenteral use; and

(ii) if the food has been modified to vary from the compositional requirements of section 2.9.5-7 such that the content of one or more nutrients falls short of the prescribed minimum, or exceeds the prescribed maximum (if applicable):

(A) a statement indicating the nutrient or nutrients which have been modified; and

(B) unless provided in other documentation about the food—a statement indicating whether each modified nutrient has been increased, decreased, or eliminated from the food, as appropriate.

(2) For paragraph 2.9.5-9 (1) (d), the required advisory and other statements are any that are required by:

(a) items 1, 4, 6 or 9 of the table in Schedule 9; or

(b) subsection 1.2.3-2 (2); or

(c) section 1.2.3-4.

(3) For paragraph 2.9.5-9 (1) (d), the *warning statement referred to in section 1.2.3-3, if applicable, is required.

2.9.5-11 Information relating to ingredients-food for special medical purposes

For paragraph 2.9.5-9 (1) (e), the information relating to ingredients is:

(a) a statement of ingredients; or

(b) information that complies with Articles 18, 19, 20 of Regulation (EU) No 1169/2011 of the European Parliament and of the Council of 25 October 2011 on the provision of food information to consumers; or

(c) information that complies with 21 CFR § 101.4. Authorised Version F2017C00337 registered 18/04/2017

2.9.5-12 Date marking information-food for special medical purposes

(1) For paragraph 2.9.5-9 (1) (f), the required date marking information is date marking information in accordance with Standard 1.2.5.

(2) Despite subsection (1), for subparagraph 1.2.5-5 (2) (a) (ii), the words 'Expiry Date', or similar words, may be used on the label.

2.9.5-13 Nutrition information-food for special medical purposes

For paragraph 2.9.5-9 (1) (h), the nutrition information is the following, expressed per given amount of the food:

(a) the minimum or average energy content; and

(b) the minimum amount or *average quantity of:

(ⅰ) protein, fat and carbohydrate; and

(ⅱ) any vitamin, mineral or electrolyte that has been *used as a nutritive substance in the food; and

(ⅲ) any substance listed in the table to section S29-20 that has been *used as a nutritive substance in the food; and

(ⅳ) subject to paragraph 2.9.5-9 (1) (i), any other substance in respect of which a nutrition content claim has been made.

2.9.5-14 Claims in relation to lactose content

(1) A claim in relation to the lactose content of a food for special medical purposes must not be made unless expressly permitted by this section.

(2) A claim to the effect that a food for special medical purposes is lactose free may be made if the food for sale contains no detectable lactose.

(3) A claim to the effect that a food for special medical purposes is low lactose may be made if the food for sale contains not more than 2 g of lactose per 100 g of the food.

(4) If a claim in relation to the lactose content of a food for special medical purposes is made, the information required is the *average quantity of the lactose and galactose in the food, expressed per given quantity of the food.

Note See paragraph 2.9.5-9 (1) (i).

2.9.5-15 Claims in relation to gluten content

(1) A claim in relation to the *gluten content of a food for special medical purposes is prohibited unless expressly permitted by this section.

(2) A claim to the effect that a food for special medical purposes is gluten free may be made if the food contains:

(a) no detectable gluten; and

(b) no oats or oat products; and

(c) no cereals containing *gluten that have been malted, or products of such cereals.

(3) A claim to the effect that a food for special medical purposes has a low gluten content may be made if the food contains no more than 20 mg *gluten per 100 g of the food.

(4) A claim to the effect that a food for special medical purposes contains *gluten or is high in gluten may be made.

(5) If a claim is made in relation to the *gluten content of a food for special medical purposes, the information required is the *average quantity of the gluten in the food, expressed per given amount of the food.

Note See paragraph 2. 9. 5—9 (1) (i) . Authorised Version F2017C00337 registered 18/04/2017

2. 9. 5-16 Labelling requirement-food for special medical purposes in inner package

(1) The label on an * inner package that contains food for special medical purposes must state the following information in accordance with the provision indicated:

(a) a name or description sufficient to indicate the true nature of the food (see section 1. 2. 2-2);

(b) lot identification (see section 1. 2. 2-3);

(c) any declaration that is required by section 1. 2. 3-4;

(d) date marking information (see section 2. 9. 5-12) .

(2) The label must comply with Division 6 of Standard 1. 2. 1.

(3) To avoid doubt, this section continues to apply to the label on the * inner package if a * responsible institution subsequently supplies the inner package to a patient or resident of the responsible institution.

2. 9. 5-17 Labelling requirement-food for special medical purposes in transportation outer

(1) If packages of food for special medical purposes are contained in a transportation outer, the information specified in subsection (2) must be:

(a) contained in a label on the transportation outer; or

(b) contained in a label on a package of the food for sale, and clearly discernible through the transportation outer.

(2) For subsection (1), the information is:

(a) a name or description sufficient to indicate the true nature of the food (see section 1. 2. 2-2); and

(b) lot identification (see section 1. 2. 2-3); and

(c) unless it is provided in accompanying documentation—the name and address of the * supplier (see section 1. 2. 2-4) .

Amendment History

The Amendment History provides information about each amendment to the Standard. The information includes commencement or cessation information for relevant amendments.

These amendments are made under section 92 of the*Food Standards Australia New Zealand Act* 1991 unless otherwise indicated. Amendments do not have a specific date for cessation unless indicated as such.

About this compilation

This is compilation No. 2 of Standard 2. 9. 5 as in force on **13 April 2017** (up to Amendment No. 168). It includes any commenced amendment affecting the compilation to that date.

Prepared by Food Standards Australia New Zealand on **13 April 2017.**

Uncommenced amendments or provisions ceasing to have effect

To assist stakeholders, the effect of any uncommenced amendments or provisions which will cease to have effect, may be reflected in the Standard as shaded boxed text with the relevant commencement or cessation date. These amendments will be reflected in a compilation registered on the Federal Register of Legislation including or omitting those amendments and provided in the Amendment History once the date is passed.

The following abbreviations may be used in the table below:

ad = added or inserted　　am = amended

exp = expired or ceased to have effect　　rep = repealed

rs = repealed and substituted

Standard 2. 9. 5 was published in the Food Standards Gazette No. FSC96 on 10 April 2015 as part of Amendment 154 (F2015L00472-1 April 2015) and has since been amended as follows:

Section affected	A' ment No.	FRL Registration Gazette	Commencement (Cessation)	How affected	Description of amendment
2. 9. 5-3	157	F2015L01374 1 Sept 2015 FSC99 3 Sept 2015	1March 2016	am	Removal of reference to Standard 1. 1A. 2 in paragraph (a).
2. 9. 5-3	161	F2016L00120 18 Feb 2016 FSC103 22 Feb 2016	1March 2016	am	Correction of reference to Part 1. 2.
2. 9. 5-3	168	F2017L00414 11 April 2017 FSC110 13 April 2017	13 April 2017	rs	Section to correct cross-references.
2. 9. 5-11	168	F2017L00414 11 April 2017 FSC110 13 April 2017	13 April 2017	am	Paragraph (b) replaced to update reference.